中 国 国 家 标 准 汇 编

445

GB 24668～24711

（2009 年制定）

中国标准出版社　编

中 国 标 准 出 版 社

北　京

图书在版编目(CIP)数据

中国国家标准汇编：2009 年制定．445：GB 24668～24711/中国标准出版社编．—北京：中国标准出版社，2010

ISBN 978-7-5066-6061-7

Ⅰ.①中…　Ⅱ.①中…　Ⅲ.①国家标准-汇编-中国-2009　Ⅳ.①T-652.1

中国版本图书馆 CIP 数据核字（2010）第 170976 号

中国标准出版社出版发行
北京复兴门外三里河北街 16 号
邮政编码：100045

网址 www.spc.net.cn

电话：68523946　68517548

中国标准出版社秦皇岛印刷厂印刷

各地新华书店经销

*

开本 880×1230　1/16　印张 38.5　字数 1 110 千字

2010 年 10 月第一版　2010 年 10 月第一次印刷

*

定价 220.00 元

出 版 说 明

1.《中国国家标准汇编》是一部大型综合性国家标准全集。自 1983 年起，按国家标准顺序号以精装本、平装本两种装帧形式陆续分册汇编出版。它在一定程度上反映了我国建国以来标准化事业发展的基本情况和主要成就，是各级标准化管理机构，工矿企事业单位，农林牧副渔系统，科研、设计、教学等部门必不可少的工具书。

2.《中国国家标准汇编》收入我国每年正式发布的全部国家标准，分为"制定"卷和"修订"卷两种编辑版本。

"制定"卷收入上一年度我国发布的、新制定的国家标准，顺延前年度标准编号分成若干分册，封面和书脊上注明"20××年制定"字样及分册号，分册号一直连续。各分册中的标准是按照标准编号顺序连续排列的，如有标准顺序号缺号的，除特殊情况注明外，暂为空号。

"修订"卷收入上一年度我国发布的、修订的国家标准，视篇幅分设若干分册，但与"制定"卷分册号无关联，仅在封面和书脊上注明"20××年修订-1,-2,-3,……"字样。"修订"卷各分册中的标准，仍按标准编号顺序排列(但不连续)；如有遗漏的，均在当年最后一分册中补齐。需提请读者注意的是，个别非顺延前年度标准编号的新制定的国家标准没有收入在"制定"卷中，而是收入在"修订"卷中。

读者配套购买《中国国家标准汇编》"制定"卷和"修订"卷则可收齐上一年度我国制定和修订的全部国家标准。

3. 由于读者需求的变化，自 1996 年起，《中国国家标准汇编》仅出版精装本。

4. 2009 年我国制修订国家标准共 3 158 项。本分册为"2009 年制定"卷第 445 分册，收入国家标准 GB 24668～24711 的最新版本。

中国标准出版社

2010 年 8 月

目　录

ICS 65.060.01
B 90

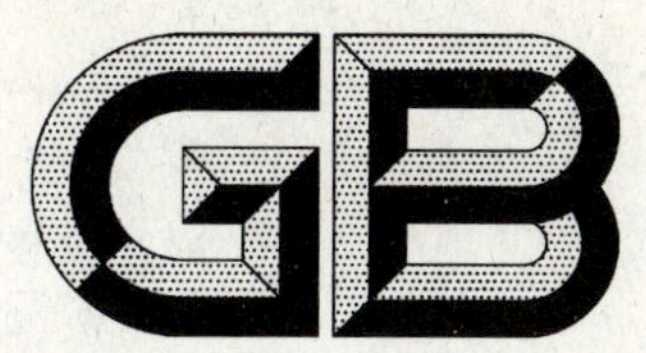

中华人民共和国国家标准

GB/T 24668—2009/ISO 17567:2005

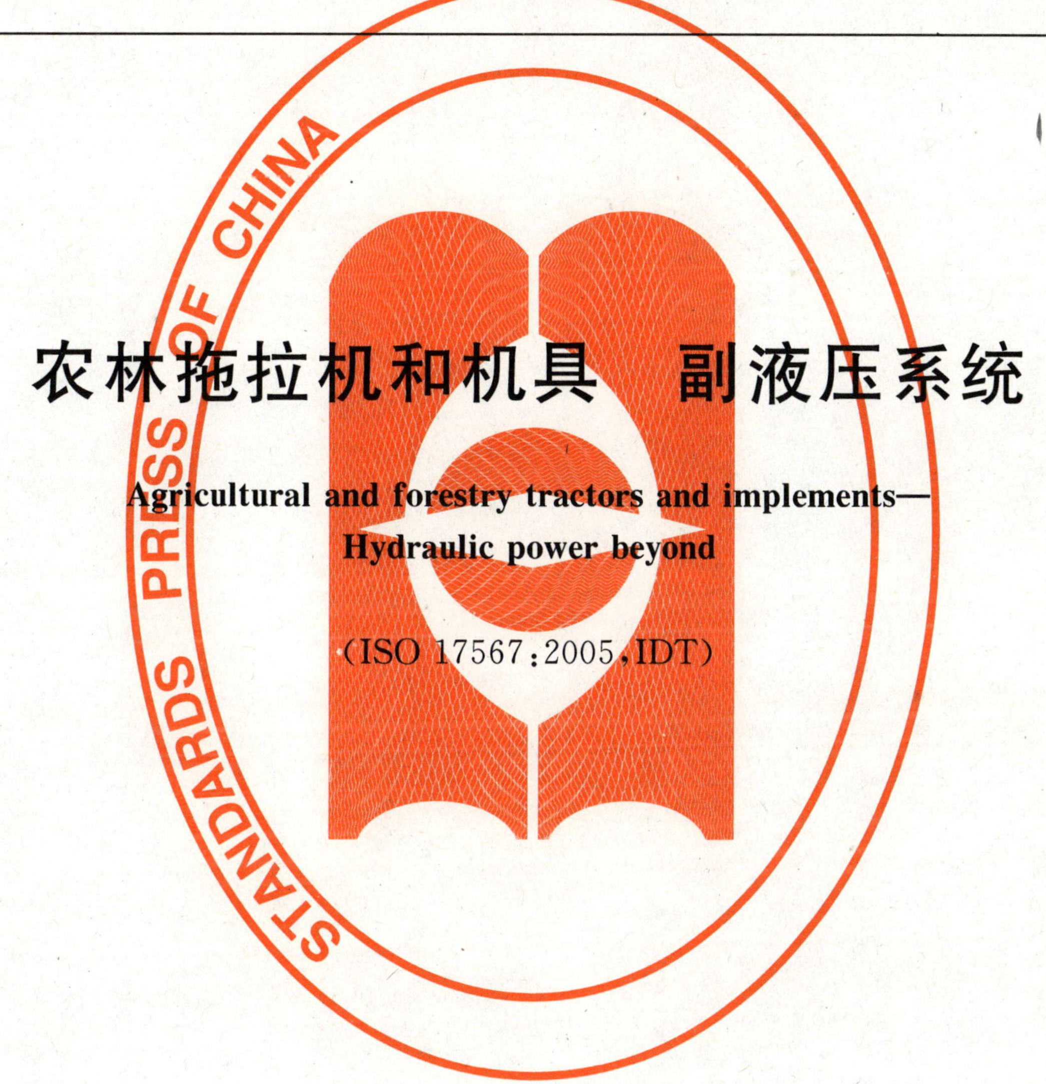

农林拖拉机和机具　副液压系统

Agricultural and forestry tractors and implements—Hydraulic power beyond

(ISO 17567:2005,IDT)

2009-11-30 发布　　2010-04-01 实施

中华人民共和国国家质量监督检验检疫总局
中国国家标准化管理委员会　发布

前　言

本标准等同采用 ISO 17567:2005《农林拖拉机和机具　副液压系统》(英文版)。

本标准等同翻译 ISO 17567:2005。

为便于使用,本标准做了如下编辑性修改:

——“本国际标准”一词改为“本标准”;

——删除了 ISO 17567:2005 的前言;

——用小数点“.”代替作为小数点的逗号“,”。

本标准由中国机械工业联合会提出。

本标准由全国农业机械标准化技术委员会归口。

本标准起草单位:中国农业机械化科学研究院、洛阳拖拉机研究所、国家农机具质量监督检验中心。

本标准主要起草人:吕树盛、赵丽伟、尚项绳。

引　言

近年来，需要由拖拉机液压系统提供液力和控制的机具和农林拖拉机附属设备，在数量、复杂性和有效运行需求方面快速发展。因此，许多该类机具含有专用阀门，要求具易于联接性能，需要接口和拖拉机机具液压系统控制。

本标准给出了有效和合理地实现各类拖拉机和机具组合相联接所必需的接口。

农林拖拉机和机具　副液压系统

1　范围

本标准规定了农林拖拉机副液压系统和拖拉机与机具间有关连接件的数量、型式、性能及标志。

2　规范性引用文件

下列文件中的条款通过本标准的引用而成为本标准的条款。凡是注日期的引用文件，其随后所有的修改单(不包括勘误的内容)或修订版均不适用于本标准，然而，鼓励根据本标准达成协议的各方研究是否可使用这些文件的最新版本。凡是不注日期的引用文件，其最新版本适用于本标准。

GB/T 3871.18　农业拖拉机　试验规程　第18部分：拖拉机与机具接口处液压功率(GB/T 3871.18—2006,ISO 789-10:1996,MOD)

GB/T 5862　农业拖拉机和机具　通用液压快换接头

GB/T 17446　流体传动系统及元件　术语(GB/T 17446—1998,idt ISO 5598:1985)

ISO 10448:1994　农业拖拉机　机具用液压压力

ISO 16028:1999　液压传动　压力为20 MPa(200 bar)~31.5 MPa(315 bar)的平面对接型快换接头　规范

3　术语和定义

下列术语和定义适用于本标准。

3.1

副液压系统　hydraulic power beyond

不受拖拉机远程阀控制，机具使用的农林拖拉机液力和/或控制部件。

3.2

压油口　pressure port

用于连接拖拉机主液压源的接口。

3.3

回油口　return port

来自机具或附属设备的液压油回流用接口。

3.4

负载信号(压力)口　load signal (pressure) port

用于连接拖拉机控制信号网络的接口。

3.5

排油口　drain port

使液压油，如马达内部泄漏的液压油进入拖拉机最低压力回油口所使用的接口。

3.6

副液压系统总成　hydraulic power beyond kit

由农林拖拉机制造厂提供，包括所有支架、装配件、密封件、管路、快换接头、防尘装置、安装到拖拉机上的说明书[包括基准流量等级、负载信号(压力)衰减值和回油压力]，以及机具与副液压系统接口连接的说明书。

4 系统和接口(见图1～图4)

4.1 开心式液压系统

具有GB/T 17446定义的开心式液压阀的农林拖拉机系统，需要设置压油口、回油口和排油口。图1给出了典型液压马达与具有开心式液压系统拖拉机连接的副液压系统接口设置的两种基本方式(副液压系统优先或拖拉机阀优先)。

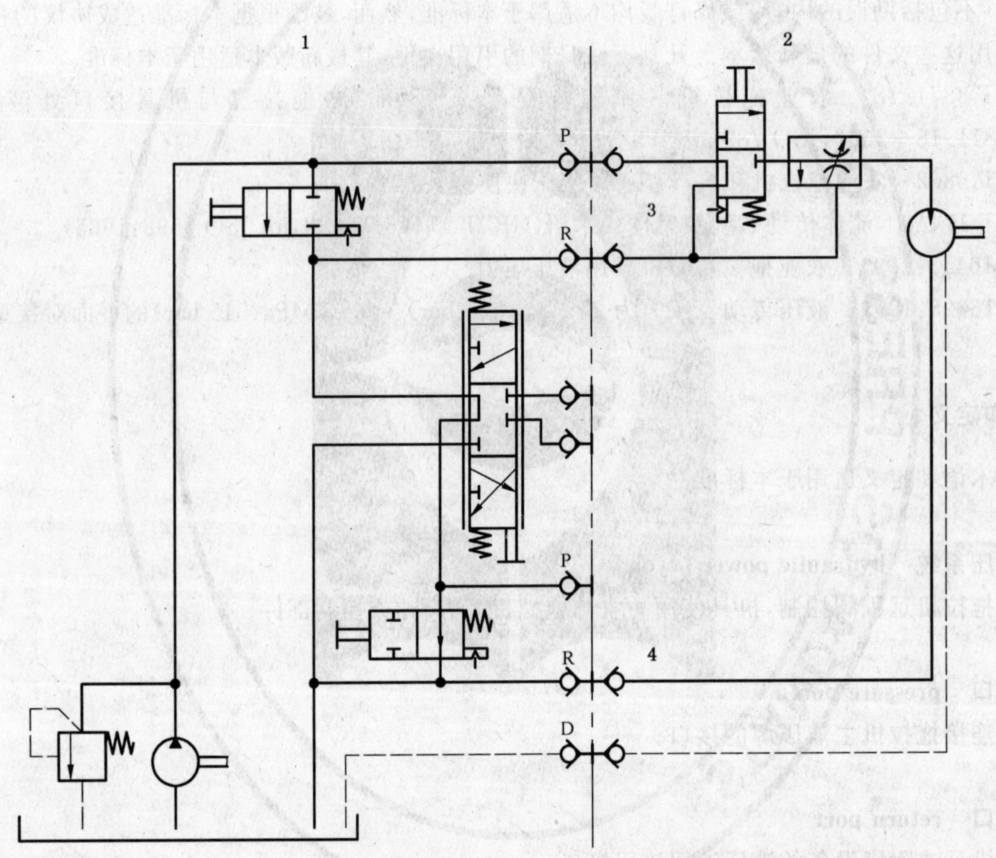

1——拖拉机液压回路；

2——机具液压回路；

3——拖拉机阀优先；

4——副液压系统优先。

图1 开心式液压系统

4.2 恒压闭心式液压系统

具有GB/T 17446定义的恒压闭心式液压阀的农林拖拉机系统，需要设置压油口、回油口和排油口。图2给出了典型液压马达与具有恒压闭心式液压系统拖拉机连接的副液压系统接口设置的一种基本方式。

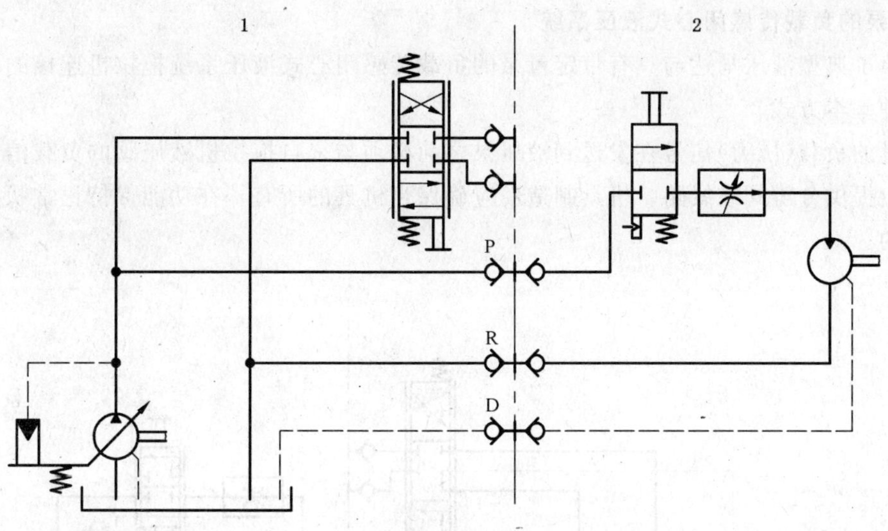

1——拖拉机液压回路；

2——机具液压回路。

图 2　恒压闭心式液压系统

4.3　负载传感闭心式液压系统

具有负载传感闭心式液压阀的农林拖拉机系统，需要设置压油口、回油口、负载信号(压力)口和排油口。图 3 给出了典型液压马达与具有负载传感闭心式液压系统拖拉机连接的副液压系统接口设置的一种基本方式。

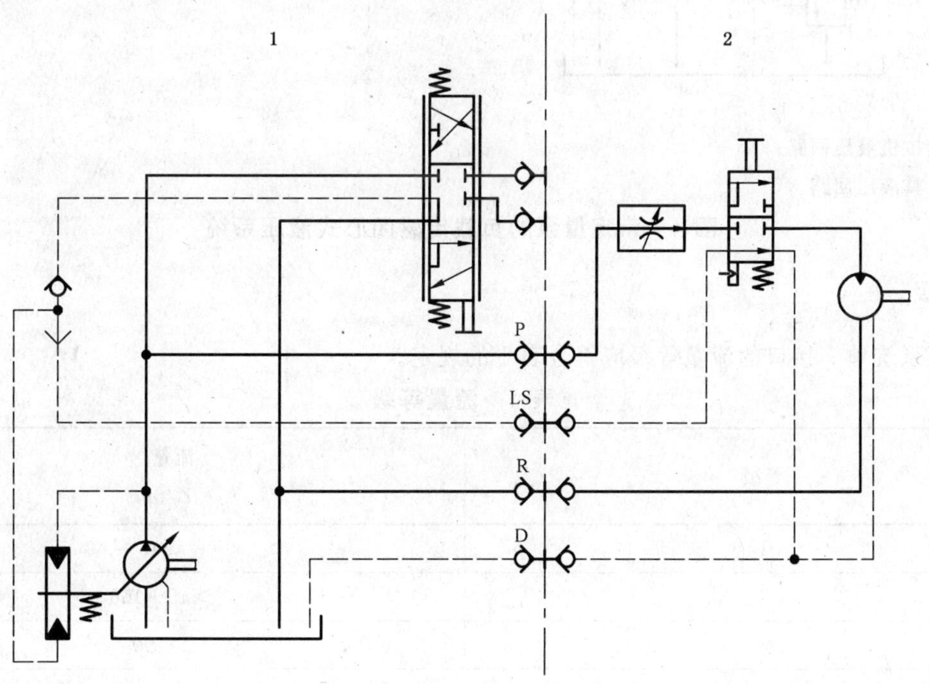

1——拖拉机液压回路；

2——机具液压回路。

图 3　负载传感闭心式液压系统

来自机具的负载(压力)信号在发送到液压泵之前必须与来自拖拉机液压阀的负载信号分辨开。拖拉机制造厂应提供分辨阀或线路。机具制造厂应确保当机具的所有外在功能保持正常状态时机具负载信号是稳定的。

4.4 带定量泵的负载传感闭心式液压系统

图 4 给出了典型液压马达与具有带定量泵的负载传感闭心式液压系统拖拉机连接的副液压系统接口设置的一种基本方式。

来自机具的负载(压力)信号在发送到液压泵之前必须与来自拖拉机液压阀的负载信号分辨开。拖拉机制造厂应提供分辨阀或线路。机具制造厂应确保当机具的所有外在功能保持正常状态时机具负载信号是稳定的。

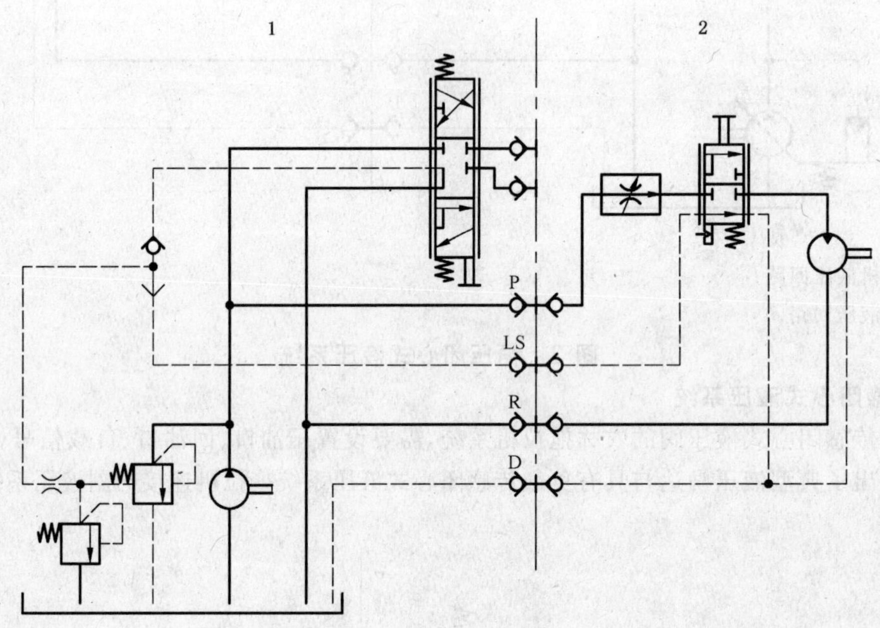

1——拖拉机液压回路；

2——机具液压回路。

图 4 带定量泵的负载传感闭心式液压系统

5 流量等级

副液压系统单一接口的流量等级应符合表 1 的规定。

表 1 流量等级

等级	流量[a,b] L/min
1	≤45
2	>45～100
3	>100

[a] 压油口的有效流量随系统类型和拖拉机系统功能变化。

[b] 在发动机标定转速下。

6 副液压系统

6.1 一般要求

拖拉机制造厂宜设置一组或多组副液压系统接口。

拖拉机制造厂应规定每组副液压系统接口的最大液力传输流量等级和系统类型。压力和温度特性应符合 ISO 10448:1994 表 1 的规定。排油口背压应不超过:

——100 kPa,流量为 20 L/min 时;

——25 kPa,流量为零时。

当使用快换接头时,拖拉机上安装的阴接头应符合 ISO 16028(不推荐 ISO 7241 或 GB/T 5862)规定,以保证不同制造厂和不同系统类型间能够形成相同的系统接口。

注:如果参照 ISO 7241 的规定,可认为 19 号快换接头相当于 20 号快换接头。

表 2 给出了符合 ISO 16028 规定的副液压系统快换接头的推荐规格。

表 2 快换接头

副液压系统流量等级[a]	推荐快换接头规格[b]			
	压油口	回油口	负载信号接口	排油口
1	12.5	12.5	6.3	10
2		19		
3	19	25		

a 声明使用的快换接头流量等级可改变,以适应或扩大副液压系统的适用范围。

b 使用不推荐的快换接头的规格尺寸宜满足本表规定,但系统性能特征可以变化。

压油口快换接头应具有自密封性能,但不应具有发动机运转下能连接性能。回油口、负载信号(压力)口和排油口快换接头可具有压力下连接性能,但应具有连接后能开启的液压油通道。所有的快换接头宜具备 GB/T 17446 定义的分离功能。

在设计副液压系统回路时,应考虑从拖拉机供油口到机具控制阀工作口的负载信号的最大压降。拖拉机制造厂宜声明额定流量下副液压系统快换接头和负载信号(压力)接头之间的负载信号(压力)压降。

拖拉机制造厂应提供副液压系统总成回路的连接信息;机具制造厂应提供机具与设定的拖拉机系统型式相连接的说明。

6.2 接口和快换接头的标志

拖拉机上的接口和快换接头是副液压系统总成的组成部分,宜使用下列字母符号进行标识:

——压油口:P;

——回油口:R;

——负载信号(压力)口:LS;

——排油口:D。

7 副液压系统系统性能测试

副液压系统压油口的流量和功率宜按 GB/T 3871.18 的规定进行测量,测量条件如下:

——发动机在标定转速下运行;

——在带和不带快换接头情况下测量回油口压力。

在带和不带快换接头情况下,按 GB/T 3871.18 的规定测量排油口压力。

流量测量见 6.1。

在额定流量下,当通过靠近压油口安装的节流阀压差达到最大时,测量负载信号(压力)压降。

注:负载传感闭心式液压系统的测试见图 5。

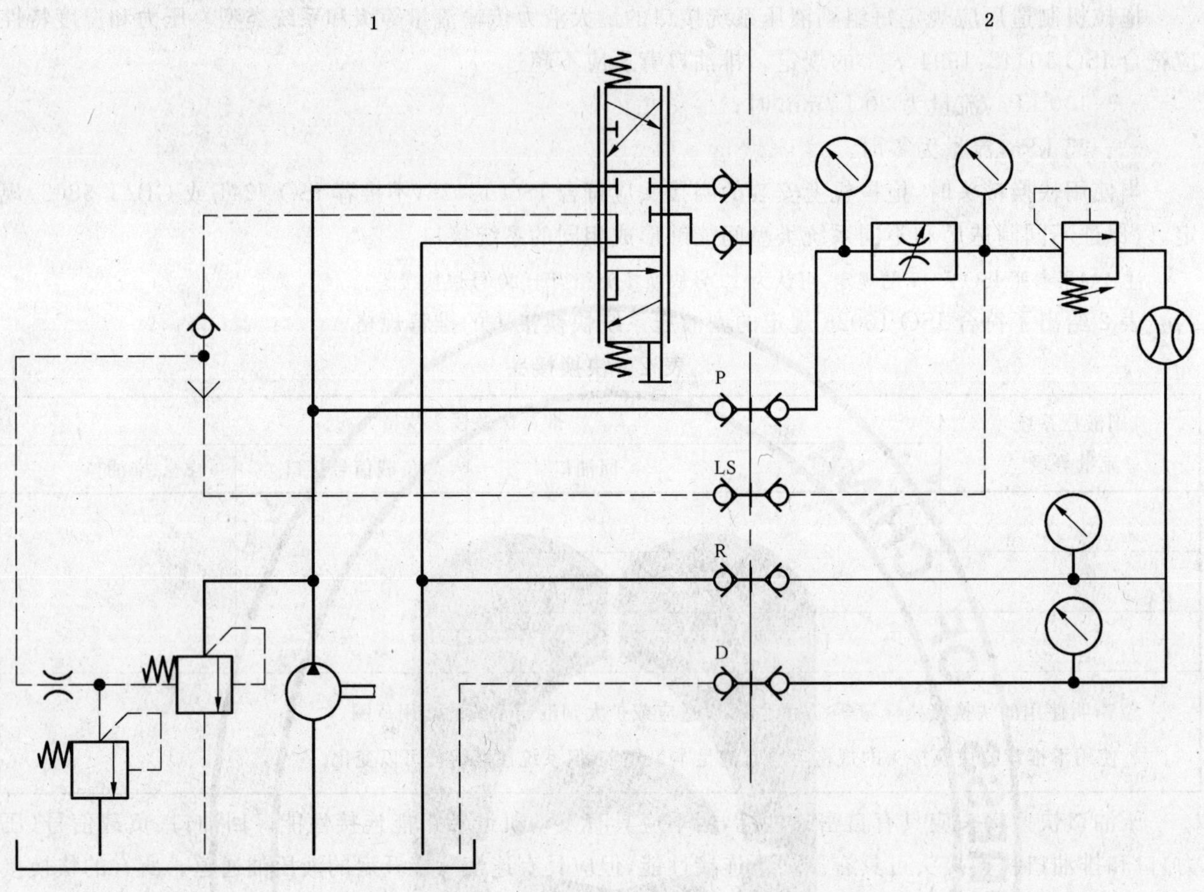

1——拖拉机液压回路；
2——测试液压回路。

图 5　负载传感闭心式液压系统-副液压系统测试液压回路

8　连接位置

连接位置可按 GB/T 5862 的规定。

参 考 文 献

[1] ISO 1219-1:1991 Fluid power systems and components—Graphic symbols and circuits diagrams—Part 1:Graphic symbols.

[2] ISO 7241-1:1987 Hydraulic fluid power—Quick-action couplings—Part 1:Dimensions and requirements.

ICS 65.060.01
B 90

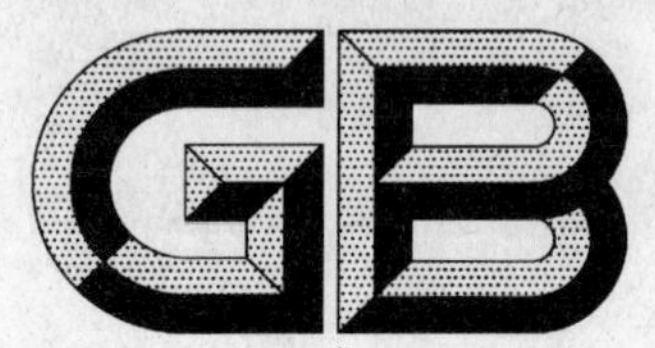

中华人民共和国国家标准

GB/T 24669—2009/ISO 17612:2004

农林拖拉机和机械　驾驶员操作位置用附属电力传输联接器

Tractors and machinery for agricultural and forestry—Auxiliary-power-transmission connector for the operator station

(ISO 17612:2004,IDT)

2009-11-30 发布　　2010-04-01 实施

中华人民共和国国家质量监督检验检疫总局
中国国家标准化管理委员会　发布

前　　言

本标准等同采用 ISO 17612:2004《农林拖拉机和机械　驾驶员操作位置用附属电力传输联接器》(英文版)。

本标准等同翻译 ISO 17612:2004。

为便于使用,本标准做了如下编辑性修改:

——“本国际标准”一词改为“本标准”;

——删除了 ISO 17612:2004 的前言;

——用小数点“.”代替作为小数点的逗号“,”。

本标准由中国机械工业联合会提出。

本标准由全国农业机械标准化技术委员会归口。

本标准起草单位:中国农业机械化科学研究院、洛阳拖拉机研究所、国家农机具质量监督检验中心。

本标准主要起草人:张咸胜、吕树盛、尚项绳、皇才进、赵丽伟。

引　言

本标准规定了一种农业拖拉机和机械的封闭式驾驶室驾驶员操作位置用电力传输联接器。本标准给出的技术规范将使制造厂在驾驶室中设置单个和多个电路引出口,供典型的装置包括监视器、小负载控制器、远程操纵装置和其他各种需用装置使用。本标准仅给出了这些装置的尺寸和电气特征。

GB/T 20344 规定了农业拖拉机和机械用的其他电力传输联接器。对于本标准和其他标准涉及的联接拖拉机和机具或其他设备的电力传输联接器见参考文献。

农林拖拉机和机械 驾驶员 操作位置用附属电力传输联接器

1 范围

本标准规定了农业拖拉机和机械的封闭式驾驶室驾驶员操作位置用电力传输联接器及其 12 V 电源插头的基本接口尺寸。该电力传输联接器预定用作向附属装置供电的非环境密封的便捷型电源，为驾驶员提供一种不改变拖拉机/机器电力线束布置情况下获得电力的方法。本标准规定电力传输联接器的最大电流容量为 30 A。

本标准不适用于 6 V 或 24 V 等其他电压系统。

2 规范性引用文件

下列文件中的条款通过本标准的引用而成为本标准的条款。凡是注日期的引用文件，其随后所有的修改单(不包括勘误的内容)或修订版均不适用于本标准，然而，鼓励根据本标准达成协议的各方研究是否可使用这些文件的最新版本。凡是不注日期的引用文件，其最新版本适用于本标准。

GB/T 1804—2000 一般公差 未注公差的线性和角度尺寸的公差(eqv ISO 2768-1:1989)

3 术语和定义

下列术语和定义适用于本标准。

3.1

接触件 contact

联接器的导电元件，插销或插孔。

3.2

插销 pin

插头接触件。

3.3

插孔 contact socket

插座接触件。

3.4

配电盘插座 power strip socket

组成配电盘整体的电力联接器的插座部分。

3.5

配电盘插头 power strip plug

与电力装置连接的电力联接器的插销部分。

3.6

联接器 connector

完全匹配的插座、插头、插销和插孔总成。

3.7

配电盘 power strip

含有一个或多个配给电力位置的联接器。

3.8

开关电路　switched current

在电池和配电盘之间含有开关元件的电力线路。

3.9

非开关电路　un-switched current

在电池和配电盘之间具有不间断电路的电力线路。

3.10

附属装置　auxiliary device

与配电盘插头连接的装置。

例：如监控器、控制器、通讯设备、计算机均属附属装置。

4　要求

4.1　尺寸要求

4.1.1　配电盘插座

联接器应由含有一个或多个插孔的基座组成。

每个插孔均应有唇状防护盖，防护盖应在弹簧载荷作用下关闭或由锁销将其保持在关闭位置。唇状防护盖上应有标示接触件位置和相应用途的符号。

图 1 所示为典型示例，但仅供参考。

插孔和插销布置尺寸应满足图 2 的规定。

插孔至少应用锡板材料制成并与图 3 规定的插销匹配。

4.1.2　配电盘插头

配电盘插头的主要外部尺寸应符合图 4 的规定，以与配电盘插座形成标准匹配。

单位为毫米

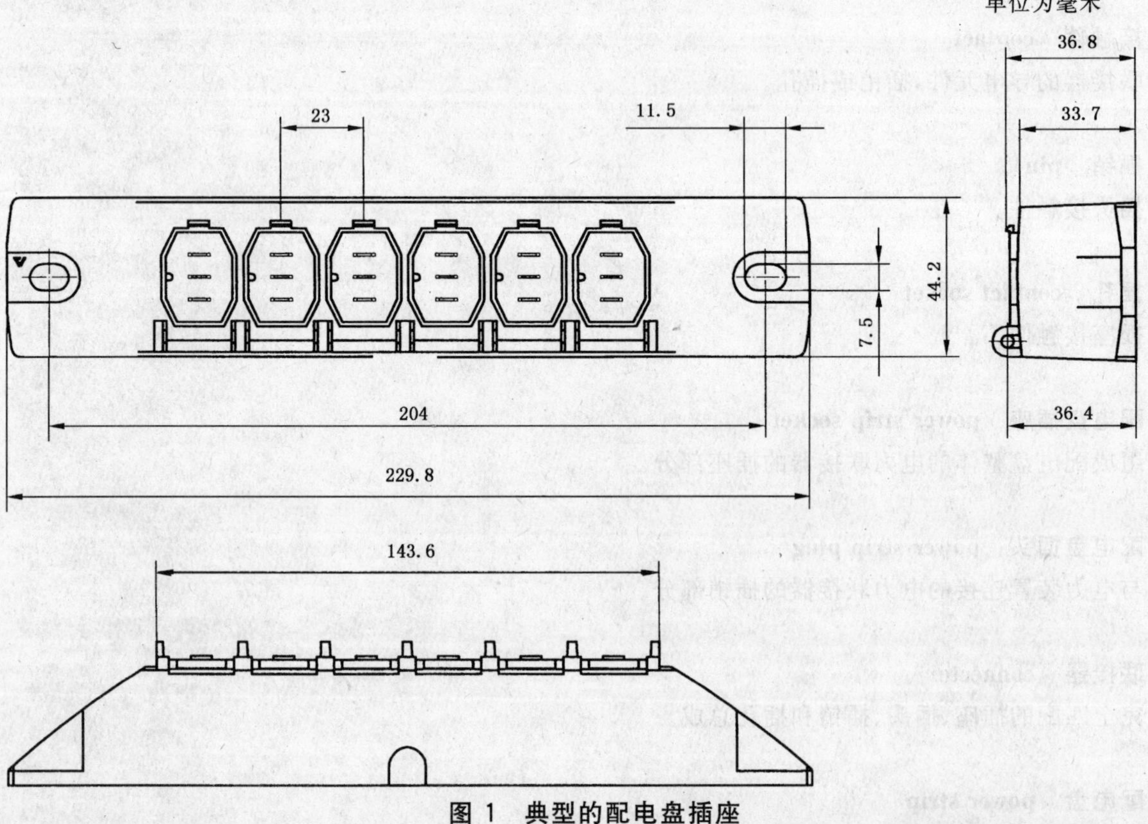

图 1　典型的配电盘插座

单位为毫米

公差应符合 GB/T 1804—2000 中 m 级的规定

图 2　插孔和插销布置尺寸

单位为毫米

公差应符合 GB/T 1804—2000 中 m 级的规定

图 3　配电盘插头的插销

单位为毫米

公差应符合 GB/T 1804—2000 中 m 级的规定

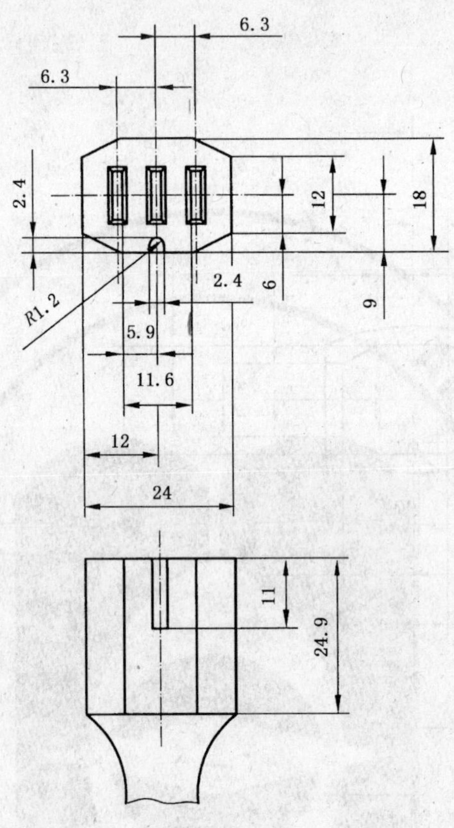

图 4 配电盘插头

4.2 电气要求

4.2.1 电压

机器发动机标定转速下，接触件 A 和 C 相对于接触件 B 的直流额定电压应为 12 V，见表 1。

4.2.2 电流

任何一个联接器(插座)开关电路和非开关电路的电流总和不应超过 30 A。一个多路联接器配电盘引出的总电流不应超过 30 A。

4.2.3 接触件电气要求

基于电路(源于电力配送中心)的最大电流容量，对接触件 A 和 C 应提供电路保护措施，电路的最大电流不应超过 30 A。

接触件 B 应设置直接与电池接地架附近或上面的适当接地终端相连的专用电路。

4.2.4 接触件布局和功能

接触件的布局应如图 2、图 3 和图 4 所示。

接触件应有符合表 1 规定的接触件名称、用途和符号。

表 1 接触件名称、用途和符号

接触件名称	用途	符号
接触件 A	+12 V 直流非开关电路	A
接触件 B	电池负极电路(接地电路)	B
接触件 C	+12 V 直流开关电路	C

参 考 文 献

[1] ISO 1724 Road vehicles—Connectors for the electrical connection of towing and towed vehicles—7-pole connector type 12 N (normal) for vehicles with 12 V nominal supply voltage.

[2] ISO 8092-2 Road vehicles—Connections for on-board electrical wiring harnesses—Part 2: Definitions, test methods and general performance requirements.

[3] ISO 8935 Tractors for agriculture and forestry—Mountings and apertures for external equipment controls.

[4] ISO/TR 12369 Agricultural tractors and machinery—Electrical power transmission connectors.

ICS 65.060.35
B 91

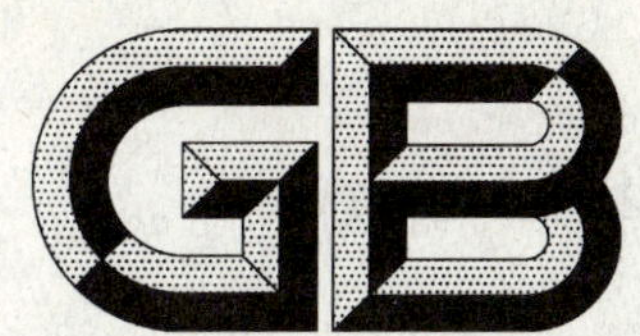

中华人民共和国国家标准

GB/T 24670—2009

节水灌溉设备　词汇

Water-saving irrigation equipment—Vocabulary

2009-11-30 发布　　　　2010-04-01 实施

中华人民共和国国家质量监督检验检疫总局
中国国家标准化管理委员会　发布

前　言

本标准由中国机械工业联合会提出。

本标准由全国农业机械标准化技术委员会(SAC/TC 201)归口。

本标准起草单位:江苏大学流体机械工程技术研究中心、中国农业机械化科学研究院。

本标准主要起草人:王洋、吕树盛、李红、赵丽伟。

节水灌溉设备　词汇

1　范围

本标准规定了农业灌溉设备的常用术语和定义。

本标准适用于节水灌溉设备(包括喷灌机、喷灌泵、喷灌管路、喷头等设备)设计、制造和试验。

2　术语和定义

2.1

节水灌溉　water-saving irrigation

根据作物的需水规律及当地的供水条件,为获得农业最佳经济效益、生态环境效益而采取的有效利用天然降水和灌溉水的多种措施的总称。

2.2　喷灌机

2.2.1

喷灌机　sprinkling irrigation machine (sprinkling machine)

将动力机、泵、管路、喷头、移动装置等按一定方式组合配套具有整体性的喷灌机械。

2.2.2

多支座喷灌机　multi-support sprinkling machine

喷洒支管固定在滚轮或塔架车上的喷灌机,包括中心支轴式、平移式和滚移式喷灌机等。

2.2.3

中心支轴式喷灌机(圆形喷灌机)　center pivot sprinkling machine

喷洒支管固定在若干个塔架车上,并绕中心支轴旋转的喷灌机。

2.2.4

平移式喷灌机　translation line move sprinkling machine

喷洒支管支撑在若干个塔架车上,并沿其垂直方向边移边喷的喷灌机。

2.2.5

滚移式喷灌机　roll wheel line move sprinkling machine

以固定在若干个滚轮上的支管为轮轴,沿其垂直方向滚移的喷灌机。

2.2.6

绞盘式喷灌机　traveler sprinkling irrigation machine

通过绞盘卷绕专用软管或钢索,牵引喷头车移动的喷灌机。

2.2.6.1

软管牵引绞盘式喷灌机　reel traveler sprinkling irrigation machine

绞盘车固定,绞盘卷绕并拖曳输水软管牵引配水装置(通常是喷枪)小车行走的绞盘式喷灌机。

2.2.6.2

钢索牵引绞盘式喷灌机　tow cable traveler sprinkling irrigation machine

将装有水马达和配水装置的绞盘车通过钢索固定装置卷绕钢索并拖曳输水软管牵引运行的绞盘式喷灌机。

2.2.7

双臂式喷灌机　double boom sprinkling machine

在行走机械两侧伸出悬臂式桁架,以喷洒支管为其弦杆的喷灌机。

2.2.8

拖拉机悬挂式喷灌机　tractor-mounted sprinkling machine

水泵安装在拖拉机液压悬挂机构上,并由拖拉机动力输出轴驱动的喷灌机。

2.2.9

手推车式喷灌机　trolley sprinkling machine

动力机、水泵安装在手推车上的喷灌机。

2.2.10

手抬式喷灌机　stretcher sprinkling machine

动力机、水泵安装在人工抬移架上的喷灌机。

2.2.11

中心支轴　center pivot

中心支轴式喷灌机支管的进水部分,也是支管的支承部件和旋转轴。

2.2.12

中心支座　center support

支承中心支轴的部件。

2.2.13

集电环　collector ring

电动中心支轴式喷灌机中,避免电缆缠绕的接线装置。

2.2.14

百分率计时器　percent timer

控制中心支轴式喷灌机走停时间比例及运行周期的继电器。

2.2.15

塔架车　span tower carriage

用塔架支承支管并装有驱动装置的车。

2.2.16

同步控制系统　synchronous control system

调整塔架车的行走速度,使支管基本保持直线的控制系统。

2.2.17

地角系统　corner system

中心支轴式喷灌机喷洒非圆形田块地角时的附加系统。

2.2.18

平移导向装置　line move guidance device

保持驱动车沿垂直支管、并平行于直线灌渠方向前进的装置。

2.2.19

过量停喷装置　excess water protecting device

防止喷灌机由于某些因素引起喷水过量的自动停喷装置。

2.2.20

驱动台车　driving carriage

平移式喷灌机中装有动力、控制、取水等设备的中央或首端塔架车。

2.2.21

绞盘车　winch truck

绞盘式喷灌机中,装有绞盘及其驱动装置和专用软管等设备的车。

2.2.22

喷头车 sprinkler wagon

绞盘式喷灌机中，由绞盘牵引移动的喷水装置。

2.2.23

喷幅 sprinkling width

垂直于喷灌机前进方向的有效喷洒宽度。

2.2.24

绞盘 spool

用于缠放输水软管或钢索的绞盘式喷灌机的部件，是一个绕水平轴旋转、两端带有凸缘式挡板的滚筒。

2.2.25

配水装置 water distribution system

将灌溉水散落在一条矩形带上的旋转式喷头、喷枪、旋转式喷头和喷枪的组合、装旋转式喷头或微喷头的桁架等。

2.2.26

末端喷枪 endgun

安装在中心支轴式或平移式喷灌机末端，用以增加灌溉面积的一个或多个旋转式或非旋转式喷头。末端喷枪通常只在一个时段内运行，以使喷灌机产生某种喷洒边界。

2.2.27

喷头组件 sprinkler package

安装在中心支轴式或平移式喷灌机管道出水口上的一组装置。该装置可由旋转式或非旋转式喷头组成，也可包括为满足某种特殊喷灌机需要或达到一组特殊运行参数所需的管子、管件和压力(或流量)调节装置。

2.2.28

有效半径 effective radius

中心支轴式喷灌机所灌溉的圆形面积的半径。常规计算方法是用中心支轴距末端旋转式或非旋转式喷头的距离，加上末端喷头射程的75%。

2.2.29

有效长度 effective length

平移式喷灌机所灌溉的面积上，与管道平行方向的尺寸。常规计算方法是用管道上两个相距最远的旋转式或非旋转式喷头之间的距离，加上这两个喷头射程之和的75%。如果管道下面的一部分面积被供水系统占用，并且该面积不种植作物，则有效长度不包括这段距离。

2.3 灌溉用泵

2.3.1

喷灌泵 sprinkling irrigation pump

用于喷洒灌溉的水泵，常用的有离心泵、自吸泵、微型泵、多级泵、长轴井泵、潜水电泵等。

2.3.2

自吸泵 self-priming pump

自吸式离心泵的简称，其进水管不设底阀，泵体结构加以改变，使之停车后能储存一部分水，启动时通过空气和水的混合与离析，逐步将进水管及泵内空气排出，脱气的水经过回流通道返回泵内适当位置并重复上述过程，而达到自吸充水目的的离心泵。

2.3.3

内混式自吸泵　self-priming pump with inner recirculation

空气和水在叶轮进口或内部进行混合的自吸泵。

2.3.4

内部回流内混式自吸泵　self-priming pump with inner recirculation and inside-reflux

回流通道全在泵体内部的内混式自吸泵。

2.3.5

外部回流内混式自吸泵　self-priming pump with inner recirculation and outside-reflux

回流通道延伸到泵体外部的内混式自吸泵。

2.3.6

外混式自吸泵　self-priming pump with outer recirculation

空气和水在叶轮外面进行混合的自吸泵。

2.3.7

轴向回流外混式自吸泵　self-priming pump with outer recirculation and axial-reflux

回流方向平行于泵轴的外混式自吸泵。

2.3.8

径向回流外混式自吸泵　self-priming pump with outer recirculation and radial-reflux

回流方向垂直于泵轴的外混式自吸泵。

2.3.9

喷灌增压泵　sprinkling irrigation booster pump

喷灌时给水增加压能的泵。

2.3.10

气水分离泵　air-water separation chamber

设置在自吸泵体内出水侧上方，促进空气离析的腔体。

2.3.11

轴封机构　shaft seal mechanism

在泵轴伸出泵体处，为防止空气进入泵内、减少压力水流出泵外而设置的密封装置。喷灌泵常用的轴封机构有填料密封、机械密封和骨架式橡胶密封。

2.3.12

填料密封　packing seal

由填料、填料压盖、水封管、水封环和挡套等组成的轴封机构。

2.3.13

机械密封　mechanical seal

由动静密封环、座和弹簧或其他加荷部件套装在泵轴上组成的轴封机构，喷灌泵常用的单端面机械密封。

2.3.14

骨架式橡胶密封　rubber seal with spring rim

由若干个内嵌弹簧骨架的橡胶密封圈套装在泵轴上组成的轴封机构，亦称骨架式密封。

2.3.15

离心泵自吸装置　self-priming device of centrifugal pump

离心泵不设底阀时，在泵体外附加的自吸充水装置，常用的有外回流自吸装置，排气启动器和手动泵等。

2.3.16

外回流自吸装置　self-priming system with outside-reflux

由气水分离器、回路管路、阀门和喷嘴等组成的离心泵自吸充水装置。

2.3.17

排气启动器　exhaust-gas primer

利用内燃机排出废气，实现离心泵自吸充水的装置，亦称内燃机排气自吸装置。

2.3.18

手动泵　hand pump

手动式容积泵的简称，用于提水、增压或作为离心泵的充水自吸装置。

2.3.19

自吸高度　self-priming height

从静止液面到泵入口中心线的几何高度，单位为米(m)。

2.3.20

规定自吸高度　specified self-priming height

在规定试验条件下，泵在保证工况点运行时不产生汽蚀现象，确保实现的自吸高度，单位为米(m)。

2.3.21

自吸时间　self-priming time

在规定试验条件下，泵从起动开始连续运转到泵出口开始连续输出液体所需要的时间，单位为秒(s)。

2.3.22

规定自吸时间　specified self-priming time

规定自吸高度下测得的自吸时间，单位为秒(s)。

2.3.23

自吸性能　self-priming characteristic

泵启动过程中自动吸水的能力，用泵的最大自吸高度以及规定的自吸高度下从启动到正常出水所需要时间表示。

2.3.24

自吸性能试验　self-priming characteristic test

在规定条件下，测定泵自吸高度的最大值以及自吸高度与相应的正常出水时间之间关系的试验。

2.3.25

水动注入泵　water-driven injector pump

水动化肥-农药注入泵　water-driven chemical injector pump

仅依靠灌溉水的能量驱动活塞、涡轮等液动装置，向灌溉系统注入化肥和农药的液动泵。

2.3.25.1

比例式水动注入泵　proportional water-driven injector pump

比例式水动化肥-农药注入泵　proportional water-driven chemical injector pump

在制造厂声明的灌溉水流量条件下，混合比在整个运行期间保持相对稳定的水动注入泵。

2.3.25.2

串接式水动注入泵　in-line water-driven injector pump

串接式水动化肥-农药注入泵　in-line water-driven chemical injector pump

安装在灌溉系统主管路或旁路上，并具有下述三个进出口的水动注入泵：

——一个化肥和农药进口；

——一个灌溉水进口；

——一个已注入化肥和农药的灌溉水出口。

2.3.25.3

并接式水动注入泵　on-line water-driven injector pump

并接式水动化肥-农药注入泵　on-line water-driven chemical injector pump

不安装在灌溉系统主管路上,并具有下述四个进出口的水动注入泵:

——一个化肥和农药进口;

——一个化肥和农药出口;

——一个驱动水进口;

——一个驱动水出口。

2.3.25.4

化肥-农药储存罐　chemical storage tank

用于储存化肥和农药,并把它们提供给水动注入泵的容器。

2.4 灌溉管路及附件

2.4.1

喷灌管路　pipeline of sprinkling irrigation

用于输送喷洒水的管路。

2.4.2

管路　pipeline

由管子和管件组成的设备。

2.4.3

喷灌用管　pipe for sprinkling irrigation

输送喷洒水等用途的圆截面管,常用的有金属管、塑料管、水泥制品管等。

2.4.4

金属薄壁管　thin-wall metal pipe

镀锌薄壁管和铝(铝合金)管的合称。

2.4.5

镀锌薄壁钢管　thin-wall galvanized steel pipe

由薄钢板制成并经镀锌处理的管,喷灌中使用的镀锌薄壁钢管直径与厚度之比为 50:1～100:1。

2.4.6

薄壁铝(铝合金)管　thin-wall aluminum (aluminum-alloy) pipe

由铝(铝合金)作为材料制成的薄壁管,喷灌中常用的薄壁铝(铝合金)管直径与厚度之比为 40:1～60:1。

2.4.7

塑料管　plastics pipe

由塑料制成一定长度的空心圆筒形制品。喷灌中使用的有硬聚氯乙烯管、聚丙烯管、低密度聚乙烯管、高密度聚乙烯管、涂塑软管等。

2.4.8

硬聚氯乙烯管　hard polyvinyl chloride pipe

将聚氯乙烯树脂与稳定剂、润滑剂等配合后,经挤出成型而得的管。

2.4.9

软聚氯乙烯管　soft polyvinyl chloride pipe

将聚氯乙烯树脂与增塑剂、稳定剂及其他辅助剂等配合后,经挤出成型而得的管。

2.4.10

共聚聚丙烯管　polypropylene pipe

由共聚聚丙烯树脂经挤出成型而得的管。

2.4.11

低密度聚乙烯管　low density polyethylene pipe

由低密度聚乙烯树脂(有的还需加入添加剂)经挤出成型而得的管。

2.4.12

高密度聚乙烯管　high density polyethylene pipe

由高密度聚乙烯树脂(有的还加入添加剂)经挤出成型而得的管。

2.4.13

涂塑软管　plastic-coated hose

由高强度合成纤维织造而成管坯,并内外挤涂合成树脂而得的软管。

2.4.14

管件　pipe fitting

管路中起连接、控制、变向、分流、密封、支撑等作用的零部件的统称。

2.4.15

接头　coupler

管路中起连接作用的零部件。

2.4.16

快速接头　quick coupler

可快速拆装的接头。

2.4.17

承插式快速接头　plug type quick coupler

由承口、插口、密封圈等组成,具有自泄能力的快速接头。

2.4.18

球形快速接头　spherical quick coupler

由球碗、球头和密封圈等组成,具有一定偏转角的快速接头。

2.4.19

牙扣式快速接头　jaw type quick coupler

由带牙扣的阳接头,带缺口、凹槽的阴接头和密封圈组成,具有自泄能力的快速接头。

2.4.20

三通阀　three-way valve

控制管路给水、分流的一种阀门。

2.4.21

喷头竖管阀　riser outlet valve

快速连接竖管向喷头供水的阀门。

2.4.22

泄水阀　drain valve

管路中排水阀门。

2.4.23

快速空气阀　quick-acting air valve

管路中供、停水时,自动快速排、进空气的阀门。

2.4.24

进排气阀　air release valve

管路泄水时自动打开使大气中的空气进入管路，管路充水和在有压情况下正常运行时将管路中的空气排放到大气中的阀门。

2.4.24.1

复式多功能进排气阀　dual triple-function air release valve

由一个可连续动作的高压进排气阀和一个低压进排气阀组装在一起，根据各自功能单独运行的进排气装置。

注：复式多功能进排气阀具有下述功能：

——在工作压力下可连续排出管路中的空气；

——在管路系统泄水时可快速补进空气；

——在管路系统充水时可快速排出空气。

2.4.24.2

高压连续动作进排气阀　high-pressure continuous-acting air release valve

具有小截面排气孔，当管路处于正常运行状态(管路压力在额定工作压力范围内的常用水压)时，排出积聚于进排气阀附近管路内的气团；当管路内的压力低于或等于大气压时，使空气进入管路的进排气阀。

2.4.24.3

低压进排气阀　low-pressure air release valve

具有大截面排气孔，管路充水时快速排出积聚于管内的空气，泄水时快速往管路内补气的进排气阀。

2.4.25

角阀　angle valve

阀体通常是圆柱体形，阀体两端在同一平面内互成直角，阀杆中心线和阀体一端的中心线在同一直线上的阀。

2.4.26

球阀　ball valve

通过改变阀内球的通道方向，从而控制流经阀水量的阀。

2.4.27

隔膜阀　diaphragm valve

通过阀内的柔性隔膜关闭阀，并用调节机构控制流经阀水量的阀。

2.4.28

直通阀　globe valve

阀体通常是圆柱体形，阀体两端中心线在同一条直线上，阀杆中心线和阀体两端中心线互成直角的阀。

2.4.29

斜杆阀　oblique

Y型直通阀　Y-globe valve

阀体两端中心线在同一条直线上，阀杆中心线和阀体两端中心线互成斜角的阀。

2.4.30

止回阀　check valve

仅允许单向流动，并借助自动止回机构阻断反向水流的阀。该阀借助水流打开，水流停止时借助止回机构的重力或机械力(例如弹簧力)关闭。

2.4.30.1

带有限位器的止回阀　check valve complete with stop

带有可调限位器来限制止回机构升起高度的止回阀。

2.4.30.2

水平式止回阀　horizontal pattern check valve

水平安装，进口和出口中心线在同一轴线上的止回阀。

2.4.30.3

立式止回阀　vertical pattern check valve

竖直安装，进口和出口中心线在同一轴线上的止回阀。

2.4.30.4

角式止回阀　angle pattern check valve

倾斜安装，进口和出口中心线互成直角的止回阀。

2.4.30.5

升降式止回阀　lift-type check valve

借助正常方向水流，将由圆盘、活塞或球组成的止回机构推离阀座的止回阀。

2.4.30.6

旋启式止回阀　swing-type check valve

止回机构由绕铰链旋转的圆盘或两个半圆盘组成的止回阀。

2.4.31

定量阀　volumetric valve

在各种流量下，计量流经的水量并在达到预置水量后自动关闭的农用灌溉阀。

2.4.31.1

顺次定量阀　serial volumetric valve

定量阀灌溉系统中能顺次运行的定量阀。

2.4.31.2

二通顺次定量阀　two-way serial volumetric valve

并联在定量阀灌溉系统中，有一个进口和一个出口的定量阀。该阀在预置的开启位置时借助水力信号开启，达到预置的水量后关闭，并能把水力信号传递给系统中的下一个定量阀，使其运行。

2.4.31.3

三通顺次定量阀　three-way serial volumetric valve

有一个进口和两个常开出口(进口压力为大气压时)的定量阀。第一个出口流过预置的水量后自动关闭，继而第二个出口自动开启，剩余水量流经第二个出口后，将水力信号传递给灌溉系统中的下一个定量阀。

注：系统中第一个定量阀进口的开启和关闭可以是手动，也可以是自动。

2.4.31.4

非顺次定量阀　non-serial volumetric valve

独立而不能顺次运行的定量阀。

2.4.32

水动灌溉阀　hydraulically operated irrigation valve

借助水压运行的灌溉用阀。

2.4.32.1

常开(N.O.)水动阀　normally open(N.O.) valve

不给驱动机构施加最小启动压力时，保持打开状态的水动阀。

2.4.32.2

常闭(N.C.)水动阀　normally closed(N.C.) valve

不给驱动机构施加最小启动压力时,保持关闭状态的水动阀。

2.4.33

隔离阀　isolation valve

仅应用于全开或全闭位置的阀门。

2.4.34

全通阀　full bore valve

阀座直径不小于阀体末端口内径的90%的阀门。

2.4.35

通阀　clear way valve

此种阀门设计有一个无堵塞流道,此流道可允许直径不小于阀体末端口内径的球体通过。

2.4.36

控制阀　control valve

是一种用于在规定范围内按照一定函数关系调节的设备。

注:函数关系是指流量,电平控制以及上游或者下游处的压力之间的关系。

2.4.36.1

自动控制阀　autonomous control valve

有控制函数积分功能的控制阀,可以通过调节气密装置位置得到传输水的能量实现自动控制。

2.4.36.2

非自动控制阀　non-autonomous control valve

需要外部装置实现特定关系的调节。

2.4.36.3

减压阀　pressure-reducing valve

不考虑流量或进口压力变化,用于降低进出口高压的控制阀。

2.4.36.4

保压阀　pressure-sustaining valve

不考虑流量或出口压力变化,用于保持进口压力的控制阀。

2.4.37

直动式压力调节器　direct-acting pressure-regulating valve

压力调节器　pressure regulator

当进口压力或流量变化时,其流道自动变大或变小,使出口保持一个相对恒定压力的调节阀。

2.4.37.1

普通压力调节器　ordinary pressure regulator

安装在灌溉装置上游,构成一个独立单元的压力调节器。

2.4.37.2

单值域压力调节器　single-range pressure regulator

具有一个固定不变的压力设定值的压力调节器。

2.4.37.3

多值域压力调节器　multi-range pressure regulator

通过更换调压元件(弹簧、调节片等)来选择压力设定值,而不是通过外部调节来改变压力的压力调节器。

2.4.37.4

可调式压力调节器　adjustable pressure regulator

通过外部调节而不是通过更换调节部件中的零件来改变压力设定值的压力调节器。

2.4.37.5

附属压力调节器　integral pressure regulator

作为灌溉设备的一个组成部件，或配装在特定的灌溉设备上的压力调节器。

2.4.38

鞍座　saddle

通过管壁上的孔在管道上组装出支管出水口的接头。

2.4.39

竖管支架　riser support

支撑竖管使其保持铅直稳定的装置。

2.4.40

管路支架　pipeline support

支撑移动管路使其架离地面的装置。

2.4.41

管路工作压力　working pressure of pipeline

管路工作时允许达到的内水压力，单位为帕(Pa)。

2.4.42

管路试验压力　test pressure of pipeline

耐水压试验时管路应承受的规定压力，单位为帕(Pa)。

2.4.43

镀锌层结合力　galvanized-layer combining capacity

镀锌层在管和管件表面的附着能力。

2.4.44

镀锌层厚度　galvanized layer thickness

镀在管子表面的锌层厚度，单位为微米(μm)，或以每平方米锌层的重量(g/m^2)表示。

2.4.45

自泄量　self-discharge rate

作自泄试验时，在规定条件下接头处自泄的水量，单位为升每分钟(L/min)。

2.4.46

百米管路水头损失　head loss in hundred-meter pipeline

在规定条件下，水通过百米管路沿程和局部水头损失之和，单位为米水柱。

2.4.47

管路性能试验　pipeline hydraulic performance test

对管路进行耐水压、密封、自泄、偏转角、百米水头损失、局部损失、多孔系数、压扁等项试验的统称。

2.4.48

压扁(扁平)试验　flattening test

将圆截面管压扁到规定数值，考核焊缝是否合格的试验。

2.4.49

扩口试验　expanding test

将管口扩大，考核焊缝是否合格的试验。

2.4.50

管路耐水压试验　pipeline pressure test

在规定条件下,考核管路是否承受内水压力的试验。

2.4.51

管路密封试验　pipeline water-tight test

在规定条件下,考核管路连接部位密封性能的试验。

2.4.52

自泄试验　self-discharge rate test

测定管路自泄量的试验。

2.4.53

偏转角试验　deflection angle test

在规定的试验压力和偏转角条件下,考核管路接头处的密封性能和能否承受耐水压力的试验。

2.4.54

管路运行试验　pipeline performance test

在规定的条件下,检查管路运行中各组成部分能否正常工作的试验。

2.4.55

卡箍　clamping band

密封滴灌管和接头连接处的环状或带状装置。

2.4.56

接头　fitting

用于与带或不带卡箍的滴灌管联接的连接装置。

2.4.56.1

进水口接头　inlet fitting

一端与标准灌溉管道或装置联接,另一端或多端与滴灌管联接的接头。

2.4.56.2

管间接头　in-line fitting

两端均与滴灌管联接的接头。

2.4.57

输水管　distribution tube

喷灌机中,将灌溉水沿着所灌溉的条田带输送到配水装置上的供水管。材料多为聚乙烯,因此也称PE管。

2.4.58

输水软管　distribution hose

喷灌机中,将灌溉水从水源沿所灌溉的条田带输送到配水装置上的供水软管,也称编织输水带或田间供水软管。

2.4.59

水源连接管　source connection hose

喷灌机中,用于连接灌溉水源和固定绞盘车的供水管或软管。

2.4.60

网式过滤器　strainer-type filter

过滤器　strainer

装有一个或多个过滤元件(例如筛网或网眼),通过过滤元件把水流中的堵塞物截留在其表面而把堵塞物从水中分离出来的装置。

2.4.60.1

过滤元件　filter element

由孔板、筛网、网眼、圆片或者它们的组合构成,用于拦截固体杂质的过滤器内部零部件。

2.4.60.2

过滤器壳体　strainer housing

容纳除控制装置以外的其他所有过滤器零部件的那个过滤器零件。

2.4.60.3

过滤器壳盖　strainer housing cover

用于组装、拆卸和清洗过滤元件的可拆装封盖。

2.4.60.4

清洁压降　clean pressure drop

正常工作条件下,清水流经洁净过滤器时测出的压差。

2.4.60.5

最大安全压降　safe maximum pressure drop

过滤元件堵塞到需要清洗或更换时,过滤器进口和出口之间的最大允许压差。

2.4.60.6

损坏前临界压降　critical pressure drop before failure

过滤器每个过滤元件损坏前允许加在它两端的最大压差。

2.4.60.7

自动清洗网式过滤器　automatic self-cleaning strainer-type filter

具有自动冲洗功能的过滤器。自动冲洗功能的实现由压差、过滤时间、过滤水量或其他物理量,或这些物理量的组合决定。

2.4.60.8

过滤器自动冲洗循环的时间　duration of automatic flushing cycle of filter

每次自动冲洗,冲洗阀将水和污物从过滤器中冲出所需的时间。

2.4.60.9

冲洗控制机构　flushing control mechanism

根据压差、过滤时间、过滤水量等一个或几个物理量的组合控制过滤器冲洗动作的机构。

2.4.60.10

冲洗压差　flushing pressure differential

过滤元件上游和下游两点之间所达到的能启动冲洗循环的压力差。

2.4.60.11

冲洗阀　flushing valve

从过滤器中排出冲洗水的阀门。

2.4.60.12

冲洗水量　volume of flushing water

一次冲洗循环从过滤器中排出的水量。

2.4.60.13

预过滤元件　preliminary filter element

具有比过滤元件孔眼大的孔眼尺寸,用于保护清洗机构的元件。

2.4.60.14

保护机构　protective mechanism

防止因冲洗控制机构失灵或制造厂限定的其他原因引起的过滤器重复冲洗的机构。

2.4.61

排污阀　drain valve

冲洗阀　flush valve

通常安装在过滤器底部,用于排污或冲洗过滤器的阀门。

2.4.62

冲洗　flushing

不拆出过滤元件用水清除过滤器中的堵塞物,或拆出过滤元件人工用水清除过滤器中的堵塞物的方法。

2.4.62.1

反冲洗　back flushing

不拆开过滤器,使一个与正常水流方向相反的已过滤水水流流经过滤介质或通过过滤元件表面,以从过滤器中清除聚积、捕集或分离出的滤出物的方法。

2.4.62.2

连续冲洗　continuous flushing

利用控制的连续清洗水流,从过滤元件上清除堵塞物的方法。

2.4.62.3

通透冲洗　through flushing

使高速、高压水流流经过滤器上的排污阀或专为这种冲洗方式设计的过滤器出水口进行冲洗的方法。

2.4.62.4

同时反冲洗　simultaneous back flushing

对过滤元件的所有过流面或多过滤元件过滤器的所有过滤元件同时进行反冲洗。

2.4.62.5

顺次反冲洗　sequential back flushing

利用正在工作的一部分或全部过滤元件过滤过的水,对与之并联的退出工作状态的一个或多个过滤元件进行的反冲洗。

2.4.62.6

直接喷射冲洗　directed jet flushing

将高速清洁水流直接对准位于过滤器下游侧的过滤元件的一部分表面,由此产生的局部反向水流冲洗掉这部分过滤元件上的滤出物,然后使水流在过滤元件表面上移动,逐步对整个表面进行反冲洗。

2.4.63

一次性过滤元件过滤器　disposable element filter

更换过滤元件时,其上的堵塞物不能冲洗或清除掉的过滤器。

2.4.64

自动冲洗过滤器　automatic flushing filter

间歇冲洗循环起动和停止均利用差异(压力降、过滤时间、流经过滤器的水量等)方式自动实现的过滤器。

2.4.65

半自动冲洗过滤器　semi-automatic flushing filter

由人工起动顺次冲洗或循环冲洗,通常利用冲洗时间或水量自动停止冲洗的过滤器。

2.4.66

人工冲洗过滤器　manual flushing filter

无需拆开过滤器,手动开启其上设置的阀门即可向适当方向排水,并产生足够水量和流速以对过滤器进行冲洗的过滤器。

2.4.67

人工清洗过滤器　manually cleaned filter

必须将其拆开后人工用水清洗，以去除过滤元件上的滤出物的过滤器。

2.4.68

叠片式过滤器　disc filter

过滤元件由多个表面为沟槽或网纹的圆盘组成，这些圆盘上下堆叠在一起，相邻圆盘间形成多孔空间，以捕集或沉积滤出物的过滤器。

2.4.69

滤筒式过滤器　cartridge filter

由介质过滤元件组成一个可更换的过滤器部件用于过滤的过滤器。

2.4.70

过滤元件　filter element

将过滤介质或表面分离装置连接或组合在一起，利用截获或分离方式从水中去除滤出物的部件或组件。

2.4.70.1

网式过滤元件　strainer filter element

网式过滤器的一个部件，它由孔板、筛网、网眼或它们的组合构成，用于从流经它的水中截留大于某规定尺寸的堵塞物。

2.4.70.2

介质过滤元件　media filter element

装有砂子、砾石、织物、纤维或多孔粘结颗粒等三维空间过滤介质的部件、箱壳或组件，利用截获方式进行过滤。

2.4.71

承压过滤器　pressurized filter

在进水口压力大于大气压力下运行的过滤器。

2.4.72

重力过滤器　gravity filter

不需要借助压力或真空产生压差，仅靠过滤器内水的自由表面与过滤介质之间的高程差形成的驱动力进行过滤的过滤器。

2.4.73

真空过滤器　vacuum filter

在出水口侧压力低于大气压条件下运行的过滤器，一般位于水泵吸水口一侧。

2.4.74

旋流分离器　hydrocyclone

依靠水流旋转产生的离心力使堵塞物从水中分离出去的一种装置。通常是使进入分离器的水产生密致旋流，将堵塞物甩向壁面，使大部分水从位于旋流中心的腔体出口流出，堵塞物和其余的水从腔体顶部或底部流出。

2.4.75

同轴过滤器　co-axial filter

进水口和出水口位于同一轴线上的过滤器。

2.4.76

非同轴过滤器 non-coaxial filter

进水口和出水口不在同一轴线上的过滤器。

2.4.77

介质过滤器 media filter

堵塞物被捕集在砂子、砾石、织物、纤维或多孔粘结颗粒等三维空间过滤介质内的过滤器。

2.4.78

砂石过滤器 sand filter

过滤介质由砂子、砾石、其他天然或人工颗粒等组成的介质过滤器;过滤介质可为多层,且各层的介质颗粒大小不同。

2.4.79

公称过滤流量 nominal flow rate of filtration

制造厂声明的、保证正常过滤的过滤器流量。

2.4.80

压力损失 pressure loss

水流经系统内两个规定点时产生的压力差。

2.4.80.1

管路的压力损失 piping pressure loss

被试阀上游和下游两个测压孔之间管路的压力损失,不包括被试阀的压力损失。

2.4.80.2

阀的压力损失 valve pressure loss

被试阀的压力损失。

2.4.80.3

阀的流量系数 valve flow coefficient

阀处于全开状态、压力损失为 1 bar 时通过阀的流量,以立方米每小时(m^3/h)计。

2.4.80.4

阀的压力损失系数 valve pressure loss coefficient

表示阀的压力损失的无量纲系数。

2.5 喷头(喷洒器)和灌水器

2.5.1

喷头(喷洒器) sprinkler

将压力水喷到空中,形成水滴,进行喷洒灌溉的设备。

2.5.2

旋转式喷头 rotating sprinkler

绕自身铅垂轴线旋转并将水洒布在圆形或扇形面积上的装置。

2.5.3

摇臂式喷头 impact drive sprinkler

由摇臂撞击获得驱动力矩的旋转式喷头。

2.5.4

全射流式喷头 complete fluidic sprinkler

通过水流的反作用力获得驱动力矩、利用水流附壁效应改变射流方向的旋转式喷头,亦称流控式喷头。

2.5.5

叶轮喷头　impeller sprinkler

利用水流冲击叶轮获得驱动力矩的旋转式喷头，亦称涡轮蜗杆式喷头。

2.5.6

垂直摇臂式喷头　vertical impact drive sprinkler

利用水流通过垂直摇臂的导流器，产生反作用力，获得驱动力矩的旋转式喷头。

2.5.7

固定式喷头　fixed sprinkler

喷洒时，其零部件无相对运动的喷头。

2.5.8

折射式喷头　reflection nozzle

喷射水流经过折挡，裂散成水滴的固定式喷头。

2.5.9

缝隙式喷头　slot nozzle

水流经过缝隙，裂散成水滴的固定式喷头。

2.5.10

漫射式喷头　diffusion nozzle

水流喷出即裂散成水滴的固定式喷头。

2.5.11

喷嘴直径　nozzle diameter

喷嘴流道等截面段的直径，单位为毫米(mm)。

2.5.12

喷嘴当量直径　equivalent nozzle diameter

根据喷嘴压力和流量计算出的喷嘴理论出口直径。

2.5.13

喷射仰角　elevation angle of nozzle

喷嘴出口水束与水平面之间的夹角，单位为度(°)。

2.5.14

常用喷射仰角　normal elevation angle of nozzle

大于或等于20°的喷射仰角。

2.5.15

低喷射仰角　low elevation angle of nozzle

小于20°的喷射仰角。

2.5.16

喷头工作压力　sprinkler working pressure

喷头工作时，距喷头进水口20 cm处测取的静水压，单位为帕(Pa)。

2.5.17

喷头额定工作压力　sprinkler normal working pressure

喷头设计规定的工作压力，对于旋转式喷头是指有效工作压力范围。

2.5.18

旋转式喷头最小有效工作压力　minimum effective pressure of rotating sprinkler

旋转式喷头额定工作压力的最低值。

2.5.19

旋转式喷头最大有效工作压力　maximum effective pressure of rotating sprinkler

旋转式喷头额定工作压力的最高值。

2.5.20

旋转式喷头最小工作压力　minimum working pressure of rotating sprinkler

喷头正常转动的最低工作压力，其数值应等于或小于最小有效工作压力的0.9倍。

2.5.21

旋转式喷头最大工作压力　maximum working pressure of rotating sprinkler

喷头正常转动的最高工作压力，其数值应等于或大于最大有效工作压力的1.1倍。

2.5.22

喷头流量　sprinkler flowrate

单位时间内喷头喷洒出水的体积，单位为立方米每小时(m^3/h)或升每分钟(L/min)。

2.5.23

喷头射程　sprinkler radius of throw

正常旋转情况下，喷头中心线距测出的灌水强度为某一数值的那个点的距离。对流量大于0.075 m^3/h的喷头，该点的灌水强度为0.25 mm/h；对流量小于或等于0.075 m^3/h的喷头，该点的灌水强度为0.13 mm/h。对换向喷头，应在除最大极限角度以外的其他任何角度上测量，单位为米(m)。

2.5.24

喷射高度　trajectory height

在额定工作压力下，喷出的水束相对于喷嘴的最大高度，单位为米(m)。

2.5.25

喷头转动周期　sprinkler rotation cycle

喷头旋转一周的时间，单位为分钟每转(min/r)。

2.5.26

灌水强度　water application rate

单位时间内某一灌溉面积上的平均灌水深度，单位为毫米每小时(mm/h)。

2.5.27

水量分布特性　rainfall distribution characteristics

喷洒范围内，各点的喷灌强度与相应点位置之间的关系，常用水量分布曲线或水量分布等值线图表示。

2.5.28

喷洒均匀度　rainfall distribution uniformity

喷洒范围内，水量分布的均匀程度，用克里斯琴森(J. E. Christiansen)均匀系数表示。

2.5.29

喷体转轴　sprinkler rotating spindle

旋转式喷头的转轴，也是流道的进水段。

2.5.30

喷体轴套　sprinkler body bushing

装在喷体转轴外，起轴瓦或轴承座作用的零件，有的也作为喷头与竖管的连接件。

2.5.31

喷体　sprinkler body

喷头的主体，是流道的一部分。

2.5.32

喷管　sprinkler jet

连接喷体和喷嘴并起稳流作用的零件。

2.5.33

稳流器　flow straightened

减少喷头流道中涡流影响的零件。

2.5.34

喷嘴　nozzle

喷头流道末端，转换能量喷出水流的零件。

2.5.35

摇臂　impact arm

摇臂式喷头中，接受水流能量并撞击喷头旋转的零件。

2.5.36

换向机构　reversing mechanism

改变喷头转动方向的机构。

2.5.37

折射锥　reflection cone

折射水流的锥形零件。

2.5.38

喷头耐压试验　sprinkler hydrostatic pressure-tight test

在规定条件下，考核过流部件能否承受内水压的试验。

2.5.39

喷头密封性试验　sprinkler water-tight test

在规定条件下，考核喷头轴承和连接喷嘴处密封性能的试验。

2.5.40

喷头运转试验　sprinkler operation test

在规定条件下，考核喷头转动可靠性和均匀性的试验。

2.5.41

喷头水力性能试验　sprinkler hydraulic performance test

测定喷头流量、射程、水量分布特性等项性能的试验。

2.5.42

喷头耐久试验　sprinkler durability test

在规定条件下，考核喷头及其零部件运行可靠性和寿命的试验。

2.5.43

喷头出厂试验　sprinkler routine test

喷头出厂前，制造厂按规定对喷头流量和射程进行测定的试验。

2.5.44

喷洒直径　wetted diameter

同一直径上的两个喷头射程之和。

2.5.45

喷头间距　sprinkler spacing

灌溉支管上各喷头之间的距离以及各灌溉支管之间的距离。

2.5.46

埋藏式喷头　pop-up sprinkler

喷头不运行时喷嘴位于地平面以下的灌溉喷头。

2.5.47

换向喷头　part-circle sprinkler

用于灌溉扇形面积的旋转式喷头。该喷头带或不带调节后用于灌溉全圆面积的辅助机构。

2.5.48

灌溉支管(灌溉毛管)　irrigation lateral

在其上直接或借助接头、立管或管子等安装灌水器(喷头、微喷头、滴头)的供水管道。

2.5.49

雨量筒　collector

喷头试验中,用于收集喷头喷出的水的容器。

2.5.50

灌溉用非旋转式喷头　irrigation sprayer

没有作旋转运动的零部件,以扇形或细流形状喷洒水的装置。

2.5.51

调节喷头　regulated sprayer

压力补偿喷头　pressure-compensated sprayer

进口压力在制造厂规定的调节范围内变化时,流量保持相对恒定的喷头。

2.5.52

非调节喷头　non-regulated sprayer

非压力补偿喷头　non-pressure-compensated sprayer

流量随进口压力变化而变化的喷头。

2.5.53

调节范围　regulating range

在额定流量误差范围内运行时,调节喷头进口的压力范围。

2.5.54

喷洒图形　spray coverage pattern

用圆或扇形表示的喷头喷洒湿润面积。

2.5.55

滴头　emitter

安装在灌溉毛管上,以滴或连续流形式出水,且流量不大于 24 L/h(冲洗期间除外)的装置。

2.5.55.1

管间滴头　in-line emitter

安装在灌溉毛管两管段之间的滴头。

2.5.55.2

管上滴头　on-line emitter

直接或间接地(如:借助于导管)安装在灌溉毛管管壁上的滴头。

2.5.55.3

多出水口滴头　multiple-outlet emitter

出水口的水流被分开并导流到几个明显不同位置上的滴头。

2.5.55.4

组合滴头　multiple emitter

每个出水口都是一个具有各自流量的二级滴头的多出水口滴头。

2.5.56

滴灌管　emitting pipe

具有制造过程中加工形成或与管道(带)制成一体的孔口或其他出流装置,以滴或连续流形式出水,且流量不大于 24 L/h(冲洗期间除外)的连续管子、管带或管系,包括可折叠管带。

2.5.56.1

恒流式滴头/滴灌管　regulated emitter/emitting pipe

压力补偿式滴头/滴灌管　pressure compensating emitter/emitting pipe

进水口压力在制造厂规定的范围内变化时,流量相对保持不变的滴头/滴灌管。

2.5.56.2

常规滴头/滴灌管　regular emitter/emitting pipe

进水口压力不为零时,流量亦不为零的滴头/滴灌管。

2.5.56.3

不滴漏滴头/滴灌管　non-leakage emitter/emitting pipe

当进水口压力低于制造厂声明的某一值(零除外)时,流量为零的滴头/滴灌管。

2.5.56.4

非恒流式滴头/滴灌管　unregulated emitter/emitting pipe

非压力补偿式滴头/滴灌管　non-pressure compensating emitter/emitting pipe

流量随进水口压力变化而变化的滴头/滴灌管。

2.5.56.5

流量　flow rate

单位时间内一个滴头或滴灌管的出水量。

2.5.56.6

最小工作压力　minimum working pressure

制造厂声明的能保证滴头/滴灌管正常工作的滴头/滴灌管进水口处的最低工作压力。

2.5.56.7

最大工作压力　maximum working pressure

制造厂推荐的能保证滴头/滴灌管正常工作的滴头/滴灌管进水口处的最高工作压力。

2.5.56.8

非复用型滴灌管　non-reusable emitting pipe

不能从田间拆除并重新安装使用的滴灌管。

2.5.56.9

复用型滴灌管　reusable emitting pipe

通过适当处置,能够从田间拆除并重新安装,以便在季节变化时或在其他环境条件下重复使用的滴灌管。

2.5.56.10

滴水元件　emitting unit

间隔一定距离重复出现的一节滴灌管,该节滴灌管包含其制造中加工形成的或与管道制成一体的所有出流装置和所有滴头进水口,通过该节滴灌管将水滴洒到一个明确位置的位置上。

2.5.56.11

单位滴灌管　unit emitting pipe

含有一个滴水元件的一段滴灌管。

2.5.56.12

公称直径　nominal diameter

用以表示滴灌管尺寸的数字标记，其近似等于滴灌管的外径，单位为毫米(mm)。

2.5.56.13

公称尺寸　nominal size

用以表示管间滴头尺寸的数字标记，其近似等于与该滴头连接的滴灌毛管的内径，单位为毫米(mm)。

2.5.56.14

额定流量　nominal flow rate

〈非恒流式滴头/滴灌管〉由制造厂规定的，滴头/滴水元件在额定试验压力和水温为23 ℃±3 ℃下运行时的流量，单位为升每小时(L/h)。

2.5.56.15

额定流量　nominal flow rate

〈恒流式滴头/滴灌管〉由制造厂规定的，滴头/滴水元件在压力调节范围内和水温为23 ℃±3 ℃下运行时的流量，单位为升每小时(L/h)。

2.5.56.16

额定流量　nominal flow rate

〈多出水口滴头〉与2.5.56.14和2.5.56.15规定相对应的多出水口滴头的每个出水口的流量。

2.5.56.17

工作压力范围　range of working pressure

由制造厂推荐的能保证正常运行的滴头/滴水元件进水口处的水压范围，即包括并在最小工作压力和最大工作压力之间的所有水压。

2.5.56.18

调节范围　range of regulation

〈恒流式滴头/滴灌管〉每个滴头/滴水元件在额定流量下出水时，该滴头/滴水元件进水口处的所有水压。

2.5.56.19

滴头/滴水元件流态指数　emitter/emitting unit exponent

表征滴水流量和压力指数关系的数值。

2.5.56.20

可折叠滴灌管(带)　collapsible hose

当压力为零时，一般由于滴灌管的管壁薄或制成材料为柔性而引起横断面(当滴灌管进水口压力在制造厂推荐的压力范围内时通常为圆形)发生变化的滴灌管。

2.6　灌溉系统

2.6.1

自动灌溉系统　automatic irrigation system

带有自动控制系统的灌溉系统，当预置的水量流经阀后，该控制系统能将灌溉系统中的水流自动关断。对任何一个新的灌溉循环，无需人工给控制系统重新设置需要输出的水量。

2.6.2

半自动灌溉系统　semi-automatic irrigation system

带有控制系统的灌溉系统，当预置的水量流经阀后，该控制系统能将灌溉系统中的水流自动关断。对任何一个新的灌溉循环，必需人工给控制系统重新设置需要输出的水量。

2.6.3

灌溉周期　irrigation interval

在同一块面积上，一次灌溉开始到下一次灌溉开始之间的间隔时间。

2.6.4

定量阀顺次灌溉系统　volumetric valve serial irrigation system

由定量阀、水动阀、控制管组成的顺次灌溉系统。

2.6.4.1

机械式定量阀顺次灌溉系统　mechanical volumetric valve serial irrigation system

——水动阀安装在主管路上的机械式定量阀顺次灌溉系统，见图 1。

——水动阀安装在支管上的机械式定量阀顺次灌溉系统，见图 2。

2.6.4.2

水动式定量阀顺次灌溉系统　hydraulically volumetric valve serial irrigation system irrigation

定量阀安装在灌溉支管上的水动式定量阀顺次灌溉系统，见图 3。

2.6.4.3

共用水动式定量阀顺次灌溉系统　serial irrigation system irrigation with mutual hydraulically volumetric valve

采用共用水动式定量阀的顺次灌溉系统，见图 4。

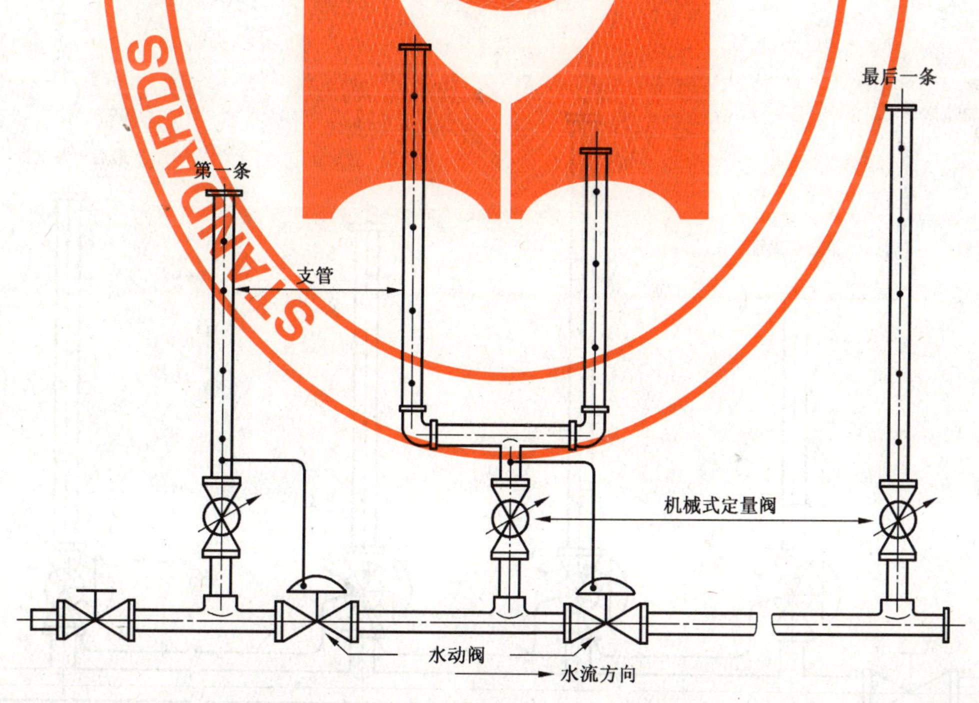

图 1　水动阀安装在供水主管上的机械式定量阀顺次灌溉系统

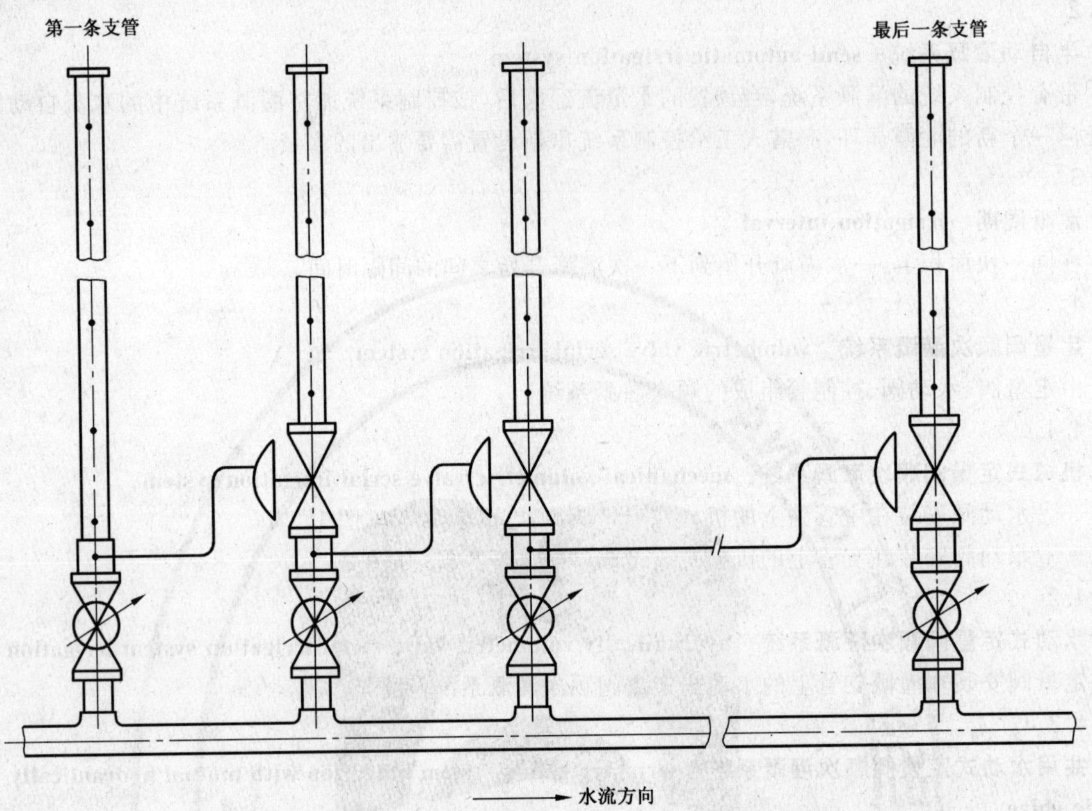

图 2　水动阀安装在支管上的机械式定量阀顺次灌溉系统

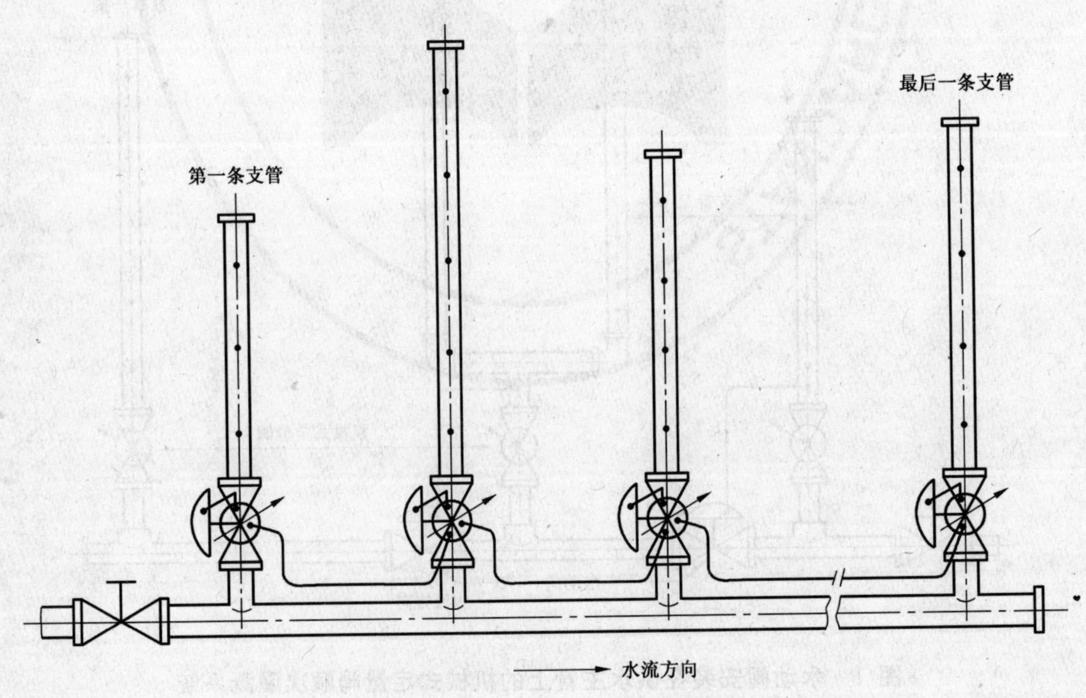

图 3　定量阀安装在灌溉支管上的水动式定量阀顺次灌溉系统

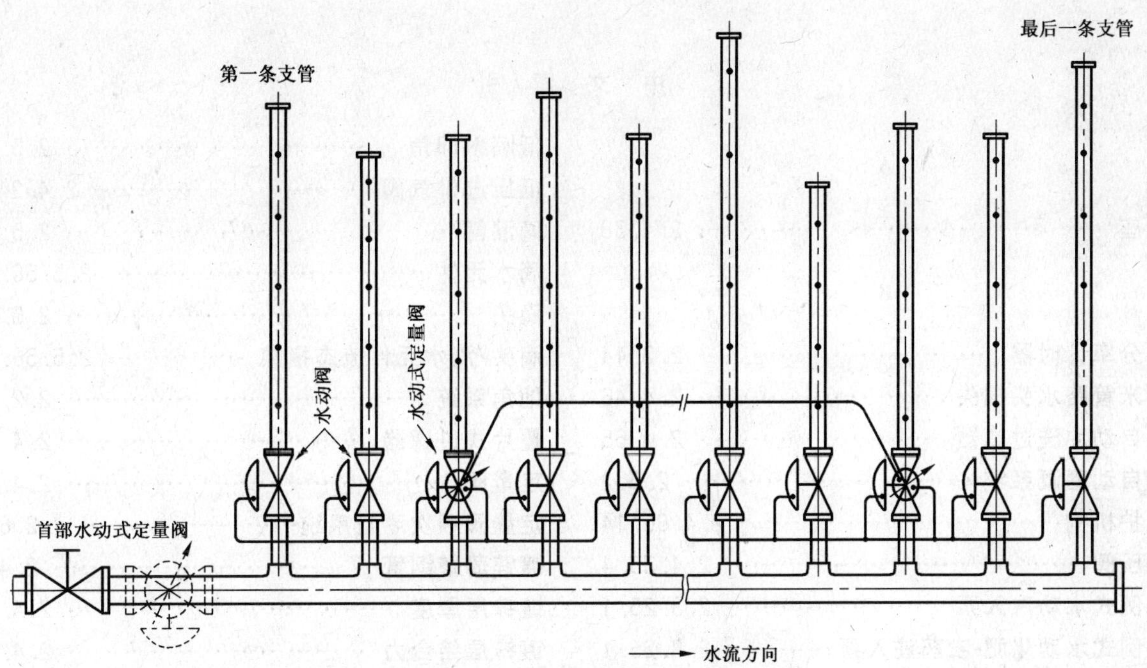

图 4　采用共用水动式定量阀的顺次灌溉系统

中 文 索 引

英 文 索 引

A

B

C

D

G

H

I

J

L

M

N

O

P

Q

R

S

T

ICS 65.060.35
B 91

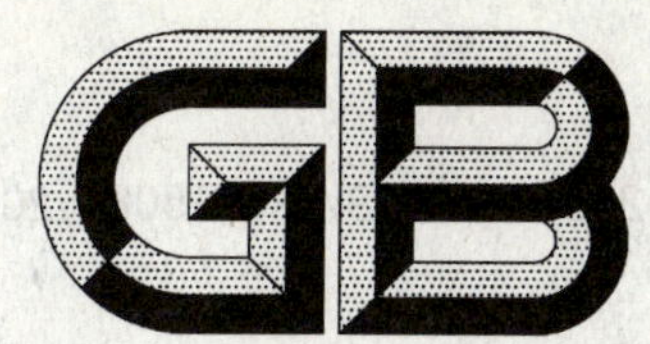

中华人民共和国国家标准

GB/T 24671—2009/ISO 15081:2005

农业灌溉设备 承压灌溉系统图形符号

Agricultural irrigation equipment—
Graphical symbols for pressurized irrigation systems

(ISO 15081:2005,IDT)

2009-11-30 发布　　2010-04-01 实施

中华人民共和国国家质量监督检验检疫总局
中国国家标准化管理委员会　发布

前　言

本标准等同采用 ISO 15081:2005《农业灌溉设备　承压灌溉系统图形符号》(英文版)。

本标准等同翻译 ISO 15081:2005。

为便于使用,本标准作了下列编辑性修改:

——“本国际标准”一词改为“本标准”;

——删除了国际标准的前言和引言;

——用小数点“.”代替作为小数点的逗号“,”;

——对 ISO 15081:2005 中引用的其他国际标准,用已被采用为我国的标准代替对应的国际标准。

本标准由中国机械工业联合会提出。

本标准由全国农业机械标准化技术委员会(SAC/TC 201)归口。

本标准起草单位:中国农业机械化科学研究院、江苏大学流体机械工程技术研究中心、现代农装科技股份有限公司。

本标准主要起草人:张咸胜、王洋、兰才有、袁海宇、曹卫东、李彦军、魏东。

农业灌溉设备
承压灌溉系统图形符号

1 范围

本标准规定了绘制农业承压灌溉系统安装图常用的基本图形符号。

2 规范性引用文件

下列文件中的条款通过本标准的引用而成为本标准的条款。凡是注日期的引用文件，其随后所有的修改单(不包括勘误的内容)或修订版均不适用于本标准，然而，鼓励根据本标准达成协议的各方研究是否可使用这些文件的最新版本。凡是不注日期的引用文件，其最新版本适用于本标准。

GB/T 16901.1—1997 图形符号表示规则 产品技术文件用图形符号 第1部分:基本规则(eqv ISO/IEC 11714-1:1996)

3 基本规则

可采用基本符号表示一组设备/部件。对于一组设备/部件中的任何部件均应使用完整的基本符号表示。

本标准中阀门及其各种执行机构总成仅用阀门基本符号(见6.1.1)表示，但是阀门的执行机构可能有各种不同型式。

为使表示的内容更加详细，可将基本符号与规定的名称一起使用。也可根据基本符号设计出一系列更详细的其他符号。

本标准中的图形符号是按GB/T 16901.1规定的原则设计的。设计新符号(例如组合符号)时，应执行GB/T 16901.1的规定。

本标准仅规定了灌溉设备的主要图形符号。电工技术领域的图形符号可采用GB/T 20063或GB/T 4728规定的图形符号。

4 管及管件图形符号

条款号	名 称	图 形 符 号
4.1	主(干)管道	▬▬▬ (图线宽度1 mm)
4.2	分(支)管道	—— (图线宽度0.5 mm)
4.3	后增加(计划中)的管道	— — —
4.4	将利用的已有管道	—·—·—·—·—·—

条款号	名　称	图　形　符　号
4.5	管道相连	
4.6	管道(不相连)	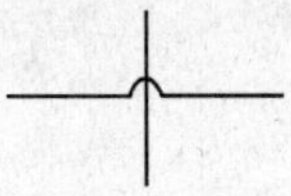
4.7	流向	
4.8	管道断开	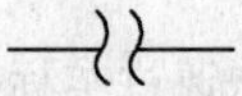
4.9	管道横断面	
4.10	同心变径管	 或 DN A/DN a 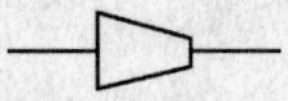
4.11	废弃管道	
4.12	管道套管	
4.13	饮用水	
4.14	再生(灌溉)水	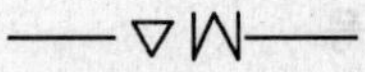
4.15	柔性管、软管	 或 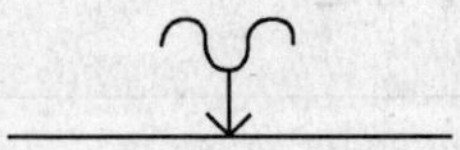

5　连接和接头图形符号

条款号	名　称	图　形　符　号
5.1	可拆卸连接	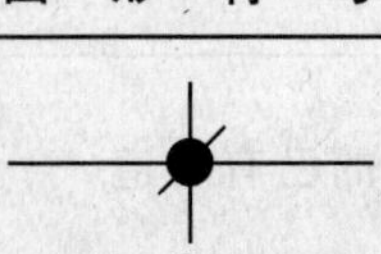

条款号	名　称	图　形　符　号
5.2	管道的不可拆卸连接	
5.3	法兰连接	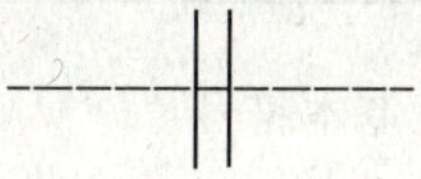
5.4	盲法兰	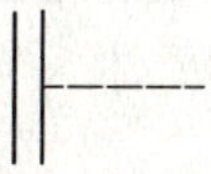
5.5	活接头	
5.6	快速拆装接头	
5.6.1	快速拆装外接头	
5.6.2	快速拆装内接头	
5.6.3	适合与另一个同样接头相连的快速拆装接头	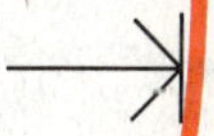
5.6.4	具有脱开时自动关闭功能的快速拆装外接头	
5.6.5	具有脱开时自动关闭功能的快速拆装内接头	
5.6.6	具有脱开时自动关闭功能的，适合与另一个同样接头相连的快速拆装接头	
5.7	膨胀接头	
5.8	外堵头	
5.9	内堵头	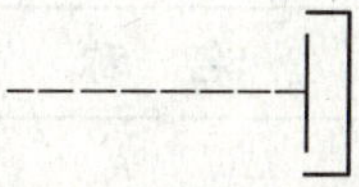
5.10	管道端盖	

6 阀门图形符号

6.1 按结构分类的阀门图形符号

条款号	名 称	图 形 符 号
6.1.1	阀门—基本符号	
6.1.2	闸阀	
6.1.3	截止阀	
6.1.4	针阀	
6.1.5	碟阀	
6.1.6	球阀	
6.1.7	膜片阀	
6.1.8	角阀	
6.1.9	三通阀	
6.1.10	四通阀	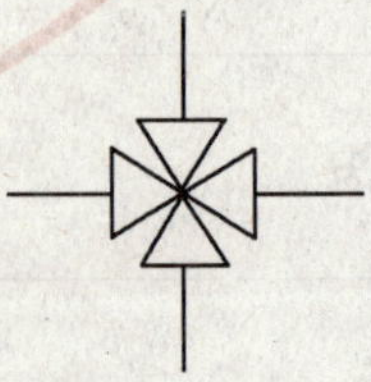

6.2 按工作方式分类的阀门图形符号

条款号	名 称	图 形 符 号
6.2.1a)	液动或气动阀—单作用膜片执行机构	

条款号	名　称	图　形　符　号
6.2.1b)	液动或气动阀—双作用膜片执行机构	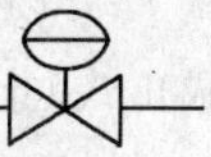
6.2.1.1[a]	失灵开启阀(常开)	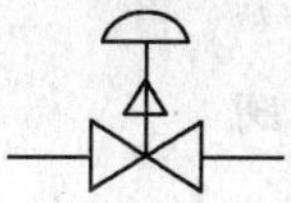
6.2.1.2[a]	失灵关闭阀(常闭)	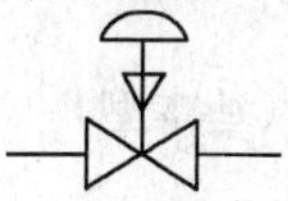
6.2.1.3[a]	失灵保持原位阀	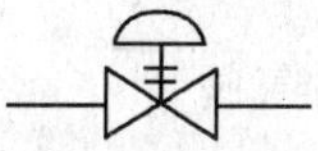
6.2.2	手动阀	
6.2.3	电动开关阀	 M
6.2.4	浮子阀	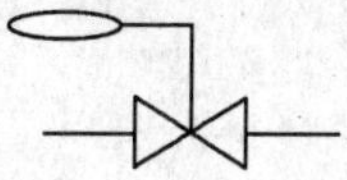
6.2.5	重力/负载驱动阀	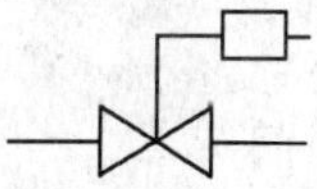
6.2.6	弹簧驱动阀	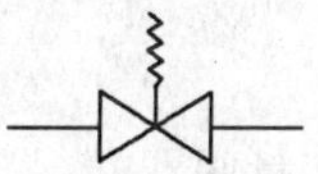
6.2.7	电磁阀	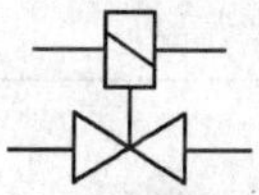
6.2.8	缸筒驱动阀	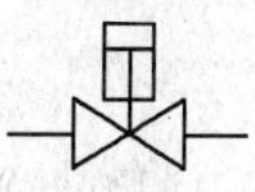

[a] 阀门失灵时的状态也适用于 6.2.1b)、6.2.3、6.2.7 和 6.2.8 的阀门。

6.3 按功能分类的阀门符号

条款号	名　称	图　形　符　号
6.3.1	止回阀(基本型)	 [a]
6.3.1.1	旋启式止回阀	 [a]
6.3.1.2	球式止回阀	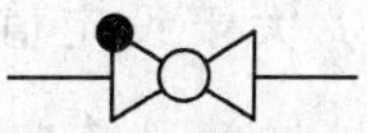 [a]

条款号	名　称	图　形　符　号
6.3.1.3	升降式(截止式)止回阀	 [a]
6.3.1.4	斜式止回阀	 [a]
6.3.2	进排气阀(基本型)	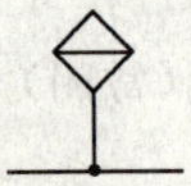
6.3.2.1	低压进排气阀	
6.3.2.2	高压进排气阀	
6.3.2.3	复式多功能进排气阀	
6.3.3	定量阀	
6.3.3.1	顺次定量阀	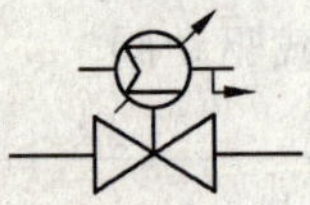
6.3.3.2	非顺次定量阀	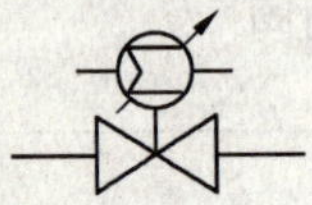
6.3.4	控制阀	
6.3.4.1	减压阀(压力调节器)	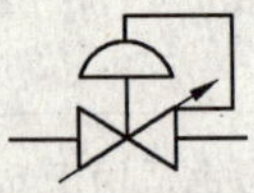
6.3.4.2	流量调节阀(流量调节器)	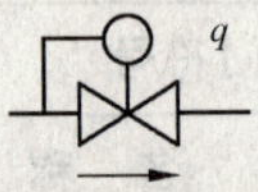 q
6.3.5	具有安全功能的阀门(基本型)	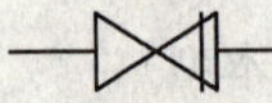
6.3.5.1	弹簧式安全阀,截止阀型	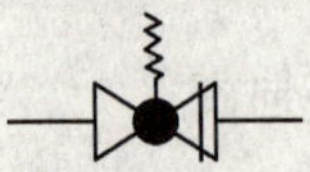
6.3.5.2	当压力 p 大于设定值时开启的阀	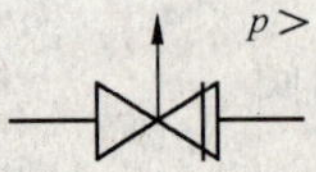 $p>$

条款号	名称	图形符号
6.3.5.3	当流量 q 大于设定值时关闭的阀	$q>$
[a] 水流方向为从左向右。也可加箭头表示水流方向。		

7 泵图形符号

条款号	名称	图形符号
7.1	泵—基本符号	

8 监测装置图形符号

条款号	名称	图形符号
8.1	压力表	kPa
8.2	水表	m^3
8.3	记录(测量)仪器	

9 灌水器图形符号

条款号	名称	图形符号
9.1	旋转式喷头	
9.1.1	全圆旋转式喷头	
9.1.2	扇形旋转式喷头	
9.2	埋藏式喷头	
9.2.1	全圆埋藏式喷头	
9.2.2	扇形埋藏式喷头	

条款号	名 称	图 形 符 号
9.3	非旋转式喷头	
9.3.1	全圆非旋转式喷头	
9.3.2	扇形非旋转式喷头	
9.4	滴头	
9.5	滴灌管(带)	

10 过滤器图形符号

条款号	名 称	图 形 符 号
10.1	网式过滤器	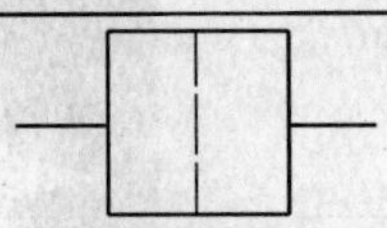
10.2	介质过滤器	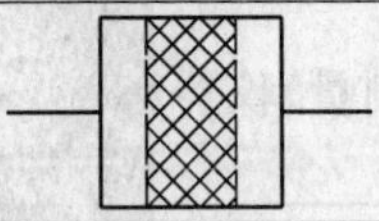

11 化肥-农药注入装置图形符号

条款号	名 称	图 形 符 号
11.1	化肥-农药注入罐	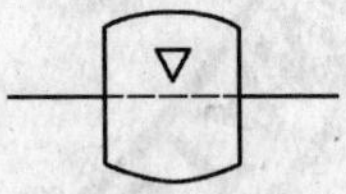
11.2	水动化肥-农药注入泵	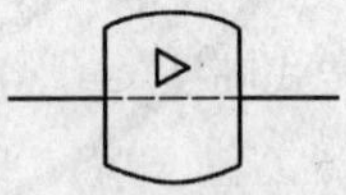
11.3	电动化肥-农药注入泵	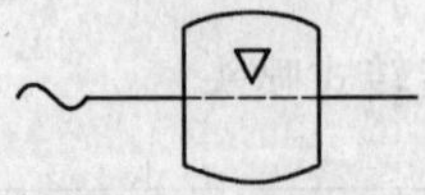

12 喷灌机图形符号

条款号	名 称	图 形 符 号
12.1	喷灌机—软管牵引绞盘式喷灌机	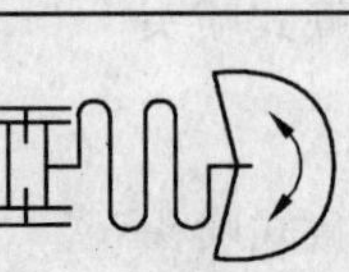

条款号	名　称	图 形 符 号
12.2	喷灌机—钢索牵引绞盘式喷灌机	
12.3	喷灌机—平移式喷灌机	
12.4	喷灌机—中心支轴式喷灌机	
12.5	喷灌机—滚移式喷灌机	

13　**灌溉控制器图形符号**

条款号	名　称	图 形 符 号
13	灌溉控制器	CNTL

参 考 文 献

[1] ISO 7714:2000 Agricultural irrigation equipment—Volumetric valves—General requirements and test methods.

[2] ISO 7749-1:1995 Agricultural irrigation equipment—Rotating sprinklers—Part 1:Design and operational requirements.

[3] ISO 7749-2:1990 Agricultural irrigation equipment—Rotating sprinklers—Part 2:Uniformity of distribution and test methods.

[4] ISO 8026:1995 Agricultural irrigation equipment—Sprayers—General requirements and test Methods.

[5] ISO 8026:1995 Agricultural irrigation equipment—Sprayers—General requirements and test methods,amended by ISO 8026:1995/Amd. 1:2000.

[6] ISO 8224-1:1985 Traveller irrigation machines—Part 1:Laboratory and field test methods.

[7] ISO 8224-2:1991 Traveller irrigation machines—Part 2:Softwall hose and couplings—Test methods.

[8] ISO 9260:1991 Agricultural irrigation equipment—Emitters—Specification and test methods.

[9] ISO 9261:1991 Agricultural irrigation equipment—Emitting-pipe systems—Specification and test methods.

[10] ISO 9635:1990 Irrigation equipment—Hydraulically operated irrigation valves.

[11] ISO 9912-2:1992 Agricultural irrigation equipment—Filters—Part 2:Strainer-type filters.

[12] ISO 9912-3:1992 Agricultural irrigation equipment—Filters—Part 3:Automatic self-cleaning strainer-type filters.

[13] ISO 9952:1993 Agricultural irrigation equipment—Check valves.

[14] ISO 10522:1993 Agricultural irrigation equipment—Direct-acting pressure-regulating valves.

[15] ISO 11419:1997 Agricultural irrigation equipment—Float type air release valves.

[16] ISO 11545:1995 Agricultural irrigation equipment—Centre-pivot and moving lateral irrigation machines with sprayer or sprinkler nozzles—Determination of uniformity of water distribution.

[17] ISO 11738:2000 Agricultural irrigation equipment—Control heads.

[18] ISO 13457:2000 Agricultural irrigation equipment—Water-driven chemical injector pumps.

[19] ISO 14617 (all parts) Graphical symbols for diagrams.

ICS 65.060.35
B 91

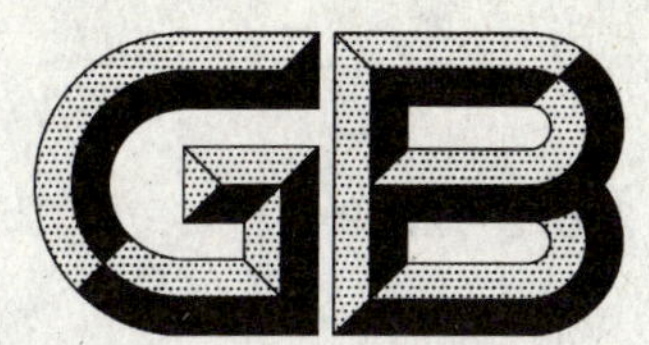

中华人民共和国国家标准

GB/T 24672—2009

喷灌用金属薄壁管及管件

The metal thin-wall tube and its accessories for sprinkling irrigation

2009-11-30 发布　　　　2010-04-01 实施

中华人民共和国国家质量监督检验检疫总局
中国国家标准化管理委员会　发布

前 言

本标准的附录A、附录B为规范性附录。

本标准由中国机械工业联合会提出。

本标准由全国农业机械标准化技术委员会(SAC/TC 201)归口。

本标准主要起草单位:江苏大学流体机械工程技术研究中心、中国农业机械化科学研究院。

本标准主要起草人:王洋、张咸胜、马新华、赵丽伟、郎涛、袁建平、蔡彬。

喷灌用金属薄壁管及管件

1 范围

本标准规定了喷灌用金属薄壁管及管件的品种、规格、技术要求、试验方法、检验规则、标志、包装、运输和贮存。

本标准适用于喷灌用镀锌薄壁钢管、薄壁铝(铝合金)管及其配套的各种管件。

2 规范性引用文件

下列文件中的条款通过本标准的引用而成为本标准的条款。凡是注日期的引用文件,其随后所有的修改单(不包括勘误的内容)或修订版均不适用于本标准,然而,鼓励根据本标准达成协议的各方研究是否可使用这些文件的最新版本。凡是不注日期的引用文件,其最新版本适用于本标准。

GB/T 191 包装储运图示标志(GB/T 191—2008,ISO 780:1997,MOD)

GB/T 228 金属材料 室温拉伸试验方法(GB/T 228—2002,eqv ISO 6892:1998)

GB/T 242 金属管 扩口试验方法(GB/T 242—2007,ISO 8493:1998,IDT)

GB/T 246 金属管 压扁试验方法(GB/T 246—2007,ISO 8492:1998,IDT)

GB/T 700 碳素结构钢(GB/T 700—2006,ISO 630:1995,NEQ)

GB/T 708—2006 冷轧钢板和钢带的尺寸、外形、重量及允许偏差(ISO 16162:2000,NEQ)

GB/T 1173 铸造铝合金(GB/T 1173—1995,neq ASTM B26:1992)

GB/T 2102 钢管的验收、包装、标志和质量证明书(GB/T 2102—2006,ASTM A 700:1999,NEQ)

GB/T 2828.1—2003 计数抽样检验程序 第1部分:按接收质量限(AQL)检索的逐批检验抽样计划(ISO 2859-1:1999,IDT)

GB/T 3091—2008 低压流体输送用焊接钢管(ISO 559:1991,NEQ)

GB/T 3190 变形铝及铝合金化学成分(GB/T 3190—2008,ISO 209:2007,MOD)

GB/T 5213—2001 冷轧低碳钢板及钢带

GB/T 6893 铝及铝合金拉(轧)制无缝管

GB/T 21873 橡胶密封件 给、排水管及污水管道用接口密封圈 材料规范(GB/T 21873—2008,ISO 4633:2002,MOD)

JB/T 5673—1991 农林拖拉机及机具涂漆 通用技术条件

3 品种、规格

3.1 金属薄壁管分为:

a) 镀锌薄壁钢管,公称压力为1.0 MPa;

b) 薄壁铝(铝合金)管,公称压力为0.8 MPa。

3.2 金属薄壁管的规格尺寸及允许偏差应符合表1的规定。

表 1　金属薄壁管规格尺寸及允许偏差　　单位为毫米

<table>
<tr><td rowspan="3">外径 D 及允许偏差</td><td>公称尺寸</td><td>32</td><td>40</td><td>50</td><td>60</td><td>65</td><td>70</td><td>75</td><td>80</td><td>90</td><td>100</td><td>105</td><td>110</td><td>120</td><td>130</td><td>150</td><td>160</td></tr>
<tr><td>镀锌薄壁钢管</td><td colspan="16">±1%D</td></tr>
<tr><td>薄壁铝(铝合金)管</td><td>—</td><td colspan="2">−0.35</td><td colspan="5">−0.45</td><td colspan="5">−0.6</td><td colspan="3">−0.8</td></tr>
<tr><td rowspan="4">壁厚 S 及允许偏差</td><td rowspan="2">镀锌薄壁钢管</td><td colspan="5">0.65
0.8</td><td>0.8</td><td colspan="2">0.8
1.0</td><td colspan="3">1.0</td><td>1.0
1.2</td><td>1.2</td><td>1.2
1.5</td><td colspan="2">1.5</td></tr>
<tr><td colspan="16">+12%S
−15%S</td></tr>
<tr><td rowspan="2">薄壁铝(铝合金)管</td><td>—</td><td colspan="3">1.0</td><td colspan="5">1.5</td><td colspan="2">2.0</td><td colspan="2">2.5</td><td colspan="3">3.0</td></tr>
<tr><td>—</td><td colspan="3">±0.12</td><td colspan="5">±0.18</td><td colspan="2">±0.22</td><td colspan="2">±0.25</td><td colspan="3">±0.30</td></tr>
<tr><td colspan="2">定尺长度 L 及允许偏差</td><td colspan="16">6 000;5 000
+15</td></tr>
<tr><td colspan="2">圆　度</td><td colspan="16">±0.5%D</td></tr>
<tr><td rowspan="2">直线度</td><td>定尺</td><td colspan="16">18</td></tr>
<tr><td>非定尺</td><td colspan="16">0.3%L</td></tr>
</table>

3.3　管件的规格均以所配套的金属薄壁管公称外径表示;变径管以变径管大端所配套的金属薄壁管公称外径表示。管件规格应符合表 2 的规定。

表 2　管件规格　　单位为毫米

快速接头	弯管	三通	四通	变径管	堵头	支架
—	32	32	—	—	—	—
—	40	40	—	—	—	—
50	50	50	50	50	50	50
60	60	60	60	60	60	60
65	65	65	65	65	65	65
70	70	70	70	70	70	70
75	75	75	75	75	75	75
80	80	80	80	80	80	80
90	90	90	90	90	90	90
100	100	100	100	100	100	100
105	105	105	105	105	105	105
110	110	110	110	110	110	110
120	120	120	120	120	120	120
—	130	130	130	130	—	—
—	150	150	150	150	—	—
—	160	160	160	160	—	—

4 技术要求

4.1 一般要求

管及管件应符合本标准的要求,并按照经规定程序批准的图样和技术文件制造。

4.2 镀锌薄壁钢管

4.2.1 镀锌薄壁钢管的管坯用易焊接的钢材制成,钢号和制造方法由制造厂选择。

4.2.2 管内、外表面应有完整的镀锌层,不允许存在漏镀、气泡、局部粗糙和锌瘤。

4.2.3 管两端截面应与管轴线垂直,倾斜度不大于 2°;切口内外毛刺不应高于 0.5 mm。

4.2.4 热浸镀锌钢管内、外镀锌层平均重量 500 g/m^2(镀层厚度相当于 0.069 mm),允许偏差为 -50 g/m^2;电镀锌钢管内、外镀锌层厚度不小于 0.03 mm。

4.2.5 镀锌薄壁钢管的镀锌层进行硫酸铜浸渍试验时,试样重复浸渍五次,镀锌钢管表面不应有红色铜的沉积。

4.2.6 镀锌薄壁钢管的镀锌层结合力试验应按附录 A 的规定进行。

4.2.7 镀锌薄壁钢管镀锌层含锌量不低于 98.5%。

4.2.8 电镀锌薄壁钢管应进行钝化处理。热浸镀锌薄壁钢管经供需双方协议可进行钝化处理。

4.3 薄壁铝(铝合金)管

4.3.1 薄壁铝(铝合金)管的牌号和供应状态应符合 GB/T 6893 的规定。

4.3.2 薄壁铝(铝合金)管的化学成分应符合 GB/T 3190 的规定。

4.3.3 薄壁铝(铝合金)管的机械性能应符合 GB/T 6893 的规定。

4.3.4 薄壁铝(铝合金)管的内、外表面质量和内部组织应符合 GB/T 6893 的规定。

4.3.5 薄壁铝(铝合金)管的两端截面应与管轴线垂直,倾斜度不大于 2°,切口内、外毛刺不高于 0.5 mm。

4.4 金属薄壁管性能

4.4.1 金属薄壁管进行试验压力为 1.6 倍公称压力的耐水压试验时,不应出现渗漏。

4.4.2 金属薄壁管的抗拉性能应符合 GB/T 228 的规定。

4.4.3 金属薄壁管应按 GB/T 242 的规定进行扩口试验。试验后试样扩口处应无裂缝、裂口、焊缝开裂等现象。

4.4.4 金属薄壁管应按 GB/T 246 的规定进行压扁试验。试验后试样弯曲变形处应无裂缝、裂口、焊缝开裂等现象。

4.4.5 金属薄壁管与管件组合应进行运行试验,运行时间不应少于 500 h。

4.5 管件

4.5.1 所有材料必须附有化学成分和机械性能证明书。

4.5.2 冲压件材料应采用材质不低于 GB/T 5213—2001 中表 5 规定的 SC1、表面质量符合表 8 规定的 FC、拉延级别符合表 1 规定的 F 级的冷轧薄钢板或 SC2 冷轧薄钢板。厚度偏差应符合 GB/T 708—2006 中规定的 PT. B 级。

4.5.3 铸铝件的化学成分和机械性能应符合 GB/T 1173 的规定。

4.5.4 焊接件材料应符合 GB/T 700 的有关规定。也可采用易焊接的其他软钢制造。

4.5.5 橡胶密封件材料应符合 GB/T 21873 的规定。

4.5.6 管件的内壁及连接处应光滑平顺,弯曲处不应有明显的凹凸和压扁等缺陷。

4.5.7 铸件内、外表面应光滑,不允许有裂纹、砂眼、气孔、缩松等影响使用性能及外观质量的缺陷。

4.5.8 焊接件的焊缝应平整,不允许有脱焊、漏焊、裂纹、烧穿、焊瘤、夹渣和气孔等缺陷。

4.5.9 需要镀锌的焊接件,应先焊接后镀锌。

4.5.10 冲压件的表面应光滑,不应有皱纹、斑痕、裂纹和分层等缺陷;边缘不应有飞边、毛刺。

4.5.11　胶粘件的胶粘应符合有关胶粘工艺要求和操作程序。胶粘部位的强度应满足设计要求。

4.5.12　连接螺纹的牙形必须完整无损，不应有变形、缺牙等缺陷。

4.5.13　涂漆应符合 JB/T 5673—1991 中耐水涂层的有关规定。

4.5.14　对于易锈蚀的加工表面，必须采取防锈措施，但不应污染水质。

4.6　管件性能

4.6.1　承受水压的管件，进行试验压力为 1.6 倍公称压力的耐水压试验时，管件各部位不应产生塑性变形，焊接、胶粘处不允许出现渗漏。

4.6.2　管件密封部件，进行试验压力为公称压力的密封性能试验时，不应出现渗漏。

4.6.3　快速接头应进行偏转角试验，将快速接头偏转成设计角度，在公称压力下，保压 5 min，不应出现渗漏。

4.6.4　对有自泄要求的管件，应进行自泄性能试验。自泄性能应达到设计与使用要求。

4.6.5　用于吸水管路的管件，应做真空度试验。试验水温为 0 ℃～40 ℃，将管段偏转成设计角度，在 70 kPa 情况下持续 5 min 不应吸入空气。

4.6.6　胶粘件的胶粘部位应做耐拔拉力性能试验。其试验拔拉力按式(1)计算：

$$G = 1.5[\sigma]\frac{\pi}{4}(D^2 - d^2) \quad \cdots\cdots(1)$$

式中：

G——试验拔拉力，单位为牛顿(N)；

$[\sigma]$——管的许用应力，单位为牛顿每平方毫米(N/mm^2)；

D——管的公称外径，单位为毫米(mm)；

d——管的内径，单位为毫米(mm)。

在该拔拉力下，持续 5 min，试样不允许产生塑性形变。经过拔拉后，需再进行耐水压试验，胶粘处不应有渗漏。

4.6.7　在工作流量范围内，管件所产生的压力损失，不应影响系统的正常工作。

5　试验方法

5.1　一般要求

5.1.1　试验设备、仪器和仪表

5.1.1.1　压力计精度不应低于 0.4 级。

5.1.1.2　流量仪表的允许系统误差不应大于±1.5%。

5.1.1.3　其他试验设备、仪器、仪表的精度等级应满足测试结果的精度要求。

5.1.1.4　试验设备、仪器、仪表应定期进行检查、标定。

5.1.2　水力性能试验

5.1.2.1　应采用可调节压力、流量的供水设备。

5.1.2.2　测压孔宜设置在离水流干扰源至少 20 倍管径的地方，测压孔与管内壁成直角，孔的周围要平整，边缘不应有毛刺。

5.1.2.3　压力计应安置在同一高程上，测压系统应设有排气装置。

5.1.2.4　试验前测量管道实际内径、长度等，检查供水系统、管道系统各连接部位及测量系统是否有漏气、漏水现象。

5.1.2.5　试验应用常温清水，在环境温度 0 ℃～40 ℃范围内进行。

5.1.2.6　试验时应排除系统内空气，测压管内不允许有气泡存在，升压应缓慢，流量、压力应同时读出或记录。

5.2 性能试验

5.2.1 耐水压试验

5.2.1.1 耐水压试验包括管子耐水压试验及管件耐水压试验,试件数量为3件。

5.2.1.2 试验压力为公称压力的1.6倍。达到试验压力后,保压3 min,观察有无渗漏和变形。

5.2.2 密封试验

在公称压力下管子与管件配套进行,保压5 min,观察连接处有无渗漏。

5.2.3 自泄试验

被试接头与管子须配套进行,并应水平放置,达到公称压力后缓慢减压,直至接头处泄出水流,然后在此点压力附近均匀先选取2～3个压力值进行试验,测定自泄压力,同时测定自泄时间和接头的自泄量,取平均值。

5.2.4 偏转角试验

将两根相连接的管道偏转成所规定的角度,达到工作压力后,保压5 min,观察连接处有无渗漏。

5.2.5 沿程水头损失试验

5.2.5.1 试验管道总长度应为100 m±10 m。

5.2.5.2 试验管道应直线并水平装置。如非水平放置,应计入高程变化对管道测压的影响。

5.2.5.3 试验流量应在与试验管道经济流速相应的流量范围内均匀选取10种流量,顺次测试。

5.2.5.4 测试管道首末两端的压力,进行计算,并换算成百米管道沿程水头损失 ΔH_{100}。

5.2.5.5 沿程水头损失按式(2)计算:

$$h_f = f\frac{LQ^m}{d^b} \quad \cdots\cdots(2)$$

式中:

h_f——沿程水头损失,单位为米(m);

f——摩阻系数;

L——管长,单位为米(m);

Q——流量,单位为立方米每小时(m^3/h);

m——流量指数;

b——管径指数。

同时给出显著性检验结果。

5.2.6 多口系数试验

5.2.6.1 按5.2.5的规定测量并计算百米管道沿程水平损失 ΔH_{100}。

5.2.6.2 在同一流量下,按5.2.5测量并计算多口出流时的百米管道沿程水头损失 $\Delta H_{100多口}$。测量时孔口距离应相等。

5.2.6.3 多口系数按式(3)计算:

$$F = \frac{\Delta H_{100多口}}{\Delta H_{100}} \quad \cdots\cdots(3)$$

式中:

F——多口系数。

5.2.7 局部水头损失试验

按附录B的规定进行。

5.2.8 拉力试验

按GB/T 228的规定进行。

5.2.9 压扁试验

按GB/T 246的规定进行。

5.2.10 扩口试验

按 GB/T 242 的规定进行。

5.2.11 镀锌层试验

5.2.11.1 镀层重量或厚度测定(任选一项):镀层重量按 GB/T 3091—2008 中附录 B 规定的氯化锑法测定;镀层厚度用磁性测厚仪直接测定。

5.2.11.2 均匀性试验按 GB/T 3091—2008 中附录 C 规定的硫酸铜浸渍法测定。

5.2.11.3 结合力试验按附录 A 的规定,任选一种试验方法。

5.3 运行试验

5.3.1 运行试验主要考核金属薄壁管及管件的可靠性和适应性。试验应在田间进行。

5.3.2 运行试验时间不应少于 500 h。

5.3.3 试验应在工作压力范围内进行。

5.3.4 试验前后应对管子及管件的主要尺寸进行测量,并作好记录。

5.3.5 试验过程中,如遇主要零部件损坏,应换件重做试验,对损坏零部件要进行分析,查明原因,做好记录。

5.3.6 试验期间应按使用说明书规定进行保养,做好测试写实工作。

6 检验规则

6.1 出厂检验

6.1.1 批量生产的金属薄壁管及管件均应经检查试验合格后,并附有产品合格证和使用说明书才可出厂。

6.1.2 金属薄壁管检验项目

a) 尺寸(定尺长度、壁厚、外径)及偏差;

b) 圆度;

c) 直线度;

d) 内、外表面质量;

e) 端面质量;

f) 镀锌层质量(或厚度);

g) 镀锌层均匀性;

h) 镀锌层结合力;

i) 耐水压试验;

j) 抗拉力试验;

k) 扩口试验;

l) 压扁试验。

a)、b)、c)、d)、e)、f)全数检查,g)、h)、i)、j)、k)、l)抽检。

6.1.3 管件检验项目

a) 连接部位质量;

b) 铸件、焊接件、冲压件、橡胶密封件等的内、外表面质量;

c) 镀锌层质量(或厚度);

d) 镀锌层均匀性;

e) 镀锌层结合力;

f) 涂漆质量;

g) 耐水压试验;

h) 密封性能;

i) 偏转角试验；

j) 自泄性能；

k) 真空度试验；

l) 耐拔拉试验。

a)、b)、c)、d)、f)全数检查，e)、g)、h)、i)、j)、k)、l)抽检。

6.1.4 抽样检查和判断处置规则应符合 GB/T 2828.1—2003 的规定。推荐采用正常检验一次抽样方案，检查批为产品月(或日)产量或一次订货批量(个)，检验水平为一般检验水平Ⅱ，接收质量限(AQL)为 4.0；也可由供需双方协商确定。

6.2 型式检验

6.2.1 凡遇下列情况之一者，应进行型式检验：

a) 新产品或老产品转厂生产的试制定型鉴定；

b) 正式生产后，如结构、材料、工艺有较大改变，可能影响产品性能时；

c) 产品长期停产后，恢复生产时；

d) 批量生产的产品，周期性的检验时(每年至少进行一次)；

e) 出厂检查结果与上次型式检验有较大差异时；

f) 国家质量监督机构提出进行型式检验的要求时。

6.2.2 检验项目应包括本标准中规定的全部技术要求项目。

6.2.3 型式检验的抽样检查和判断处置规则应符合 GB/T 2828.1—2003 的规定。推荐采用正常检验一次抽样方案，检查批量应满足样本大小至少为 2 个，检验水平为特殊检验水平 S-1，接收质量限(AQL)为 6.5。

7 标志、包装、运输和贮存

7.1 标志

7.1.1 金属薄壁管标志

7.1.1.1 镀锌薄壁钢管的标志、包装应符合 GB/T 2102 的规定；薄壁铝(铝合金)管的标志、包装参照执行 GB/T 2102 的规定。

7.1.2 管件标志

7.1.2.1 每件管件产品应有清晰、耐久的标志，应至少包括下列内容：

a) 制造厂名称；

b) 型号及名称；

c) 规格，单位为毫米(mm)；

d) 公称压力，单位为兆帕(MPa)；

e) 出厂编号；

f) 出厂年月；

g) 执行标准编号。

7.1.3 包装标志

包装外壁的文字和标志应清晰、整齐，主要内容如下：

a) 制造厂名称；

b) 产品型号、名称及数量；

c) 质量(净重及连同包装的毛重)，单位为千克(kg)；

d) 包装外形尺寸：长(mm)×宽(mm)×高(mm)；

e) 包装的适当部位应有必要的文字和标志(如防热、防锐器等)，其图形应符合 GB/T 191 的规定。

7.2 包装和运输

7.2.1 产品出厂时应附有下列随机文件：

a) 装箱单；

b) 产品合格证；

c) 使用说明书。

7.2.2 出厂产品应在适合运输装卸及保证产品无损的条件下，选择适宜的包装，并应符合运输部门的有关规定。

7.2.3 镀锌薄壁钢管和薄壁铝(铝合金)管在运输过程中，应避免与腐蚀性介质接触，并避免机械损伤。

7.2.4 运输方式及要求可根据需要或按合同确定。

7.2.5 管件在运输过程中，应避免与腐蚀性介质接触，并避免机械损伤。

7.3 贮存

7.3.1 经检验合格的管及管件应存放于干燥、通风的仓库或简易仓库中，并应避免与腐蚀性介质接触。

7.3.2 对橡胶密封件存放时，应涂滑石粉，放在架上，不应靠近发热体，避免阳光直射。

7.3.3 存放12个月以上的管及管件，应进行必要的检查。

附 录 A
（规范性附录）
镀锌层结合力试验

A.1 弯曲试验

切取试样展平，夹在台钳中反复弯曲，直至基体断裂，观察镀层有无起皮脱落。

A.2 锉刀试验

用粗锉刀锉试样边缘，锉刀与试样表面成 45°，由基体方向向镀层方向锉，观察镀层有无剥离、脱落。

A.3 锤击试验

用 250 g 扁角圆形钳工锤敲击，观察镀层有无脱落、裂纹。

A.4 划痕试验

在试样上用锐刀纵横交错，直划到基体金属，划痕的数量与划痕之间距离不限，观察划痕交错处镀层有无剥离、脱落。

A.5 加热试验

将镀件加热到 180 ℃～200 ℃，保温 0.5 h～1 h 后，在空气中冷却，观察镀层有无突起、脱落。

附 录 B
（规范性附录）
金属薄壁管及管件局部损失(压力降)试验

本附录适用于金属薄壁管及管件局部损失(压力降)试验。

B.1 试验方法

B.1.1 测定长度不小于内径(d_i)的15倍、且不短于1 m的连接管子局部损失(压力降)(Δh_1)。管内水流流速为2 m/s,环境温度0 ℃～40 ℃。

B.1.2 将连接管子截成两段,使其中一段长度不小于$5d_i$;另一段的长度不小于$10d_i$。

B.1.3 用被试管件将两段管子连接,使较短的一段管子在进水侧。

B.1.4 在与B.1.1相同条件下,测量连接管子及被试管件局部损失(压力降)(Δh_2)。

B.1.5 被试管件局部损失(压力降)按式(B.1)计算:

$$\Delta h = \Delta h_2 - \Delta h_1 \qquad \text{(B.1)}$$

式中:

Δh——被试管件局部损失(压力降);

Δh_1——连接管子局部损失(压力降);

Δh_2——连接管子及被试管件局部损失(压力降)。

B.2 试验装置

试验装置系统,见图B.1。

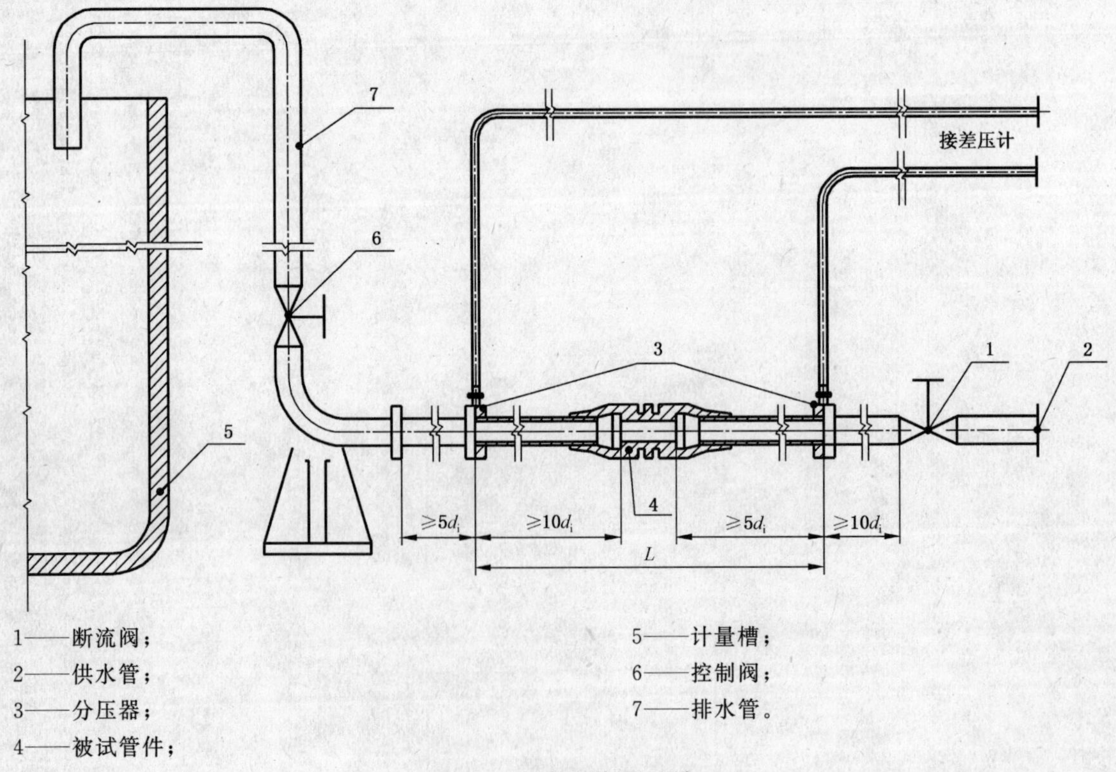

1——断流阀;
2——供水管;
3——分压器;
4——被试管件;
5——计量槽;
6——控制阀;
7——排水管。

图B.1 试验装置系统

ICS 65.060.35
B 91

中华人民共和国国家标准

GB/T 24673—2009

小型汽油机直联高速离心泵

Small-size gasoline engine direct-link high speed centrifugal pumps

2009-11-30 发布　　2010-04-01 实施

中华人民共和国国家质量监督检验检疫总局
中国国家标准化管理委员会　发布

前　言

本标准由中国机械工业联合会提出。

本标准由全国农业机械标准化技术委员会(SAC/TC 201)归口。

本标准主要起草单位:江苏大学流体机械工程技术研究中心、中国农业机械化科学研究院、浙江利欧股份有限公司、浙江省温岭市产品质量监督检验所。

本标准主要起草人:王洋、张咸胜、王相荣、金实斌、潘中永、曹卫东、孔繁余。

小型汽油机直联高速离心泵

1 范围

本标准规定了小型汽油机直联高速离心泵的型式、型号和基本参数、技术要求、试验方法、检验规则、标志、包装、运输和贮存等。

本标准适用于额定功率≤5.89 kW,转速为3 600 r/min及以上的小型汽油机直联高速离心泵(以下简称泵)。小型汽油机带传动的泵可参照执行。

2 规范性引用文件

下列文件中的条款通过本标准的引用而成为本标准的条款。凡是注日期的引用文件,其随后所有的修改单(不包括勘误的内容)或修订版均不适用于本标准,然而,鼓励根据本标准达成协议的各方研究是否可使用这些文件的最新版本。凡是不注日期的引用文件,其最新版本适用于本标准。

GB/T 191 包装储运图示标志(GB/T 191—2008,ISO 780:1997,MOD)

GB/T 2828.1—2003 计数抽样检验程序 第1部分:按接收质量限(AQL)检索的逐批检验抽样计划(ISO 2859-1:1999,IDT)

GB/T 3216—2005 回转动力泵 水力性能验收试验 1级和2级(ISO 9906:1999,MOD)

GB/T 5084 农田灌溉水质标准

GB/T 9239.1—2006 机械振动 恒态(刚性)转子平衡品质要求 第1部分:规范与平衡允差的检验(ISO 1940-1:2003,IDT)

GB 10395.8 农林拖拉机和机械 安全技术要求 第8部分:排灌泵和泵机组

GB 10396 农林拖拉机和机械、草坪和园艺动力机械 安全标志和危险图形 总则(GB 10396—2006,ISO 11684:1995,MOD)

GB/T 13006 离心泵、混流泵和轴流泵 汽蚀余量

GB/T 13007 离心泵效率

GB/T 13306 标牌

GB/T 13384 机电产品包装通用技术条件

JB/T 5673 农林拖拉机及机具涂漆 通用技术条件

JB/T 6664(所有部分) 自吸泵

JB/T 6880.1~6880.3 泵用铸件

JB/T 8097—1999 泵的振动测量与评价方法

JB/T 8098—1999 泵的噪声测量与评价方法

3 型式、型号和基本参数

3.1 型式

3.1.1 泵为卧式,与汽油机同轴直联。

3.1.2 泵分为自吸式离心泵和非自吸式离心泵。

3.1.3 泵进、出口采用螺纹连接或快速接头连接。

3.1.4　泵密封分为机械密封和骨架橡胶油封。

3.1.5　泵的旋转方向，从泵进口方向看为逆时针方向。

3.2　型号

3.2.1　型号表示方法

泵的型号由汉语拼音大写字母和阿拉伯数字等组成，表示方法如下：

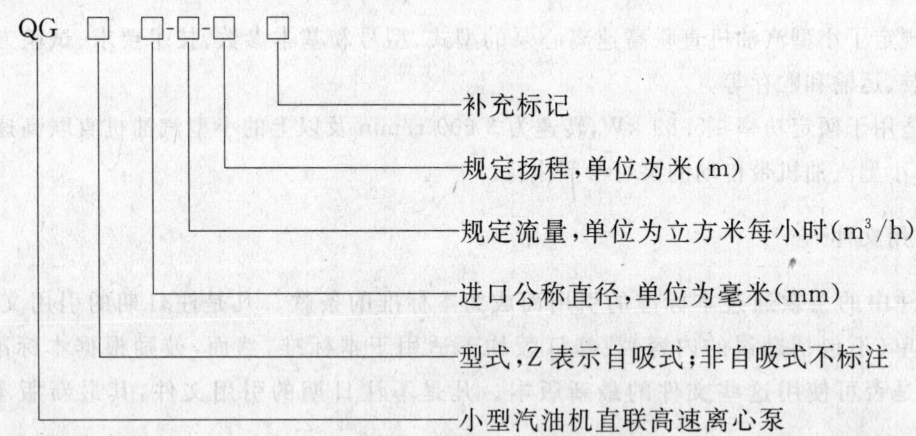

3.2.2　标记示例

进口公称直径为50 mm，规定流量为15 m^3/h，规定扬程为14 m，非自吸式小型汽油机直联高速离心泵，其标记为：QG 50-15-14。

进口公称直径为50 mm，规定流量为10 m^3/h，规定扬程为20 m，自吸式小型汽油机直联高速离心泵，其标记为：QGZ 50-10-20。

3.2.3　补充标记是指企业根据合同或规定对产品所做的必要性的说明或标识，根据需要标注或不标注。

3.3　基本参数

3.3.1　在规定的使用条件下，泵的基本参数应符合表1的规定。

表1

序号	型　号	流量 m^3/h	扬程 m	转速 r/min	效率 %	配套功率 kW	必需汽蚀余量 m	规定自吸高度 m	规定自吸时间 s
1	QGZ 50-10-10	10	10	3 600	52.0	2.0	3.0	5.0	120
2	QGZ 50-10-15		15		50.0	2.5	3.5		
3	QGZ 50-10-20		20		47.7		3.2		
4	QGZ 50-15-15	15	15		54.3		3.0		
5	QGZ 50-15-20		20		52.8	3.50	3.0		
6	QGZ 50-15-25		25		50.9		3.5		
7	QGZ 50-20-13	20	13		56.5		3.8	4.0	140
8	QGZ 50-20-17		17		56.3		3.8		
9	QGZ 50-20-20		20		55.7		3.8		
10	QGZ 50-20-25		25		54.3	4.0	4.0		

表 1（续）

序号	型 号	流量 m^3/h	扬程 m	转速 r/min	效率 %	配套功率 kW	必需汽蚀余量 m	规定自吸高度 m	规定自吸时间 s
11	QGZ 50-25-14	25	14	3 600	57.8	3.5	3.8	4.5	140
12	QGZ 50-25-18		18			4.0	3.5	5.0	
13	QGZ 50-25-22		22		57.2	5.0	4.0	4.0	160
14	QGZ 50-25-25		25		56.6		3.5	5.0	
15	QG 50-25-30		30		58.8	4.0	2.8	4.0	—
16	QGZ 80-30-16	30	16				4.0	4.5	160
17	QGZ 80-30-19		19		59.4	5.0	4.0	4.0	
18	QGZ 80-35-18	35	18		60.0		3.0	5.0	
19	QGZ 80-40-15	40	15			5.0	4.0	4.5	
20	QGZ 80-40-19		19		55.3	5.60	4.0		
21	QG 40-5-30	5	30	5 000	50.0	1.18	3.0	—	—
22	QG 50-10-20	10	20		55.0	1.18		—	—
23	QG 50-15-14	15	14		60.0	1.18	3.8	—	—
24	QG 50-20-10	20	10		68.0	1.18	3.0	—	—
25	QG 50-20-14	20	14		70.0	1.60	4.0	—	—
26	QGZ 40-4.5-30	4.5	30		45.0	1.18	3.0	5.0	120
27	QGZ 50-9-20	9	20		55.0	1.16			
28	QGZ 50-18-10	18	10		60.0	1.18			
29	QGZ 50-12.5-15	12.5	15		50.0	1.19	3.8	4.5	150
30	QGZ 50-20-12	20	12		67.0	1.60	4.0	5.0	110

注：表中的参数为清洁冷水下的值。

3.3.2 当泵的流量、扬程、转速等基本参数不符合表 1 的规定时，泵效率应不低于 GB/T 13007 或相应标准的规定。

3.3.3 泵配套动力机的功率备用系数为 1.1～1.3。

4 技术要求

4.1 一般要求

4.1.1 泵应符合本标准的要求，并按照经规定程序批准的图样及技术文件制造。

4.1.2 泵在下列使用条件（或 GB/T 5084 规定的水质）下应能连续正常运行：

a） 介质温度不超过 40 ℃；

b） 介质的 pH 值为 6.5～8.5；

c） 介质中含固体杂质的体积比不超过 0.1%，粒度不大于 0.2 mm。

4.1.3 泵的使用范围推荐为 0.7 倍～1.2 倍规定流量范围内。

4.2 性能及其容差

4.2.1 泵性能的容差应符合 GB/T 3216—2005 中 2 级的规定。

4.2.2 当测得泵的规定性能点的效率高于规定值，而流量、扬程未满足 GB/T 3216—2005 的 2 级要求时，允许将扬程的规定值按式(1)进行修正，并修正以后的扬程值为规定扬程值重新判别。

$$H'_{sp}=H_{sp}\eta'_{sp}/\eta_{sp} \quad \cdots\cdots(1)$$

式中：

H'_{sp}——修正后的扬程规定值，单位为米(m)；

H_{sp}——规定扬程值，单位为米(m)；

η'_{sp}——实测效率值，%；

η_{sp}——规定效率值，%。

4.2.3 泵的必需汽蚀余量不得有下偏差。偏差应符合 GB/T 13006 的规定。

4.2.4 自吸式泵性能及其容差应符合 JB/T 6664 的规定。

4.3 结构

4.3.1 叶轮应可靠的固定在轴上，不得产生相对于轴的轴向和圆周方向的移动。

4.3.2 泵轴上的螺纹旋向，当泵轴按规定方向旋转时，应使叶轮螺母拧紧。

4.4 密封

4.4.1 泵的叶轮进口采用圆柱面径向密封。

4.4.2 轴封可采用机械密封或骨架橡胶油封。

4.4.3 采用骨架橡胶油封时，轴上应有护轴套，轴套表面不得有擦痕、锈斑等缺陷。

4.5 传动与固定

4.5.1 泵与动力机为同轴直联，中间由密封座相连接应有可靠的强度、刚度，应保证叶轮与泵体的对中性。

4.5.2 泵与动力机组，应可靠地与机架相连接，机架上应有减振装置。

4.6 泵的主要零件材料要求

4.6.1 铸铁件应符合 JB/T 6880.1～6880.3 的规定。

4.6.2 其他材料应符合相应标准的规定。

4.7 静、动平衡

泵的叶轮等转动部件均应进行静平衡和动平衡试验。静平衡的品质等级应不低于 GB/T 9239.1—2006 中 G 6.3 级的规定，动平衡的品质等级为静平衡的 1/2。

4.8 水(气)压试验

泵中承受工作压力的零部件均应进行水(或气)压力试验而无渗漏、冒汗等现象，试验压力为 1.5 倍的工作压力(但不得低于 0.2 MPa)，历时 5 min。

4.9 振动和噪声

4.9.1 泵的振动烈度应符合 JB/T 8097—1999 中的 C 级规定。

4.9.2 泵的噪声级应符合 JB/T 8098—1999 中 C 级的规定。

4.9.3 在满足 4.7 规定的情况下，可不进行振动和噪声的测定。

4.10 装配与外观要求

4.10.1 所有零部件应经检验合格后(外协件、外购件、标准件等应有质量合格证或有效的质量保证文件)方可进行装配。

4.10.2 装配好的泵，旋转部位应转动平稳灵活，不得有碰擦、卡滞等现象。

4.10.3 外露的机械加工表面应采取防锈措施。

4.10.4 各紧固件不得有松动现象。

4.10.5 泵外表面应无污损、碰伤、锈蚀等现象。

4.10.6 泵的涂漆应符合 JB/T 5673 的规定。

4.10.7 泵应有明显的红色旋转方向标志，并应保证标志在使用期内不易磨灭。

4.10.8 泵进、出口应加封，以防杂物进入泵内。

4.11 安全性

4.11.1 泵的安全要求应符合 GB 10395.8 的规定。

4.11.2 泵的安全标志应符合 GB 10396 的规定。

4.12 可靠性

4.12.1 在规定的使用条件下，泵首次故障前平均工作时间应不少于 1 000 h。

4.12.2 进行可靠性试验时，除按制造厂规定要求进行维护保养，并按规定时间更换易损件外，不允许更换其他零部件。

5 试验方法

5.1 泵的性能试验按 GB/T 3216—2005 中 2 级的规定进行。

5.2 自吸性能试验按 JB/T 6664.3 的规定进行。

5.3 泵的叶轮等传动部件的静平衡试验按 GB/T 9239.1 的规定进行。

5.4 泵的振动测量方法按 JB/T 8097 的规定进行。

5.5 泵的噪声测量方法按 JB/T 8098 的规定。

5.6 安全性按 GB 10395.8 和 GB 10396 的规定进行。

5.7 可靠性按有关标准的规定进行。

6 检验规则

6.1 出厂检验

6.1.1 每台泵应经制造厂检验部门检验合格后，并附有产品合格证和使用说明书方可出厂。

6.1.2 检验项目

a) 装配与外观；

b) 运转试验：泵在规定转速及工作范围工况点持续运转至少 30 min，检查运转是否平稳、运转过程中有无异样振动和噪声及轴封泄漏等情况；

c) 静平衡试验；

d) 水(气)压试验；

e) 测定泵规定性能点的流量、扬程、轴功率和效率；

f) 测定自吸泵规定自吸高度和规定自吸时间；

g) 安全性和安全标志检查。

a)、b)、c)、d)、g)全数检查，e)、f)抽检。

6.1.3 抽样和判断处置规则应符合 GB/T 2828.1—2003 的规定。推荐采用正常检验一次抽样方案，检查批为产品月(或日)产量或一次订货批量(台)，检验水平为一般检验水平Ⅱ，接收质量限(AQL)为 4.0；也可由供需双方协商确定。

6.2 型式检验

6.2.1 凡遇下列情况之一者，应进行型式检验：

a) 新产品或老产品转厂生产的试制定型鉴定；

b) 正式生产后，如结构、材料、工艺有较大改变，可能影响产品性能时；

c) 产品长期停产后，恢复生产时；

d) 批量生产的产品，周期性的检验时(每年至少进行一次)；

e) 出厂检查结果与上次型式检验有较大差异时；

f) 国家质量监督机构提出进行型式检验的要求时。

6.2.2 型式检验项目

a) 出厂检验的全部项目；

b) 规定性能的测定；

c) 振动测量；

d) 噪声测量；

e) 动平衡试验；

f) 可靠性试验。

6.2.3 型式检验的抽样和判断处置规则应符合 GB/T 2828.1—2003 的规定。推荐采用正常检验一次抽样方案，检查批量应满足样本大小至少为 2 台，检验水平为特殊检验水平 S-1，接收质量限(AQL)为 6.5。

7 标志、包装、运输和贮存

7.1 标志

7.1.1 产品标志

7.1.1.1 标牌的材料及标牌上数据的刻印方法应能保证其字迹在整个使用期内不易磨灭。标牌尺寸和技术要求应符合 GB/T 13306 的规定。

7.1.1.2 标牌应固定在泵的明显部位，至少应标明的内容如下：

a) 制造厂名称；

b) 型号及名称；

c) 规定流量，单位为立方米每小时(m^3/h)；

d) 规定扬程，单位为米(m)；

e) 转速，单位为转每分钟(r/min)；

f) 配套功率，单位为千瓦(kW)；

g) 必需汽蚀余量，单位为米(m)；

h) 出厂编号；

i) 出厂年月；

j) 质量(净重)，单位为千克(kg)；

k) 执行标准编号。

7.1.1.3 泵应有明显的转向标志。

7.1.2 包装标志

包装箱外壁的文字和标志应清晰、整齐，主要内容如下：

a) 制造厂名称；

b) 产品型号、名称及数量；

c) 包装箱外形尺寸：长(mm)×宽(mm)×高(mm)；

d) 质量(净重及连同包装的毛重)，单位为千克(kg)；

e) 包装箱的适当部位应有必要的符合 GB/T 191 规定的标志。

7.2 包装和运输

7.2.1 泵的包装应按 GB/T 13384 的规定，特殊包装由供需双方协商确定，但应能保证在正常的运输条件下不致因包装不善而损坏。

7.2.2 包装前，产品外露的机械加工表面应有防锈措施。

7.2.3 每台泵应附有下列随机文件和附件：

a) 装箱单；

b) 产品合格证；

c) 使用说明书；

d) 必要的随机附件和专用拆装工具。

7.2.4 运输方式及要求可根据需要或按合同确定。

7.3 贮存

7.3.1 经检验合格的泵应放于干燥通风良好的仓库或简易仓库中，露天存放时应采取防晒、防雨、防潮等措施。

7.3.2 凡存放12个月以上者，应进行必要的检查。

ICS 65.060.35
B 91

中华人民共和国国家标准

GB/T 24674—2009

污水污物潜水电泵

Waste submersible motor-pumps

2009-11-30 发布　　　　2010-04-01 实施

中华人民共和国国家质量监督检验检疫总局
中国国家标准化管理委员会　发布

前言

本标准的附录 A 为规范性附录。

本标准由中国机械工业联合会提出。

本标准由全国农业机械标准化技术委员会(SAC/TC 201)归口。

本标准主要起草单位:江苏大学流体机械工程技术研究中心、中国农业机械化科学研究院、泰州泰丰泵业有限公司、浙江新界泵业有限公司、浙江利欧股份有限公司、上海凯泉泵业(集团)有限公司、杭州斯莱特泵业有限公司、浙江大元泵业有限公司、山东名流实业集团有限公司、江苏亚太泵阀有限公司、浙江奇峰泵业有限公司、浙江丰球泵业股份有限公司。

本标准主要起草人:王洋、张咸胜、毛骥、许敏田、王相荣、王东进、鲁求荣、王国良、周建全、蒋文军、江荣华、楼其锋、郎涛。

污水污物潜水电泵

1 范围

本标准规定了污水污物潜水电泵的型式、型号、基本参数、技术要求、试验方法、检验规则和标志、包装、贮存和运输。

本标准适用于输送各类污水或含有泥沙、纤维物、粪便、河泥肥等不溶固相物的混合液体的单相或三相污水污物潜水电泵(以下简称“电泵”)。

2 规范性引用文件

下列文件中的条款通过本标准的引用而成为本标准的条款。凡是注日期的引用文件,其随后所有的修改单(不包括勘误的内容)或修订版均不适用于本标准,然而,鼓励根据本标准达成协议的各方研究是否可使用这些文件的最新版本。凡是不注日期的引用文件,其最新版本适用于本标准。

GB/T 191 包装储运图示标志(GB/T 191—2008,ISO 780:1997,MOD)

GB 755 旋转电机 定额与性能(GB 755—2008,IEC 60034-1:2004,IDT)

GB/T 1176 铸造铜合金技术条件(GB/T 1176—1987,neq ISO 1338:1977)

GB/T 1220 不锈钢棒

GB/T 1348 球墨铸铁件(GB/T 1348—2009,ISO 1083:2004,MOD)

GB 1971 旋转电机 线端标志与旋转方向(GB/T 1971—2006,IEC 60034-8:2002,IDT)

GB/T 2828.1—2003 计数抽样检验程序 第1部分:按接收质量限(AQL)检索的逐批检验抽样计划(ISO 2859-1:1999,IDT)

GB/T 4942.1—2006 旋转电机整体结构的防护等级(IP代码) 分级(IEC 60034-5:2000,IDT)

GB/T 5013.4 额定电压450/750 V及以下橡皮绝缘电缆 第4部分:软线和软电缆(GB/T 5013.4—2008,IEC 60245-4:2004,IDT)

GB/T 9239.1 机械振动 恒态(刚性)转子平衡品质要求 第1部分:规范与平衡允差的检验(GB/T 9239.1—2006,ISO 1940-1:2003,IDT)

GB/T 9439 灰铸铁件

GB 10395.8 农林拖拉机和机械 安全技术要求 第8部分:排灌泵和泵机组

GB 10396 农林拖拉机和机械、草坪和园艺动力机械 安全标志和危险图形 总则(GB 10396—2006,ISO 11684:1995,MOD)

GB/T 12785—2002 潜水电泵 试验方法

GB/T 13306 标牌

GB/T 17241.6 整体铸铁法兰

JB/T 5673 农林拖拉机及机具涂漆 通用技术条件

JB/T 6880.1～6880.3 泵用铸件

JB/T 7593 Y系列高压三相异步电机计数条件

JB/T 8735.2 额定电压450/750 V及以下橡皮绝缘软线和电缆 第2部分:通用橡套软电缆

JB/T 8735.3 额定电压450/750 V及以下橡皮绝缘软线和电缆 第3部分:橡皮绝缘编织软电线

JB/T 50080 潜水电泵 可靠性考核评定方法

JB/Z 293 交流高压电机定子绕组子绕组匝间绝缘试验规范

3 型式、型号和基本参数

3.1 型式

3.1.1 电泵为单级或多级立式，泵与电机同轴。

3.1.2 电泵按叶轮的结构分为：

a) 旋流式叶轮；
b) 半开式叶片式叶轮；
c) 闭式叶片式叶轮；
d) 单或双流道式叶轮；
e) 螺旋离心式叶轮；
f) 混流式叶轮；
g) 轴流式叶轮。

3.1.3 电泵型式特征用大写汉语拼音字母表示：

X——旋流式；
H——混流式；
Z——轴流式；

叶轮结构为流道式、螺旋离心式、闭式和半开式不标注。

3.1.4 电泵电机特征用大写汉语拼音字母表示：

S——充水式；
Y——充油式；
D——单相；
G——高压(660 V 及以下三相干式电机不标注)。

3.1.5 电泵的外壳防护等级为 GB/T 4942.1—2006 中规定的 IPX8。特殊要求的防护等级，由供需双方按 GB/T 4942.1 的规定协商确定。

3.1.6 电泵的定额是以连续工作制(S1)为基准的连续定额。

3.2 型号

3.2.1 型号表示方法

电泵的型号由汉语拼音大写字母和阿拉伯数字等组成，表示方法如下：

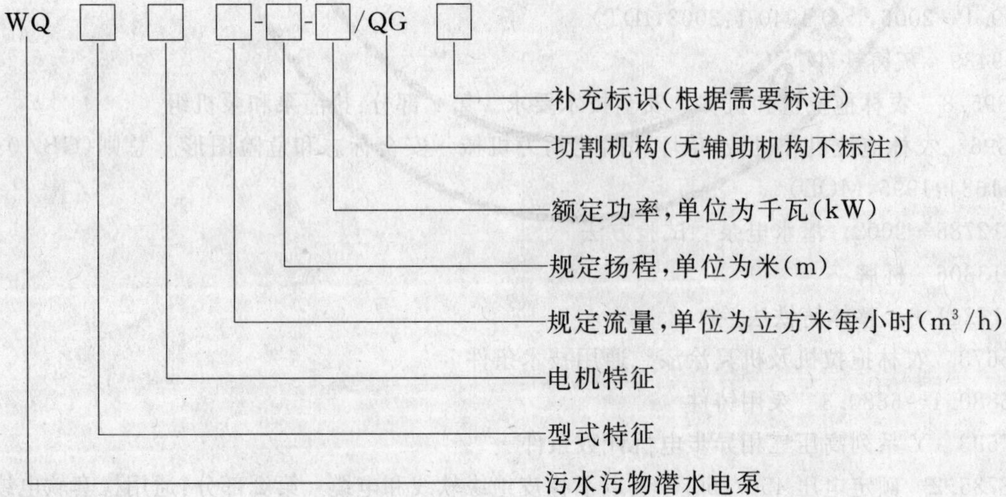

3.2.2 标记示例

规定流量为 4 860 m^3/h，规定扬程为 5.4 m，额定功率为 160 kW，配套三相电机，电压为 380 V，混流式污水污物潜水电泵，其标记：WQH4860-5.4-160。

规定流量为 29 000 m^3/h,规定扬程为 2.8 m,额定功率为 450 kW,配套三相电机,电压为 6 000 V,轴流式污水污物潜水电泵,其标记为:WQZG29000-2.8-450。

规定流量为 5 m^3/h,规定扬程为 7 m,额定功率为 0.37 kW,配套单相电机,电压为 220 V,闭式污水污物潜水电泵,其标记为:WQD5-7-0.37。

规定流量为 50 m^3/h,规定扬程为 15 m,额定功率为 5.5 kW,配套三相电机,电压为 380 V,闭式带切割机构的污水污物潜水电泵,其标记为:WQ50-15-5.5/QG。

规定流量为 50 m^3/h,规定扬程为 15 m,额定功率为 5.5 kW,配套三相电机,电压为 380 V,闭式不锈钢污水污物潜水电泵,其标记为:WQ50-15-5.5G

3.2.3 补充标识是指企业根据合同或规定对产品所做的必要性的说明或标识,根据需要标注或不标注。

3.3 基本参数

3.3.1 在电源频率为 50 Hz,电压为单相(220 V)或三相(380 V、660 V、3 kV、6 kV、10 kV)时和规定的使用条件下,电泵的基本参数应符合表 1 和表 2 的规定。

表 1

序号	排出口径 mm	流量 m^3/h	扬程 m	功率 kW	同步转速 r/min	电泵效率 %		电泵泵效率 %		通过颗粒最大直径 mm
						旋流式	其他式	旋流式	其他式	
1	25	3	7	0.25	3 000	14.1	16.5	29.5	34.0	5
2	25	5	7	0.37		17.6	20.2	33.0	37.5	5
3	50	7	7	0.55		18.9/20.3	23.0/24.6	33.5	40.2	15
4	25	4	10			17.7/19.0	20.5/21.9	31.5	36.0	5
5	50	10	7	0.75		23.2/24.3	26.4/27.4	38.0	43.0	20
6	50	7	10			21.6/22.6	24.6/25.8	35.5	40.2	15
7	32	5	15			19.9/20.9	22.9/24.0	33.0	37.5	5
8	50	15	7	1.1		27.6	30.9	41.0	45.7	20
9	50	10	10			25.5	29.0	38.0	43.0	20
10	50	7	15			23.7	27.0	35.5	40.2	15
11	50	25	7	1.5		31.4	35.1	44.5	49.4	25
12	50	15	10			28.8	32.3	41.0	45.7	20
13	50	10	15			26.6	30.3	38.0	43.0	20
14	50	6	22			23.7	27.4	34.0	39.0	15
15	65	35	7	2.2		34.0	37.8	46.7	51.7	25
16	50	25	10			32.3	36.0	44.5	49.4	25
17	50	15	15			29.7	33.2	41.0	45.7	20
18	50	9	22			26.9	30.4	37.4	42.0	20
19	80	50	7			37.4	41.3	49.5	54.5	30
20	65	35	10	3	3 000 1 500	34.7	38.6	46.7	51.7	25
21	65	25	15			33.0	36.8	44.5	49.4	25
22	50	15	22			30.3	33.9	41.0	45.7	20

表 1（续）

序号	排出口径 mm	流量 m³/h	扬程 m	功率 kW	同步转速 r/min	电泵效率 %		电泵泵效率 %		通过颗粒最大直径 mm
						旋流式	其他式	旋流式	其他式	
23	100	75	7			38.8	43.8	52.0	57.0	35
24	80	50	10			37.4	41.3	49.5	54.5	30
25	65	40	15	4		35.9	39.8	47.7	52.6	25
26	50	25	22			33.4	37.3	44.5	49.4	25
27	50	15	32			30.7	34.4	41.0	45.7	20
28	100	100	7			42.4	46.3	54.0	58.8	35
29	80	70	10			40.3	44.4	51.5	56.5	30
30	80	50	15	5.5	3 000 1 500	38.7	42.8	49.5	54.5	30
31	65	30	22			35.7	39.8	45.8	50.8	25
32	50	18	32			32.7	36.8	42.1	47.1	20
33	150	140	7			44.1	48.3	55.5	60.5	45
34	100	100	10			42.9	46.9	54.0	58.8	35
35	100	70	15	7.5		40.9	45.0	51.5	56.5	30
36	80	45	22			38.4	43.3	48.5	54.5	30
37	80	30	32			36.2	40.3	45.8	50.8	25
38	50	20	40			33.9	38.0	43.0	48.0	20
39	200	210	7			45.9	50.1	57.5	62.5	50
40	150	140	10			44.3	48.4	55.5	60.5	45
41	100	100	15	11		43.0	47.0	54.0	58.8	35
42	100	70	20			41.0	45.1	51.5	56.5	30
43	80	45	32			38.5	43.5	48.5	54.5	30
44	80	30	40			36.3	40.4	45.8	50.8	25
45	200	300	7			47.8	51.9	59.0	64.0	55
46	150	200	10			46.4	50.6	57.4	62.4	45
47	100	100	19	15	1 500	43.6	47.6	54.0	58.8	35
48	100	60	30			40.7	44.8	50.5	55.5	30
49	80	45	40			39.0	44.0	48.5	54.5	30
50	200	300	8			48.4	52.6	59.0	64.0	55
51	200	200	12			47.0	51.2	57.4	62.4	50
52	150	140	15	18.5		45.4	49.6	55.5	61.5	45
53	100	100	22			44.1	48.2	54.0	58.8	35
54	200	400	7	22		49.6	54.1	59.8	65.0	55
55	150	300	10			48.9	53.2	59.0	64.0	50

表 1（续）

序号	排出口径 mm	流量 m^3/h	扬程 m	功率 kW	同步转速 r/min	电泵效率 %		电泵泵效率 %		通过颗粒最大直径 mm
						旋流式	其他式	旋流式	其他式	
56	150	200	15			47.6	51.8	57.4	61.4	45
57	150	150	20	22	1 500	46.4	50.7	56.0	61.0	40
58	100	100	30			44.7	48.8	54.0	58.8	35
59	80	70	35			42.5	46.8	51.5	56.8	30
60	300	600	7			50.8	55.3	61.0	66.2	75
61	200	400	10			49.8	54.2	59.8	65.0	50
62	150	200	20	30	1 500 1 000	47.7	52.0	57.4	62.4	40
63	100	150	25			46.5	51.0	56.0	61.0	35
64	100	100	38			44.8	48.9	54.0	58.5	30
65	300	700	7			52.6	57.0	61.5	66.5	80
66	250	500	10			51.7	56.1	60.5	65.5	55
67	200	300	15	37		50.4	54.8	59.0	64.0	50
68	150	200	25			49.0	53.4	57.4	62.4	40
69	150	150	32			47.8	52.2	56.0	61.0	35
70	300	800	8			53.3	57.8	61.9	67.0	70
71	250	600	11			52.5	57.1	61.0	66.2	55
72	200	400	16			51.4	56.0	59.8	65.0	50
73	200	300	20	45		50.7	55.1	59.1	64.0	50
74	200	200	30			49.3	53.7	57.4	62.4	45
75	150	150	40			48.1	52.5	56.0	61.0	40
76	100	100	50		1 000	46.3	50.5	54.0	58.8	35
77	350	1 100	7			54.1	58.6	62.5	67.5	75
78	250	800	10			53.6	58.1	61.9	67.0	60
79	250	500	15			52.3	56.8	60.5	65.5	50
80	200	400	20	55		51.7	56.3	59.8	65.0	45
81	200	300	25			51.0	55.5	59.0	64.5	40
82	150	200	37			49.6	54.0	57.4	62.4	35
83	150	150	45			48.3	50.8	56.0	58.8	35
84	350	1 500	7			55.1	59.6	63.0	68.0	80
85	250	1 100	10			54.6	59.1	62.5	67.5	60
86	300	900	12	75		54.2	58.7	62.0	67.0	55
87	250	700	15			53.7	58.2	61.5	66.5	50
88	200	500	20			52.8	57.3	60.5	65.5	50

表 1（续）

序号	排出口径 mm	流量 m^3/h	扬程 m	功率 kW	同步转速 r/min	电泵效率 %		电泵泵效率 %		通过颗粒最大直径 mm
						旋流式	其他式	旋流式	其他式	
89	200	300	35	75	1 000	51.5	56.1	59.0	64.0	50
90	550	2 500	5	90		55.9	60.4	63.8	68.8	115
91	400	2 000	6			55.6	61.1	63.4	68.4	100
92	300	1 250	10			54.7	59.3	62.5	67.6	60
93	250	850	15			54.4	58.9	62.1	67.1	55
94	250	600	20			53.4	58.1	61.0	66.2	50
95	500	3 000	6	110		—	60.9	—	69.0	105
96	400	2 500	7			—	60.8	—	68.8	95
97	350	1 500	11			—	60.0	—	68.0	80
98	250	1 000	17			—	59.5	—	67.4	60
99	250	700	24			—	58.7	—	66.5	50
100	200	500	33			—	57.8	—	65.5	45
101	550	3 500	6	132	750	—	61.3	—	69.2	115
102	400	2 000	10			—	60.6	—	68.4	120
103	300	1 300	16			—	60.1	—	67.8	100
104	350	1 000	20			—	59.7	—	67.4	110
105	350	900	23			—	59.3	—	67.0	105
106	350	600	34			—	58.6	—	66.2	105
107	600	4 000	6	160		—	61.6	—	69.3	150
108	550	3 100	8			—	61.3	—	69.0	145
109	450	2 500	10			—	61.1	—	68.8	130
110	350	1 500	17			—	60.4	—	68.0	110
111	300	1 000	25			—	59.8	—	67.4	100
112	250	600	40			—	58.7	—	66.2	95
113	600	8 000	6	185		—	61.9	—	69.5	150
114	500	3 500	8			—	61.6	—	69.2	140
115	400	2 500	12			—	61.2	—	68.8	120
116	350	1 500	19			—	60.5	—	68.0	110
117	300	900	32			—	59.6	—	67.0	100
118	500	3 000	10	200		—	61.5	—	69.3	140
119	400	2 000	16			—	60.9	—	68.4	120
120	300	1 100	28			—	60.1	—	67.5	100
121	700	6 000	6	220		—	62.4	—	69.9	155

表 1（续）

序号	排出口径 mm	流量 m³/h	扬程 m	功率 kW	同步转速 r/min	电泵效率 %		电泵泵效率 %		通过颗粒最大直径 mm
						旋流式	其他式	旋流式	其他式	
122	600	4 200	8	220	750	—	61.9	—	69.4	150
123	400	2 200	16			—	61.2	—	68.6	120
124	350	1 000	32			—	60.1	—	67.4	110
125	600	5 000	8	250		—	62.4	—	69.5	150
126	500	3 200	12			—	62.0	—	69.0	140
127	400	2 500	16			—	61.8	—	68.8	120
128	350	1 800	22			—	61.2	—	68.2	110
129	500	4 200	10	280		—	62.5	—	69.4	140
130	450	3 000	15			—	62.1	—	69.0	135
131	400	2 000	22			—	61.6	—	68.4	120
132	350	1 500	29			—	61.2	—	68.0	110
133	800	1 100	44			—	60.7	—	67.5	100
134	700	7 000	6	315		—	63.6	—	70.5	160
135	600	4 500	11			—	62.6	—	69.4	150
136	500	3 200	16			—	62.3	—	69.0	140
137	400	2 500	22			—	62.1	—	68.8	120
138	350	1 800	34			—	61.5	—	68.2	110

注 1：23.2/24.3 分子表示单相电泵效率，分母表示三相电泵效率；
注 2：电泵效率为清洁冷水条件下的指标；
注 3：转速均不折算；
注 4：电泵泵效率仅限于确定电泵效率用；
注 5：3 000/1 500 或 1 500/1 000 表示该功率等级的电泵有两种转速。

表 2

序号	排出口径 mm	流量 m³/h	扬程 m	功率 kW	同步转速 r/min	电泵效率 %	电泵泵效率 %	通过颗粒最大直径 mm
						轴流式或混流式	轴流式或混流式	
1	300	600	2.8	11	1 500	52.4	65.4	50
2	250	300	5.5			52.9	66.0	40
3	200	220	7.4			50.5	63.0	35
4	350	800	2.8	15		53.6	66.0	50
5	300	600	3.8			53.6	66.0	50
6	500	2 020	1.4	18.5	750	52.8	65.0	80
7	350	800	3.4		1 500	53.0	64.5	55

表 2（续）

序号	排出口径 mm	流量 m³/h	扬程 m	功率 kW	同步转速 r/min	电泵效率 % 轴流式或混流式	电泵泵效率 % 轴流式或混流式	通过颗粒 最大直径 mm
8	500	1 600	2.0	22	750	52.2	63.5	80
9	250	500	6.5		1 500	53.2	64.0	45
10	600	2 880	1.6	30	1 000	53.3	64.5	90
11	500	2 160	2.0			52.4	63.0	80
12	400	1 600	3.6			53.2	64.0	70
13	350	1 250	3.4			51.5	62.0	65
14	350	960	4.5		1 500	52.2	62.5	60
15	300	800	6.0			56.5	67.5	55
16	500	2 880	2.0	37	1 000	57.0	66.5	95
17	350	1 170	4.6			54.4	63.5	60
18	350	700	8.0			57.5	67.0	90
19	600	4 160	1.7	45	750	57.5	67.0	90
20	500	2 160	3.0		1 000	55.6	64.5	95
21	350	1 250	5.5		1 500	57.4	66.0	60
22	500	2 880	2.8	55	1 000	55.5	64.0	95
23	500	2 160	3.8			55.0	63.5	95
24	700	5 200	2.2	75	600	58.1	67.0	105
25	700	3 850	2.8			54.0	62.4	100
26	500	1 980	5.6		1 000	56.0	64.0	90
27	350	1 250	9		1 500	56.4	64.5	60
28	700	3 750	3.8	90	600	59.8	68.5	95
29	500	2 160	6.5		1 000	55.6	63.5	95
30	900	10 000	1.7	110	500	57.7	66.5	125
31	700	6 090	2.8		600	57.4	65.5	105
32	700	5 500	3.0		750	58.1	66.0	105
33	700	4 500	3.8			59.0	67.0	100
34	700	6 660	3.0	132	750	58.0	65.5	110
35	700	5 440	3.8		600	58.9	67.0	105
36	700	4 100	4.8		750	56.6	64.0	100
37	700	3 240	6.6			61.1	69.0	100
38	600	2 450	8.6			60.2	68.0	85
39	400	1 650	12.5			59.8	67.5	75

表 2（续）

序号	排出口径 mm	流量 m³/h	扬程 m	功率 kW	同步转速 r/min	电泵效率 % 轴流式或混流式	电泵泵效率 % 轴流式或混流式	通过颗粒最大直径 mm
40	1 000	10 500	2.2	160	500	55.8	64.0	140
41	900	7 200	3.5			58.9	67.5	120
42	700	5 400	4.8		750	61.3	69.0	110
43	700	4 860	5.4			61.3	69.0	105
44	500	3 300	8			62.7	70.5	95
45	1 300	18 100	1.6	185	375	61.8	71.0	180
46	1 000	9 650	3.0		500	61.1	70.0	120
47	900	7 200	4.2			61.6	70.5	120
48	700	6 000	5.1			62.0	71.0	115
49	1 000	12 850	2.6	200	600	64.9	73.0	145
50	900	10 080	3.2		500	63.6	72.0	125
51	700	4 600	7		750	62.4	70.0	100
52	500	3 000	11			62.9	70.5	95
53	400	2 000	16			63.3	71.0	75
54	1 200	16 200	2.4	220	500	67.0	75.5	175
55	1 000	9 150	4.0		750	65.2	73.5	150
56	700	5 000	7			61.6	69.0	100
57	1 600	29 600	1.5	250	250	67.0	76.0	200
58	1 200	16 200	2.6		500	66.8	74.5	175
59	1 400	13 770	3.1		300	64.9	73.0	190
60	900	10 080	4.3		500	67.3	75.0	125
61	1 000	8 170	5.1			64.5	72.0	105
62	700	6 490	6.5		600	64.6	72.0	105
63	500	3 000	13		750	61.1	68.0	95
64	1 200	16 160	3.0	280	500	67.3	75.0	175
65	1 000	12 640	3.6		600	64.7	72.0	150
66	900	10 990	4.6			69.3	77.0	125
67	900	8 850	5.5		500	66.9	74.5	120
68	900	4 200	11		750	63.5	70.5	110
69	1 400	23 900	2.3	315	375	67.3	75.0	195
70	1 200	14 580	3.8		500	68.4	76.0	170
71	1 000	11 380	4.5		600	62.9	70.0	145
72	1 000	7 960	6.8		500	66.1	73.5	140

表 2（续）

序号	排出口径 mm	流量 m³/h	扬程 m	功率 kW	同步转速 r/min	电泵效率 % 轴流式或混流式	电泵泵效率 % 轴流式或混流式	通过颗粒最大直径 mm
73	1 600	29 760	2.0	355	250	65.5	73.5	200
74	1 200	14 350	4.3		500	66.6	74.0	190
75	1 000	11 380	5.3		600	65.8	73.0	145
76	1 600	27 100	2.6	400	375	67.6	75.0	195
77	1 400	23 180	2.9			64.8	72.0	190
78	1 300	20 340	3.4			67.6	75.0	185
79	1 000	11 000	6.0		500	65.5	72.5	145
80	1 600	29 000	2.8	450	300	68.1	76.0	200
81	1 400	20 880	3.8		375	67.6	75.0	190
82	1 200	13 880	5.6		500	66.9	74.0	180
83	1 200	11 650	6.4			63.2	70.0	195
84	1 000	9 080	8.6			66.9	74.0	140
85	1 600	35 280	2.4	500	300	66.4	74.0	210
86	1 000	10 080	3.4		600	68.0	75.0	140
87	1 400	20 200	4.6	560	375	65.6	72.0	190
88	1 400	18 050	5.1			64.1	71.0	185
89	1 200	19 200	5.0		375	66.2	73.0	180
90	1 200	11 300	8.4		500	67.2	74.0	175
91	1 600	31 550	3.4	630	300	66.6	74.0	205
92	1 400	12 450	10.0		375	67.9	75.0	175
93	1 600	31 680	3.9	710	300	67.5	75.0	190
94	1 200	12 450	10.0		375	67.9	75.0	175
95	1 600	30 500	4.5	800	300	65.8	73.0	200
96	1 600	27 280	5.0			65.3	72.5	195
97	1 600	22 650	6.0			65.2	72.5	190
98	1 400	17 280	8.1			67.0	74.5	185
99	1 600	31 100	5.4	1 000		65.3	72.0	190
100	2 000	43 350	4.4	1 120	250	66.3	73.0	215
101	1 600	27 450	6.8		300	66.8	72.5	185
102	1 600	26 550	8.0	1 250		66.0	72.5	185
103	1 400	21 350	10.0			66.9	73.5	180
104	1 600	24 200	9.6	1 400		66.0	72.0	180

注 1：电泵效率为清洁冷水条件下的指标；

注 2：转速均不折算；

注 3：电泵泵效率仅限于确定电泵效率用。

3.3.2 表1所列参数为单级电泵规定点参数，对多级电泵规定点参数应符合表1单级电泵流量和型式下的电泵效率，其扬程应符合设计规定，且通过颗粒最大直径对2级应不小于单级电泵的0.75倍、对3级及以上应不小于单级电泵的0.5倍。

3.3.3 当电泵的流量参数不符合表1的规定时，电泵的效率按附录A的规定确定，其实际值不得低于确定值。

3.3.4 电泵带有切割机构时，电泵效率为[(表1规定值或按附录A的确定值)－4%]。

3.3.5 对充油式电泵，电泵效率为[(表1、表2规定值或按附录A的确定值)－5%]；对充水式电泵，电泵效率为[(表1、表2规定值或按附录A的确定值)－3%]。

3.3.6 表2规定为叶片安放角为0°的轴流式或混流式电泵的基本参数；其他角度为变型产品，其基本参数应符合供需双方确定的要求或合同规定，但电泵效率不应小于[(表2规定值或按附录A的确定值)－5%]。

3.3.7 表1和表2所列的电泵排出口径为推荐值，其排出口径也可根据需要或按合同规定确定。

3.3.8 当电泵的同步转速与表1和表2不符时，可根据需要或按合同提高或降低，但电泵效率不得低于本标准规定。

4 技术要求

4.1 电泵应符合本标准的要求，并按经规定程序批准的图样及技术文件制造。

4.2 电泵在下列使用条件下应能连续正常运行：

a) 以叶轮中心为基准，潜入水下深度不超过5 m；

b) 输送介质温度应不超过40 ℃；

c) 输送介质pH值为4～10；

d) 输送介质的固相物的容积比在2%以下；

e) 输送介质的运动黏度为$7\times10^{-7}\ m^2/s\sim23\times10^{-6}\ m^2/s$；

f) 输送介质中固相物最大颗粒符合表1和表2的规定；

g) 输送介质的密度为$1.2\times10^3\ kg/m^3$。

4.3 电泵在运行期间，电源电压和频率的变化及其对电机性能和温升限制的影响应符合GB 755的规定。

4.4 电泵性能及其偏差

4.4.1 电泵性能均以实际转速为基准，不折算(即实测值)。

4.4.2 电泵配套电机的额定功率应符合按式(1)和式(2)计算的值：

$$P_N=(\rho gQH/3\,600)/\eta_{SP} \qquad (1)$$

$$P_E\geqslant K\cdot P_N \qquad (2)$$

式中：

ρ——输送介质的密度，单位为千克每立方米(kg/m^3)；

g——重力加速度，$g=9.81\ m/s^2$；

Q——流量，单位为立方米每小时(m^3/h)；

H——扬程，单位为米(m)；

η_{SP}——为电泵泵效率，%；

P_E——电泵配套电机的额定功率，单位为千瓦(kW)；

K——电泵功率配套系数，当$\rho\leqslant1.05\times10^3\ kg/m^3$时，$K=1.2$；当$\rho>1.05\times10^3\ kg/m^3$时，$K=1.3$；

P_N——电泵规定点轴功率，单位为千瓦(kW)。

4.4.3 电泵流量在0.7倍～1.3倍的规定流量范围内，轴功率应不超过电泵的额定功率。

4.4.4 电泵在规定流量下的扬程应不低于94%的规定扬程；对轴流式应不低于90%的规定扬程。

4.4.5 在0.7倍～1.3倍规定流量范围内，泵轴功率不超过电泵功率且电泵效率高于本标准规定值时，允许降低电泵电机的配套功率档次。

4.4.6 电泵效率的下偏差为－0.045倍的规定电泵效率。

4.5 电泵电机的电气性能应符合下列要求：

4.5.1 在功率、电压及频率为额定值时，效率和功率因数的保证值应符合表3的规定。

表3

功率 kW	同步转速/(r/min)																	
	3 000	1 500	1 000	750	600	500	375	300	250	3 000	1 500	1 000	750	600	500	375	300	250
	效率 η_D/%									功率因数 cosφ								
0.25	53.0	—	—	—	—	—	—	—	—	0.74	—	—	—	—	—	—	—	—
0.37	58.0	—	—	—	—	—	—	—	—	0.77	—	—	—	—	—	—	—	—
0.55	61.0/65.0	65.5	—	—	—	—	—	—	—	0.79/0.82	0.76	—	—	—	—	—	—	—
0.75	65.0/68.0	66.4	—	—	—	—	—	—	—	0.82/0.84	0.76	—	—	—	—	—	—	—
1.1	69.0/71.0	70.0	—	—	—	—	—	—	—	0.83/0.86	0.78	—	—	—	—	—	—	—
1.5	72.0/74.0	73.9	—	—	—	—	—	—	—	0.83/0.85	0.79	—	—	—	—	—	—	—
1.8	72.5/75.0	74.5								0.84/0.85	0.79							
2.2	73.0/76.0	75.0	—	—	—	—	—	—	—	0.84/0.86	0.80	—	—	—	—	—	—	—
3	78.5	76.5	—	—	—	—	—	—	—	0.87	0.81	—	—	—	—	—	—	—
3.7	79.0	77.0	—	—	—	—	—	—	—	0.87	0.82	—	—	—	—	—	—	—
4	79.5	77.5	—	—	—	—	—	—	—	0.87	0.82	—	—	—	—	—	—	—
5.5	81.5	81.0	—	—	—	—	—	—	—	0.88	0.84	—	—	—	—	—	—	—
7.5	82.5	82.0	81.0	—	—	—	—	—	—	0.88	0.85	0.78	—	—	—	—	—	—
9.2	82.8	82.3	81.5	—	—	—	—	—	—	0.88	0.85	0.78	—	—	—	—	—	—
11	83.0	82.5	82.0	81.5	—	—	—	—	—	0.88	0.85	0.78	0.77	—	—	—	—	—
15	84.0	83.5	83.0	82.5	—	—	—	—	—	0.88	0.86	0.81	0.76	—	—	—	—	—
18.5	85.0	84.5	84.0	83.5	—	—	—	—	—	0.89	0.86	0.83	0.76	—	—	—	—	—
22	86.0	85.5	85.0	84.5	—	—	—	—	—	0.89	0.87	0.83	0.78	—	—	—	—	—
30	87.0	86.0	85.0	85.0	—	—	—	—	—	0.89	0.87	0.85	0.80	—	—	—	—	—
37	87.5	88.8	88.0	88.0	—	—	—	—	—	0.89	0.87	0.86	0.79	—	—	—	—	—
45	88.5	89.3	88.5	88.0	—	—	—	—	—	0.89	0.88	0.87	0.80	—	—	—	—	—
55	88.5	89.6	89.0	89.0	—	—	—	—	—	0.89	0.88	0.87	0.82	—	—	—	—	—
75	—	89.7	89.8	89.5	89.0	—	—	—	—	—	0.87	0.82	0.82	0.77	—	—	—	—
90	—	90.6	90.0	90.0	89.5	—	—	—	—	—	0.87	0.82	0.82	0.77	—	—	—	—
110	—	90.5	90.5	90.3	90.0	89.0	—	—	—	—	0.87	0.82	0.81	0.77	0.73	—	—	—
132	—	91.0	91.0	90.8	90.2	89.2	—	—	—	—	0.87	0.81	0.81	0.77	0.73	—	—	—
160	—	91.0	91.1	91.0	90.5	89.5	—	—	—	—	0.86	0.81	0.80	0.77	0.73	—	—	—
185	—	91.0	91.2	91.2	90.8	89.5	89.2	—	—	—	0.86	0.81	0.79	0.77	0.73	0.61	—	—
200	—	91.0	91.3	91.3	91.0	90.4	90.2	—	—	—	0.86	0.81	0.77	0.77	0.73	0.61	—	—

表 3（续）

功率 kW	同步转速/(r/min)																	
	3 000	1 500	1 000	750	600	500	375	300	250	3 000	1 500	1 000	750	600	500	375	300	250
	效率 η_D/%									功率因数 cosφ								
220	—	—	91.5	91.4	91.1	90.7	90.7	—	—	—	—	0.81	0.78	0.77	0.73	0.61		
250	—	—	92.3	92.0	91.8	91.7	91.5	91.0	90.2	—	—	0.81	0.79	0.78	0.73	0.62	0.56	0.56
280	—	—	92.5	92.2	91.9	91.8	91.7	91.1	90.5	—	—	0.81	0.80	0.78	0.73	0.62	0.56	0.56
315	—	—	92.7	92.4	92.0	92.0	91.8	91.2	91.0	—	—	0.82	0.80	0.79	0.74	0.63	0.56	0.56
355	—	—	92.8	92.5	92.2	92.1	92.0	91.3	91.1	—	—	0.82	0.80	0.79	0.75	0.64	0.57	0.56
400	—	—	92.9	92.7	92.4	92.3	92.1	91.4	91.2	—	—	0.82	0.81	0.80	0.75	0.64	0.57	0.57
455	—	—	—	92.8	92.6	92.4	92.2	91.6	91.4	—	—	—	0.81	0.80	0.75	0.65	0.58	0.58
500	—	—	—	93.3	92.7	92.7	92.3	91.8	91.6	—	—	—	0.82	0.80	0.75	0.65	0.58	0.58
560	—	—	—	93.4	92.8	92.8	92.4	91.9	91.8	—	—	—	0.82	0.80	0.78	0.66	0.58	0.58
630	—	—	—	93.5	93.0	92.9	92.5	92.0	91.9	—	—	—	0.82	0.80	0.78	0.67	0.58	0.58
710	—	—	—	93.6	93.1	93.0	92.6	92.1	92.0	—	—	—	0.83	0.82	0.78	0.67	0.59	0.59
800	—	—	—	93.7	93.2	93.2	92.7	92.2	92.0	—	—	—	0.83	0.82	0.78	0.67	0.59	0.59
900	—	—	—	93.8	93.3	93.3	92.7	—	—	—	—	—	0.83	0.82	0.78	0.67	—	—
1 000	—	—	—	93.9	93.4	93.4	92.8	—	—	—	—	—	0.83	0.82	0.78	0.68	—	—
1 120	—	—	—	94.0	93.6	93.5	92.9	—	—	—	—	—	0.83	0.82	0.78	0.68	—	—
1 250	—	—	—	94.1	93.8	93.6	93.1	—	—	—	—	—	0.83	0.82	0.79	0.68	—	—
1 400	—	—	—	94.2	93.9	93.7	—	—	—	—	—	—	0.83	0.82	0.79	—	—	—
1 600	—	—	—	94.3	—	—	—	—	—	—	—	—	0.83	—	—	—	—	—

注 1：61.0/65.0 分子表示单相电机效率，分母表示三相电机效率。

注 2：用额定电压负载法间接计算效率时，电机的损耗包括密封装置的机械损耗和 5 m 电缆的铜耗。

注 3：单相电容运转电动机的效率为表中相应数值加上 5%，功率因数值为 0.93。

注 4：充油式电机效率为表中相应值减去 5%，功率因数为表中相应值减去 0.03；充水式电机效率为表中相应值减去 3.5%，功率因数为表中相应值减去 0.02。

4.5.2　电泵电机运行期间电源电压和频率与额定值的偏差应按 GB 755 的规定。

4.5.3　当电泵功率、电压及频率为额定时，电机采用滑动轴承时，其效率允许比表 3 的规定最大下降值为 0.04。

4.5.4　在额定电压下，电泵电机堵转转矩的保证值：对单相电机应不小于 0.5 倍规定转矩；对三相 660 V 及以下电机应不低于 1.2 倍额定转矩；对 660 V 以上电机应符合 JB/T 7593 的规定。

4.5.5　在额定电压下，电泵电机最大转矩的保证值：对单相及 660 V 以上电机应不小于 1.8 倍额定转矩；对三相 660 V 及以下电机应不低于 2 倍额定转矩。

4.5.6　在额定电压下，电泵电机最小转矩的保证值：对单相及 660 V 以上电机应不低于 0.3 倍额定转矩；其他电机应不低于 0.8 倍额定转矩。

4.5.7　在额定电压下，电泵电机堵转电流的保证值：对单相电机应不超过 10 倍额定电流；对三相 660 V 及以下电机应不超过 7 倍额定电流；对 660 V 以上电机应不超过 6.5 倍额定电流（同步转速为 750 r/min 及以下电机应不超过 6.0 倍额定电流）。

注：额定电流用额定功率、额定电压、效率和功率因数的保证值（不计容差）求得。

4.5.8 电泵电机电气性能保证值和容差应符合表 4 的规定。

表 4

序号	名称	容差
1	效率 η_D/%	55 kW 及以下：$-0.15(1-\eta_D)$；55 kW 以上：$-0.10(1-\eta_D)$
2	功率因数 $\cos\varphi$	$-1/6(1-\cos\varphi)$最小-0.02，最大-0.07
3	堵转转矩	保证值的－15%，＋25%（经协议可超过＋25%）
4	最大转矩	保证值的－10%
5	最小转矩	保证值的－15%
6	堵转电流	保证值的＋20%

4.6 电泵完全潜入介质中应能在规定扬程范围内继续运行，在额定功率时，电机定子绕组的温升限值（电阻法）应为：

a) 对热分级为 E 级：温升限值为 75 K；

b) 对热分级为 B 级：温升限值为 80 K；

c) 对热分级为 F 级：温升限值为 105 K；

d) 对热分级为 H 级：温升限值为 125 K；

e) 对绝缘材料为聚氯乙烯的温升限值为 20 K、聚乙烯的温升限值为 25 K、交联聚氯乙烯的温升限值为 40 K，其他应符合企业标准的规定。

4.7 电泵电机的定子绕组对机壳的绝缘电阻冷态时，对电压 660 V 及以下者应不低于 50 MΩ；对电压为 660 V 以上者应不低于 100 MΩ。

4.8 电泵电机定子绕组的绝缘电阻在热状态时，对电压为 660 V 及以下者应不低于 1 MΩ；对电压为 660 V 以上者应不低于按式(3)求得的值：

$$R=\left(\frac{U}{1\,000+P/100}\right) \quad \cdots\cdots(3)$$

式中：

R——绕组绝缘电阻，单位为兆欧(MΩ)；

U——绕组额定电压，单位为伏特(V)；

P——额定功率，单位为千瓦(kW)。

4.9 电泵电机的定子绕组应能承受历时 1 min 的耐电压试验而不发生击穿，试验电压的频率为50 Hz，并尽可能为正弦波形，试验电压的有效值为两倍额定电压加 1 000 V。大批连续生产的电泵进行检查试验时，允许用 120%的试验电压历时 1 s 的试验代替，试验电压用试棒施加。冲水式电泵应在常温清水中浸 12 h 后进行。

同一台电机不应重复进行本项试验。如用户提出要求，允许在安装之后开始运行之前在工地上再进行一次额定试验，其试验电压不应超过上述规定的 80%。如有需要，在试验前应将电机烘干。

4.10 电泵电机的定子绕组应承受匝间冲击耐电压试验而不击穿。进行匝间冲击耐电压试验时，对电压为 660 V 及以下电机，其试验冲击电压峰值单相为 2 000 V、三相功率为 3 kW 及以下者为 2 300 V、功率为 3 kW 及以上者为 2 600 V；对电压为 660 V 以上，其线圈试验冲击电压峰值应符合 JB/Z 293 的规定。

4.11 当三相电源平衡时，电泵电机的三相空载电流中任何一相与三相平均值的偏差应不大于平均值的 10%。

4.12 对电压为 660 V 及以下，且额定功率为 11 kW 及以下的电泵可采用直接起动，额定功率为 11 kW以上的电泵应采用间接起动；对电压为 660 V 以上的电泵起动时，电源电压不低于 0.95 倍的电泵额定电压。

4.13 安全要求

4.13.1 电泵应有安全可靠的过热或过电流等保护装置,并符合下列要求:

a) 内装保护装置随产品提供,并在产品使用说明书中明确说明保护装置;

b) 外配保护装置应在产品使用说明书中给出具体要求和配置的方法;

c) 用户有要求时可外配带漏电保护装置;

d) 对电泵功率大于15 kW以上的电泵应有密封泄漏监控装置。

4.13.2 电泵引出电缆对660 V以上的应采用耐高压电缆;对电压为660 V及以下的应采用性能不低于GB/T 5013.4或JB/T 8735.2、JB/T 8735.3中规定的电缆,其长度应不小于5 m。

4.13.3 电泵中应有明显的红色旋转方向标志。

4.13.4 电泵应有可靠的接地装置或接地线,引出电缆的接地线上应有明显的接地标志;电泵电机线端标志与旋转方向应符合GB 1971的规定,线端(引出电缆)标志具体为:

定子绕组名称	出线端标志
第一组	U
第二组	V
第三组	W

各标志应保证在电泵使用期间不易磨灭。

4.13.5 电泵的安全要求应符合GB 10395.8的规定。

4.13.6 电泵的安全标志应符合GB 10396的规定。

4.14 电泵中承受工作压力的零部件均应进行水(气)压力试验而无泄漏,试验压力为1.5倍的工作压力,但最小不得低于0.2 MPa,历时3 min。

4.15 电泵组装后,电机内腔应能承受压力为0.2 MPa历时3 min的气压试验而无泄漏现象,密封装置应能承受压力0.2 MPa历时3 min的气压试验而无泄漏现象。对充水式压力为0.05 MPa。

4.16 电泵应有可靠的防腐措施,电泵表面应无污损、碰伤、裂痕等缺陷。

4.17 电泵涂漆应符合JB/T 5673的规定。

4.18 电泵应转动平稳、自如、无卡阻停滞等现象。

4.19 电泵电机在热状态下应能承受150%额定电流而不损失或变形,过电流时间对660 V及以下电泵应不少于30 s;对660 V以上电泵应不少于15 s。也可由用户与制造厂协商确定,但最大过电流时间对660 V及以下电泵应不大于60 s和对660 V以上电泵应不大于30 s。

4.20 在规定的使用条件下,电泵首次故障前平均工作时间应不少于2 000 h。

4.21 对电泵的排出铸铁管有法兰连接的应符合GB/T 17241.6的规定,如果有特殊需要可按合同提供。

4.22 电泵电机在空载时测得的A计权声功率级的噪声值应不超过表5的规定。

表5

额定功率 kW	0.25~ 0.75	1.1~3	4~11	15~30	45~90	110~220	250~560	630~ 1 100	≥1 120
噪声允许值 dB(A)	75	84	88	93	97	102	107	109	110

4.23 电泵电机在空载时测得的振动速度有效值:对额定功率为7.5 kW及以下者应不超过1.8 mm/s;对额定功率在7.5 kW以上者应不超过2.8 mm/s。

4.24 叶轮应做平衡试验。

a) 静平衡允许的不平衡力矩按式(4)计算:

$$M \leqslant e \times G \qquad \cdots\cdots (4)$$

式中：

e——允许偏心矩，单位为米(m)；

同步转速为 3 000 r/min 时，$e=2\times10^{-5}$ m；

同步转速为 1 500 r/min 时，$e=4\times10^{-5}$ m；

同步转速为 1 000 r/min 时，$e=5.7\times10^{-5}$ m；

同步转速为 750 r/min 时，$e=9\times10^{-5}$ m；

同步转速为 600 r/min 时，$e=9.5\times10^{-5}$ m；

同步转速为 500 r/min 时，$e=10.4\times10^{-5}$ m；

同步转速为 375 r/min 时，$e=11.3\times10^{-5}$ m；

同步转速为 250 r/min 时，$e=12.5\times10^{-5}$ m。

G——单个叶轮的重量，单位为牛顿(N)；

M——允许的不平衡力矩，单位为牛顿米(N·m)。

当计算的叶轮允许不平衡力矩小于 0.03R N·m 时，则按 0.03R N·m 计算，R 为叶轮直径，单位为米(m)。

b) 对单流道、单叶片、流量大于 200 m^3/h、叶轮直径大于 200 mm 的叶轮应做动平衡试验，在叶轮两端，每端的动平衡允许不平衡力矩按式(5)计算：

$$M\leqslant\frac{1}{2}e\times G \qquad (5)$$

当计算的动平衡力矩小于 0.015R N·m 时，则按 0.015R N·m 计算，R 为叶轮直径，单位为米(m)。

4.25 电泵主要部件材料要求

4.25.1 外露紧固件采用材料的性能应不低于 2Cr13 不锈钢，有特殊要求或合同规定的可按其执行。

4.25.2 电泵的铸铁件应符合 GB/T 9439 和 GB/T 1348 及 JB/T 6880.1～6880.3 的有关规定，电泵的不锈钢件应符合 GB/T 1220 的有关规定，电泵的青铜件应符合 GB/T 1176 的有关规定。

4.26 电泵的安装型式分移动安装、自耦安装、井筒安装、基础安装四种，由供需双方按合同要求确定。

5 试验方法

5.1 电泵效率应采用实测法测得，其值按式(6)确定：

$$\eta_{DB}=\frac{P_r}{P_1}\times100 \qquad (6)$$

式中：

η_{DB}——电泵效率，%；

P_r——水功率，单位为千瓦(kW)；

P_1——输入电功率，单位为千瓦(kW)。

5.2 电泵的性能试验按 GB/T 12785—2002 中 2 级的规定进行。

5.3 对电压为 660 V 以上电机定子绕组匝间绝缘试验按 JB/Z 293 的规定进行。

5.4 电泵的保护试验按保护型式采用万用表或监控装置进行。

5.5 电泵中承受水压的零部件静水压试验应在水压试验装置上进行，其要求应符合 4.16 和 4.17 的规定(不解体进行，可用同规格零部件代替)。

5.6 电泵的线端标志和转向试验按 GB 1971 的规定进行。

5.7 电泵叶轮的静(动)平衡试验按 GB/T 9239.1 的规定进行(不解体进行，可用同规格零部件代替)。

5.8 电泵电机的噪声和振动按有关标准的规定进行。

5.9 涂漆按 JB/T 5673 的规定进行。

5.10 安全性与安全标志检查按 GB 10395.8 和 GB 10396 的规定进行。

5.11 可靠性试验按 JB/T 50080 的规定进行。

6 检验规则

6.1 出厂检验

6.1.1 每台电泵均应经检查试验合格后,并附有产品合格证和使用说明书方可出厂。

6.1.2 出厂检验项目应包括:

a) 外观检查;

b) 电泵电机的定子绕组对机壳的绝缘电阻的测定(仅测量冷态绝缘电阻);

c) 耐电压试验;

d) 转向试验;

e) 运行状态检查;

f) 规定流量下扬程的测量;

g) 规定流量下电泵效率的测定;

h) 保护装置检查;

i) 密封监控装置试验(仅适用于 15 kW 以上);

j) 接地标志的检查;

k) 安全标志检查。

a)、b)、c)、d)、h)、i)、j)、k)全数检查,e)、f)、g)抽检。

6.1.3 抽样和判断处置规则应符合 GB/T 2828.1—2003 的规定。可采用正常检验一次抽样方案,检查批为产品月(或日)产量或一次订货批量(台),检验水平为一般检验水平Ⅱ,接收质量限(AQL)为 4.0;也可由供需双方协商确定。

6.2 型式检验

6.2.1 凡遇下列情况之一者,应进行型式检验:

a) 新产品或老产品转厂生产的试制定型鉴定;

b) 正式生产后,如结构、材料、工艺有较大改变,可能影响产品性能时;

c) 产品长期停产后,恢复生产时;

d) 批量生产的产品,周期性的检验时(每年至少进行一次);

e) 出厂检查结果与上次型式检验有较大差异时;

f) 国家质量监督机构提出进行型式检验的要求时。

6.2.2 型式检验项目包括:

a) 出厂检验的全部项目;

b) 温升试验;

c) 电泵水力特性曲线的测定;

d) 电泵流量特性曲线的测定(包括:扬程-流量曲线;输入功率-流量曲线;电泵效率-流量曲线);

e) 电动机负载特性曲线的测定(包括:功率因数-输入功率曲线;定子电流-输入功率曲线);

f) 对叶轮静平衡与动平衡试验、电泵水或气压试验、电动机空载特性试验、电动机堵转特性试验,可用零件或部件的过程检验代替,不解体进行(当有特殊要求或规定必须进行解体试验时,应对解体可能影响性能的因素加以明确);

g) 最大颗粒通过能力的测定;

h) 电机最大转矩的试验;

i) 电机最小转矩的试验;

j) 电机噪声测定;

k) 电机振动测定;

l) 可靠性试验。

6.2.3 型式检验的抽样和判断处置规则应符合 GB/T 2828.1—2003 的规定。推荐采用正常检验一次抽样方案，检查批量应满足样本大小至少为 2 台，检验水平为特殊检验水平 S-1，接收质量限（AQL）为 6.5。

7 标志、包装、贮存和运输

7.1 标志

7.1.1 产品标志

7.1.1.1 标牌应符合 GB/T 13306 的规定，并固定在明显部位。标牌的材料及标牌上的数据的刻印方法应能保证其字迹在整个使用周期内不易磨灭。

7.1.1.2 标牌至少应标明的内容如下：

a) 制造厂名称；
b) 电泵型号及名称；
c) 规定流量，单位为立方米每小时（m^3/h）；
d) 规定扬程，单位为米（m）；
e) 额定功率，单位为千瓦（kW）；
f) 额定电压，单位为伏特（V）；
g) 额定频率，单位为赫兹（Hz）；
h) 额定电流，单位为安培（A）；
i) 同步转速，单位为转每分钟（r/min）；
j) 叶片安放角（除可调式叶片外均无此项）；
k) 相数；
l) 热分级或温升限值；
m) 排出口径，单位为毫米（mm）；
n) 出厂编号和日期；
o) 质量（净重），单位为千克（kg）；
p) 执行标准编号。

7.1.1.3 电泵应有明显的转向标志。

7.1.2 包装标志

包装箱外壁的文字和标志应清晰、整齐，主要内容如下：

a) 制造厂名称；
b) 产品型号、名称及数量；
c) 质量（净重及连同包装的毛重），单位为千克（kg）；
d) 包装箱外形尺寸：长（mm）×宽（mm）×高（mm）；
e) 包装箱的适当部位应有必要的符合 GB/T 191 规定的标志。

7.2 包装

7.2.1 电泵的包装应能保证在正常的运输条件下产品不致因包装不善而损坏。

7.2.2 每台电泵应附有下列随机文件：

a) 装箱单；
b) 产品合格证；
c) 使用说明书；
d) 其他必要的随机文件。

7.3 贮存

7.3.1 电泵存放应通风、防雨、防晒，露天存放时，应有防雨、防晒等措施。

7.3.2 电泵存放 6 个月应进行必要的检查；存放 12 个月及以上可能影响性能时，应进行通电检查和必要的运行检查。

7.4 运输

7.4.1 电泵的运输方式及要求由供需双方协商确定。

7.4.2 应采取必要的措施以防止运输过程中因振动和碰撞损坏电泵。

附 录 A
（规范性附录）
电泵效率的确定

A.1 电泵泵规定点参数

A.1.1 在清洁冷水条件下，泵的规定点参数应符合表1、表2和图A.1的规定。

A.1.2 当泵的参数与表1和表2不符时，在规定的流量下其效率应符合图A.1中相应流量下的电泵泵效率。对旋流式泵效率应符合图A.1中相应流量下的 *B* 曲线上的值；对其他型式泵效率应符合图A.1中相应流量下的 *A* 曲线上的值。

A.2 电泵电机规定点性能

在额定电压、额定效率和额定功率下，电泵电机的规定性能参数的保证值应符合表3的规定。

A.3 电泵效率

电泵效率按式(A.1)确定：

$$\eta_{DB} = \eta_D \eta_{SP} - 1.5\% \qquad \cdots\cdots\cdots\cdots(A.1)$$

式中：

η_{DB}——电泵效率，%；

η_D——电泵电机效率，%；

η_{SP}——电泵规定流量及型式下的泵效率，%。

注：对单相电容运转电动机的效率在表3规定的相应数值上加5%后，再按式(A.1)计算。

图 A.1 WQ 型污水污物潜水电泵泵效率

ICS 65.060.20
B 91

中华人民共和国国家标准

GB/T 24675.1—2009

保护性耕作机械　浅松机

Conservation tillage equipment—Shallow cultivator

2009-11-30 发布　　2010-04-01 实施

中华人民共和国国家质量监督检验检疫总局
中国国家标准化管理委员会　发布

前言

本部分由中国机械工业联合会提出。

本部分由全国农业机械标准化技术委员会归口。

本部分起草单位：黑龙江省农业机械试验鉴定站、中国农业机械化科学研究院、山西省农业机械试验鉴定站、甘肃省农业机械试验鉴定站。

本部分主要起草人：刘福来、杨兆文、潘一兵、郝增德、石林雄、王振格、杨晓彬、李晓东。

保护性耕作机械　浅松机

1　范围

GB/T 24675的本部分规定了保护性耕作机械浅松机(以下简称“浅松机”)的产品型号、技术要求、试验方法、检验规则、标志、包装、运输与贮存。

本部分适用于与拖拉机配套带有镇压、碎土部件,松土深度不超过耕作层的浅松机。其他型式的浅松机可参照执行。

2　规范性引用文件

下列文件中的条款通过GB/T 24675的本部分的引用而成为本部分的条款。凡是注日期的引用文件,其随后所有的修改单(不包括勘误的内容)或修订版均不适用于本部分,然而,鼓励根据本部分达成协议的各方研究是否可使用这些文件的最新版本。凡是不注日期的引用文件,其最新版本适用于本部分。

GB/T 230.1　金属材料　洛氏硬度试验　第1部分:试验方法(A、B、C、D、E、F、G、H、K、N、T标尺)(GB/T 230.1—2009,ISO 6508-1:2005,MOD)

GB/T 699—1999　优质碳素结构钢

GB/T 2828.1—2003　计数抽样检验程序　第1部分:按接收质量限(AQL)检索的逐批检验抽样计划(GB/T 2828.1—2003,ISO 2589-1:1999,IDT)

GB/T 3098.1—2000　紧固件机械性能　螺栓、螺钉和螺柱(idt ISO 898-1:1999)

GB/T 3098.2—2000　紧固件机械性能　螺母　粗牙螺纹(idt ISO 898-2:1992)

GB/T 5262　农业机械　试验条件测定方法的一般规定

GB/T 5667　农业机械　生产试验方法

GB/T 9480　农林拖拉机和机械、草坪和园艺动力机械　使用说明书编写规则(GB/T 9480—2001,eqv ISO 3600:1996)

GB 10395.1　农林机械　安全　第1部分:总则(GB 10395.1—2009,ISO 4254-1:2008,MOD)

GB 10396　农林拖拉机和机械、草坪和园艺动力机械　安全标志和危险图形　总则(GB 10396—2006,ISO 11684:1995,MOD)

GB/T 13306　标牌

GB/T 20088　农业机械　浅耕机具的牵引装置　主要尺寸和连接点(GB/T 20088—2006,ISO 6880:1983,IDT)

JB/T 5673　农林拖拉机及机具涂漆　通用技术条件

JB/T 7873　耕耘机械　术语

JB/T 8574　农机具产品型号编制规则

JB/T 9832.2　农林拖拉机及机具　漆膜　附着性能测定方法　压切法(JB/T 9832.2—1999,eqv ISO 2049:1972)

QC/T 518　汽车用螺纹紧固件紧固扭矩

3　术语和定义

下列术语和定义适用于本部分。

3.1

浅松 shallow scarification

不超过耕作层深度、土层基本不乱的松土作业。

3.2

浅松机 shallow cultivator

松土深度不超过耕作层的松土作业机。

4 产品型号表示方法

产品型号按 JB/T 8574 编制，浅松机产品型号表示方法：

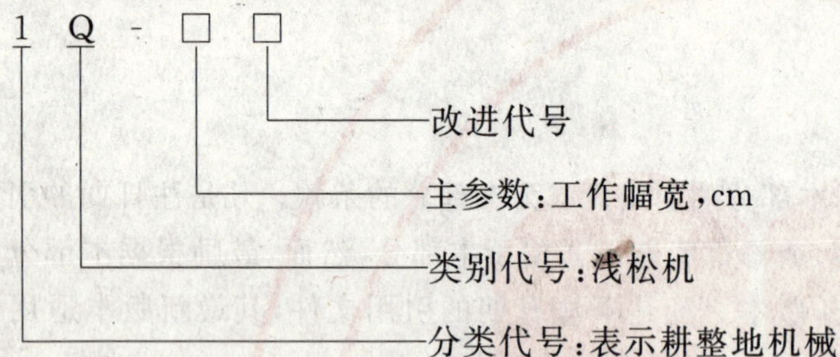

改进代号：原型不标注，改进型用字母 A、B、C……标注，第一次改进标注 A，第二次改进标注 B，第三次改进标注 C，如此类推。

标记示例：

工作幅宽为 320 cm 的浅松机表示为：1Q-320

5 技术要求

5.1 安全要求

浅松机的安全要求应符合 GB 10395.1 的规定，并在可能产生危险的部位的明显位置设置安全标志，并应符合 GB 10396 的规定。

5.2 作业性能指标

在土壤含水率为 15%～25%，土壤坚实度 0.4 MPa～2.0 MPa，茬高小于 20 cm，浅松深度不超过耕作层时，浅松机作业性能指标应符合表 1 的规定。

表 1 作业性能指标

序号	项目	指标
1	碎土率/%	≥80.0
2	浅松深度稳定性/%	≥80.0
3	除草率/%	≥90.0
4	浅松后地表平整度/cm	≤3.0
5	浅松层膨松度/%	≥15.0
6	机组打滑率/%	≤15.0
7	使用可靠性/%	≥90

5.3 一般技术要求

5.3.1 浅松机应按规定程序批准的图样和技术文件制造。

5.3.2 浅松铲类型可采用 JB/T 7873 规定的锄铲或根据土壤类型和植被情况自行设计。

5.3.3 牵引装置主要尺寸和连接点应符合 GB/T 20088 的规定。

5.3.4 加工件、冲压件应光滑平整、无毛刺、无飞边，不应有裂纹和明显褶皱。

5.3.5 铸件、锻件不应有气孔、夹渣、缩松、砂眼等明显缺陷。

5.3.6 焊合件焊缝应平整、光洁，不应有漏焊、氧化、烧伤等缺陷。

5.4 装配要求

5.4.1 浅松铲、轴承座、悬挂机构等主要承载部件用螺栓、螺钉的机械性能应不低于 GB/T 3098.1—2000 中的 8.8 级，螺母应不低于 GB/T 3098.2—2000 中的 8 级。其紧固力矩应符合 QC/T 518 的规定。

5.4.2 整机装配后，各联接件应紧固；转动件应转动灵活，不应有卡滞、碰击等现象。

5.4.3 浅松铲的安装高度差不大于 8 mm。

5.4.4 悬挂销、外露回转件涂注防锈油脂。

5.4.5 机架涂漆应符合 JB/T 5673 中的规定，油漆涂层采用普通耐候涂层 TQ-2-2-DM。

5.4.6 运输间隙：牵引式≥110 mm，悬挂式≥300 mm。

5.5 主要零、部件技术要求

5.5.1 浅松铲应采用力学性能不低于 GB/T 699—1999 中规定的 65Mn 钢材料制造；铲柄应采用力学性能不低于 GB/T 699—1999 中规定的 45 钢材料制造。浅松铲需经热处理，淬火硬度为 38HRC～45HRC。

5.5.2 与浅松机配套的碎土镇压轮可制成横齿或竖齿，也可采用 JB/T 7873 规定的型式。

5.6 使用说明书的要求

使用说明书的编写应符合 GB/T 9480 的规定。

6 试验方法

6.1 试验条件

6.1.1 试验地应选择平坦、有代表性的田块，试验地表面以上植被(包括根茬)覆盖量不大于 0.8 kg/m^2，留茬高度不大于 20 cm，土壤绝对含水率 15%～25%，土壤坚实度 0.4 MPa～2.0 MPa。试验地测区长度应不少于 30 m，两端预备区不少于 20 m，宽度应不小于作业幅宽的 10 倍。

6.1.2 按 GB/T 5262 的规定测定土壤绝对含水率、土壤坚实度、植被情况及环境温度等。

6.1.3 试验样机及其配套拖拉机应有良好的技术状态，按使用说明书的规定进行调整、保养。试验过程中不应随意更换拖拉机。机组的作业速度应符合使用说明书要求。

6.1.4 试验所用的仪器、设备应经校验，并应在规定的有效检定周期内。

6.2 性能试验

6.2.1 性能测定

试验机组应按使用说明书要求的最低前进速度、设计前进速度、最大前进速度，满幅作业。每一前进速度为一个试验工况，共三个试验工况，每个工况测定 2 个行程(往返)。

6.2.1.1 浅松深度

在测区内，对角线上取 5 点(测定的浅松次数由实际作业情况而定)用耕深尺或其他测量仪器测定。浅松深度测定：平作地测出耕作沟底到浅松前地表面的垂直距离；垄作地测出浅松后沟底至某一水平基准线垂直距离，其与浅松前地表至该水平基准线的垂直距离之差。分别计算出每一行程和每一工况的平均浅松深度、变异系数和稳定性系数。

a) 行程值按式(1)～式(4)计算：

$$a_j = \frac{\sum_{i=1}^{n_j} a_{ji}}{n_j} \quad \cdots\cdots(1)$$

式中：

a_j——第 j 个行程浅松深度平均值，单位为厘米(cm)；

a_{ji}——第 j 个行程中的第 i 个点的浅松深度值，单位为厘米(cm)；

n_j——第 j 个行程中的测定点数。

$$S_j = \sqrt{\frac{\sum_{i=1}^{n_j}(a_{ji}-a_j)^2}{n_j-1}} \qquad \cdots\cdots(2)$$

式中：

S_j——第 j 个行程的浅松深度标准差，单位为厘米(cm)。

$$V_j = \frac{s_j}{a_j} \times 100 \qquad \cdots\cdots(3)$$

式中：

V_j——第 j 个行程的浅松深度变异系数，%。

$$U_j = 1 - V_j \qquad \cdots\cdots(4)$$

式中：

U_j——第 j 个行程的浅松深度稳定性系数，%。

b) 工况值按式(5)～式(8)计算：

$$a = \frac{\sum_{j=1}^{N} a_j}{N} \qquad \cdots\cdots(5)$$

式中：

a——工况的浅松深度平均值，单位为厘米(cm)；

N——同一工况的行程数。

$$S_s = \sqrt{\frac{\sum_{j=1}^{N} S_j{}^2}{N}} \qquad \cdots\cdots(6)$$

式中：

S_s——工况的浅松深度标准差，单位为厘米(cm)。

$$V = \frac{S_s}{a} \times 100 \qquad \cdots\cdots(7)$$

式中：

V——工况的浅松深度变异系数，%。

$$U = 1 - V \qquad \cdots\cdots(8)$$

式中：

U——工况的浅松深度稳定性系数，%。

6.2.1.2 作业幅宽

测定时应与浅松深度测点相对应，并计算出平均作业幅宽。

6.2.1.3 除草率

在测区内，对角线上取 5 个测量点，在每个测量点的 1.0 m×1.0 m 面积内，分别测定浅松前杂草总数及浅松后未切除杂草数，按式(9)计算出每个测量点的除草率，取平均值为测定结果。

$$C_c = \frac{C - C_s}{C} \times 100 \qquad \cdots\cdots(9)$$

式中：

C_c——除草率，%；

C_s——每个测量点内浅松后未切除杂草数，单位为株；

C——每个测量点内浅松前杂草总数，单位为株。

6.2.1.4 **碎土率**

每一行程测定一点，沿耕作方向取样。在0.5 m×0.5 m面积内，分别测定全松层内土块最长边小于4 cm的土块质量及土块总质量，按式(10)计算出碎土率。

$$G_s = \frac{G_z}{G} \times 100 \quad \cdots\cdots\cdots\cdots (10)$$

式中：

G_s——全松层碎土率，%；

G_z——全松层小于4 cm土块质量，单位为千克(kg)；

G——全松层土块总质量，单位为千克(kg)。

6.2.1.5 **浅松层膨松度**

每一行程测定一点，浅松前后，用耕层断面测绘仪在垂直于机组前进方向的同一位置上先后划出浅松前地表线、浅松后地表线和浅松沟底线，测出浅松前地表线至浅松后地表线的距离和耕前地表线至浅松沟底线(浅松铲尖形成的沟底线)的距离，按式(11)计算出浅松层膨松度。

$$P = \frac{L}{L_0} \times 100 \quad \cdots\cdots\cdots\cdots (11)$$

式中：

P——土壤膨松度，%；

L——浅松前地表线至浅松后地表线的距离，单位为厘米(cm)；

L_0——浅松前地表线至浅松沟底线的距离，单位为厘米(cm)。

6.2.1.6 **地表平整度**

与土壤膨松度同时测定。在测定土壤膨松度时画得的浅松前和浅松后地表线上过最高点作一水平直线为基准线，在其适当位置上取一定宽度(与样机作业幅宽相当)，以5 cm间隔等分，并在等分点上分别测定浅松前、浅松后地表至基准线的垂直距离，按6.2.1.1中的相应公式计算平均值和标准差，以标准差的值表示其平整度。

6.2.1.7 **功率消耗**

通过测定所消耗牵引力、拖拉机前进速度，计算出牵引力功率消耗。

6.2.1.8 **机组打滑率**

在测区内测定拖拉机后驱动轮(或履带)转过相同转数时的空行和作业行进的距离，按式(12)计算出机组打滑率。

$$\delta = \frac{S_k - S_z}{S_k} \times 100 \quad \cdots\cdots\cdots\cdots (12)$$

式中：

δ——机组打滑率，%；

S_k——机组空行时后驱动轮(或履带)转动前进的距离，单位为米(m)；

S_z——机组作业时后驱动轮(或履带)转动前进的距离，单位为米(m)。

6.2.2 **其他测定**

6.2.2.1 浅松铲硬度的测定按GB/T 230.1的规定。

6.2.2.2 浅松铲的安装高度差和运输间隙测定。在平台或平地上，测定每个浅松铲尖到梁底面的高度，其最大高度与最小高度的差为浅松铲的安装高度差；将机具调整到运输位置，测量其最低点到地面的距离为运输间隙。

6.2.2.3 漆膜附着能力的测定按JB/T 9832.2规定。

6.3 **生产试验**

6.3.1 批量生产前投入生产试验的样机不应少于2台，配套拖拉机应与试验的要求相适应，并备有必要的配件和工具。

6.3.2 纯工作小时生产率、班次小时生产率及单位面积燃油消耗量试验按 GB/T 5667 的规定进行。

6.3.3 可靠性考核采取定时结尾方法，每台试验样机的总工作时间为 120 h。试验期间记录每台样机的工作情况、故障情况和修复情况。按 GB/T 5667 的规定计算样机使用可靠性。

凡在生产考核期间，机具有重大或致命失效（指发生人身伤亡事故、因质量原因造成机具不能正常工作、经济损失重大的故障）发生，立即停止试验，使用可靠性为不合格。

7 检验规则

检验规则分出厂检验和型式检验。

7.1 出厂检验

7.1.1 出厂的每台浅松机应经制造厂检验部门检验合格，并附质量检验合格证方可出厂。

7.1.2 出厂检验项目按表 2 的规定。

表 2 不合格项目分类

类别	序号	项目	出厂检验	型式检验
A	1	安全要求	√	√
	2	使用可靠性	—	√
	3	碎土率	—	√
B	1	浅松深度稳定性	—	√
	2	除草率	—	√
	3	浅松后地表平整度	—	√
	4	浅松层膨松度	—	√
	5	浅松铲硬度	√	√
	6	使用说明书的要求	√	√
C	1	浅松深度	—	√
	2	机组打滑率	—	√
	3	主要紧固件的紧固程度	√	√
	4	浅松铲的安装高度差	√	√
	5	运输间隙	√	√
	6	涂漆外观质量	√	√
	7	漆膜附着能力	√	√
	8	漆膜厚度	√	√

7.2 型式检验

7.2.1 浅松机遇有下列情况之一时，应进行型式检验：

a) 新产品或老产品转厂生产的试制定型鉴定；

b) 正式生产后，如结构、工艺、材料有较大改变，可能影响产品性能时；

c) 正常生产时，定期或积累一定产量后，应周期性进行一次检验，一般三年进行一次；

d) 产品长期停产后，恢复生产时；

e) 国家质量监督机构提出进行型式检验的要求时。

7.2.2 型式检验项目按表 2 的规定。

7.3 抽样方法

抽样方法按 GB/T 2828.1—2003 规定的一次抽样方案，在近一年生产的合格品中随机抽取样机

2台,抽样基数不少于20台。在用户、销售部门抽样时可不受此限。

7.4 判定原则

7.4.1 按被检项目对产品质量的影响程度,分为A类不合格、B类不合格和C类不合格,不合格项目分类见表2。

7.4.2 抽样判定见表3,AQL为接收质量限,Ac为接收数,Re为拒收数。

7.4.3 采取逐项考核,按类判定。当不合格项目数小于或等于Ac时判为合格,否则判为不合格。

7.4.4 订货单位抽验产品质量时,可按合同或协议执行。

表3 抽样及判定方案

抽样方案	不合格分类	A	B	C
	样本项目数	2×3	2×6	2×8
	检验水平	S-1		
	样本量字码	A		
判定方案	AQL	6.5	40	65
	Ac Re	0 1	2 3	3 4

8 标志、包装、运输与贮存

8.1 每台浅松机应在明显位置固定产品标牌,标牌应符合GB/T 13306的规定。内容至少应包括:

a) 型号、名称;

b) 主要技术参数;

c) 商标(若有商标时);

d) 出厂编号;

e) 生产日期;

f) 制造厂名称、地址;

g) 执行标准号。

8.2 浅松机的技术文件应用防水袋装好,文件包括:

a) 质量检验合格证;

b) 使用保养说明书;

c) 整台产品包装清单;

d) 三包服务凭证。

8.3 每台浅松机的包装应保证在正常运输中不致磕碰。

8.4 浅松机出厂装运,应符合交通部门的有关规定,保证在正常运输条件下,零部件不致损坏。

8.5 浅松机应贮存在干燥、通风的场所,露天存放时应有防雨水措施。

ICS 65.060.20
B 91

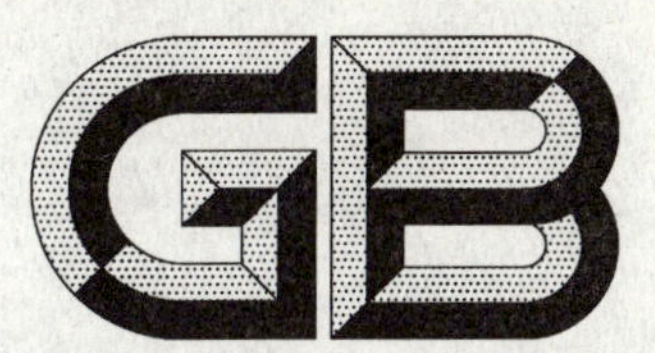

中华人民共和国国家标准

GB/T 24675.2—2009

保护性耕作机械　深松机

Conservation tillage equipment—Subsoiler

2009-11-30 发布　　2010-04-01 实施

中华人民共和国国家质量监督检验检疫总局
中国国家标准化管理委员会　发布

前 言

本部分的附录A为规范性附录。

本部分由中国机械工业联合会提出。

本部分由全国农业机械标准化技术委员会归口。

本部分起草单位：黑龙江省农业机械试验鉴定站、中国农业机械化科学研究院、山西省农业机械试验鉴定站、新疆农业机械试验鉴定站、陕西省农业机械试验鉴定站、甘肃省农业机械试验鉴定站、江苏省农业机械试验鉴定站、黑龙江省勃农兴达机械有限公司。

本部分主要起草人：陈治文、杨兆文、潘一兵、王成、马惠玲、吴新生、黄志民、王延宏、石林雄、陶雷、汪曼。

保护性耕作机械　深松机

1　范围

GB/T 24675 的本部分规定了保护性耕作机械深松机的技术要求、试验方法、检验规则、标志、包装、运输与贮存。

本部分适用于深松机、驱动式深松机。

2　规范性引用文件

下列文件中的条款通过在 GB/T 24675 的本部分的引用而成为本部分的条款。凡是注日期的引用文件，其随后所有的修改单(不包括勘误的内容)或修改版均不适用于本部分，然而，鼓励根据本部分达成协议的各方研究是否可使用这些文件的最新版本。凡是不注日期的引用文件，其最新版本适用于本部分。

GB/T 3098.1—2000　紧固件机械性能　螺栓、螺钉和螺柱(idt ISO 898-1:1999)

GB/T 3098.2—2000　紧固件机械性能　螺母　粗牙螺纹 (idt ISO 898-2:1992)

GB/T 5262　农业机械　试验条件测定方法的一般规定

GB/T 9480　农林拖拉机和机械、草坪和园艺动力机械　使用说明书编写规则(GB/T 9480—2001,eqv ISO 3600:1996)

GB 10395.1　农林机械　安全　第1部分:总则(GB 10395.1—2009,ISO 4254-1:2008,MOD)

GB 10395.5　农林拖拉机和机械安全技术要求　第5部分:驱动式耕作机械(GB 10395.5—2006,ISO 4254-5:1992,MOD)

GB 10396　农林拖拉机和机械、草坪和园艺动力机械　安全标志和危险图形　总则(GB 10396—2006,ISO 11684:1995,MOD)

GB/T 13306　标牌

JB/T 5673　农林拖拉机及机具涂漆　通用技术条件

JB/T 9788　深松铲和深松铲柄

QC/T 518　汽车用螺纹紧固件紧固扭矩

3　术语和定义

下列术语和定义适用于本部分。

3.1

深松机　subsoiler

深松深度超过犁底层的深松机。

3.2

深松深度　depth of subsoiling

深松沟底距该点作业前地表面的垂直距离。

4　产品型号表示方法

深松机产品型号表示方法:

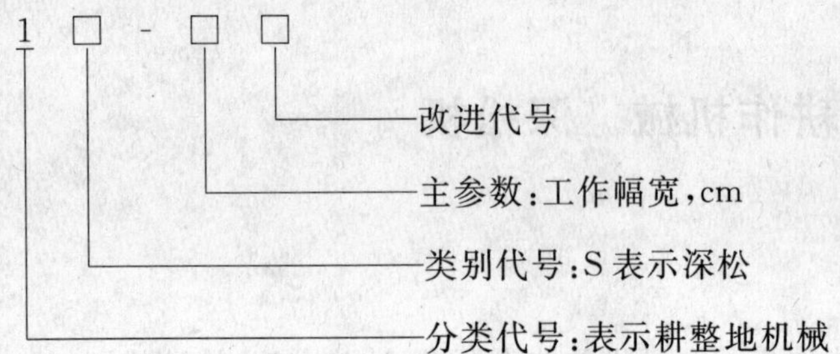

改进代号:原型不标注,改进型用字母 A、B、C……标注,第一次改进标注 A,第二次改进标注 B,第三次改进标注 C,如此类推。

标记示例:

工作幅宽为 210 cm 的深松机的型号表示为:1S-210。

5 技术要求

5.1 安全要求

5.1.1 动力输入轴、万向节传动轴的安全防护应符合 GB 10395.1 的规定。

5.1.2 带传动和链传动应有可靠的安全防护装置。

5.1.3 驱动式深松机工作部件的防护装置应符合 GB 10395.5 的规定。

5.1.4 非作业状态应能可靠切断动力传递。

5.1.5 万向节传动轴等危险部位上应有明显安全标志,其标志应符合 GB 10396 的规定。

5.1.6 使用说明书应给出操作和维护保养的安全注意事项,安全注意事项的编写应符合 GB/T 9480 的规定。

5.2 作业性能要求

试验地应平坦,试验地表面以上植被(包括留茬)覆盖量不大于 1 kg/m²,留茬高度不大于 30 cm,土壤含水率 15%~25%,土壤坚实度不大于 1.2 MPa。深松机的作业性能指标应符合表 1 的规定。

表 1 作业性能指标

序 号	项 目	质量指标	
		深松机	驱动式深松机
1	深松深度/cm	≥30	
2	深松深度稳定性/%	≥85	
3	碎土率/%	≥30	≥60
4	土壤膨松度/%	10~40	
5	土壤扰动系数/%	≥50	
6	机组打滑率/%	≤20	
7	入土行程/m	≤4	
8	使用可靠性(有效度)/%	≥90	

5.3 一般技术要求

5.3.1 深松机应按规定程序批准的图样和技术文件制造。

5.3.2 所有零、部件须经检验合格,外购件、外协件应有检验合格证方能进行装配。

5.3.3 冲压件应光滑平整、无毛刺、无飞边,不得有裂纹和明显褶皱。

5.3.4 铸件、锻件不得有气孔、夹渣、缩松、砂眼等明显缺陷。

5.3.5 焊合件焊接应牢固,焊缝应平整、光洁,不得有漏焊、氧化、烧伤等缺陷。

5.4 主要零部件技术要求

5.4.1 深松铲、深松铲柄应符合 JB/T 9788 的有关规定。

5.4.2 在主梁、箱体、侧板、轴承座、悬挂机构等主要承载部件的螺纹连接中，螺栓、螺钉的机械性能应不低于 GB/T 3098.1—2000 中的 8.8 级，螺母应不低于 GB/T 3098.2—2000 中的 8 级，其紧固力矩应符合 QC/T 518 的规定。

5.5 装配外观技术要求

5.5.1 整机装配后，测定深松铲尖到梁底面的垂直高度，其高度差不得大于 10 mm。

5.5.2 装配后动力输入轴应转动灵活，无卡滞。

5.5.3 各联接件应紧固可靠。转动件应转动灵活，无卡滞和碰击现象。各转动部位应加注润滑油。

5.5.4 在正常工作转速范围内进行 30 min 空运转试验，运转时不得有异常响声。停车后检查下列项目：

a) 动力输入轴的最大空运转扭矩，侧边传动不大于 15 N·m，中间传动不大于 20 N·m；

b) 箱体的润滑油温升不得超过 25 ℃；

c) 箱体动结合面无滴油、静结合面无渗油；

d) 各紧固件无松动现象。

5.5.5 将机具调整到运输位置，测量其最低点到地面的距离（运输间隙），牵引式≥110 mm，悬挂式≥300 mm。

5.5.6 深松机涂漆应符合 JB/T 5673 的有关规定。涂漆外观色泽均匀、光滑平整、无露底现象；漆膜附着力应不低于Ⅱ级；漆膜厚度应不小于 35 μm。

6 试验方法

6.1 试验条件

6.1.1 试验地测区长度应不少于 30 m，两端预备区不少于 20 m，宽度应不小于作业幅宽的 10 倍。

6.1.2 按 GB/T 5262 的规定测定土壤绝对含水率、土壤坚实度、植被密度、环境温度等。

6.1.3 试验样机及其配套拖拉机应有良好的技术状态，按产品使用说明书的规定进行调整、保养。试验过程中不应随意更换拖拉机。机组的作业速度应符合产品使用说明书的规定。

6.1.4 试验前应对所用的仪器设备进行校验，仪器设备应经检定合格并在规定的有效检定周期内。

6.2 性能测定

6.2.1 深松深度

在测区内对角线上取 5 点，用耕深尺或其他测量仪器进行测试。

分别计算出每一行程和每一工况的平均耕深、变异系数和稳定性系数。

a) 行程值按式(1)～式(4)计算：

$$a_j = \frac{\sum_{i=1}^{n_j} a_{ji}}{n_j} \quad \cdots\cdots(1)$$

$$S_j = \sqrt{\frac{\sum_{i=1}^{n_j} (a_{ji} - a_j)^2}{n_j - 1}} \quad \cdots\cdots(2)$$

$$V_j = \frac{S_j}{a_j} \times 100 \quad \cdots\cdots(3)$$

$$U_j = 1 - V_j \quad \cdots\cdots(4)$$

式中：

a_j——第 j 个行程的深松深度平均值，单位为厘米(cm)；

a_{ji}——第 j 个行程中的第 i 个点的深松深度值，单位为厘米(cm)；

n_j——第 j 个行程中的测定点数；

s_j——第 j 个行程的深松深度标准差，单位为厘米(cm)；

V_j——第 j 个行程的深松深度变异系数，(%)；

U_j——第 j 个行程的深松深度稳定性系数，(%)。

b) 工况值按式(5)～式(8)计算：

$$a = \frac{\sum_{j=1}^{N} a_j}{N} \qquad \cdots\cdots(5)$$

$$S = \sqrt{\frac{\sum_{j=1}^{N} S_j^2}{N}} \qquad \cdots\cdots(6)$$

$$V = \frac{S}{a} \times 100 \qquad \cdots\cdots(7)$$

$$U = 1 - V \qquad \cdots\cdots(8)$$

式中：

a——工况的深松深度平均值，单位为厘米(cm)；

N——同一工况中的行程数；

S——工况的深松深度标准差，单位为厘米(cm)；

V——工况的深松深度变异系数，%；

U——工况的深松深度稳定性系数，%。

6.2.2 作业速度

按式(9)计算出机组前进速度。

$$v = \frac{S}{t} \qquad \cdots\cdots(9)$$

式中：

v——作业速度，单位为米每秒(m/s)；

S——机组在测定时间内前进的距离，单位为米(m)；

t——测定时间，单位为秒(s)。

6.2.3 碎土率

每一行程测定一点，沿耕作方向取样。在 0.5 m×0.5 m 面积内，土块最长边小于 4 cm 的土块质量及土块总质量，按式(10)计算碎土率。

$$C = \frac{G_s}{G} \times 100 \qquad \cdots\cdots(10)$$

式中：

G_s——小于 4 cm 的土块质量，单位为千克(kg)；

G——土块总质量，单位为千克(kg)。

6.2.4 土壤膨松度

每一行程测定一点，耕作前后，用耕层断面测绘仪在垂直于机组前进方向的同一位置上先后画出未耕地表线、已耕地表线和深松沟底线，求出耕前地表至理论深松沟底(深松铲尖部耕出的沟底线的水平平面)的横断面积和耕后地表至理论深松沟底横断面积，按式(11)计算出土壤膨松度。

$$P = \frac{A_h - A_q}{A_q} \times 100 \qquad \cdots\cdots(11)$$

式中：

P——土壤膨松度，(%)；

A_h——耕后地表至理论深松沟底的横断面积，单位为平方厘米(cm^2)；

A_q——耕前地表至理论深松沟底的横断面积，单位为平方厘米(cm^2)。

6.2.5 土壤扰动系数

测定完未耕地表线、已耕地表线、深松沟底线后，求出耕前地表至理论深松沟底的横断面积和耕前地表至实际深松沟底的横断面面积，按式(12)计算出土壤扰动系数。

$$y = \frac{A_s}{A_q} \times 100 \qquad \cdots\cdots(12)$$

式中：

y——土壤扰动系数，(%)；

A_s——耕前地表至实际深松沟底的横断面积，单位为平方厘米(cm^2)。

6.2.6 机组打滑率

在测区内测定拖拉机驱动轮(或履带)转过相同转数时的空行和作业行进的距离，按式(13)计算出机组打滑率。

$$\delta = \frac{S_k - S_z}{S_k} \times 100 \qquad \cdots\cdots(13)$$

式中：

δ——机组打滑率(负值为滑移)，(%)；

S_k——机组空行时后驱动轮(或履带)n 转前进的距离，单位为米(m)；

S_z——机组作业时后驱动轮(或履带)n 转前进的距离，单位为米(m)。

6.3 可靠性试验

可靠性试验方法见附录A。

7 检验规则

7.1 出厂检验

7.1.1 每台深松机应经生产检验部门检验合格，附产品合格证后方可出厂。

7.1.2 出厂检验项目按表2的规定执行，生产企业可以根据自身的产品质量水平情况增加作业性能项目的检验。

表2 不合格项目分类

类别	序号	项目	出厂检验	型式检验
A	1	安全要求	√	√
	2	使用可靠性(有效度)	—	√
	3	深松深度	—	√
B	1	碎土率	—	√
	2	深松深度稳定性	—	√
	3	土壤扰动系数	—	√
	4	土壤膨松度	—	√
	5	润滑油温升	—	√
	6	深松铲及深松铲柄	√	√

表 2（续）

类　别	序号	项　　　目	出厂检验	型式检验
C	1	入土行程	—	√
	2	机组打滑率	—	√
	3	密封性能	√	√
	4	动力输入轴空转扭矩	√	√
	5	主要紧固件的紧固程度	√	√
	6	深松铲的安装高度差	√	√
	7	运输间隙	√	√
	8	涂漆外观质量	√	√
	9	漆膜附着能力	√	√
	10	漆膜厚度	√	√
	11	铸件、锻件、冲压件、焊接质量	√	√

7.2 型式检验

7.2.1 深松机遇有下列情况之一时，应进行型式检验：

a) 新产品定型鉴定及老产品转厂生产；

b) 正式生产后如结构、工艺、材料等有较大的改变，可能影响产品性能时；

c) 工装、模具的磨损可能影响产品性能时；

d) 产品长期停产后，恢复生产时；

e) 出厂检验结果与上次型式试验有较大差异时；

f) 国家质量监督机构提出进行型式试验要求时。

7.2.2 型式检验项目按表 2 的规定。

7.3 抽样方法

在工厂近一年内生产的产品中随机抽取 2 台，样本基数应不少于 10 台；在用户和销售部门抽样时，不受此限制。

7.4 判定规则

7.4.1 按被检项目对产品质量的影响程度，分为 A 类不合格、B 类不合格和 C 类不合格。不合格项目分类见表 2。

7.4.2 判定方案见表 3，AQL 为接收质量限，Ac 为接收数，Re 为拒收数。

表 3 抽样及判定方案

不合格分类	A	B	C
样本项目数	2×3	2×6	2×11
检验水平	S-1		
样本量字码	A		
AQL	6.5	40	65
Ac　　Re	0　1	2　3	3　4

7.4.3 采取逐项考核，按类判定的原则。各类的不合格项目数均小于或等于 Ac 时，产品质量判定为合格，否则判定为不合格。

8 标志、包装、运输与贮存

8.1 产品应在明显位置固定产品标牌，标牌应符合 GB/T 13306 的规定，内容至少应包括：

a) 型号、名称；

b) 主要技术参数；

c) 商标(若有商标时)；

d) 出厂编号；

e) 生产日期；

f) 制造厂名称、地址；

g) 执行标准编号。

8.2 深松机的包装应保证在正常运输途中不致磕碰。

8.3 深松机的技术文件应用防水袋装好，文件包括：

a) 质量检验合格证；

b) 使用保养说明书；

c) 产品包装清单；

d) 三包凭证。

8.4 深松机出厂装运，应符合交通部门的有关规定，应保证在正常运输条件下，零部件不致损坏。

8.5 深松机贮存应干燥通风，在露天存放时应有防雨水措施。

附 录 A
（规范性附录）
可靠性试验方法

A.1 总则

A.1.1 采用随机抽样方法，在近一年内生产的产品中抽取不少于2台样机，进行现场可靠性试验。

A.1.2 进行试验时，操作人员应按制造厂提供的产品使用说明书的规定进行操作和维护保养。

A.1.3 试验人员应按表A.1认真准确地做好每台深松机的试验写实记录，并按表A.2进行统计和汇总。

表 A.1 可靠性试验统计表

机具名称：　　　　　　　　试验时间：

生产企业：　　　　　　　　试验地点：

机器编号：　　　　　　　　工作幅宽：

作业日期	作业时间 h	作业量 hm^2	耗油量 kg	故障	
				零(部)件名称	形式、原因及排除方法
合计				故障数	

记录人：

表 A.2 可靠性试验记录汇总表

机器编号	首次故障前作业量 hm^2	总作业时间 h	总耗油量 kg	故障数	故障排除时间 h

记录人：

A.2 作业量测定

A.2.1 作业量按深松机的幅宽进行计算。

A.2.2 每天测定试验面积，其测定精度为0.01 hm^2。

A.3 故障统计判定原则

A.3.1 整机或零(部)件在规定的条件下丧失规定功能或其性能指标超出合格范围的事件均称为故障。

A.3.2　与机器本质失效有关的故障均属关联故障，如危及作业安全、丧失功能及零部件损坏等故障，在统计时应记入。仅引起操作人员不便，但不影响机器作业、调整或日常保养中用随车工具可轻易排除的故障除外。

A.3.3　外界因素造成的故障均属非关联故障。在进行统计时，这类故障不应记入。具体是：

a)　由于超出使用说明书、技术条件规定的使用范围造成的故障；

b)　由于操作人员使用、保养不当或误操作造成的故障；

c)　外界偶然事故引起的故障。

定量结尾试验作业量为每米工作幅宽 40 hm^2。

A.3.4　使用可靠性(有效度)按式(A.1)计算：

$$K=\frac{\sum T_z}{\sum T_g+\sum T_z}\times 100 \qquad \text{(A.1)}$$

式中：

K——使用可靠性(有效度)，(%)；

T_g——深松机在使用考核期间的故障排除时间，单位为小时(h)；

T_z——深松机在使用考核期间的作业时间，单位为小时(h)。

A.3.5　凡在考核期间，机具有重大或致命失效(指发生人身伤亡事故、因质量原因造成机具不能正常工作、经济损失重大的故障)发生，立即停止试验，机具使用可靠性定为不合格。

ICS 65.060.20
B 91

中华人民共和国国家标准

GB/T 24675.3—2009

保护性耕作机械 弹齿耙

Conservation tillage equipment—Spring tooth harrow

2009-11-30 发布 2010-04-01 实施

中华人民共和国国家质量监督检验检疫总局
中国国家标准化管理委员会 发布

前言

本部分由中国机械工业联合会提出。

本部分由全国农业机械标准化技术委员会归口。

本部分起草单位：中国农业机械化科学研究院、甘肃省农业机械鉴定站、中国农业大学。

本部分主要起草人：杨兆文、程兴田、李问盈。

保护性耕作机械　弹齿耙

1　范围

GB/T 24675 的本部分规定了与拖拉机配套的保护性耕作机械弹齿耙的主要性能指标、技术要求、试验方法、检验规则和交货、标志、包装、运输与贮存。

本部分适用于与拖拉机配套的带有碎土平地功能的弹齿耙，其他型式的弹齿耙可参照执行(以下简称弹齿耙)。

2　规范性引用文件

下列文件中的条款通过 GB/T 24675 的本部分的引用而成为本部分的条款。凡是注日期的引用文件，其随后所有的修改单(不包括勘误的内容)或修订版均不适用于本部分，然而，鼓励根据本部分达成协议的各方研究是否可使用这些文件的最新版本。凡是不注日期的引用文件，其最新版本适用于本部分。

GB/T 699—1999　优质碳素结构钢

GB/T 1222—2007　弹簧钢

GB/T 1593.1　农业轮式拖拉机后置式三点悬挂装置　第 1 部分:1、2、3 和 4 类(GB/T 1593.1—1996,eqv ISO 730-1:1994)

GB/T 1593.2　农业轮式拖拉机后置式三点悬挂装置　第 2 部分:1N 类(GB/T 1593.2—2003,ISO 730-2:1979,NEQ)

GB/T 2828.1—2003　计数抽样检验程序　第 1 部分:按接收质量限(AQL)检索的逐批检验抽样计划(ISO 2859-1:1999,IDT)

GB/T 5262　农业机械　试验条件测定方法的一般规定

GB/T 5667　农业机械　生产试验方法

GB/T 9480　农林拖拉机和机械、草坪和园艺动力机械　使用说明书编写规则(GB/T 9480—2001,eqv 3600:1996)

GB 10395.1　农林机械　安全　第 1 部分:总则(GB 10395.1—2009,ISO 4254-1:2008,MOD)

GB 10396　农林拖拉机和机械、草坪和园艺动力机械　安全标志和危险图形　总则(GB 10396—2006,ISO 11684:1995,MOD)

GB/T 13306　标牌

GB/T 19987—2005　农业机械　土壤工作部件　S 型弹齿　试验方法(ISO 8947:1993,IDT)

GB/T 19988　农业机械　土壤工作部件　S 型弹齿　主要尺寸和间隙范围(GB/T 19988—2005,ISO 5678:1993,IDT)

JB/T 5673　农林拖拉机及机具涂漆　通用技术条件

JB/T 8574　农机具产品型号编制规则

JB/T 9832.2—1999　农林拖拉机和机具　漆膜　附着性能测定方法　压切法(eqv ISO 2049:1972)

ISO 5680:1979　土壤耕作机械　耕耘机弹齿和锄铲　主要安装尺寸

3　技术要求

3.1　安全要求

3.1.1　弹齿耙的结构应合理，应能保证操作人员按制造商提供的使用说明书操作和保养时没有危险，其安全要求应符合 GB 10395.1 的规定;有危险的部位应有安全警示标志,其标志应符合 GB 10396 的规定。

3.1.2 用手操作的零、部件,其操作件表面应光滑、无毛刺和尖角锐棱。

3.1.3 对折叠耙,在运输时应有锁紧机构,并粘贴有"运输时锁紧折叠耙组"和"小心! 远离机器"的安全标志。

3.1.4 使用说明书中应有安全操作注意事项、安全警示标志的说明和维护保养方面的安全内容。

3.2 技术要求

3.2.1 作业性能

3.2.1.1 在中等土壤含水率为 15%～25%;茬高不大于 30 cm;秸秆粉碎长度符合耕作要求;植被秸秆覆盖量 0.6 kg/m^2～1.2 kg/m^2;耕作深度在适耕范围内,弹齿耙应能正常工作。其主要技术性能应符合表 1 的要求。

表 1 性能指标

项 目	指 标
平均耙深	设计值±1.5 cm
碎土率/%	≥55
耙深稳定性/%	≥75
平均耙幅宽	设计值±8.0 cm
耙后地表平整度标准差/cm	≤5.0
功率消耗/%	≤85(设计值)

3.2.1.2 通过性能:机具作业遇到秸秆和杂草的缠绕和土块堵塞时,不应出现 1.5 m 以上的不连续作业情况。

3.2.2 一般要求

3.2.2.1 悬挂、半悬挂耙与拖拉机的联接尺寸应符合 GB/T 1593.1 和 GB/T 1593.2 的规定。

3.2.2.2 在作业和运输时,各紧固件均应牢固可靠,易自动松脱的零、部件应装有防松装置。

3.2.2.3 焊接件焊缝应平整均匀、牢固,不应有虚焊、漏焊、烧穿、未焊透、裂缝、夹渣和气孔等影响强度的缺陷。

3.2.2.4 耙架焊接后应平直,其安装面平面度应不大于 200∶1。

3.2.3 零部件要求

3.2.3.1 冲压件应无毛刺、裂纹、明显残缺和皱折。

3.2.3.2 S 型弹齿的主要尺寸应符合 GB/T 19988 的规定。

3.2.3.3 弹齿应采用性能不低于 GB/T 1222—2007 中规定的 60Si2Mn 钢制造,并应进行热处理,其硬度应为 48 HRC～56 HRC,弹齿硬度点合格率应不小于 85%,不应有裂纹和明显的残缺及皱褶,热处理后的弹齿应进行定型处理。

3.2.3.4 弹齿耙弹齿的疲劳寿命应不小于 2×10^6 次。

3.2.3.5 松土铲采用力学性能不低于 GB/T 699—1999 规定的 65Mn 钢制造,刃部应进行热处理,淬火区宽度为 20 mm～30 mm,硬度为 48 HRC～56 HRC,其硬度点合格率应不小于 85%。

3.2.3.6 碎土辊的钉齿或碎土板应采用力学性能不低于 GB/T 699—1999 中规定的 45 号钢制造,并应进行热处理,其硬度应为 45 HRC～48 HRC。

3.2.3.7 与耙配套的 1 型、2 型和 3 型弹齿和松土铲的安装尺寸应符合 ISO 5680 的规定。

3.2.3.8 限深辊应安装牢固,调节方便,工作可靠。

3.2.4 型号和说明书

3.2.4.1 产品型号的编制应符合 JB/T 8574 的规定。

3.2.4.2 使用说明书的编写应符合 GB/T 9480 的规定。

3.2.5 可靠性及外观要求

3.2.5.1 弹齿耙的有效度和首次故障前作业量应符合表 2 的规定。

表 2 弹齿耙的有效度和首次故障前作业量

序号	项　　目	指　　标
1	可靠性(有效度)/%	≥90
2	首次故障前作业量/(hm^2/m)	≥30

3.2.5.2 可靠性考核中，牵引(悬挂)架、机架、耙组梁、运输机构、弹齿和锄铲在正常作业时，不应有损坏、永久变形、卷刃或脆裂情况发生。

3.2.5.3 涂漆前应清除零、部件表面锈层、焊渣、曝皮、粘砂、毛刺、油污和灰尘等，然后涂上防锈底漆，再涂面漆。与土壤接触的金属表面和装配后不裸露的金属表面可只涂底漆。

3.2.5.4 涂漆应符合 JB/T 5673 的规定，油漆表面应均匀，不应有漏漆、起皮和剥落现象。

3.2.5.5 漆膜附着性能应不低于 JB/T 9832.2 规定的Ⅱ级。

4 试验方法

4.1 试验前准备

4.1.1 样机应具有质量合格证、使用说明书、图样及其必备的技术文件。

4.1.2 样机在试验前应进行技术测定，并按使用说明书的规定进行调整和保养。

4.1.3 配套拖拉机的技术状态应良好。

4.1.4 试验前应对试验用仪器进行校准，并应在有效检定周期内。

4.1.5 试验地应选择当地具有代表性的地块，对地块大小、土壤类型、地表起伏、植被、前茬作物以及栽培方法等状况进行调查，并记录。

4.1.6 试验地应选择有作物秸秆覆盖的未耕地，地块长应不少于 100 m，宽度不少于 6 个机具的作业幅宽。测区长度为 50 m，两端为稳定区。

4.2 测定方法

4.2.1 弹齿和锄铲硬度的测定

4.2.1.1 在弹齿上任意位置每隔 20 mm 各测 4 点，在锄铲外边缘 8 mm～15 mm 的环形区域内，任选 4 点为测定基点，如 4 点中有 1 点不合格时允许进行补测。补测方法为：在弹齿测定点 20 mm 区域外各测 2 点，以锄铲不合格点为对称中心，在其两侧 10 mm～15 mm 的测区内各测 1 点，如弹齿或锄铲所测两点均合格时可判定为合格，否则判定为不合格。

4.2.1.2 测点区域应一次打磨好，检测中间不得再进行表面处理。

4.2.1.3 弹齿或锄铲硬度合格率按累计硬度点合格率，按式(1)计算：

$$H = \frac{h_1}{h} \times 100 \qquad \cdots\cdots(1)$$

式中：

H——弹齿硬度点合格率，%；

h_1——硬度合格点数，单位为个；

h——硬度检验点数，单位为个。

4.2.1.4 弹齿耙弹齿的疲劳寿命按 GB/T 19987—2005 中 3.6 的规定。

4.2.2 试验地状况测定

4.2.2.1 植被及秸秆情况测定

在测区内两对角线上以 1 m^2 方框尺随机选取 5 处，紧贴地表剪下露出地表的植被并收集还田的秸秆，称其质量，计算出 5 点的平均值，并做记录。

4.2.2.2 土壤绝对含水率的测定

在试验的测区内随机取样 5 处，取样深度：分别为 0 cm～10 cm，10 cm～20 cm 求出每一测层的平均含水率，并计算耙深的平均含水率，土壤绝对含水率的计算公式见 GB/T 5262。

4.2.2.3 土壤坚实度的测定

在试验的测区(未耕地)随机选取 5 处，取样深度同 4.2.2.2，用坚实度仪测定每层及全耙深的土壤坚实度，并做记录。

4.2.3 作业性能测定

4.2.3.1 耙深及稳定性

在测区内测量两个行程，机组前进速度为 6 km/h～10 km/h，用耕深尺或其他仪器测定(测定的松土铲数按由实际作业情况而定，每一行程测 4 处，共测 8 处。平作地，清除沟底浮土后测出沟底至地表的垂直距离，即为耙耕深度。垄作地，则是耙后沟底至某一水平基准线的垂直距离，减去该点地表至水平基线的垂直距离，即为耙深。

分别计算出每一行程和每一工况的平均耙深、变异系数和耙深稳定性系数。

a) 行程值按式(2)～式(5)计算：

$$a_j = \frac{\sum_{i=1}^{n_j} a_{ji}}{n_j} \quad \cdots\cdots(2)$$

式中：

a_j——第 j 个行程的耙深度平均值，单位为厘米(cm)；

a_{ji}——第 j 个行程第 i 个点的耙深度值，单位为厘米(cm)；

n_j——第 j 个行程中的测定点数。

$$S_j = \sqrt{\frac{\sum_{i=1}^{n_j} (a_{ji} - a_j)^2}{n_j - 1}} \quad \cdots\cdots(3)$$

式中：

S_j——第 j 个行程中的耙深度标准差，单位为厘米(cm)。

$$V_j = \frac{S_j}{a_j} \times 100\% \quad \cdots\cdots(4)$$

式中：

V_j——第 j 个行程中的耙深度变异系数。

$$U_j = 1 - V_j \quad \cdots\cdots(5)$$

式中：

U_j——第 j 个行程中的耙耕深度稳定性，%。

b) 工况值按式(6)～式(9)计算：

$$a = \frac{\sum_{j=1}^{N} a_j}{N} \quad \cdots\cdots(6)$$

$$S = \sqrt{\frac{\sum_{j=1}^{N} S_j^2}{N}} \quad \cdots\cdots(7)$$

$$V = \frac{S}{a} \times 100\% \quad \cdots\cdots(8)$$

$$U = 1 - V \quad \cdots\cdots(9)$$

式中：

a——工况耙耕深度平均值，单位为厘米(cm)；

N——同一工况中的行程数；

S——工况耙耕深度标准差，单位为厘米(cm)；

V——工况的深松深度变异系数；

U——工况耙深稳定性，%。

4.2.3.2 耙后地表平整度的测定

与耙深及稳定性同时测定。在测定耙深及稳定性时在耕前和耕后地表线上过最高点作一水平直线为基准线，在其适当位置上取一定宽度(与样机耕宽相当)，以5 cm间隔等分，并在等分点上分别测定耕前、耕后地表至基准线的垂直距离，按4.2.3.1方法计算平均值和标准差，以标准差的值表示其平整度。

4.2.3.3 碎土率测定

试验后在测区内随机取样5处。每处取出0.5 m×0.5 m耙深层内的土样，以土块的长边计算，分别测出不大于5 cm的土块质量及土块总质量，按式(10)计算碎土率。

$$C_s = \frac{G_s}{G} \times 100 \qquad \cdots\cdots(10)$$

式中：

C_s——碎土率，%；

G_s——不大于5 cm的土块质量，单位为千克(kg)；

G——土块总质量，单位为千克(kg)。

4.2.3.4 牵引阻力的测定

测量两个行程，用电测法或拉力仪直接测出弹齿耙的牵引阻力，计算平均值，按式(11)计算耙的比阻。

$$K = \frac{P_b}{100\overline{X}_b B} \qquad \cdots\cdots(11)$$

式中：

K——耙的比阻，单位为兆帕(MPa)；

P_b——耙的牵引阻力，单位为牛顿(N)；

$\overline{X}_b$——平均耙深，单位为厘米(cm)；

B——实际耙幅宽，单位为厘米(cm)。

4.2.3.5 耙消耗功率的计算

测量两个行程，测量机组通过测区的时间，计算机组前进速度U，按式(12)计算耙消耗的功率。

$$N = \frac{P_b U}{1\,000} \qquad \cdots\cdots(12)$$

式中：

N——耙消耗的功率，单位为千瓦(kW)；

U——机组前进速度，单位为米每秒(m/s)。

4.2.4 通过性能测定

机具作业在遇到作物秸秆和杂草的缠绕和土块堵塞时，应能顺利通过，不得出现1.5 m以上的连续不能完成耙地作业。

4.2.5 外观质量测定

4.2.5.1 漆膜附着性能按JB/T 9832.2的规定进行。

4.2.5.2 外表面涂漆的检测用目测的方法。

4.3 可靠性考核

4.3.1 易磨损件测定

4.3.1.1 检查样机的零、部件有无变形、损坏及其他缺陷。

4.3.1.2 对样机的易磨损件(如松土铲、运输轮轴等)和易变形件(紧固件、牵引杆等)，可采用测尺寸或称重法测定。

4.3.1.3 试验后，应对易磨损件和易变形件再次进行测量，前后差值即为磨损和变形量。

4.3.2 可靠性作业量考核

4.3.2.1 18 kW 以下(含 18 kW)的小型拖拉机配套弹齿耙作业量为每米耙幅不少于 60 hm^2；18 kW 以上的大中型拖拉机配套弹齿耙作业量为每米耙幅不少于 80 hm^2。

4.3.2.2 在整个试验过程中，应详细观察样机的作业质量，以及零部件发生故障的类型、部位、原因和排除方法，并按 GB/T 5667 计算耙的可靠性(有效度)，并确定首次故障前作业量。

4.4 经济性指标的计算

纯工作小时生产率、班次小时生产率按 GB/T 5667 规定。

4.5 安全要求

按 3.1 的规定逐项检验。

5 检验规则

5.1 出厂检验

5.1.1 每台(或部件)总装完毕的弹齿耙必须进行出厂检验，制造厂质量检验部门检验合格后，附合格证方可入库或出厂。

5.1.2 出厂检验项目按表 3，达到要求的评为合格；对于试验中出现的故障，排除后还应进行试验直至合格为止。发现的问题无法排除时，按不合格品处理。

表 3 检验项目分类

项目分类		项目名称	出厂检验	型式检验
A类	1	安全要求	√	√
	2	碎土率	—	√
	3	通过性能	—	√
B类	1	耙后地表平整度标准差	—	√
	2	平均耙幅宽	—	√
	3	耙深稳定性	—	√
	4	焊接质量	√	√
	5	松土铲和弹齿材料与质量	√	√
	6	弹齿疲劳寿命	—	√
	7	功率消耗	—	√
	8	可靠性	—	√
	9	使用说明书	√	√
C类	1	紧固件的紧固	√	√
	2	耙架平面度	√	√
	3	耙组装配	√	√
	4	弹齿和锄铲硬度	√	√
	5	润滑及防锈	√	√
	6	涂漆外观	√	√
	7	漆膜附着力	√	√

5.2 型式检验

5.2.1 型式检验

一般批量生产时，每三年进行一次型式检验；但有下列情况之一时，应进行型式检验：

a) 新产品定型鉴定及老产品转厂生产时；

b) 结构、工艺、材料有较大的改变，可能影响产品性能时；

c) 工装、模具的磨损可能影响产品性能时；

d) 产品长期停产后，恢复生产时；

e) 出厂检验结果与上次型式试验有较大差异时。

5.2.2 型式检验应符合本部分的规定。

5.3 不合格分类

被检项目凡不符合第3章和第4章规定要求的即为不合格。按其对产品质量的影响程度，分为A类不合格、B类不合格和C类不合格，检验项目分类见表3。

5.3.1 组批与抽样

5.3.1.1 按GB/T 2828.1规定的正常连续批量生产的产品抽样方案。并规定使用特殊检查水平S-1，订货方抽验产品时，抽查批和接收质量限可由供需双方协商确定。

5.3.1.2 一般情况下，检查批 $N=9$ 台～15台。

5.3.1.3 规定样本大小 $n=2$，并按表3所列项目进行检验。抽样时还应考虑增抽1台或2台备用机，备用机因非机器本身质量问题导致无法正确判断时使用。可靠性试验时样本随机抽取，样本数为2台。

5.3.1.4 抽样判定方案见表4，AQL为可接收质量限，Ac为可接收数；Re为拒收数。

表4 抽样和判定

不合格分类		A类(3)		B类(8)		C类(7)	
检验水平		S-1					
样本字码		A					
样本大小		2					
AQL		6.5		25		40	
Ac	Re	0	1	1	2	2	3

5.4 判定规则

5.4.1 在整个性能检测期间，因产品质量问题发生严重故障及致命故障，或因正常工作条件下弹齿折断或严重塑性变形、锄铲折断或严重损坏则应停止检测，产品按不合格处理。

6 交货、标志、包装、运输和贮存

6.1 交货

6.1.1 每台弹齿耙应经检验合格并签发合格证后方可出厂。

6.1.2 如用户对弹齿耙交货条件有特殊要求，可与供方协商解决。

6.1.3 定货方有特殊要求除外，出厂的每台弹齿耙应按照产品技术文件的规定配齐全套备件、附件和随机工具。

6.1.4 每台弹齿耙的随机文件应用防水袋包装，文件包括：

——使用说明书；

——合格证；

——备件、附件和随机工具清单；

——装箱单。

6.2 标牌

弹齿耙应在产品明显位置固定永久性标牌，标牌应符合 GB/T 13306 的规定，并包括如下内容：

——产品名称及型号；

——出厂编号及出厂年、月；

——作业幅宽，单位为米(m)；

——制造厂名称、地址；

——执行标准编号。

6.3 包装、运输和贮存

6.3.1 弹齿耙的机架和弹齿及锄铲可分开包装，包装应牢固可靠。包装箱内应有防止货物窜动的措施，包装外壁应有明显的产品名称、型号、制造厂名称、联系电话、收货单位、地址等文字或标记。

6.3.2 包装箱应牢固可靠，随机装箱的备件、技术文件和随机工具应备齐，在正常运输中不致发生丢失或损坏。

6.3.3 弹齿耙长期停止使用时，应采取防晒、防雨、防锈措施，进行定期保养、维修，清除附着废物。

ICS 65.060.20
B 91

中华人民共和国国家标准

GB/T 24675.4—2009

保护性耕作机械　圆盘耙

Conservation tillage equipment—Disc harrow

2009-11-30 发布　　　　2010-04-01 实施

中华人民共和国国家质量监督检验检疫总局
中国国家标准化管理委员会　发布

前　言

本部分由中国机械工业联合会提出。

本部分由全国农业机械标准化技术委员会(SAC/TC 201)归口。

本部分起草单位:新疆维吾尔自治区农牧业机械试验鉴定站、中国农业机械化科学研究院、甘肃省农业机械试验鉴定站、山西省农业机械试验鉴定站、北京市农业机械试验鉴定推广站。

本部分主要起草人:马惠玲、杨兆文、石林雄、柴向阳、张京开、王英。

保护性耕作机械　圆盘耙

1　范围

GB/T 24675 的本部分规定了保护性耕作用圆盘耙的术语和定义、型号与参数、要求、试验方法、检验规则和交货、标志、包装、运输与贮存。

本部分适用于与拖拉机配套的保护性耕作用圆盘耙(以下简称"圆盘耙")。

2　规范性引用文件

下列文件中的条款通过 GB/T 24675 的本部分的引用而成为本部分的条款。凡是注日期的引用文件,其随后所有的修改单(不包括勘误的内容)或修订版均不适用于本部分,然而,鼓励根据本部分达成协议的各方研究是否可使用这些文件的最新版本。凡是不注日期的引用文件,其最新版本适用于本部分。

GB/T 1593.1　农业轮式拖拉机后置式三点悬挂装置　第1部分:1、2、3和4类(GB/T 1593.1—1996,eqv ISO 730-1:1994)

GB/T 1593.2　农业轮式拖拉机后置式三点悬挂装置　第2部分:1N类(GB/T 1593.2—2003,ISO 730-2:1979,NEQ)

GB/T 2828.1　计数抽样检验程序　第1部分:按接收质量限(AQL)检索的逐批检验抽样计划(GB/T 2828.1—2003,ISO 2589-1:1999,IDT)

GB/T 5667　农业机械　生产试验方法

GB/T 9480　农林拖拉机和机械、草坪和园艺动力机械　使用说明书编写规则(GB/T 9480—2001,eqv ISO 3600:1996)

GB 10395.1　农林机械　安全　第1部分:总则(GB 10395.1—2009,ISO 4254-1:2008,MOD)

GB 10396　农林拖拉机和机械、草坪和园艺动力机械　安全标志和危险图形　总则(GB 10396—2006,ISO 11684:1995,MOD)

GB/T 13306　标牌

JB/T 6279—2007　圆盘耙

JB/T 8574　农机具产品型号编制规则

JB/T 9832.2　农林拖拉机及机具　漆膜　附着性能测定方法　压切法(JB/T 9832.2—1999,eqv ISO 2049:1972)

3　术语和定义

下列术语和定义适用于本部分。

3.1

保护性耕作耙地作业　protective tillage harrowing task

在未经耕整(在进行秸秆粉碎处理或在进行深松作业后)的茬地上,完成破茬(除草、埋肥及播前整地等)松土功能的作业。

3.2

保护性耕作圆盘耙　protective tillage disc harrow

适用于保护性耕作耙地作业的机具。

3.3

植被覆盖量　vegetation per unit area

地表上单位面积内作物秸秆和杂草的质量。

3.4

机具通过性　traffic ability characteristic of machinery

机具作业时通过局部起伏不平地面和克服作物秸秆和杂草缠绕堵塞的能力。

3.5

堵塞程度　jammed degree

机具作业时作物秸秆、杂草和土块对机具拥堵的程度。

3.6

重度堵塞　severe jam

机具被秸秆、杂草和土块缠绕堵塞，出现 1.5 m 以上的连续不能正常耙地作业。

3.7

中度堵塞　moderate jam

机具被秸秆、杂草和土块缠绕堵塞，出现 0.5 m～1.5 m 的连续不能正常耙地作业。

3.8

轻度堵塞　light jam

机具被秸秆、杂草和土块缠绕堵塞，出现小于 0.5 m 的连续不能正常耙地作业。

4　型号与参数

圆盘耙的产品型号的编制应符合 JB/T 8574 的规定，基本参数应符合 JB/T 6279 的规定。

5　要求

5.1　一般要求

5.1.1　圆盘耙应按经规定程序批准的图样和技术文件制造。

5.1.2　悬挂、半悬挂耙与拖拉机的联接尺寸应符合 GB/T 1593.1～1593.2 的规定。

5.1.3　在作业和运输时，各紧固件均应牢固可靠，易自动松脱的零、部件应装有防松装置。

5.1.4　铸件应无裂纹和其他降低零件强度的缺陷，配合部位不应有砂眼、气孔和缩孔等缺陷。

5.1.5　焊接件焊缝应平整均匀、牢固，不应有虚焊、漏焊、烧穿、未焊透、裂缝、夹渣和气孔等影响强度的缺陷。耙架焊接后应平直，其安装面平面度应不大于 200∶1。

5.1.6　各润滑部位应注足润滑剂。摩擦表面和螺纹部分应涂防锈油。

5.1.7　耙片应采用性能不低于 65Mn 钢板制造，并应进行热处理，其硬度应为 38 HRC～48 HRC，耙片刃口边缘不应有裂纹和明显的残缺及皱折。

5.1.8　使用说明书的编写应符合 GB/T 9480 的规定。

5.1.9　外观质量：涂漆前应清除零部件表面的锈层、焊渣、曝皮、粘砂、毛刺、油污和灰尘等，然后涂上防锈底漆，再涂面漆。与土壤接触的金属表面和装配后不裸露的金属表面可只涂底漆。油漆表面应均匀，不应有漏漆、起皮和剥落现象。

5.1.10　漆膜附着性能应不低于 JB/T 9832.2 中规定的Ⅱ级。

5.1.11　耙组装配后应转动灵活、无卡阻。装缺口耙片的耙组，相邻耙片的缺口应错开安装。将整机支起时，转动耙组所需的力矩不大于 55 N·m。耙组偏角应可调节，其调节范围应符合 JB/T 6279—2007 表 1 规定，其允差为±2°。调节机构应灵活可靠，手柄操作力应不大于 150 N。

5.1.12 液压油路系统密封处应不渗漏油。

5.1.13 圆盘耙的运输间隙：悬挂、半悬挂耙应不小于 200 mm，牵引耙应不小于 150 mm。

5.2 作业性能要求

在壤土或粘土的茬地上，试验地的植被覆盖量应满足表 1、且机组作业时拖拉机驱动轮（左、右）滑转率不大于 20％的条件下，圆盘耙作业质量应符合表 2 的规定。

表 1 试验地的植被覆盖量要求

地 域	收获后试验地植被覆盖量/(kg/m^2)
陕西、甘肃、宁夏、山西、内蒙古、新疆	小麦地：0.3～0.6 玉米根茬地：0.2～0.6 收获后休闲 2～6 个月的玉米地：0.6～1.0 刚收获后的玉米地：2.0～3.0
黑龙江、吉林、辽宁、北京、天津、河北、山东、河南	小麦地：0.6～1.0 玉米根茬地：0.2～0.6 收获后休闲 2～6 个月的玉米地：0.8～1.5 刚收获后的玉米地：2.0～4.0

表 2 圆盘耙作业质量

序号	项 目	指 标	
		中耙	重耙
1	灭茬(草)率/％	≥80	
2	机具通过性	允许出现不连续的轻度堵塞	
3	耙深稳定性变异系数/％	≤17.5	≤20.0
4	耙后沟底平整度标准差/cm	≤4.0	
5	耙后地表标准差/cm	≤4.0	≤4.5
6	碎土率/％	≥60	≥55
注：作业速度和耙片偏角适宜。			

5.3 可靠性

圆盘耙的可靠性应符合表 3 的规定。

表 3 圆盘耙的可靠性

序 号	项 目	指 标
1	有效度/％	≥90
2	首次故障前作业量/(hm^2/m)	≥25

5.4 安全要求

5.4.1 圆盘耙的结构应合理，保证操作人员按制造商提供的使用说明书操作和保养时没有危险，其安全要求应符合 GB 10395.1 的规定；有潜在危险的部位应有安全标志，其标志应符合 GB 10396 的规定。

5.4.2 用手操作的零、部件，其操作表面应圆滑、无毛刺和尖角锐棱。

5.4.3 对折叠耙，在运输时应有锁紧机构，并粘贴有“运输时锁紧折叠耙组”和“小心！远离机器”的安全标志。

5.4.4 当运输宽度大于 2.1 m 时，圆盘耙上应粘贴示廓标志。

5.4.5 使用说明书中应有操作和维修保养的安全注意事项，安全标志的说明。

6 试验方法

6.1 一般要求

漆膜附着力按 JB/T 9832.2 的规定测定，其余的采用常规量具和目测的方法进行。

6.2 作业性能

作业性能试验方法应符合 JB/T 6279 的规定。其中堵塞程度测定：测区长度不小于 50 m，植被覆盖量应符合本部分表 1 的要求。测定时按设计的工作速度、偏角进行耙地作业，往返一个行程，观察机具在作业过程中拥堵、拖堆的堵塞程度，并测量由于堵塞造成的不能灭茬(草)和作业的距离。将观察到和测量的结果进行记录，并对机具的通过性进行评定。

6.3 使用可靠性

生产试验考核作业量：作业面积为每米作业幅宽不少于 40 hm^2，试验按 GB/T 5667 的规定进行。

6.4 安全要求

采用目测的方法进行对照检查，其中永久性安全标志测试方法：先用沾水的湿布擦拭标志 15 s，然后再用浸过汽油的布擦拭 15 s，擦拭后的安全标志应干净清晰、不易揭去、无卷边现象。

7 检验规则

7.1 出厂检验

7.1.1 圆盘耙应进行出厂检验，检验合格后附合格证方可入库或出厂。

7.1.2 出厂检验的项目按表 4 的规定，并检查整机的完整性，不得有错装和漏装现象。

表 4 检验项目分类

不合格分类		项目名称	所在条款	出厂检验	型式检验
A类	1	安全要求	5.4	√	√
	2	机具通过性	表 2	—	√
	3	耙深稳定性变异系数	表 2	—	√
	4	碎土率	表 2	—	√
B类	1	灭茬(草)率	表 2	—	√
	2	耙片材料与质量	5.1.7	√	√
	3	耙后地表标准差	表 2	—	√
	4	耙后沟底平整度标准差	表 2	—	√
	5	焊接质量	5.1.5	√	√
	6	使用说明书	5.1.8、5.4.5	√	√
C类	1	可靠性	表 3	—	√
	2	紧固件紧固	5.1.3	√	√
	3	润滑及防锈	5.1.6	√	√
	4	液压油路	5.1.12	√	√
	5	耙组装配	5.1.11	√	√
	6	运输间隙	5.1.13	√	√
	7	外观质量	5.1.9	√	√
	8	漆膜附着力	5.1.10	√	√
	9	耙片硬度	5.1.7	√	√
注：“√”为要求检验项目，“—”为不要求检验项目。					

7.1.3 对于检查出的不合格项，经调整修复重新检验合格后才能出厂。

7.2 型式检验

正常批量生产时，每三年进行一次型式检验；但有下列情况之一时，应进行型式检验。

a) 新产品定型鉴定及老产品转厂生产时；

b) 结构、工艺、材料有较大的改变，可能影响产品性能时；

c) 产品长期停产后，恢复生产时；

d) 国家质量监督机构提出进行型式试验要求时。

7.2.1 不合格分类

被检项目凡不符合第5章规定要求的即为不合格。按其对产品质量的影响程度，分为A类不合格、B类不合格和C类不合格，不合格分类见表4。

7.2.2 组批与抽样

7.2.2.1 按GB/T 2828.1规定的正常检验一次抽样方案，抽样判定方案见表5。订货方抽验产品时，抽查批和接收质量限可由供需双方协商确定。

表5 判定方案

不合格分类	A类	B类	C类
项目数	4	6	9
检验水平	S-1		
样本大小	2		
AQL	6.5	25	40
Ac Re	0 1	1 2	2 3

7.2.2.2 抽样应在企业近六个月生产的合格产品中随机抽取。产品检查批量不少于10台～16台，样本大小为2台。在用户和市场抽样不受此限，但应为未使用的产品。

7.2.3 判定规则

采用逐项考核，样本中各类不合格项目数小于或等于其合格判定数Ac时，产品判为合格，否则为不合格。

8 交货、标志、包装、运输和贮存

8.1 交货

8.1.1 每台圆盘耙应经检验合格、并签发合格证后方可出厂。

8.1.2 如用户对圆盘耙交货条件有特殊要求，可与供方协商解决。

8.1.3 订货方有特殊要求除外，出厂的每台圆盘耙应按照产品技术文件的规定配齐全套备件、附件和随机工具。

8.1.4 每台圆盘耙的随机文件应用防水袋包装，文件包括：

——使用说明书；

——合格证；

——备件、附件和随机工具清单；

——装箱单。

8.2 标志

圆盘耙应在产品明显位置处固定永久性标牌，标牌应符合GB/T 13306的规定，并包括如下内容：

——产品名称及型号；

——配套动力；

——出厂编号及出厂年、月；

——作业幅宽，单位为米(m)；

——制造厂名称、地址；

——执行标准编号。

8.3 包装、运输和贮存

8.3.1 圆盘耙的机架和耙片可分开包装，包装应牢固可靠。包装箱内应有防止货物窜动的措施，包装外壁应有明显的产品名称、型号、制造厂名称、联系电话、收货单位、地址等文字或标记。

8.3.2 圆盘耙随机装箱的备件、技术文件和随机工具，在正常运输中不致发生丢失或损坏。

8.3.3 圆盘耙长期停止使用时，应采取防晒、防雨、防锈措施，进行定期保养、维修，清除附着废物。

ICS 65.060.20
B 91

中华人民共和国国家标准

GB/T 24675.5—2009

保护性耕作机械　根茬粉碎还田机

Conservation tillage equipment—Smashed root stubble machine

2009-11-30 发布　　2010-04-01 实施

中华人民共和国国家质量监督检验检疫总局
中国国家标准化管理委员会　发布

前　言

本部分由中国机械工业联合会提出。

本部分由全国农业机械标准化技术委员会归口。

本部分起草单位：山西省农业机械试验鉴定站、中国农业机械化科学研究院、现代农装科技股份有限公司、黑龙江省农业机械试验鉴定站、辽宁省农业机械化研究所。

本部分主要起草人：潘一兵、杨兆文、柴向阳、伊长白、杨晓斌、王丽、张旭东。

保护性耕作机械　根茬粉碎还田机

1　范围

GB/T 24675 的本部分规定了保护性耕作机械根茬粉碎还田机的性能指标、技术要求、安全要求、试验方法、检验规则和标志、包装、运输和贮存。

本部分适用于与拖拉机配套的用于粉碎作物根茬的根茬粉碎还田机(以下简称根茬粉碎还田机)。

2　规范性引用文件

下列文件中的条款通过 GB/T 24675 的本部分的引用而成为本部分的条款。凡是注日期的引用文件，其随后所有的修改单(不包括勘误的内容)或修订版均不适用于本部分，然而，鼓励根据本部分达成协议的各方研究是否可使用这些文件的最新版本。凡是不注日期的引用文件，其最新版本适用于本部分。

GB/T 275　滚动轴承与轴和外壳的配合

GB/T 699—1999　优质碳素结构钢

GB/T 1144　矩形花键尺寸、公差和检验(GB/T 1144—2001,neq ISO 14:1982)

GB/T 2828.1—2003　计数抽样检验程序　第1部分:按接收质量限(AQL)检索的逐批检验抽样计划(GB/T 2828.1—2003,ISO 2859-1:1999,IDT)

GB/T 3077—1999　合金结构钢(neq DIN EN 10083-1:1991)

GB/T 3098.1—2000　紧固件机械性能　螺栓、螺钉和螺柱(idt ISO 898-1:1999)

GB/T 3098.2—2000　紧固件机械性能　螺母　粗牙螺纹(idt ISO 898-2:1992)

GB/T 3478.1　圆柱直齿渐开线花键(米制模数　齿侧配合)　第1部分:总论(GB/T 3478.1—2008,ISO 4156-1:2005,MOD)

GB/T 5263　农林拖拉机和机械　动力输出万向节传动轴防护罩　强度和磨损及验收规范(GB/T 5263—2009,ISO 5674:2004,IDT)

GB/T 9439—1988　灰铸铁件

GB/T 9480　农林拖拉机和机械、草坪和园艺动力机械　使用说明书编写规则(GB/T 9480—2001,eqv ISO 3600:1996)

GB 10395.1　农林机械　安全　第1部分:总则(GB 10395.1—2009,ISO 4254-1:2008,MOD)

GB 10395.5　农林拖拉机和机械　安全技术要求　第5部分:驱动式耕作机械(GB 10395.5—2006,ISO 4254-5:1992,MOD)

GB 10396　农林拖拉机和机械、草坪和园艺动力机械　安全标志和危险图形　总则(GB 10396—2006,ISO 11684:1995,MOD)

GB/T 17126.1　农业拖拉机和机械　动力输出万向节传动轴和动力输入连接装置　第1部分:通用制造和安全要求(GB/T 17126.1—2009,ISO 5673-1:2005,IDT)

JB/T 5673　农林拖拉机及机具涂漆　通用技术条件

JB/T 8574　农机具产品型号编制规则

3　产品型号表示方法

产品型号按 JB/T 8574 编制，根茬粉碎还田机产品型号表示方法：

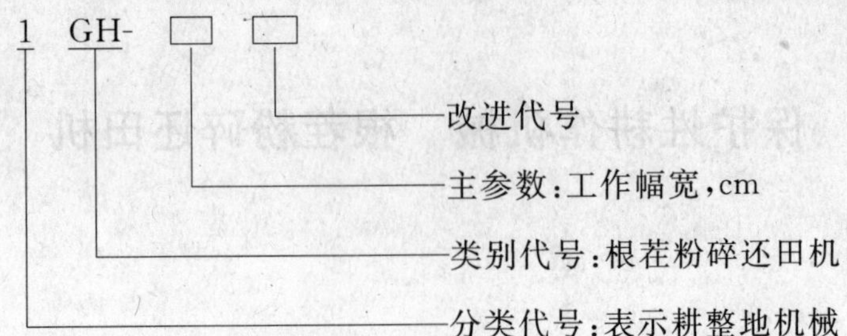

改进代号:原型不标注,改进型用字母 A、B……标注,第一次改进标注 A,第二次改进标注 B,如此类推。

标记示例:

工作幅宽为 160 cm 的根茬粉碎还田机表示为:1GH-160。

4 性能指标

4.1 根茬粉碎还田机在土壤含水率不大于 25%的平作地或垄作地,根茬平均高度不大于 30 cm,以额定生产率作业时,主要性能指标应符合表 1 规定。

表 1 性能指标

序 号	项 目	指 标
1	灭茬深度/cm	≥7
2	灭茬深度稳定性/%	≥85
3	根茬粉碎率/%	≥90
4	纯生产率/(hm^2/m·h)	≥0.33

4.2 使用可靠性应符合表 2 的规定。

表 2 可靠性指标

序 号	项 目	指 标
1	平均故障间隔时间(MTBF)/h	≥60
2	刀片平均寿命(MTTF)/h	≥100

5 技术要求

5.1 一般技术要求

5.1.1 根茬粉碎还田机应按经规定程序批准的产品图样和技术文件制造,并符合有关标准的规定。

5.1.2 加工件倒锐角,气割件需磨平。

5.2 主要零、部件技术要求

5.2.1 齿轮箱体采用机械性能不低于 GB/T 9439—1988 中规定的 HT200 灰铸铁材料制造。

5.2.2 齿轮应采用机械性能不低于 GB/T 3077—1999 中规定的 20CrMnTi 材料制造。齿面须经渗碳淬火处理,渗碳层厚度为齿轮模数的 10%~15%,齿面淬火区热处理硬度为 58 HRC~64 HRC,芯部硬度为 33 HRC~45 HRC。

5.2.3 花键轴

5.2.3.1 花键轴采用机械性能不低于 GB/T 3077—1999 中规定的 40Cr 材料制造。整体调质处理,硬度为 240 HB~269 HB。

5.2.3.2 矩形花键尺寸、公差和检验应符合 GB/T 1144 的有关规定。

5.2.3.3 渐开线花键的模数、基本齿廓、公差应符合 GB/T 3478.1 的有关规定。

5.2.4 滚动轴承与轴和外壳的配合公差应符合 GB/T 275 的有关规定。

5.2.5 刀轴和刀辊

5.2.5.1 刀轴与刀座焊合后应进行热处理，以消除内应力。

5.2.5.2 刀辊半径变动量应不大于 12 mm。

5.2.6 刀片

5.2.6.1 刀片应采用机械性能不低于 GB/T 699—1999 中规定的 65Mn 钢制造。

5.2.6.2 刀片须经热处理，刀身硬度为 48 HRC～54 HRC，刀柄硬度为 38 HRC～45 HRC。

5.3 万向节传动轴

5.3.1 动力万向节传动轴和动力输入连接装置应符合 GB/T 17126.1 的有关规定。

5.3.2 万向节传动轴防护罩应符合 GB/T 5263 的有关规定。

5.4 装配技术要求

5.4.1 所有零、部件须经检验合格，外购件、外协件须有检验合格证方能进行装配。

5.4.2 刀轴、齿轮箱处承受载荷的紧固件的强度等级为：螺栓不低于 GB/T 3098.1—2000 中规定的 8.8 级，螺母不低于 GB/T 3098.2—2000 中规定的 8 级。其拧紧力矩应符合表 3 规定。

表 3 拧紧力矩

公称直径/mm	拧紧力矩/(N·m)	
	最小值(min)	最大值(max)
M8	16	22
M10	31	44
M12	54	76
M14	85	120
M16	128	179
M18	182	256
M20	250	350
M24	432	606

5.5 整机技术要求

5.5.1 每台根茬粉碎机装配后，应在刀轴工作转速范围内进行 30 min 空运转试验，运转应平稳，系统不得有卡、碰、异常响声。停车后检查下列项目：

a) 紧固性：各连接件、紧固件不得松动。

b) 油温：在规定油液位置范围内，齿轮箱内润滑油的温升应不大于 25 ℃。

c) 轴承座、轴承部位温升应不大于 25 ℃。

d) 密封性：不允许渗、滴油。

e) 传动箱清洁度：传动箱的润滑油用 100 目滤网过滤后，其杂质含量应不大于 16 mg/kW。

5.5.2 涂漆应符合 JB/T 5673 的有关规定，整机外观涂层应色泽均匀、平整、光滑无露底。涂层厚度应不小于 35 μm，漆膜附着力达到 3 处Ⅱ级。

5.5.3 对悬挂销、孔和外露花键轴、套等无需涂漆的部位应采取措施防止着漆，且应有防锈措施。

6 安全要求

6.1 万向节传动轴应有可靠的安全防护装置，防护方法应符合 GB 10395.1 中万向节传动轴的规定。

6.2 根茬粉碎还田机的防护应符合 GB 10395.5 的规定。

6.3 使用说明书应给出操作和维护保养的安全注意事项，安全注意事项的编写应符合 GB/T 9480 的规定。

6.4 安全警告标志

6.4.1 安全警告标志,应符合 GB 10396 的规定。

6.4.2 使用警告标志,描述如下潜在危险:

a) 机器前部万向节传动轴可能缠绕身体部位,机器作业或万向节传动轴转动时,人与机器保持安全距离。

b) 机器后部有飞出物体冲击整个身体,作业时人与机器保持安全距离。

c) 机器运转时,不得打开或拆下安全防护罩。

6.4.3 使用注意标志,描述如下信息:

a) 操作、保养前请详细阅读使用说明书。

b) 保养时,切断动力,并可靠支承机器。

7 试验方法

7.1 试验条件的准备

7.1.1 试验样机

7.1.1.1 试验样机应与制造厂提供的使用说明书相符,检验合格,技术状态良好。

7.1.1.2 配套拖拉机状态应良好,拖拉机轮距,动力输出轴额定转速应符合配套产品设计要求。

7.1.2 试验地选择

7.1.2.1 选择有代表性的地块,地表面应平坦,坡度不大于5°,试验地长度不少于50 m,宽度不少于根茬粉碎还田机工作幅宽的6倍。

7.1.2.2 土壤含水率测定。在试验地对角线上取样5点,每一测点按10 cm 分层取样,用土壤盒分别取0 cm～10 cm,10 cm～20 cm 土壤,每层取样量不少于30 g(去掉石块和植物残茬等杂质),分别称量各层土壤湿质量和干质量,根据公式(1)求出各层的土壤含水率(绝对),各层平均含水率、全层平均含水率,或用土壤水分测定仪测定。

$$H_t = \frac{M_{ts} - M_{tg}}{M_{tg}} \times 100 \quad \cdots\cdots(1)$$

式中:

H_t——土壤含水率,%;

M_{ts}——湿土的质量,单位为克(g);

M_{tg}——干土的质量,单位为克(g)。

7.1.2.3 土壤坚实度测定。用土壤坚实度仪测定,测点与土壤含水率的测点相对应,并分别计算出分层和全层平均值。

7.1.2.4 根茬密度。在试验地对角线上取样5处,每处应在同一行上测定,测定 $1/b$ 米(b 为行距,单位为 m)内根茬的株数,计算平均值表示单位平方米的根茬密度。

7.1.2.5 根茬高度。在试验地对角线上取样5点,每点测10株(丛),测定根茬最高点(芒长除外)至地面的距离,计算平均值。

7.1.2.6 根茬含水率。取样点与根茬高度的测点相对应,取地表上根茬,每点取样不少于50 g,称湿质量,烘干后称干质量,根据公式(2)求出根茬绝对含水率。

$$H_g = \frac{M_{gs} - M_{gg}}{M_{gg}} \times 100 \quad \cdots\cdots(2)$$

式中:

H_g——根茬含水率,%;

M_{gs}——根茬湿质量,单位为克(g);

M_{gg}——根茬干质量,单位为克(g)。

7.1.3 所用测定仪器、设备应经检测校准,并在检定有效期内。

7.2 作业性能测定

7.2.1 试验工况

试验机组应按使用说明书要求的最低前进速度、设计前进速度、最大前进速度,应满幅作业。每一前进速度为一个试验工况,共三个试验工况,每个工况测定2个行程(往返)。

7.2.2 灭茬深度

用深度仪或深度尺测定。测定时沿机组前进方向在测区范围内,每隔2 m测定1点,每行程左、右各测10点。垄作时,以垄顶线为基准。计算其平均值。

a) 行程值按公式(3)～公式(6)计算:

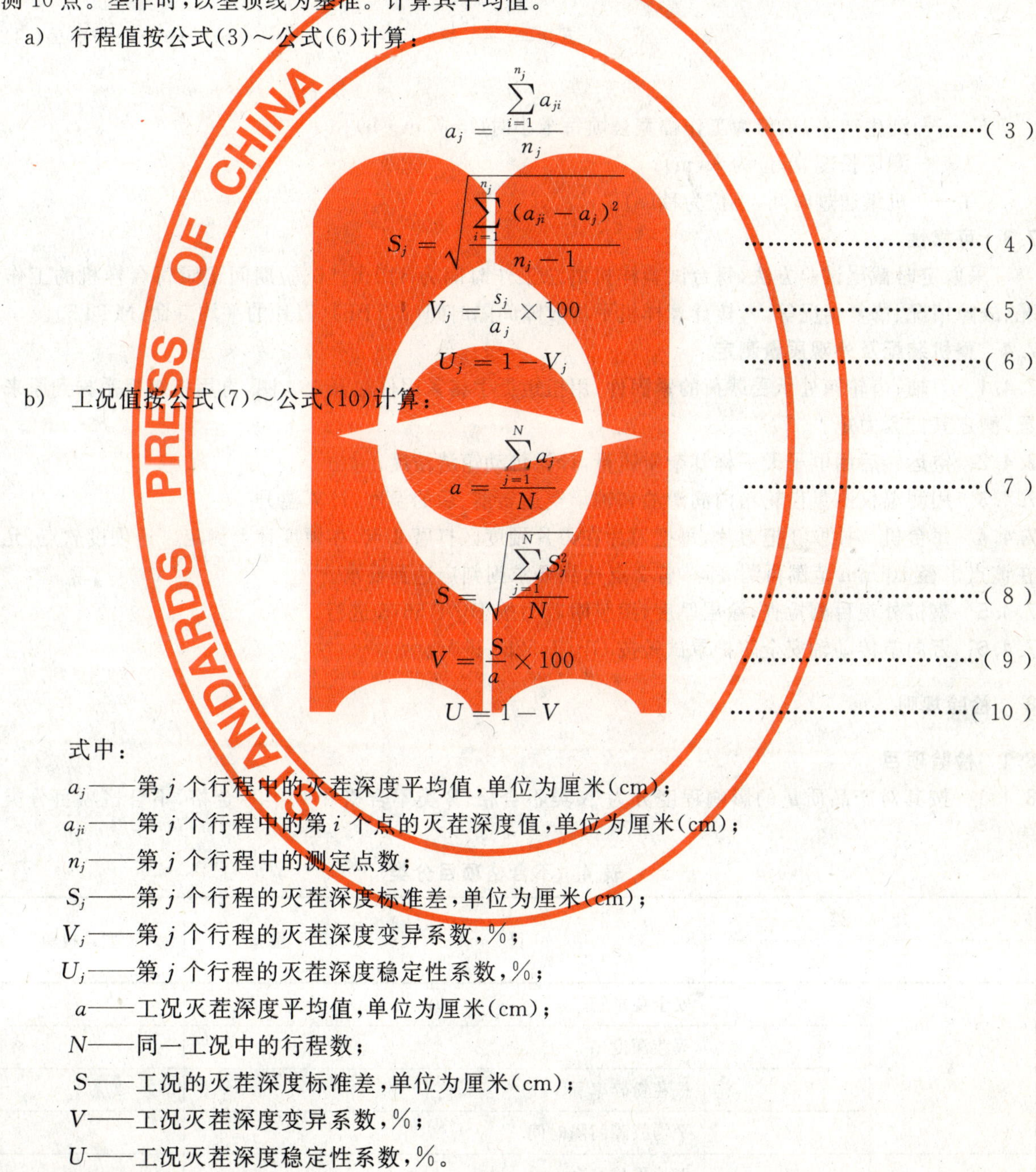

$$a_j = \frac{\sum_{i=1}^{n_j} a_{ji}}{n_j} \quad \cdots\cdots(3)$$

$$S_j = \sqrt{\frac{\sum_{i=1}^{n_j}(a_{ji}-a_j)^2}{n_j-1}} \quad \cdots\cdots(4)$$

$$V_j = \frac{s_j}{a_j} \times 100 \quad \cdots\cdots(5)$$

$$U_j = 1 - V_j \quad \cdots\cdots(6)$$

b) 工况值按公式(7)～公式(10)计算:

$$a = \frac{\sum_{j=1}^{N} a_j}{N} \quad \cdots\cdots(7)$$

$$S = \sqrt{\frac{\sum_{j=1}^{N} S_j^2}{N}} \quad \cdots\cdots(8)$$

$$V = \frac{S}{a} \times 100 \quad \cdots\cdots(9)$$

$$U = 1 - V \quad \cdots\cdots(10)$$

式中:

a_j——第j个行程中的灭茬深度平均值,单位为厘米(cm);

a_{ji}——第j个行程中的第i个点的灭茬深度值,单位为厘米(cm);

n_j——第j个行程中的测定点数;

S_j——第j个行程的灭茬深度标准差,单位为厘米(cm);

V_j——第j个行程的灭茬深度变异系数,%;

U_j——第j个行程的灭茬深度稳定性系数,%;

a——工况灭茬深度平均值,单位为厘米(cm);

N——同一工况中的行程数;

S——工况的灭茬深度标准差,单位为厘米(cm);

V——工况灭茬深度变异系数,%;

U——工况灭茬深度稳定性系数,%。

7.2.3 根茬粉碎率

每行程测定一点,每点取一个工作幅宽乘1 m的面积,测定地表和灭茬深度范围内所有根茬,测定总的根茬质量和其中的合格根茬质量(合格根茬的长度为≤50 mm,不包括须根长度),根据公式(11)计算根茬粉碎率,并计算平均值。

$$F_g = \frac{M_h}{M_z} \times 100 \qquad \cdots\cdots(11)$$

式中:

F_g——根茬粉碎率,%;

M_h——合格根茬的质量,单位为克(g);

M_z——总的根茬质量,单位为克(g)。

7.2.4 纯生产率

测定每个行程机组通过测区时间,根据公式(12)计算纯生产率。

$$E_{ch} = \frac{0.36L}{T} \qquad \cdots\cdots(12)$$

式中:

E_{ch}——纯生产率,单位为工作幅宽公顷每米小时($hm^2/m \cdot h$);

L——测区长度,单位为米(m);

T——机组通过时间,单位为秒(s)。

7.3 可靠性

采取定时截尾试验方法,每台试验样机的总工作时间为 110 h。试验期间记录每台样机的工作情况、故障情况、修复情况等,考核计算样机平均故障间隔时间(MTBF)、刀片的平均寿命(MTTF)。

7.4 整机装配及外观质量测定

7.4.1 刀轴、齿轮箱处承受载荷的紧固件,用扭矩扳手将紧固件松开 1/4 圈,再用扭矩扳手拧到原来位置,测定其拧紧力矩。

7.4.2 空运转后用电子天平称其杂质质量,计算传动箱清洁度。

7.4.3 用测温仪测量齿轮箱内润滑油和轴承空运转前、后的温度,计算温升。

7.4.4 每台机具抽取 3 把刀片,每把刀片在刀片硬度区打磨 2 点,在硬度计上测定。遇硬度软点,允许在该点半径 10 mm 范围再测 2 点,若 2 点达到要求则判定达到要求。

7.4.5 整机外观目测检查,涂层厚度、漆膜附着力按 JB/T 5673 进行。

7.4.6 万向节传动轴安全防护罩试验按 GB/T 5263 进行。

8 检验规则

8.1 检验项目

8.1.1 按其对产品质量的影响程度分为 A 类不合格,B 类不合格和 C 类不合格,不合格项目分类见表 4。

表 4 不合格项目分类

分类		项目	出厂检验	型式检验
类	项序			
A	1	安全要求	√	√
	2	灭茬深度	—	√
	3	根茬粉碎率	—	√
	4	平均故障间隔时间	—	√
B	1	刀片平均寿命	—	√
	2	齿轮箱润滑油温升	√	√
	3	轴承温升	√	√

表 4（续）

分类		项目	出厂检验	型式检验
类	项序			
B	4	传动箱清洁度	—	√
	5	灭茬深度稳定性	—	√
C	1	纯生产率	—	√
	2	主要紧固件紧固程度	√	√
	3	密封性能	√	√
	4	刀片硬度	√	√
	5	整机外观质量	√	√
	6	涂漆附着能力	√	√
	7	涂层厚度	√	√
	8	刀辊半径变动量	—	√

8.1.2　产品的出厂检验和型式检验项目应符合表 4 规定。

8.1.2.1　出厂检验

每台出厂的根茬粉碎还田机应经制造厂质检部门检验合格，附产品合格证方可出厂。

8.1.2.2　型式检验

凡属下列情况之一者，应进行型式检验。

a)　产品鉴定；

b)　正常生产时每两年进行一次；

c)　产品的结构、材料和工艺有较大改进，可能影响产品性能时；

d)　停产一年以上恢复生产时；

e)　质量监督部门要求进行型式检验时。

8.2　抽样方法

8.2.1　按 GB/T 2828.1—2003 的规定，在企业最近六个月生产的合格产品中随机抽取。产品检查批量不少于 16 台，样本大小为 2 台。在用户和市场抽样不受此限。

8.2.2　订货单位抽验产品质量时，可按 GB/T 2828.1—2003 的规定进行。合格质量水平和检查批量，由供货方和订货方协商确定；按合同执行。

8.3　判定规则

采用逐项考核，按类判定，以各类所能达到的最低等级定为该批产品的质量，判定数组见表 5。

表 5　抽样及判定方案

类别	A	B	C
项目数	4	5	8
检验水平	S-1		
样本字码	A		
样本大小	2		
AQL	6.5	40	65
Ac　Re	0　1	2　3	3　4

9 标志、包装、运输和贮存

9.1 每台根茬粉碎还田机应安装固定式标牌,其内容包括:

a) 产品型号与名称;

b) 配套动力;

c) 商标;

d) 生产企业名称、详细地址;

e) 产品出厂编号;

f) 产品出厂日期;

g) 产品执行标准编号;

h) 主要技术参数。

9.2 包装件的外表应标明下列项目:

a) 产品名称与型号;

b) 包装件的名称、质量及总件数、编号;

c) 生产企业名称、详细地址;

d) 发运地点、收货单位。

9.3 每台根茬粉碎还田机出厂时,应随机附有下列文件:

a) 质量检验合格证;

b) 使用保养说明书;

c) 整台产品包装清单。

9.4 运输方式由订货方和供货方进行协商。

9.5 整机贮存在室内时应保证通风、干燥。贮存在室外应采取防潮、防晒、防雨雪等措施。

ICS 65.060.20
B 91

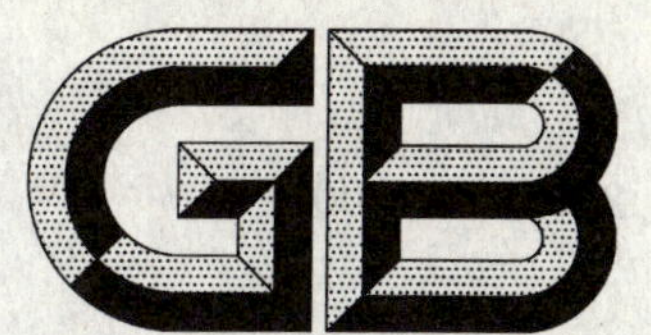

中华人民共和国国家标准

GB/T 24675.6—2009

保护性耕作机械 秸秆粉碎还田机

Conservation tillage equipment—Smashed straw machine

2009-11-30 发布 2010-04-01 实施

中华人民共和国国家质量监督检验检疫总局
中国国家标准化管理委员会 发布

前　言

本部分由中国机械工业联合会提出。

本部分由全国农业机械标准化技术委员会归口。

本部分起草单位：山西省农业机械试验鉴定站、中国农业机械化科学研究院、现代农装科技股份有限公司、黑龙江省农业机械试验鉴定站、陕西省农业机械试验鉴定站、新疆维吾尔自治区农牧业机械试验鉴定站。

本部分主要起草人：柴向阳、杨兆文、潘一兵、王成、刘云东、张贵、王喜恒。

保护性耕作机械　秸秆粉碎还田机

1　范围

GB/T 24675 的本部分规定了保护性耕作机械秸秆粉碎还田机(以下简称"秸秆粉碎还田机")的性能指标、技术要求、安全要求、试验方法、检验规则和标志、包装、运输、贮存。

本部分适用于以粉碎玉米、小麦、水稻、高粱、棉花等作物秸秆为主的秸秆粉碎还田机。

2　规范性引用文件

下列文件中的条款通过 GB/T 24675 的本部分的引用而成为本部分的条款。凡是注日期的引用文件,其随后所有的修改单(不包括勘误的内容)或修订版均不适用于本部分,然而,鼓励根据本部分达成协议的各方研究是否可使用这些文件的最新版本。凡是不注日期的引用文件,其最新版本适用于本部分。

GB/T 275　滚动轴承与轴和外壳的配合

GB/T 699—1999　优质碳素结构钢

GB/T 1144　矩形花键尺寸、公差和检验(GB/T 1144—2001,neq ISO 14:1982)

GB/T 2828.1—2003　计数抽样程序　第1部分:按接受质量限(AQL)检索的逐批检验抽样计划(ISO 2859-1:1999,IDT)

GB/T 3077—1999　合金结构钢(neq DIN EN 10083-1:1991)

GB/T 3098.1—2000　紧固件机械性能　螺栓、螺钉和螺柱(idt ISO 898-1:1999)

GB/T 3098.2—2000　紧固件机械性能　螺母　粗牙螺纹(idt ISO 898-2:1992)

GB/T 3478.1　圆柱直齿渐开线花键(米制模数　齿侧配合)　第1部分:总论(GB/T 3478.1—2008,ISO 4156-1:2005,MOD)

GB/T 5263　农林拖拉机和机械　动力输出万向节传动轴防护罩　强度和磨损及验收规范(GB/T 5263—2009,ISO 5674:2004,IDT)

GB/T 9239.1—2006　机械振动　恒态(刚性)转子平衡品质要求　第1部分:规范与平衡允差的检验(ISO 1940-1:2003,IDT)

GB/T 9439—1988　灰铸铁件

GB/T 9480　农林拖拉机和机械、草坪和园艺动力机械　使用说明书编写规则(GB/T 9480—2001,eqv ISO 3600:1996)

GB 10395.1　农林机械　安全　第1部分:总则(GB 10395.1—2009,ISO 4254-1:2008,MOD)

GB 10395.5—2006　农林拖拉机和机械　安全技术要求　第5部分:驱动式耕作机械(ISO 4254-5:1992,MOD)

GB 10396　农林拖拉机和机械、草坪和园艺动力机械　安全标志和危险图形　总则(GB 10396—2006,ISO 11684:1995,MOD)

GB/T 11357　带轮的材质、表面粗糙度及平衡(GB/T 11357—2008,ISO 254:1998,MOD)

GB/T 17126.1　农业拖拉机和机械　动力输出万向节传动轴和动力输入连接装置　第1部分:通用制造和安全要求(GB/T 17126.1—2009,ISO 5673-1:2005,IDT)

JB/T 5673　农林拖拉机及机具涂漆　通用技术条件

JB/T 8574　农机具产品型号编制规则

3 产品型号表示方法

产品型号按 JB/T 8574 编制，秸秆粉碎机产品型号表示方法：

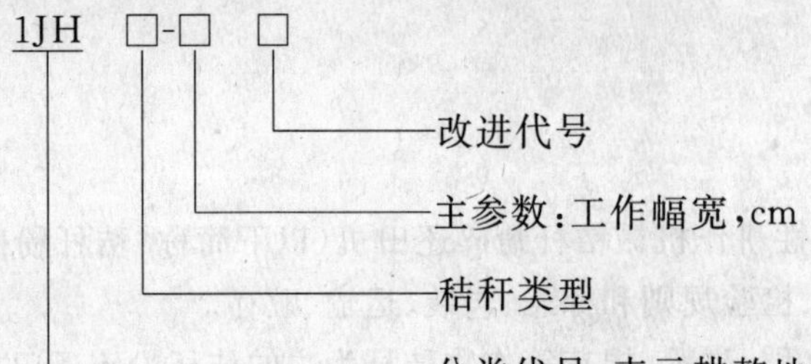

改进代号：原型不标注，改进型用字母 A、B……标注，第一次改进标注 A，第二次改进标注 B，如此类推。

秸秆类型：通用型不标注；玉米、小麦、水稻、高粱、棉花等秸秆专用型粉碎还田机标注汉语拼音文字第一个字母，若出现重复，可选取第二或其后面的字母。

标记示例：

工作幅宽 160 cm，适合玉米秸秆粉碎还田的秸秆粉碎还田机表示为：

1JHY-160

4 性能指标

4.1 秸秆粉碎还田机在土壤含水率不大于 25%，以额定生产率作业时，玉米、高粱等作物秸秆粉碎合格长度不大于 100 mm，小麦、水稻等作物秸秆粉碎合格长度不大于 150 mm，棉花秸秆粉碎合格长度不大于 200 mm，性能指标应符合表 1 规定。

表 1

项　目	指　标
秸秆粉碎长度合格率/%	≥85
留茬平均高度/mm	≤80
秸秆抛撒不均匀度/%	≤30
纯生产率/(hm^2/m·h)	≥0.33

4.2 使用可靠性应符合表 2 的规定。

表 2

项　目	指　标
平均故障间隔时间(MTBF)/h	≥60
粉碎刀平均寿命(MTTF)/h	≥100

5 技术要求

5.1 一般技术要求

5.1.1 秸秆粉碎还田机应按规定程序批准的图样和技术文件制造。

5.1.2 加工件需倒锐角，气割件需磨平。

5.2 主要零、部件技术要求

5.2.1 齿轮箱体应采用机械性能不低于 GB/T 9439—1988 中规定的 HT200 灰铸铁材料制造。

5.2.2 齿轮应采用机械性能不低于 GB/T 3077 中规定的 20CrMnTi 材料制造。齿面须经渗碳处理，渗碳层厚度为齿轮模数的 10%～15%，齿面淬火区热处理硬度为 58 HRC～64 HRC，芯部硬度为 33 HRC～45 HRC。

5.2.3 带轮的材质、许用不平衡量的确定应符合 GB/T 11357 的规定。

5.2.4 花键轴

5.2.4.1 花键轴采用机械性能不低于 GB/T 3077—1999 中规定的 40Cr 材料制造，整体调质处理，硬度为 251 HB～298 HB。

5.2.4.2 矩形花键尺寸、公差和检验应符合 GB/T 1144 的有关规定。

5.2.4.3 渐开线花键的模数、基本齿廓、公差应符合 GB/T 3478.1 的有关规定。

5.2.5 滚动轴承与轴和外壳的配合公差应符合 GB/T 275 的有关规定。

5.2.6 刀轴焊合

5.2.6.1 刀轴与刀座焊合后应进行热处理，以消除内应力。

5.2.6.2 刀轴焊合后应去除毛刺，清除焊渣。

5.2.7 粉碎刀销轴

5.2.7.1 粉碎刀销轴采用机械性能不低于 GB/T 699—1999 中规定的 45 号钢材料制造。

5.2.7.2 粉碎刀销轴须进行热处理，表面硬度为 38 HRC～45 HRC。

5.2.8 粉碎刀

5.2.8.1 粉碎刀应采用机械性能不低于 GB/T 699—1999 中规定的 65Mn 钢制造。

5.2.8.2 粉碎刀须经热处理，刀身硬度为 48 HRC～56 HRC，刀柄硬度为 33 HRC～40 HRC。

5.2.8.3 粉碎刀装配前应按重量分级，同一重量级的刀片重量差不大于 10 g。

5.3 万向节传动轴

5.3.1 动力万向节传动轴和动力输入连接装置应符合 GB/T 17126.1 的有关规定。

5.3.2 万向节传动轴防护罩应符合 GB/T 5263 的有关规定。

5.4 装配技术要求

5.4.1 所有零、部件须经检验合格，外购件、外协件须有检验合格证方能进行装配。

5.4.2 刀轴、齿轮箱处承受载荷的紧固件的强度等级为：螺栓不低于 GB/T 3098.1—2000 中规定的 8.8 级，螺母不低于 GB/T 3098.2—2000 中规定的 8 级。其拧紧力矩应符合表 3 规定。

表 3

公称直径/mm	拧紧力矩/(N·m)	
	最小值(min)	最大值(max)
M8	16	22
M10	31	44
M12	54	76
M14	85	120
M16	128	179
M18	182	256
M20	250	350
M24	432	606

5.5 整机技术要求

5.5.1 同一刀轴应安装同一重量级的刀片，刀轴与刀片装配后，应按 GB/T 9239.1—2006 的规定进行动平衡试验,平衡精度为 G6.3 级。

5.5.2 每台秸秆粉碎还田机装配后,应在刀轴工作转速范围内进行 30 min 空运转试验,运转应平稳,系统不得有卡、碰、异常响声。停车后检查下列项目:

a) 紧固性:各连接件、紧固件不得松动。

b) 油温:在规定油液位置范围内,齿轮箱内润滑油的温升应不大于 25 ℃。

c) 轴承座、轴承部位温升应不大于 25 ℃。

d) 密封性:不允许渗、漏油。

5.5.3 涂漆应符合 JB/T 5673 的有关规定。整机外观涂层应色泽均匀、平整、光滑无露底。涂层厚度应不小于 35 μm,漆膜附着力达到 3 处Ⅱ级。

5.5.4 对悬挂销、孔和外露花键轴、套等无需涂漆的部位应采取措施防止着漆,且应有防锈措施。

6 安全要求

6.1 万向节传动轴应有可靠的安全防护装置。防护装置应符合 GB 10395.1 的规定。

6.2 秸秆粉碎还田机的防护应符合 GB 10395.5 的规定。

6.3 侧边皮带传动装置应设置可靠的防护罩,设在防护罩上的孔、网,其缝隙或直径及安全距离应符合 GB 10395.1 相关规定。

6.4 使用说明书应给出操作和维护保养的安全注意事项,安全注意事项的编写应符合 GB/T 9480 的规定。

6.5 安全标志

6.5.1 安全标志应符合 GB 10396 的规定。

6.5.2 使用警告标志,描述如下潜在危险:

a) 机器前部万向节传动轴可能缠绕身体部位,机器作业或万向节传动轴转动时,人与机器保持安全距离;

b) 机器后部有飞出物体冲击整个身体,作业时人与机器保持安全距离;

c) 机器运转时,不得打开或拆下安全防护罩。

6.5.3 使用注意标志,描述如下内容:

a) 操作、保养前请详细阅读使用说明书;

b) 使用前、必须检查粉碎刀销轴状况;

c) 保养时,切断动力,并可靠支承机器。

7 试验方法

7.1 试验条件

7.1.1 试验地选择

应选择有代表性的试验地,试验地应平坦,坡度不大于 5°,试验地长度不少于 50 m,宽度不少于秸秆粉碎还田机工作幅宽的 6 倍。

7.1.2 试验地调查

7.1.2.1 土壤含水率测定。在试验地对角线上取样 5 点,每一测点按 10 cm 分层取样,用土壤盒分别取 0 cm～10 cm、10 cm～20 cm 土壤,每层取样量不少于 30 g(去掉石块和植物残茬等杂质),分别称量各层土壤湿重和干重,求出各层的土壤含水率(绝对),各层平均含水率、全层平均含水率,或用土壤水分测定仪测定。

各层土壤含水率的计算见式(1):

$$H_t = \frac{M_{ts} - M_{tg}}{M_{tg}} \times 100 \qquad \cdots\cdots(1)$$

式中：

H_t——土壤含水率，%；

M_{ts}——湿土的质量，单位为克(g)；

M_{tg}——干土的质量，单位为克(g)。

7.1.2.2　土壤坚实度测定。用土壤坚实度仪测定，测点与土壤含水率的测点相对应，并分别计算出分层和全层平均值。

7.1.2.3　秸秆含水率及产量测定。在试验地对角线上取样5点，对每点拾取的秸秆分别取样重不少于50 g(在秸秆距地面同一高度处分别取样，如玉米50 cm，麦类30 cm等)，称湿重，烘干后称干重，求出秸秆含水率。拾取每点1 m×1 m面积内秸秆(直立秸秆为距地表8 cm以上部分，浮茬全部计入)，并称其质量，求出5点平均值，并计算每公顷产量。

秸秆含水率(绝对)见式(2)：

$$H_j = \frac{M_{js} - M_{jg}}{M_{jg}} \times 100 \qquad \cdots\cdots(2)$$

式中：

H_j——秸秆含水率，%；

M_{js}——湿秸秆的质量，单位为克(g)；

M_{jg}——干秸秆的质量，单位为克(g)。

秸秆每公顷产量(湿)见式(3)：

$$W_{js} = \sum_{i=1}^{5} M_i \times 2\,000 \qquad \cdots\cdots(3)$$

式中：

W_{js}——秸秆每公顷产量，单位为千克每公顷(kg/hm²)；

M_i——第 i 点1平方米秸秆的质量，单位为千克每平方米(kg/m²)。

秸秆每公顷产量(干)见式(4)：

$$W_{jg} = \frac{1}{1 + H_j} \times W_{js} \qquad \cdots\cdots(4)$$

式中：

W_{jg}——秸秆每公顷产量(干)，单位为千克每公顷(kg/hm²)。

7.1.3　试验样机选择

7.1.3.1　试验样机应与制造厂提供的使用说明书相符，检验合格，技术状态良好。

7.1.3.2　配套拖拉机准备。配套拖拉机状态应良好，拖拉机轮距、动力输出轴额定转速应符合配套产品设计要求。

7.1.4　试验用仪器、设备

试验所用的仪器、设备应经检查校正，计量器具应在规定的有效检定周期内。对比试验应在同等条件下进行。

7.2　作业性能测定

7.2.1　试验工况

试验机组应按使用说明书要求的最低前进速度、设计前进速度、最大前进速度，满幅作业。每一前进速度为一个试验工况，共三个试验工况，每个工况测定2个行程(往返)。

7.2.2　留茬高度

每个行程在测区长度方向上测定2点，测定每点1 m×1 m范围内秸秆留茬高度，计算每点和工况的平均留茬高度。

7.2.3　秸秆粉碎长度合格率

每个行程在测区长度方向上等间距测定3点，每点随机测定1 m² 面积，拣拾所有秸秆称重。从中挑出粉碎长度不合格的秸秆(秸秆的粉碎长度不含其两端的韧皮纤维)称重。按式(5)～式(6)计算每点秸秆粉碎长度合格率和工况平均值。

每点($i=1,2,\cdots\cdots,6$):

工况:

$$F_{ni}=\frac{M_{zi}-M_{bi}}{M_{zi}}\times 100 \qquad\cdots\cdots(5)$$

$$\overline{F_n}=\frac{\sum_{i=1}^{6}F_{ni}}{6} \qquad\cdots\cdots(6)$$

式中:

F_{ni}——i 测点秸秆粉碎长度合格率,%;

M_{zi}——i 测点秸秆总质量,单位为千克(kg);

M_{bi}——i 测点不合格秸秆质量,单位为千克(kg);

$\overline{F_n}$——工况秸秆粉碎长度合格率,%。

7.2.4 秸秆抛撒不均匀度

秸秆抛撒不均匀度的测定与秸秆粉碎长度合格率同时进行,测定方法相同,按式(7)～式(8)计算抛撒不均匀度。

$$\overline{M}=\frac{\sum_{i=1}^{6}M_{zi}}{6} \qquad\cdots\cdots(7)$$

$$F_b=\frac{1}{\overline{M}}\sqrt{\frac{\sum_{i=1}^{6}(M_{zi}-\overline{M})^2}{5}}\times 100 \qquad\cdots\cdots(8)$$

式中:

$\overline{M}$——测定区内各点秸秆平均质量,单位为千克(kg);

F_b——抛撒不均匀度,%。

7.2.5 纯生产率

测定每个行程机组通过测区时间,按式(9)计算纯生产率。

$$E_{ch}=\frac{0.36L}{T} \qquad\cdots\cdots(9)$$

式中:

E_{ch}——纯生产率,单位为工作幅宽公顷每米小时($hm^2/m\cdot h$);

L——测区的长度,单位为米(m);

T——机组通过测区时间,单位为秒(s)。

7.2.6 可靠性

采取定时截尾试验方法,每台试验样机的总工作时间为 110 h(以额定生产率进行作业)。试验期间记录每台样机的工作情况、故障情况、修复情况等,考核计算样机平均故障间隔时间(MTBF),粉碎刀的平均寿命(MTTF)。

7.3 整机装配及外观质量

7.3.1 刀轴、齿轮箱处承受载荷的紧固件,用扭矩扳手将紧固件松开 1/4 圈,再用扭矩扳手拧到原来位置,测定其拧紧力矩。

7.3.2 用测温仪测量齿轮箱内润滑油和轴承空运转前、后的温度,计算温升。

7.3.3 刀轴(带粉碎刀)在动平衡机上试验,其不平衡量的确定按 GB/T 9239.1—2006 中 G6.3 级的规定。

7.3.4　抽取2台机具的刀片各5片，将同台机具刀片用天平称量每一刀片质量，计算每组刀片最重和最轻的质量差。

7.3.5　每台机具抽取3把刀片，每把刀片在刀片硬度区打磨2点，在硬度计上测定。遇硬点或软点，允许在该点半径10 mm范围再打2点，若该两点达到要求则判定该点也达到要求。

7.3.6　整机外观目测检查，涂层厚度、漆膜附着力按JB/T 5673进行。

7.3.7　万向节传动轴安全防护罩试验按GB/T 5263进行。

8　检验规则

8.1　检验项目

8.1.1　按其对产品质量的影响程度分为A类不合格、B类不合格和C类不合格，项目不合格分类见表4。

表4　不合格项目分类

不合格分类		项　目	出厂检验	型式检验
类	项序			
A	1	安全要求	√	√
	2	秸秆粉碎长度合格率	—	√
	3	平均故障间隔时间	—	√
B	1	留茬高度	—	√
	2	粉碎刀平均寿命	—	√
	3	齿轮箱润滑油温升	√	√
	4	轴承温升	√	√
	5	刀轴动平衡	√	√
C	1	秸秆抛撒不均匀度	—	√
	2	刀片硬度	√	√
	3	纯生产率	—	√
	4	密封性能	√	√
	5	整机外观质量	√	√
	6	涂漆附着能力	√	√
	7	涂层厚度	√	√
	8	刀片质量差	√	√
	9	主要紧固件紧固程度	√	√

8.1.2　产品的出厂检验和型式检验项目应符合表4规定。

8.1.2.1　出厂检验

每台出厂的秸秆粉碎还田机应经制造厂质检部门检验合格，附产品合格证方可出厂。

8.1.2.2　型式检验

凡属下列情况之一者，应进行型式检验。

a) 产品鉴定；

b) 正常生产时每两年进行一次；

c) 产品的结构、材料和工艺有较大改进，可能影响产品性能时；

d) 停产一年以上恢复生产时；

e) 质量监督部门要求进行型式检验时。

8.2 抽样方法

8.2.1 依据 GB/T 2828.1—2003，在企业最近六个月生产的合格产品中随机抽取。产品检查批量不少于 16 台，样本大小为 2 台。在用户和市场抽样不受此限，但应为未使用产品。

8.2.2 订货单位抽验产品质量时，可按 GB/T 2828.1—2003 规定进行，合格质量水平和检查批量，由供货方和订货方协商确定；如合同有规定，则按合同进行。

8.3 判定规则

采用逐项考核，按类判定，以各类所能达到的最低等级定为该批产品的质量等级，判定数组见表 5。

表 5 抽样及判定方案

抽样方案	类　别	A	B	C
	项 目 数	3	5	9
	检验水平	S-1		
	样本字码	A		
	样本大小	2		
合 格 品	AQL	6.5	40	65
	Ac　Re	0　1	2　3	3　4

9 标志、包装、运输和贮存

9.1 每台秸秆粉碎还田机应安装固定式标牌，其内容包括：

a) 产品型号与名称；

b) 配套动力；

c) 商标；

d) 生产企业名称、详细地址；

e) 产品出厂编号；

f) 产品出厂日期；

g) 产品执行标准编号；

h) 主要技术参数。

9.2 包装件的外表应标明下列项目：

a) 产品型号与名称；

b) 包装件的名称、质量及总件数、编号；

c) 生产企业名称、详细地址；

d) 发运地点、收货单位。

9.3 每台秸秆粉碎还田机出厂时，应随机附有下列文件：

a) 质量检验合格证；

b) 使用保养说明书；

c) 整台产品包装清单。

9.4 运输

订货方和供货方可以协商运输方式。

9.5 贮存

整机在室内贮存时应保证通风、干燥。露天存放时应采取防潮、防晒、防雨雪措施。

ICS 65.060.20
B 91

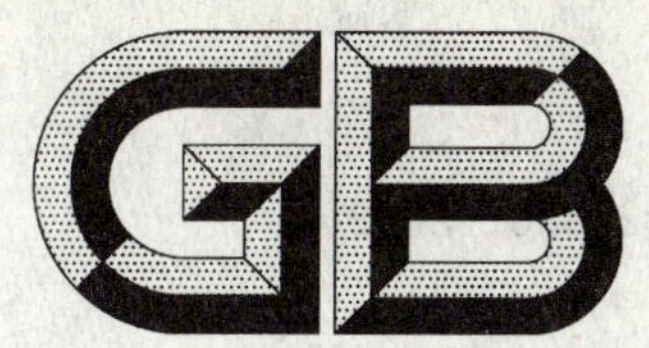

中华人民共和国国家标准

GB/T 24676—2009

振动深松挖掘机

Vibratory subsoiling excavator

2009-11-30 发布　　　　2010-04-01 实施

中华人民共和国国家质量监督检验检疫总局
中国国家标准化管理委员会　发布

前　言

本标准的附录 A 为规范性附录。

本标准由中国机械工业联合会提出。

本标准由全国农业机械标准化技术委员会(SAC/TC 201)归口。

本标准起草单位:黑龙江省农业机械产品质量监督检验站、黑龙江省勃农兴达机械有限公司。

本标准主要起草人:范东方、李金泽、王振格、戴耀辉、李晓东、孙亮、刘显耀、李国龙。

振动深松挖掘机

1 范围

本标准规定了振动深松挖掘机的技术要求、试验方法、检验规则、标志、包装、运输及贮存。

本标准适用于长根茎类作物挖掘作业的振动深松挖掘机(以下简称“深松挖掘机”)。

2 规范性引用文件

下列文件中的条款通过本标准的引用而成为本标准的条款。凡是注日期的引用文件,其随后所有的修改单(不包括勘误的内容)或修订版均不适用于本标准,然而,鼓励根据本标准达成协议的各方研究是否可使用这些文件的最新版本。凡是不注日期的引用文件,其最新版本适用于本标准。

GB/T 1764 漆膜厚度测定法

GB/T 3098.1—2000 紧固件机械性能 螺栓、螺钉和螺柱(idt ISO 898-1:1999)

GB/T 3098.2—2000 紧固件机械性能 螺母 粗牙螺纹(idt ISO 898-2:1992)

GB/T 9480 农林拖拉机和机械、草坪和园艺动力机械 使用说明书编写规则(GB/T 9480—2001,eqv ISO 3600:1996)

GB 10395.1 农林机械 安全 第1部分:总则(GB 10395.1—2009,ISO 4254-1:2008,MOD)

GB 10396 农林拖拉机和机械、草坪和园艺动力机械 安全标志和危险图形 总则(GB 10396—2006,ISO 11684:1995,MOD)

GB/T 13306 标牌

JB/T 5673—1991 农林拖拉机及机具涂漆 通用技术条件

JB/T 8574 农机具产品型号编制规则

JB/T 9832.2 农林拖拉机及机具 漆膜 附着性能测定方法 压切法(JB 9832.2—1999,eqv ISO 2409:1972)

QC/T 518 汽车用螺纹紧固件紧固扭矩

3 术语和定义

下列术语和定义适用于本标准。

3.1

振动深松挖掘机 vibratory subsoiling excavator

通过工作部件振动完成长根茎类作物挖掘作业的机具。

3.2

挖松率 coefficient of loose rhizome from soil

已挖松动的根茎质量占全部根茎质量的百分比。

4 产品型号表示方法

产品型号按JB/T 8574编制,振动深松挖掘机产品型号表示方法:

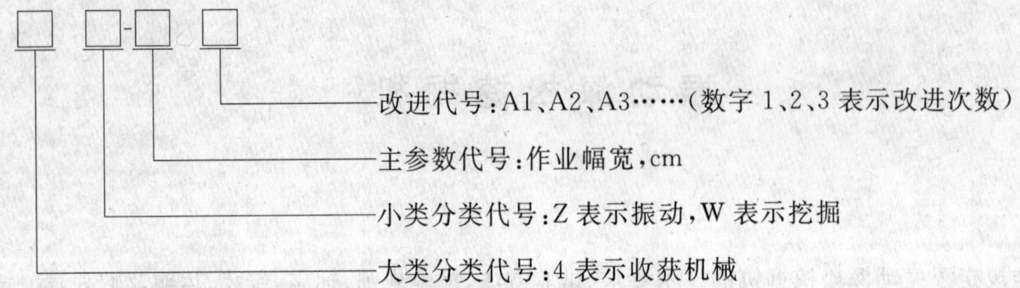

标记示例:

工作幅宽为200 cm,经过1次改进的振动深松挖掘机表示为:

4WZ-200A1

5 技术要求

5.1 主要性能及可靠性指标

在根茎长度不大于70 cm、土壤坚实度不大于1.2 MPa试验条件下,深松挖掘机主要性能指标、可靠性指标应符合表1规定。

表1 主要性能和可靠性指标

序号	项目	质量指标
1	挖掘深度/cm	30～70
2	挖松率/%	≥97
3	损伤率/%	≤1.5
4	使用可靠性(有效度)/%	≥90

5.2 一般要求

5.2.1 零件应按规定程序批准的图样和技术文件制造。所用材料应符合图样的规定。允许使用代用材料,其代用材料的机械性能应不低于原设计采用材料的性能。

5.2.2 铸件不应有裂纹和其他降低零件强度的缺陷,加工部位不允许有砂眼、气孔、缩孔和夹渣等缺陷。

5.2.3 锻件不应有夹层、折叠、裂纹和明显残缺皱褶。

5.2.4 焊接件焊接要牢固,焊缝应平整、均匀,不应有脱焊、漏焊、烧穿、夹渣、气孔等缺陷,焊后变形应矫正。

5.2.5 挖掘铲应采用机械性能不低于65Mn钢的材料制造,工作表面热处理硬度为42HRC～52HRC,非淬火区硬度不大于32HRC。

5.2.6 减振器两端的球接头可采用Q235钢制造。

5.2.7 减振器内部压簧应采用不低于60Si2Mn材料制造,淬火后硬度为45HRC～55HRC。

5.3 装配要求

5.3.1 所有零、部件必须经检验合格,外构件、外协件必须经验收合格后方可进行装配。

5.3.2 在正常工作转速范围内进行30 min空运转试验,操纵和调节机构应灵活、可靠;各紧固件不应松动;传动应平稳、无异常声响,振动箱体各动、静结合面无漏油、渗油现象。

5.3.3 轴承座、振动箱等承受载荷的重要部位其紧固件强度等级为:螺栓不低于GB/T 3098.1—2000中规定的8.8级,螺母不低于GB/T 3098.2—2000中规定的8级。主要紧固件的拧紧力矩应符合QC/T 518的规定。

5.3.4 振动箱动力输入轴应转动灵活、无卡阻。

5.3.5 振动箱动结合面应无滴油、静结合面应无渗油。

5.3.6 挖掘铲尖高度差应不大于 10 mm。

5.3.7 运输间隙应不小于 300 mm。

5.4 涂漆与外观质量

5.4.1 涂漆前应将表面锈层、油污、焊渣和尘垢等清除干净。

5.4.2 油漆涂层应不低于 JB/T 5673—1991 中规定的 TQ-2-2-DM 普通耐候涂层的性能要求。

5.4.3 挖掘铲等土壤工作部件可以不涂底漆，只涂黑色面漆。

5.4.4 涂漆应色泽均匀、平整光滑、无露底，外观应整洁，不应有锈蚀、碰伤等缺陷。

5.4.5 在主要部位检查 3 处，涂漆厚度均应不小于 35 μm，涂漆附着力至少应有 2 处达到 JB/T 9832.2 中规定的Ⅱ级以上。

5.5 安全要求

5.5.1 产品设计应合理，保证操作人员按制造厂的使用说明书操作和保养时不发生危险。

5.5.2 对操作人员有危险的外露传动件(如传动链轮、链条、动力输入轴和万向节传动轴等)应有安全防护装置，防护装置应符合 GB 10395.1 的规定。

5.5.3 非作业状态时应能可靠的切断动力；离合器结合、分离应准确可靠。

5.5.4 机具与拖拉机之间应具有隔离振动的装置。

5.5.5 万向节传动轴等危险部位应固定永久性警示标志。警示标志应符合 GB 10396 的规定。

5.5.6 使用说明书应给出操作和维护保养的安全注意事项，安全注意事项的编写应符合 GB/T 9480 的规定。

6 试验方法

6.1 基本要求

试验样机和配套动力应符合使用说明书要求。使用的仪器、设备和量具的量程及精度应满足测量的要求，并经校验合格。

6.2 性能试验

6.2.1 试验地选择

试验地应具有代表性，试验地测区长度应不少于 20 m，宽度应不小于作业幅宽的 10 倍。

6.2.2 挖掘深度的测定

作业后，每个行程测定 11 点，在每点的工作幅宽上测定挖掘深度。测定方法：平作地，测出挖掘沟底到地表面的垂直距离，即为挖掘深度；垄作地，则是挖掘沟底至水平基准线垂直距离，减去该点地表至水平基准线的垂直距离，即为挖掘深度。挖掘深度平均值按式(1)计算：

$$H = \frac{\sum_{i=1}^{n} H_i}{n} \qquad \cdots\cdots(1)$$

式中：

H——挖掘深度平均值，单位为厘米(cm)；

n——测定点数；

H_i——测点的挖掘深度值，单位为厘米(cm)。

6.2.3 挖松率、损伤率的测定

作业后，收集测区内已挖掘松动的根茎，然后用人工方法挖出未挖掘松动的根茎，分别将其称重，再从中挑出被挖掘损伤的根茎，进行称重。按式(2)计算挖松率：

$$W = \frac{G_y}{G_z} \times 100 \qquad \cdots\cdots(2)$$

式中：

W——挖松率，%；

G_y——已挖掘松动的根茎质量，单位为千克(kg)；

G_z——总根茎质量，为已挖掘松动的根茎质量与未挖掘松动的根茎质量之和，单位为千克(kg)。

按式(3)计算损伤率：

$$S = \frac{G_s}{G_z} \times 100 \qquad \cdots\cdots(3)$$

式中：

G_s——被挖掘损伤的根茎质量，单位为千克(kg)；

S——损伤率，%。

6.3 可靠性试验

按附录 A 的规定进行。

6.4 主要零部件、装配及外观质量的测定

6.4.1 铸件、锻件、冲压件及焊接件质量

采用目测的方法。

6.4.2 挖掘铲、减振器内部压簧等零件硬度

用硬度计在淬火部位检测 3 点；如其中 2 点硬度合格、1 点硬度不合格时，则在该不合格点两侧各补测 1 点，要求补测的 2 点均应合格。

6.4.3 空运转的检测

在正常工作转速范围内进行 30 min 空运转试验，空运转时操纵和调节机构应灵活、可靠；各紧固件不应松动；传动应平稳、无异常声响。停车后检查下列项目：

a) 检查振动箱体各动、静结合面有无漏油、渗油现象。

b) 各紧固件有无松动现象。

6.4.4 重要部位紧固件

用扳手将重要部位的紧固螺栓的螺母松开四分之一圈，再用扭矩扳手将该螺母拧回到原来位置，测定其扭紧力矩值。

6.4.5 振动箱动力输入轴

用扳手转动振动箱动力输入轴，检查是否转动灵活、无卡阻。

6.4.6 挖掘铲高度差

整机装配后，测定挖掘铲尖到机架底面的垂直高度，计算其高度差。

6.4.7 运输间隙

在水平地面上，用刻度尺测量运输状态时样机最低点至地面的距离。

6.4.8 外观、涂漆厚度、涂漆附着力

外观采用目测。

涂漆厚度的测定方法应符合 GB/T 1764 的规定；涂漆附着力的测定方法应符合 JB/T 9832.2 的规定。

6.4.9 安全要求

防护装置的结构尺寸用刻度尺测量，其余采用目测方法。

7 检验规则

7.1 出厂检验

产品应经制造厂质检部门进行出厂检验，检验合格附产品合格证方可出厂。出厂检验项目应符合表 2 规定。

表 2 不合格项目分类

不合格项目分类		检测项目		对应条款号	出厂检验	型式检验
类	项					
A	1	安全要求	防护装置	5.5.2	√	√
			动力离合器	5.5.3	√	√
			隔离振动的装置	5.5.4	√	√
			安全标志	5.5.5	√	√
			使用说明书	5.5.6	√	√
	2	挖掘深度		表 1	—	√
	3	使用可靠性(有效度)		表 1	—	√
B	1	挖松率		表 1	—	√
	2	损伤率		表 1	—	√
	3	淬火硬度		5.2.5;5.2.7	√	√
	4	振动箱密封性		5.3.5	√	√
	5	重要部位紧固件		5.3.3	√	√
C	1	铸件、锻件、冲压件及焊接件质量		5.2.2;5.2.3;5.2.4	√	√
	2	空运转		5.3.2	√	√
	3	振动箱动力输入轴		5.3.4	√	√
	4	挖掘铲高度差		5.3.6	√	√
	5	外观质量		5.4.4	√	√
	6	涂漆厚度		5.4.5	√	√
	7	涂漆附着力		5.4.5	—	√
	8	运输间隙		5.3.7	—	√

7.2 型式检验

凡属下列情况之一者，应进行型式检验，型式检验项目应符合表 2 规定。

a) 产品鉴定；

b) 正常生产时每两年进行一次；

c) 产品的结构、材料和工艺有较大改进，可能影响产品性能时；

d) 停产一年以上恢复生产时；

e) 质量监督部门要求进行型式检验时。

7.3 抽样方法

出厂检验应整批产品全部检验。型式检验采用随机抽样方法，在工厂近一年内生产的产品中随机抽取。整机抽取 2 台，供抽样的整机不应少于 10 台；在用户和销售部门抽样时，不受此限制。

7.4 不合格项目分类

7.4.1 检测项目凡不符合第 5 章要求的均为不合格项。

7.4.2 不合格按其对产品质量的影响程度分为 A、B、C 三类，不合格分类详见表 2。

7.5 判定规则

7.5.1 抽样判定方案见表 3，表中 AQL 为接收质量限，Ac 为接收数，Re 为拒收数，不合格项次数按计点法计算。

表 3 抽样判定方案

抽样方案	不合格分类	A	B	C
	样本项目数	2×3	2×5	2×8
	检验水平	S-1		
判定方案	AQL	6.5	40	65
	Ac Re	0 1	2 3	3 4

7.5.2 采取逐项考核,按类判定的原则。各类的不合格项目数均小于或等于 Ac 时,产品质量判定为合格,否则判定为不合格。

8 标志、包装、运输与贮存

8.1 产品应在明显位置固定产品标牌,标牌应符合 GB/T 13306 的规定,内容至少应包括:

a) 型号、名称;

b) 主要技术参数;

c) 商标(若有商标时);

d) 出厂编号;

e) 生产日期;

f) 制造厂名称、地址;

g) 执行标准编号。

8.2 润滑处、传动系统、主要调节部位和操纵手柄应有明显标志。

8.3 产品出厂时可以总装或部件包装出厂,其包装箱和捆扎件应牢固、可靠,保证各部件在不经任何修理的情况下即能进行总装。零件、附件、备件和随机专用工具需用木箱或包装袋包装。

8.4 包装箱外文字和标记应清晰、整齐、耐久。

8.5 随机技术文件应用防水袋装好,文件包括:

a) 装箱清单;

b) 质量合格证;

c) 使用说明书;

d) 三包服务卡。

8.6 产品出厂运输,应符合交通部门有关规定,保证在正常运输条件下,不损坏零部件。

8.7 产品室内贮存时,应保证干燥、通风和无腐蚀性气体,露天存放时应有防雨等措施。

附 录 A
（规范性附录）
可靠性评定试验方法

A.1 总则

A.1.1 采用对保用期内的产品进行定量现场可靠性试验。

A.1.2 采用随机抽样方法在近一年内生产的产品中抽取不少于2台产品，进行现场可靠性试验。

A.1.3 进行试验时，操作人员必须按制造厂提供的产品使用说明书的规定进行操作和维修。

A.1.4 试验人员应按表A.1认真准确地做好每台机具的试验写实纪录，并按表A.2进行统计和汇总。

表 A.1 可靠性试验统计表

机器名称：　　　　　　　　　　　　试验时间：

生产企业：　　　　　　　　　　　　试验地点：

机器编号：　　　　　　　　　　　　工作幅宽：

作业日期	作业时间 h	作业量 hm^2	耗油量 kg	故障			备注
				零(部)件 名称	形式、原因及 排除方法	排除时间 h	
合计				故障数			

记录人：

表 A.2 可靠性试验记录汇总表

机具编号	首次故障前作业量 hm^2	总作业时间 h	总耗油量 kg	故障数	故障排除时间 h	备注

汇总人：

A.2 作业量测定

A.2.1 作业量按机具的幅宽进行计算。

A.2.2 每天测定试验面积，其测定精度为0.01 hm^2。

A.3 故障统计判定原则

A.3.1 整机或零(部)件在规定的条件下丧失规定功能或其性能指标超出合格范围的事件均称为故障。

A.3.2 与机器本质失效有关的故障均属关联故障,如危及作业安全、丧失功能及零部件损坏等故障,在统计时应记入。仅引起操作人员不便,但不影响机器作业、调整或日常保养中用随车工具可轻易排除的故障除外。

A.3.3 外界因素造成的故障均属非关联故障。在进行统计时,这类故障不应记入。具体是:

a) 由于超出使用说明书、技术条件规定的使用范围造成的故障;

b) 由于操作人员使用、保养不当或误操作造成的故障;

c) 外界偶然事故引起的故障。

定量结尾试验作业量为:

a) 配套动力不小于 15 kW 的深松挖掘机,结尾试验作业量为每米幅宽 40 公顷;

b) 配套动力小于 15 kW 的深松挖掘机,结尾试验作业量为每米幅宽 35 公顷。

A.3.4 使用可靠性(有效度)按式(A.1)计算:

$$K = \frac{\sum T_z}{\sum T_g + \sum T_z} \times 100 \quad \cdots\cdots\cdots\cdots(A.1)$$

式中:

K——使用可靠性(有效度),%;

T_g——机具在使用考核期间每班次的故障排除时间,单位为小时(h);

T_z——机具在使用考核期间每班次的作业时间,单位为小时(h)。

ICS 65.060.40
B 91

中华人民共和国国家标准

GB/T 24677.1—2009

喷杆喷雾机　技术条件

Boom sprayer—Technical requirements

2009-11-30 发布　　2010-04-01 实施

中华人民共和国国家质量监督检验检疫总局
中国国家标准化管理委员会　发布

前 言

本部分由中国机械工业联合会提出。

本部分由全国农业机械标准化技术委员会归口。

本部分起草单位:现代农装科技股份有限公司、中国农业机械化科学研究院、农业部南京农业机械化研究所、台州信溢农业机械有限公司、浙江大农实业有限公司。

本部分主要起草人:严荷荣、刘树民、陈俊宝、傅锡敏、汤根法、王洪仁。

喷杆喷雾机 技术条件

1 范围

GB/T 24677 的本部分规定了喷施杀虫剂、除草剂、杀菌剂、生长调节剂及叶面肥料等用途的农用喷杆喷雾机的技术要求、安全要求、检验规则、标志、包装、运输和贮存。

本部分适用于与拖拉机配套的悬挂式和牵引式喷杆喷雾机(以下简称喷雾机)。其他型式与用途的喷杆喷雾机可参照采用。

2 规范性引用文件

下列文件中的条款通过 GB/T 24677 的本部分的引用而成为本部分的条款。凡是注日期的引用文件,其随后所有的修改单(不包括勘误的内容)或修订版本均不适用于本部分,然而,鼓励根据本部分达成的协议的各方研究是否可使用这些文件的最新版本。凡是不注日期的引用文件,其最新版本适用于本部分。

GB/T 2828.1—2003 计数抽样检验程序 第1部分:按接收质量限(AQL)检索的逐批检验抽样计划(ISO 2859-1:1999,IDT)

GB/T 9480 农林拖拉机和机械、草坪和园艺动力机械 使用说明书编写规则(GB/T 9480—2001,eqv ISO 3600:1996)

GB 10395.1 农林机械 安全 第1部分:总则(GB 10395.1—2009,ISO 4254-1:2008,MOD)

GB 10395.6 农林拖拉机和机械 安全技术要求 第6部分:植物保护机械(GB 10395.6—2006,ISO 4254-6:1995,MOD)

GB 10396 农林拖拉机和机械、草坪和园艺动力机械 安全标志和危险图形 总则(GB 10396—2006,ISO 11684:1995,MOD)

GB/T 13306 标牌

GB/T 20085 植物保护机械 词汇(GB/T 20085—2006,ISO 5681:1992,MOD)

GB/T 24677.2—2009 喷杆喷雾机 试验方法

JB/T 5673 农林拖拉机及机具涂漆 通用技术条件

JB/T 9802 喷雾机、清洗机用三缸柱、活塞泵

JB/T 9806 喷雾机用隔膜泵

JB/T 9832.2—1999 农林拖拉机及机具 漆膜 附着性能测定方法 压切法

HG/T 3043 农业喷雾用橡胶软管

3 术语和定义

GB/T 20085 确立的以及下列术语和定义适用于本部分。

3.1

悬挂式 tractor-mounted

一种挂接与作业方式,由拖拉机的三点悬挂装置与喷雾机的悬挂点相联结进行作业。

3.2

牵引式 tractor-trailed

一种挂接与作业方式,由拖拉机的牵引装置与具有行走轮的喷雾机的牵引点相联结进行作业。

3.3

气流辅助系统 air-assisted system

利用气流提高雾滴穿透性、减少雾滴飘移的喷雾辅助系统，由风机及其驱动装置、可折叠式出风管等组成。

4 要求

4.1 一般技术要求

4.1.1 喷雾机应符合本部分要求，并按经规定程序批准的图样与技术文件制造。

4.1.2 喷雾机在最高工作压力工作时，应无不正常的振动、响声、紧固件松动等现象；各工作部件及连接处、各密封部位应无松动和渗漏等现象。

4.1.3 喷雾机配套液泵应符合 JB/T 9802 或 JB/T 9806 及其他相应液泵标准要求；喷雾胶管应符合 HG/T 3043 的规定。

4.1.4 喷杆部件

4.1.4.1 喷幅 12 m 以上(含 12 m)的喷雾机应设有喷杆平衡装置。田间作业时，喷杆平衡装置应反应灵敏，使喷杆与地面保持平行。

4.1.4.2 喷幅 12 m 以上(含 12 m)的喷雾机的两侧喷杆应设有避让障碍的回弹装置，喷杆末端设有喷头保护装置。

4.1.4.3 喷雾机应设有喷杆折叠机构。采用人工折叠的喷雾机，喷杆的折叠和展开应方便、省力；采用液压折叠机构的喷雾机，喷杆的折叠和展开应平稳、轻缓。两侧喷杆同时折叠和展开的喷雾机，喷杆的动作应协调、同步。

4.1.4.4 喷杆展开后应平直、整齐，喷头的离地高度应一致，当两侧最外端喷头连线处于水平位置时，最高位置喷头和最低位置喷头的离地高度之差应不超过 100 mm。

4.1.5 药液箱部件

4.1.5.1 药液箱应具有良好的强度和刚度，无气孔、裂纹等缺陷，装满药液后无渗漏、变形、凹陷等现象；药液箱应可靠固定，作业过程中应无松动。

4.1.5.2 药液箱外表面应有容量刻度标记；应在操作者视觉范围内设置液位指示装置，液位指示应清晰可见。

4.1.5.3 药液箱内应装有液力式或机械式的药液搅拌装置，按 GB/T 24677.2—2009 中 5.7 进行搅拌试验时，每个液位处试验液实际浓度的平均值应在 0.95%～1.05%之间。

4.1.6 喷雾机的液压操纵系统及驱动系统应密封可靠，动作灵活，作业过程中无渗漏现象。液压系统各油路油管固定应牢靠，油管表面不允许有裂纹、擦伤和明显压扁等缺陷。

4.1.7 喷雾机应设有压力调节装置，在使用说明书明示的额定工作压力范围内应能平稳地调压。

4.1.8 喷雾机的喷头应具有良好的防滴性能，在额定工作压力下，停止喷雾 5 s 后，出现滴漏现象的喷头数量应不大于喷头总数的 10%，且单个滴漏喷头滴漏的液滴数应不大于 10 滴/min。

4.1.9 喷雾机在额定工作压力下喷雾时，喷杆上各喷头的喷雾量变异系数应不大于 15%；沿喷杆方向的喷雾量分布均匀性变异系数应不大于 20%。

4.1.10 喷雾机应设置控制全部喷头喷雾的总截流阀，并应根据喷幅大小设置多路控制阀，分别控制各路喷头的喷雾。总截流阀和多路控制阀应设置在操作者容易触及的范围内，操作应方便、灵活。

4.1.11 喷雾机至少应设有足够过滤面积的三级过滤系统，至少最后一级过滤网的孔径应不大于喷孔最小通过段。

4.1.12 装有气流辅助系统的喷雾机，其出风管上的气流出口风速或风量应符合制造商使用说明书明示值的规定。

4.1.13 装有喷雾量自动调控系统的喷雾机，其单位面积施药液量实际值与设定值之间的偏差应不超过±10%,施药液量控制范围应符合制造商使用说明书明示值的规定。

4.1.14 牵引式喷雾机的轮距应能调整,其调整范围应与配套拖拉机的轮距相适应。

4.1.15 喷雾机的使用说明书应根据 GB/T 9480 的要求编制,并包含安全操作注意事项、安全警示标志说明及维护保养方面的安全内容。

4.2 安全要求

4.2.1 喷雾机应设置限定工作压力的安全装置,其限定压力应不超过最高工作压力的 1.2 倍。从安全装置泄出的药液应当能安全排放。

4.2.2 风机叶轮、液泵传动装置等转动件、喷杆折叠机构可能产生挤夹和剪切危险处等应设有安全防护装置,防护装置应符合 GB 10395.1 的规定。应结构原因无法保证安全距离时,应设置符合 GB 10396 规定的安全警示标志,并在使用说明书中加以说明。

4.2.3 喷雾机处于运输状态时,喷杆应可靠摆放或锁定在运输位置,防止运输过程中自行展开。喷雾机附带的自吸加水装置摆放应安全、可靠,运输和喷雾作业过程中不应从喷雾机上脱落。

4.2.4 液泵的空气室、喷雾机承压管路部件的耐压性能应符合 GB 10395.6 的规定。

4.3 可靠性要求

4.3.1 喷雾机的有效度应不小于 96%。

4.3.2 喷雾机的首次故障前平均工作时间应不小于 50 h。

4.4 其他要求

4.4.1 零部件加工质量要求

4.4.1.1 机加工件、冲压件应去锐边、毛刺。

4.4.1.2 铸件应无气孔、夹渣、缩孔、缩松、砂眼等缺陷。

4.4.1.3 焊接件应平整、光洁,不得有漏焊、烧伤、裂纹等缺陷,焊接应牢固。

4.4.1.4 与农药接触的零件应具有良好的防腐性能;镀锌、镀铬零件镀层应均匀、牢固。

4.4.1.5 用手操作的零、部件,其操作表面应光滑、无毛刺和尖角锐棱。

4.4.2 装配质量要求

4.4.2.1 喷雾机零部件应完整、齐全,连接应牢固可靠,容易松脱的零、部件应装有防松装置。

4.4.2.2 各操纵机构应轻便灵活,自动回位的操纵件在操纵力去除后,应能自动回位;非自动回位的操纵件应能可靠地停在操纵位置。

4.4.3 外观质量要求

4.4.3.1 喷雾机涂漆应符合 JB/T 5673 的规定,漆膜附着性能应不低于 JB/T 9832.2—1999 规定的Ⅱ级。涂层表面应均匀,不应有漏漆、起皱、流挂和剥落现象。

4.4.3.2 喷雾机具外观应整洁,不得有毛刺和明显的伤疤、碰瘪、变形、锈斑、油污等缺陷。

5 试验方法

喷雾机的试验方法按 GB/T 24677.2 进行。

6 检验规则

6.1 出厂检验

每台喷雾机均应进行出厂检验,以检查喷雾机的制造、装配质量和完整性是否符合产品技术条件的规定。出厂检验应按表 1 规定的项目进行。制造厂质量检验部门检验合格后,附合格证方可入库或出厂。

6.2 型式检验

6.2.1 喷雾机正常生产时,一般每 3 年应进行 1 次型式检验,但有下列情况之一时,应进行型式检验:

a) 新产品定型鉴定及老产品转厂生产时;

b) 结构、工艺、材料有较大的改变,可能影响产品性能时;

c) 工装、模具的磨损可能影响产品性能时;

d) 产品停产1年以上后恢复生产时;

e) 国家质量监督机构提出进行型式试验要求时。

6.2.2 型式检验应按表1规定的全部项目进行。

6.3 不合格分类

被检项目凡不符合本标准要求的即为不合格。按其对产品质量的影响程度,分为A类不合格、B类不合格和C类不合格。不合格分类见表1。

表1 不合格分类

项目分类		项目名称	对应条款	出厂检验	型式检验
A类	1	整机运转与密封性能	4.1.2	√	√
	2	限压安全装置	4.2.1	√	√
	3	安全防护装置及安全警示标志	4.2.2	√	√
	4	运输状态安全性	4.2.3	√	√
	5	承压零部件耐压性能	4.2.4	√	√
B类	1	喷杆平衡装置	4.1.4.1	—	√
	2	液压系统	4.1.6	—	√
	3	喷头防滴性能	4.1.8	√	√
	4	喷雾量分布均匀性变异系数	4.1.9	—	√
	5	过滤性能	4.1.11	—	√
	6	使用说明书	4.1.15	—	√
	7	有效度	4.3.1	—	√
	8	首次故障前平均工作时间	4.3.2	—	√
C类	1	配套液泵及喷雾胶管	4.1.3	—	√
	2	回弹装置及喷头保护装置	4.1.4.2	—	√
	3	喷杆平直度	4.1.4.4	—	√
	4	药液箱部件	4.1.5	—	√
	5	调压装置性能	4.1.7	—	√
	6	喷头喷雾量变异系数	4.1.9	—	√
	7	控制阀及其操作方便性	4.1.10	—	√
	8	气流辅助系统性能	4.1.12	—	√
	9	喷雾量自动调控系统性能	4.1.13	—	√
	10	零部件加工质量	4.4.1	—	√
	11	整机装配质量	4.4.2	√	√
	12	外观质量	4.4.3	√	√
	13	产品标牌	7.1	—	√

注:"√"为必检项目,"—"为非必检项目。

6.4 组批与抽样

6.4.1 按GB/T 2828.1—2003规定的正常连续批量生产的产品抽样方案，抽样判定方案见表2。订货方抽验产品时，抽查批和接收质量限可由供需双方协商确定。

表2 抽样判定方案表

不合格分类	A	B	C
项目数	5	8	13
检验水平	S-1		
样本字码	A		
样本数(n)	2		
AQL	6.5	40	65
Ac Re	0 1	2 3	3 4

6.4.2 一般情况下，检查批N应不少于10台。型式检验的样本应在制造厂或销售商确认的合格产品中随机抽取。抽样时还应考虑加抽1台或2台的备用样本，备用样本在因非机器本身质量问题导致无法正确判断时使用。

6.5 判定规则

6.5.1 出厂检验

按表1规定的出厂检验项目进行检验，达到要求的评为合格。对于试验中出现的故障，排除后还应进行试验直至合格为止；发现的问题无法排除时，按不合格品处理。

6.5.2 型式检验

按表1的规定对样本进行全项目检验。

检验时，因样本质量问题发生严重故障或致命故障，导致检验无法继续进行时，应停止检验，产品按不合格处理。

根据检验结果进行逐项考核评定，按照表2的规定进行判定。表中AQL为接收质量限，Ac为接收数，Re为拒收数，均以计点法计算。

7 标牌、包装、运输和贮存

7.1 标牌

7.1.1 喷雾机应在明显的位置设有产品标牌。

7.1.2 产品标牌的型式应符合GB/T 13306的规定，至少应包括以下内容：

——产品商标；

——产品名称、型号；

——主要技术参数(药液箱容积、喷幅、额定工作压力、液泵转速等)；

——出厂日期或出厂编号；

——产品执行标准编号；

——制造厂名称、地址。

7.2 包装

7.2.1 喷雾机整机出厂时允许裸装，包装应牢固可靠，便于运输；当喷雾机外形尺寸较大，不符合运输要求时，允许采用部件分体包装。当订货方要求使用包装箱包装时，包装箱的材料、型式及标志由供需双方商定。

7.2.2 喷雾机的随机文件(产品使用说明书、合格证、“三包”凭证、货物清单等)以及备件、附件和随机工具应当用包装箱包装。包装应牢固可靠，便于运输。

7.2.3 胶管装箱时，应处于自然状态。若必须弯曲时，弯曲内径应不小于管径的15倍，并应避免扎瘪、压扁现象。

7.3 运输和贮存

7.3.1 喷雾机运输过程中，应可靠固定，避免剧烈的颠簸、振动以及碰撞、挤压。

7.3.2 喷雾机长期存放时，应避免与酸、碱、农药等腐蚀性物品堆放在一起。

ICS 65.060.40
B 91

中华人民共和国国家标准

GB/T 24677.2—2009

喷杆喷雾机　试验方法

Boom sprayer—Test methods

2009-11-30 发布　　　　2010-04-01 实施

中华人民共和国国家质量监督检验检疫总局
中国国家标准化管理委员会　发布

前　言

本部分的附录 A 为资料性附录,附录 B 为规范性附录。

本部分由中国机械工业联合会提出。

本部分由全国农业机械标准化技术委员会归口。

本部分起草单位:现代农装科技股份有限公司、中国农业机械化科学研究院、农业部南京农业机械化研究所、台州信溢农业机械有限公司、浙江大农实业有限公司。

本部分主要起草人:严荷荣、刘树民、陈俊宝、傅锡敏、汤根法、王洪仁。

喷杆喷雾机　试验方法

1　范围

GB/T 24677 的本部分规定了喷施杀虫剂、除草剂、杀菌剂、生长调节剂及叶面肥料等用途的喷杆喷雾机的技术参数测定、性能试验及可靠性试验的方法。

本部分适用于与拖拉机配套的悬挂式、牵引式喷杆喷雾机(以下简称"喷雾机")。其他型式的喷杆喷雾机可参照采用。

2　规范性引用文件

下列文件中的条款通过 GB/T 24677 的本部分的引用而成为本部分的条款。凡是注日期的引用文件,其随后所有的修改单(不包括勘误的内容)或修订版本均不适用于本部分,然而,鼓励根据本部分达成的协议的各方研究是否可使用这些文件的最新版本。凡是不注日期的引用文件,其最新版本适用于本部分。

GB/T 17677　植物保护机械　防滴装置　性能测定(GB/T 17677—1999,idt ISO 6686:1995)

GB/T 24680—2009　农用喷雾机　喷杆稳定性　试验方法(ISO 14131:2005,IDT)

GB/T 20183.2—2006　植物保护机械　喷雾设备　第 2 部分:液力喷雾机试验方法(ISO 5682-2:1997,IDT)

GB/T 20183.3—2006　植物保护机械　喷雾设备　第 3 部分:农业液力喷雾机每公顷施液量调节系统试验方法(ISO 5682-3:1996,IDT)

JB/T 9782　植保机械　通用试验方法

3　试验条件

3.1　试验用介质

除特别指明的介质外,试验介质为常温下不含固体杂质的清洁水。

3.2　温度和湿度

试验时,气温应在 0 ℃～40 ℃之间,相对湿度应不低于 50%,温度和相对湿度应记入试验报告中。

3.3　试运转

试验前,供试样机应按使用说明书的规定,进行安装和调试,试运转 20 min,使机具达到正常状态后,方可进行试验。

3.4　仪器、设备

试验用主要仪器、设备应在检定或校验合格的有效期限内,其主要测定参数的最低准确度应满足表 1 要求。

表 1　主要测定参数的准确度

测定参数	准确度要求	说　明
长度	1 mm	
角度	±1°	
转速	±0.5%	推荐使用数字式转速表
转矩	±1%	推荐使用数字式转矩转速仪
时间	±1s	推荐使用电子秒表

表 1（续）

测定参数	准确度要求	说　明
质量	±0.5%	推荐使用电子秤
压力	1.5 级	
风速	±10%FS	
温度	±0.5 ℃	

4 喷雾机主要技术参数的测定

喷雾机性能试验和可靠性试验前，应测定供试喷雾机的主要技术参数，并记录气象条件（温度、湿度、大气压力和风力、风向等），测定结果分别记入附录 A 的表 A.1 和表 A.2。

4.1 外形尺寸

测定喷雾机在运输状态下，整机的最大长度、宽度和高度。

测定喷雾机在工作状态下，喷杆的长度、最大和最小离地高度。

4.2 整机净质量

测定喷雾机在运输状态、药液箱空箱状况下的整机净质量。

4.3 牵引式喷雾机最小转弯半径

在水平地面上测量，测定应分别在向左转和向右转的工况下进行。拖拉机以低速稳定行驶，将其转向机构转至极限转向位置（拖拉机不能与喷雾机相碰撞），驶完一个完整圆圈后，分别在圆圈 3 个等分点处测量瞬时回转中心至喷雾机纵向中心平面和最外缘的距离，并计算喷雾机的最小转弯半径。

4.4 牵引式喷雾机离地间隙

在水平地面上测量，测定喷雾机机架最低点至地面之间的距离。

5 性能试验

5.1 喷雾机喷幅测定

在额定工作压力下喷雾，喷头离地高度为 500 mm，测定喷头喷洒到地面上的药液实际幅宽。见图 1 所示，测定结果记入表 A.3。

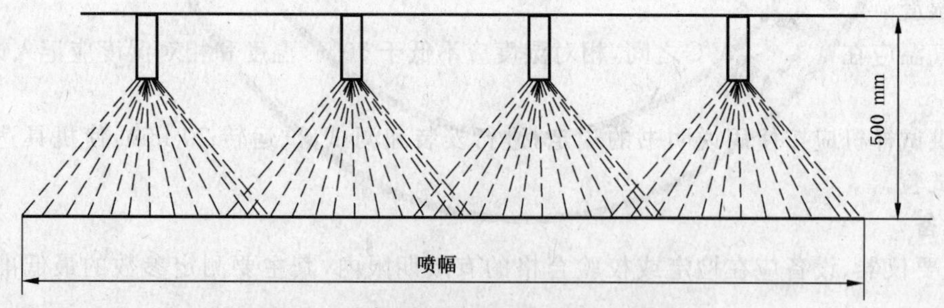

图 1 喷杆喷雾机喷幅测定示意图

5.2 喷雾机运转与密封性能测定

试验在喷雾机正常工作状态、额定转速下进行，在最高工作压力下运转 30 min，观察喷雾机有无不正常的振动、响声、紧固件松动等现象；各工作部件及连接处、各密封部位有无松动和渗漏等现象。

5.3 喷雾机上各喷头的喷雾量和总喷雾量测定

试验前，按喷头制造厂提供的压力和流量指标对喷头进行检验，合格后方可在喷雾机上装配。

试验应在额定工作压力下进行。测定喷杆上每个喷头的喷雾量，用接液筒盛接雾流时，应避免雾滴飞溅或外流。测定时间 1 min，试验不少于三次，测定结果记入表 A.4，按式（1）～式（3）计算喷雾量变异系数。

$$\bar{q}=\frac{q_1+q_2+\cdots\cdots+q_n}{n}=\frac{\sum q}{n} \qquad \cdots\cdots(1)$$

$$S=\sqrt{\frac{\sum(q-\bar{q})^2}{n-1}}=\sqrt{\frac{\sum q^2-\frac{(\sum q)^2}{n}}{n-1}} \qquad \cdots\cdots(2)$$

$$\mathrm{CV}=\frac{S}{\bar{q}}\times 100\% \qquad \cdots\cdots(3)$$

式中：

q_1、q_2、……、q_n——各喷头的喷雾量，单位为升每分钟(L/min)；

n——喷头数量，个；

$\bar{q}$——平均喷雾量，单位为升每分钟(L/min)；

$\sum q$——喷雾机的总喷雾量，单位为升每分钟(L/min)；

S——标准差，单位为升每分钟(L/min)；

CV——喷雾量变异系数，%。

5.4 喷头防滴性能测定

5.4.1 喷雾机在正常工作状态，额定工作压力下进行喷雾，停止喷雾 5 s 后计时，观察出现滴漏现象的喷头数，计数各喷头 1 min 内滴漏的液滴数，测定结果记入表 A.5。

5.4.2 防滴装置的其他性能测定按 GB/T 17677 的规定。

5.5 喷杆稳定性测定

喷杆稳定性测定按 GB/T 24680—2009 的规定进行。

5.6 沿喷杆喷雾量分布均匀性测定

测定在喷雾量分布均匀性试验台上进行。

试验时，喷杆上喷头距集雾槽的高度为 500 mm。在额定工作压力下喷雾，测定时间为 1 min，收集每条槽内流出的液体(应避免接液筒内药液外流)，用量筒测出药液量，测定值记入表 A.6，计算喷雾量分布均匀性变异系数。

5.7 药液搅拌装置搅拌性能测定

按 GB/T 20183.2—2006 中 8.9.1 规定的方法进行。

5.8 液泵性能试验

试验应在室内台架上进行，并按 JB/T 9782 及相关液泵标准的规定进行。

5.9 气流辅助系统性能测定

试验应在喷雾机正常工作状态、动力输出轴额定转速下进行。用风速仪测定出风管上均布 7～9 个出风孔处的风速。试验结果记入表 A.7，按式(4)～式(6)计算风速平均值及出风量。

对于风机转速可调的气流辅助系统，试验应在风机最高转速下进行。

$$\bar{V}=\frac{V_1+V_2+\cdots\cdots+V_n}{n} \qquad \cdots\cdots(4)$$

$$Q=3\,600\times A\times\bar{V} \qquad \cdots\cdots(5)$$

$$\bar{Q}=\frac{Q}{L} \qquad \cdots\cdots(6)$$

式中：

V_1、V_2、……、V_n——各出风孔处的风速，单位为米每秒(m/s)；

n——风速测点数量，个；

$\bar{V}$——风速平均值，单位为米每秒(m/s)；

Q——气流辅助系统总出风量，单位为立方米每小时(m^3/h)；

A——出风管上所有出风孔的面积总和，单位为平方米(m^2)；

$\bar{Q}$——单位长度的出风量，单位为立方米每米每小时[$m^3/(m \cdot h)$]；

L——出风管长度，单位为米(m)。

5.10 单位面积施药液量测定

对于装有喷雾量自动调控系统的喷雾机，按 GB/T 20183.3—2006 中 5.3 规定的方法，测定其单位面积施药液量实际值与设定值之间的平均偏差。

6 可靠性试验

喷雾机可靠性试验及评定方法按附录 B 进行。

7 生产试验

生产试验按 JB/T 9782 规定的方法进行。

8 试验报告

8.1 试验结束后，将试验数据整理分析，提出试验报告。

8.2 试验报告内容：

a) 试验目的、时间、地点及试验人员；

b) 试验条件；

c) 样机简介：用途、结构、技术特征和工作原理；

d) 试验结果和分析；

e) 试验结论。

附 录 A
（资料性附录）
表 A.1 喷雾机主要技术参数测定

机具型号： 制造单位：

试验日期： 试验地点：

<table>
<tr><th>序号</th><th colspan="3">项 目</th><th>测定数据</th><th>备 注</th></tr>
<tr><td>1</td><td colspan="3">名称</td><td></td><td></td></tr>
<tr><td>2</td><td colspan="3">型号</td><td></td><td></td></tr>
<tr><td>3</td><td colspan="3">结构型式</td><td></td><td></td></tr>
<tr><td>4</td><td colspan="3">轮距/mm</td><td></td><td>牵引式</td></tr>
<tr><td>5</td><td colspan="3">喷雾机离地间隙/mm</td><td></td><td>牵引式</td></tr>
<tr><td>6</td><td colspan="3">最小转弯半径/m</td><td></td><td>牵引式</td></tr>
<tr><td rowspan="2">7</td><td rowspan="2" colspan="2">药液箱</td><td>材料</td><td></td><td></td></tr>
<tr><td>容量/L</td><td></td><td></td></tr>
<tr><td rowspan="7">8</td><td rowspan="7">喷杆</td><td colspan="2">升降机构型式</td><td></td><td></td></tr>
<tr><td colspan="2">折叠机构型式</td><td></td><td></td></tr>
<tr><td colspan="2">平衡机构型式</td><td></td><td></td></tr>
<tr><td colspan="2">喷杆长度/m</td><td></td><td></td></tr>
<tr><td rowspan="2">离地高度</td><td>最高/m</td><td></td><td></td></tr>
<tr><td>最低/m</td><td></td><td></td></tr>
<tr><td colspan="2">喷头离地高度之差/mm</td><td></td><td>最大值</td></tr>
<tr><td rowspan="2">9</td><td rowspan="2" colspan="2">喷头</td><td>型式</td><td></td><td></td></tr>
<tr><td>数量/个</td><td></td><td></td></tr>
<tr><td rowspan="4">10</td><td rowspan="4" colspan="2">液泵</td><td>型式</td><td></td><td></td></tr>
<tr><td>额定转速/(r/min)</td><td></td><td></td></tr>
<tr><td>额定流量/(L/min)</td><td></td><td></td></tr>
<tr><td>额定压力/MPa</td><td></td><td></td></tr>
<tr><td rowspan="2">11</td><td rowspan="2" colspan="2">过滤装置</td><td>数量/个</td><td></td><td></td></tr>
<tr><td>过滤网孔径/mm</td><td></td><td></td></tr>
<tr><td rowspan="5">12</td><td rowspan="5" colspan="2">气流辅助装置</td><td>风机型式</td><td></td><td></td></tr>
<tr><td>风机直径/mm</td><td></td><td></td></tr>
<tr><td>额定转速/(r/min)</td><td></td><td></td></tr>
<tr><td>出风孔直径/mm</td><td></td><td></td></tr>
<tr><td>出风孔数量/个</td><td></td><td></td></tr>
<tr><td rowspan="2">13</td><td rowspan="2" colspan="2">外型尺寸
(长×宽×高)</td><td>工作状态/mm</td><td></td><td></td></tr>
<tr><td>运输状态/mm</td><td></td><td></td></tr>
<tr><td>14</td><td colspan="3">整机净质量/kg</td><td></td><td></td></tr>
<tr><td>15</td><td colspan="3">配套动力/kW</td><td></td><td></td></tr>
</table>

测定人：

表 A.2 气象条件测定

试验地点：　　　　　　　　　　试验日期：

序号	项　目	测定结果
1	环境温度/℃	
2	相对湿度/%	
3	大气压力/kPa	
4	风力/(m/s)	
5	风向	

测定人：

表 A.3 喷雾机喷幅测定

机具型号：　　　　　　　　　　制造单位：

试验地点：　　　　　　　　　　试验日期：

次　数	喷幅/m	说　明
1		喷雾机额定工作压力：　MPa 试验压力：　MPa
2		
3		
平均值		

测定人：

表 A.4 喷雾机上喷头喷雾量均匀性测定

机具型号：　　　　　　　　　　制造单位：

试验地点：　　　　　　　　　　试验日期：

喷头工作压力：

次　数	喷头喷雾量									
	喷头序号									
	1	2	3	4	5	6	7	8	9	……
1										
2										
3										
喷头喷雾量平均值										
总喷雾量										
标准差										
变异系数/%										

测定人：

表 A.5　喷头防滴性能测定

机具名称：　　　　　　　　　　　　试验日期：
喷头型号：　　　　　　　　　　　　防滴装置型式：
喷头工作压力：

次数	滴漏液滴数						
	出现滴漏现象的喷头序号						
	1	2	3	4	5	6	……
1							
2							
3							
平均值							

测定人：

表 A.6　沿喷杆喷雾量分布均匀性测定

机具名称：　　　　　　　　　　　　制造单位：
喷头离喷雾槽高度：　　　　　　　　测定地点

单位为毫升每分钟

集雾槽集液量 / 次数	喷雾槽序号									
	1	2	3	4	5	6	7	8	9	……
1										
2										
3										
平均值										
标准差										
变异系数/%										
备　注										

测定人：

表 A.7　气流辅助系统性能测定

机具名称：　　　　　　　　　　　　制造单位：
喷头离喷雾槽高度：　　　　　　　　测定地点：

动力输出轴转速：　　r/min；　风机直径：　　mm；　风机转速：　　r/min 出风孔直径：　　mm；出风孔数量：　　个；　出风管长度：　　m；出风孔总面积：　　m^2										
次　数	出风孔出口风速/(m/s)									
	1	2	3	4	5	6	7	8	9	……
1										
2										
3										
出口风速平均值/(m/s)										
总出风量/(m^3/h)										
单位长度出风量/[m^3/(m·h)]										
备　注										

测定人：

附　录　B
（规范性附录）
可靠性试验和评定方法

B.1　故障及其判定

B.1.1　故障：指喷雾机产品整机、部件或零件在规定条件下和规定时间内丧失规定功能。

B.1.2　关联故障：与喷雾机本质失效有关的故障、如危及作业安全、丧失功能以及零部件损坏等故障，但轻度影响产品功能、修理费低廉的故障以及经调整或保养能轻易排除的轻度故障（如紧固后可排除的轻微渗漏、螺栓松动、更换次要的外部紧固件、清除过滤器堵塞等）除外。

B.1.3　非关联故障：外界因素造成喷雾机的故障，如：

a）　由于超出机器使用说明书、技术条件规定的使用条件操作造成的故障；

b）　由于使用、保养不当或误动作造成的故障；

c）　外界偶然事故引起的故障，如停电、停水等。

B.1.4　故障的判定

可靠性判定中，只计入关联故障。

B.2　抽样方法

采用随机抽样方法抽取 2 台产品进行可靠性评定。

B.3　试验方法

B.3.1　试验应在喷雾机正常工作状态、动力输出轴额定转速条件下，按正常作业速度在田间进行，试验用介质为清水。

B.3.2　首次故障前平均工作时间测定

在正常工作状态下累计运转 100 h，测定喷雾机发生首次故障（轻度故障除外）前的平均工作时间。按式(B.1)计算喷雾机首次故障前平均工作时间。

$$\mathrm{MTTFF}=\frac{1}{\gamma}\left(\sum_{i=1}^{\gamma}t_i+\sum_{j=1}^{n-\gamma}t_j\right) \qquad \cdots\cdots(\mathrm{B.1})$$

式中：

MTTFF——首次故障前平均工作时间，单位为小时(h)；

n——试验台数；

γ——发生首次故障的台数（当 $\gamma=0$ 时，按 $\gamma=1$ 计）；

t_i——第 i 台喷雾机发生首次故障的累计工作时间，单位为小时(h)；

t_j——试验结束时，未发生故障的第 j 台喷雾机工作累计时间，即 100 h。

B.3.3　有效度测定

完成首次故障前平均工作时间测定后的喷雾机，在正常工作状态下继续进行试验，直到累计运转 200 h 为止。按式(B.2)计算喷雾机的有效度。

$$K=\frac{\sum T_z}{\sum T_g+\sum T_z}\times 100\% \qquad \cdots\cdots(\mathrm{B.2})$$

式中：

K——有效度，%；

$\sum T_g$——故障排除时间(例行检查保养时间除外),单位为小时(h);

$\sum T_z$——纯工作时间,单位为小时(h)。

B.3.4 喷雾机的可靠性试验可以与田间生产试验结合进行,试验介质为按农业生产防治要求稀释后的农药液剂。

ICS 65.060.40
B 91

中华人民共和国国家标准

GB/T 24678.1—2009

植物保护机械 便携式宽幅远射程喷雾机

Equipment for crop protection—The portable power sprayer with wide-swath and long-range

2009-11-30 发布

2010-04-01 实施

中华人民共和国国家质量监督检验检疫总局
中国国家标准化管理委员会 发布

前 言

本部分由中国机械工业联合会提出。

本部分由全国农业机械标准化技术委员会(SAC/TC 201)归口。

本部分起草单位:现代农装科技股份有限公司、江苏省农业机械试验鉴定站、苏州农业药械有限公司、台州信溢农业机械有限公司、浙江大农实业有限公司。

本部分主要起草人:严荷荣、陶雷、汪建、汤根法、王洪仁。

植物保护机械
便携式宽幅远射程喷雾机

1 范围

GB/T 24678的本部分规定了便携式宽幅远射程喷雾机的型号参数、技术要求、试验方法、检验规则和标志、包装、运输与贮存。

本部分适用于由动力(汽油机、柴油机等)和液泵组成、配用组合喷枪的便携式宽幅远射程喷雾机(以下简称"喷雾机")。

2 规范性引用文件

下列文件中的条款通过GB/T 24678的本部分的引用而成为本部分的条款。凡是注日期的引用文件,其随后所有的修改单(不包括勘误的内容)或修订版均不适用于本部分,然而,鼓励根据本部分达成协议的各方研究是否可使用这些文件的最新版本。凡是不注日期的引用文件,其最新版本适用于本部分。

GB/T 191 包装储运图示标志(GB/T 191—2008,ISO 780:1997,MOD)

GB/T 2828.1—2003 计数抽样检验程序 第1部分:按接收质量限(AQL)检索的逐批检验抽样计划(ISO 2859-1:1999,IDT)

GB/T 9480 农林拖拉机和机械、草坪和园艺动力机械 使用说明书编写规则(GB/T 9480—2001,eqv ISO 3600:1996)

GB 10395.1 农林机械 安全 第1部分:总则(GB 10395.1—2009,ISO 4254-1:2008,MOD)

GB 10396 农林拖拉机和机械、草坪和园艺动力机械 安全标志和危险图形 总则(GB 10396—2006,ISO 11684:1995,MOD)

GB/T 13306 标牌

GB/T 20085 植物保护机械 词汇(GB/T 20085—2006,ISO 5681:1992,MOD)

JB/T 7284—2005 机动喷雾机

JB/T 8574 农机具产品型号编制规则

JB/T 9782 植保机械 通用试验方法

JB/T 9802 喷雾机、清洗机用三缸柱、活塞泵

JB/T 9806 喷雾机用隔膜泵

JB/T 9832.2—1999 农林拖拉机及机具 漆膜 附着性能测定方法 压切法

3 术语和定义

GB/T 20085 确立的以及下列术语和定义适用于本部分。

3.1

便携式 portable

一种机架型式,作业时由单人提起机具进行田间转移。

3.2

宽幅远射程 wide-swath and long-range

在喷射方向上具有较大的喷雾距离,且射程范围内雾流分布均匀的喷雾方式。

4 型式、型号与参数

4.1 型式：便携式。

4.2 产品型号的编制应符合 JB/T 8574 的规定，示例如下：

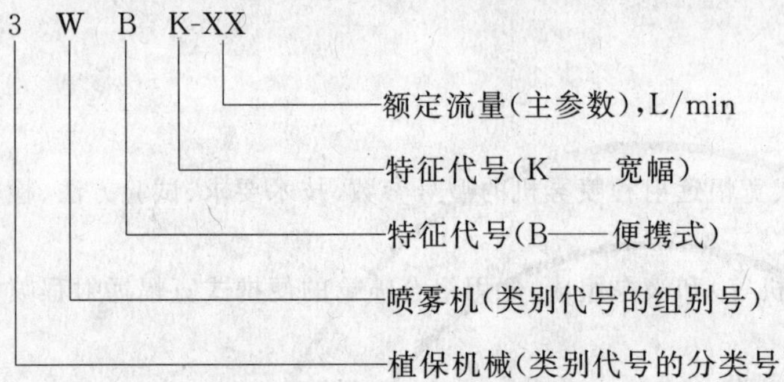

4.3 喷雾机的基本参数见表 1。

表 1 喷雾机基本参数

序号	参 数	指 标
1	发动机功率/kW	≤2.6
2	额定工作压力/MPa	1.5～3.5
3	液泵额定流量/(L/min)	≤20
4	液泵额定转速/(r/min)	600～1 500

5 技术要求

5.1 一般技术要求

5.1.1 喷雾机应按规定程序批准的图样和技术文件制造，并符合本部分的要求。

5.1.2 喷雾机的配套动力应符合有关标准的要求。

5.1.3 喷雾机配用的活塞泵、柱塞泵和活塞隔膜泵的性能应符合 JB/T 9802 和 JB/T 9806 的规定。配用其他类型液泵时，其性能应符合相关标准或产品说明书的规定。

5.1.4 喷雾机装配后，应按使用说明书规定的操作方法进行起动性能试验。手摇起动及手拉起动绳起动方式以次数计算，起动 3 次，起动成功次数应不少于 1 次；手拉自回绳起动方式按时间计算，开始起动到起动成功的时间应不超过 30 s。

5.1.5 喷雾机应在额定转速、额定工作压力上限工况下进行 0.5 h 的连续运转试验。运转过程中应无不正常的振动、响声、紧固件松动及漏水漏油现象，柱塞泵柱塞密封处的滴漏量应不大于 1 mL/min。连续运转试验后，泵内温度应不大于 75 ℃，机油温升应不大于 35 ℃。

5.1.6 喷雾机的调压阀应灵敏可靠，当以额定工况运转时，扳动减压手柄，压力应能迅速下降至 0.5 MPa 以下；将调压手轮全部旋松时压力不得超过 1.0 MPa。

5.1.7 喷雾机在 1.5 MPa 的工作压力下喷雾时，水平射程应不小于 10 m，喷雾量偏差应不大于 10%，在水平射程范围内喷雾量分布均匀性变异系数应不大于 35%。

5.1.8 喷雾机配有卷管机构时，卷管机构应转动灵活，操作安全可靠，与喷雾软管连接处不应漏水或自动脱落。

5.1.9 使用说明书中应按 GB/T 9480 的要求编制，应有安全操作注意事项、安全标志的说明和维护保养方面的内容。

5.2 安全要求

5.2.1 喷雾机在额定工作压力上限工作时，各工作部件及连接处、各密封部位应无松动和渗漏等现象。

5.2.2 喷雾机应设置限定工作压力的安全装置，限压安全装置的限定压力应不超过喷雾机额定工作压力上限的1.2倍；从安全装置泄出的药液应当能安全排放。

5.2.3 喷雾机的传动装置、发动机排气管等危险部位应设有安全防护装置，防护装置应符合GB 10395.1的规定。因结构原因无法保证安全距离时，应按GB 10396设置安全标志，并在使用说明书中加以说明。

5.2.4 液泵的空气室应具有良好的耐压性能，在2倍额定工作压力上限的试验压力下保持1 min，不允许出现破裂、渗漏等现象。

5.2.5 喷雾机承压管路部件应具有良好的耐压性能，在1.5倍额定工作压力上限的试验压力下保持1 min，不得出现破裂、渗漏现象。

承压软管上应有永久性标志，直接或间接地标明制造厂和最高允许工作压力。

5.3 可靠性

喷雾机的有效度和首次故障前平均工作时间(MTTFF)应符合表2的规定。

表2 喷雾机的可靠性

序　号	项　目	指　标
1	有效度/%	≥96
2	首次故障前平均工作时间/h	≥50

5.4 装配要求

5.4.1 喷雾机各零部件及紧固件的连接应牢固可靠，容易自动松脱的零、部件应装有防松装置。

5.4.2 喷雾机装配后，用手转动运动件应灵活，不得有摩擦、卡滞等异常现象；操纵机构应灵活可靠。

5.5 外观要求

5.5.1 喷雾机外观应整洁，不得有锈渍、油污、明显的涂层剥落、碰瘪、划伤等缺陷。用手操作的零、部件，其操作表面应光滑、无毛刺和尖角锐棱。

5.5.2 喷雾机表面涂层的附着力应不低于JB/T 9832.2—1999规定的Ⅱ级。

6 试验方法

6.1 试验前准备

6.1.1 试验前样机应进行技术参数测定，并按使用说明书的规定进行调整和保养。

6.1.2 试验前应对试验用的各种仪器进行校准和标定。

6.1.3 试验地选择和测量：选择有代表性的田块作为试验用地，地势应平坦，无障碍物。测量区长度应不小于100 m，宽度应不小于30 m。

6.2 性能测定

6.2.1 喷雾机的整机性能测定按JB/T 9782和本部分进行。

6.2.2 喷雾机的连续运转试验应装上喷雾软管，用喷枪喷雾，试验介质为常温清水。在额定转速、额定工作压力上限工况下，连续运转0.5 h。

6.2.3 泵性能试验和喷雾机的可靠性试验在台架上进行。用电动机作动力，常温清水作试验介质，泵性能试验测算表同JB/T 7284—2005中附录A。

6.2.4 喷雾机的起动性能试验应在液泵卸荷状态下进行。配套动力为汽油机的喷雾机在不低于−5 ℃ 环境温度下测定，配套动力为柴油机的喷雾机在不低于 5 ℃环境温度下测定。

试验前，喷雾机在环境温度下的适应时间应不少于 1 h。拉动启动绳起动，每次起动允许操作 2 回，其中 1 回成功即为该次起动成功，试验进行 3 次；手拉自回绳起动方式按时间计算。

6.2.5 喷雾机的水平射程测定按 JB/T 9782 规定的方法，在 1.5 MPa 工作压力下进行。

6.2.6 喷雾机的喷雾量测定按 JB/T 9782 规定的方法进行，在 1.5 MPa 工作压力下进行，按公式(1)计算出喷雾量偏差。

$$\delta = \frac{|Q - Q_0|}{Q_0} \times 100 \qquad \cdots\cdots(1)$$

式中：

δ——喷雾量偏差，%；

Q——实际喷雾量，单位为升每分钟(L/min)；

Q_0——额定喷雾量，单位为升每分钟(L/min)。

注：额定喷雾量是指喷雾机产品说明书等技术文件明示的喷雾量。

6.2.7 水平射程范围内喷雾量分布均匀性测定按 JB/T 9782 规定的方法进行。在水平射程范围内每隔 0.5 m 布置一个测量点，以 1.5 MPa 工作压力喷雾，用集雾槽收集各测量点的雾量，记录数据，按 JB/T 9782 的规定计算出喷雾量分布均匀性变异系数。

6.3 外观质量检查

漆膜附着性能按 JB/T 9832.2—1999 的规定检查 3 处，其他外观质量用目测、手感等的方法检查。

6.4 可靠性考核

喷雾机可靠性的考核机具数量应不少于 2 台。

6.4.1 有效度的测定按 JB/T 7284 标准的规定进行。

6.4.2 首次故障前平均工作时间(MTTFF)测定，按下列方法进行。

喷雾机在额定转速、额定工作压力下运转，用喷枪喷雾，试验介质为常温清水。累计运转 100 h，记录数据按公式 2 计算喷雾机发生首次故障(轻度故障除外)前的平均工作时间。

$$\text{MTTFF} = \frac{1}{r}\left(\sum_{i=1}^{r} t_i + \sum_{j=1}^{n-r} t_j\right) \qquad \cdots\cdots(2)$$

式中：

MTTFF——首次故障前平均工作时间，单位为小时(h)；

n——试验台数；

r——发生首次故障的台数(当 $r=0$ 时，按 $r=1$ 计)；

t_i——第 i 台背负机发生首次故障的累计工作时间，单位为小时(h)；

t_j——试验结束时，未发生首次故障的第 j 台喷雾机工作累计时间，单位为小时(h)。

注：轻度故障是指轻度影响产品功能，修理费低廉的故障及在日常保养中能用随机工具轻易排除的故障。例如紧固后可排除的轻微渗漏、螺栓松动、更换次要的外部紧固件等。

7 检验规则

7.1 出厂检验

每台喷雾机均应进行出厂检验，以检查喷雾机的制造质量、装配质量和完整性是否符合产品技术条件的规定。出厂检验按表 3 规定的项目进行。制造厂质量检验部门检验合格后，附合格证方可入库或出厂。

表 3 不合格分类

分类		项目名称	所在条款	出厂检验	型式检验
A类	1	起动性能	5.1.4	√	√
	2	运转性能	5.1.5	√	√
	3	整机密封性能	5.2.1	√	√
	4	限压安全装置	5.2.2	√	√
	5	防护装置及安全标志	5.2.3	—	√
	6	空气室耐压性能	5.2.4	—	√
	7	承压管路部件耐压性能及软管标志	5.2.5	—	√
B类	1	配套液泵性能	5.1.3	—	√
	2	液泵机油温度	5.1.5	—	√
	3	水平射程	5.1.7	—	√
	4	喷雾量分布均匀性变异系数	5.1.7	—	√
	5	卷管机构连接可靠性	5.1.8	—	√
	6	使用说明书	5.1.9	—	√
	7	首次故障前平均工作时间	5.3	—	√
	8	有效度	5.3	—	√
C类	1	液泵机油温升	5.1.5	—	√
	2	调压阀灵敏可靠性	5.1.6	√	√
	3	喷雾量偏差	5.1.7	—	√
	4	装配质量	5.4	√	√
	5	涂层外观	5.5.1	√	√
	6	涂层附着力	5.5.2	—	√
	7	产品标牌	8.1	—	√
	8	包装质量及完整性	8.2	—	√
注："√"为必检项目，"—"为非必检项目。					

7.2 型式检验

7.2.1 喷雾机正常批量生产时，每 3 年应进行 1 次型式检验。但有下列情况之一时，应进行型式检验。

a) 新产品定型鉴定及老产品转厂生产时；

b) 结构、工艺、材料有较大的改变，可能影响产品性能时；

c) 工装、模具的磨损可能影响产品性能时；

d) 产品停产 1 年以上后恢复生产时；

e) 国家质量监督机构提出进行型式试验要求时。

7.2.2 型式检验应按表 3 规定的全部项目进行，检验数量为 2 台。

7.3 不合格分类

被检项目凡不符合本部分要求的即为不合格。按其对产品质量的影响程度，分为 A 类不合格、B 类不合格和 C 类不合格。不合格分类见表 3。

7.4 组批与抽样

7.4.1 按 GB/T 2828.1—2003 规定的正常连续批量生产的产品抽样方案，抽样判定方案见表 4。订货方抽验产品时，抽查批和接收质量限可由供需双方协商确定。

表 4 抽样判定方案表

不合格分类	A		B		C	
项目数	7		8		8	
检验水平	S-1					
样本字码	A					
样本数	2					
AQL	6.5		40		65	
Ac Re	0	1	2	3	3	4

7.4.2 一般情况下，检查批 N 应不少于 20 台。型式检验的样本应在制造商确认的合格产品中随机抽取。抽样时还应考虑增抽 1 台或 2 台备用样本，备用样本在因非机器本身质量问题导致无法正确判断时使用。

7.5 判定规则

7.5.1 出厂检验

按表 3 的项目检验，达到要求的评为合格；对于试验中出现的故障，排除后还应进行试验直至合格为止。发现的问题无法排除时，按不合格品处理。

7.5.2 型式检验

根据表 3 的规定对样本进行检查。

检验时，因样本质量问题发生严重故障及致命故障导致检验无法继续进行时，则应停止检验，产品按不合格处理。

根据检验结果进行逐项考核评定，按照表 4 的规定进行判定。表中 AQL 为接收质量限，Ac 为接收数，Re 为拒收数，均以计点法计算。

8 标志、包装、运输和贮存

8.1 标志

喷雾机应在明显的位置牢固地固定产品标牌。产品标牌的型式应符合 GB/T 13306 的规定，至少应包括以下内容：

a) 产品商标；

b) 喷雾机型号、名称；

c) 主要技术参数：额定转速、额定流量、额定工作压力等；

d) 出厂编号和/或出厂日期；

e) 制造商名称。

8.2 包装

8.2.1 喷雾机的包装箱应牢固可靠，便于运输。包装箱外应标明：

a) 产品名称、型号；

b) 总质量，kg；

c) 包装箱体积，长(mm)×宽(mm)×高(mm)；

d) 制造厂名称；

e) 产品执行标准编号；

f) "小心轻放"、"不得倒置"、"防潮"、"防压"等储运标志应符合 GB/T 191 的规定。

8.2.2 包装箱内应附带随机文件(产品使用说明书、合格证、“三包”凭证及装箱单)和备件、附件和随机工具清单。

8.2.3 喷雾软管装箱时,弯曲内径应不小于管径的15倍,应避免扎破、压扁现象。

8.3 运输和贮存

8.3.1 喷雾机出厂时包装应牢固可靠,符合运输要求,并有防潮防压措施。

8.3.2 喷雾机应存放在通风干燥的场所,禁止与有腐蚀性的物质混放。

ICS 65.060.40
B 91

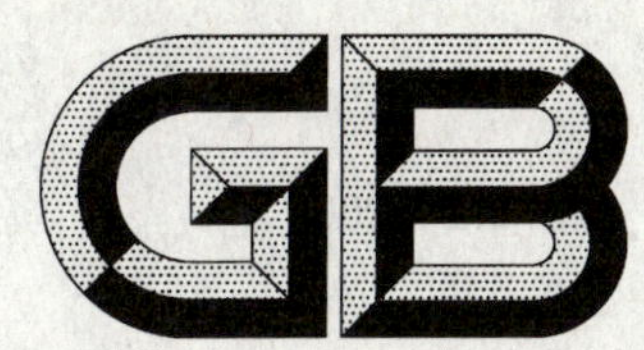

中华人民共和国国家标准

GB/T 24678.2—2009

植物保护机械 担架式宽幅远射程喷雾机

Equipment for crop protection—The stretcher-mounted power sprayer with wide-swath and long-range

2009-11-30 发布　　　　2010-04-01 实施

中华人民共和国国家质量监督检验检疫总局
中国国家标准化管理委员会　发布

前　言

本部分由中国机械工业联合会提出。

本部分由全国农业机械标准化技术委员会(SAC/TC 201)归口。

本部分起草单位:现代农装科技股份有限公司、江苏省农业机械试验鉴定站、苏州农业药械有限公司、台州信溢农业机械有限公司、浙江大农实业有限公司。

本部分主要起草人:严荷荣、陶雷、汪建、汤根法、王洪仁。

植物保护机械
担架式宽幅远射程喷雾机

1 范围

GB/T 24678 的本部分规定了担架式宽幅远射程喷雾机的型号参数、技术要求、试验方法、检验规则和标志、包装、运输与贮存。

本部分适用于由动力(汽油机、柴油机等)和液泵组成、配用组合喷枪的担架式宽幅远射程喷雾机(以下简称"喷雾机")。

2 规范性引用文件

下列文件中的条款通过 GB/T 24678 的本部分的引用而成为本部分的条款。凡是注日期的引用文件,其随后所有的修改单(不包括勘误的内容)或修订版均不适用于本部分,然而,鼓励根据本部分达成协议的各方研究是否可使用这些文件的最新版本。凡是不注日期的引用文件,其最新版本适用于本部分。

GB/T 191 包装储运图示标志(GB/T 191—2008,ISO 780:1997,MOD)

GB/T 2828.1—2003 计数抽样检验程序 第 1 部分:按接收质量限(AQL)检索的逐批检验抽样计划(ISO 2859-1:1999,IDT)

GB/T 9480 农林拖拉机和机械、草坪和园艺动力机械 使用说明书编写规则(GB/T 9480—2001,eqv ISO 3600:1996)

GB 10395.1 农林机械 安全 第 1 部分:总则(GB 10395.1—2009,ISO 4254-1:2008,MOD)

GB 10396 农林拖拉机和机械、草坪和园艺动力机械 安全标志和危险图形 总则(GB 10396—2006,ISO 11684:1995,MOD)

GB/T 13306 标牌

GB/T 20085 植物保护机械 词汇(GB/T 20085—2006,ISO 5681:1992,MOD)

JB/T 7284—2005 机动喷雾机

JB/T 8574 农机具产品型号编制规则

JB/T 9782 植保机械 通用试验方法

JB/T 9802 喷雾机、清洗机用三缸柱、活塞泵

JB/T 9806 喷雾机用隔膜泵

JB/T 9832.2—1999 农林拖拉机及机具 漆膜 附着性能测定方法 压切法

3 术语和定义

GB/T 20085 确立的以及下列术语和定义适用于本部分。

3.1

担架式 portable

一种机架型式,作业时由单人提起机具进行田间转移。

3.2

宽幅远射程 wide-swath and long-range

在喷射方向上具有较大的喷雾距离,且射程范围内雾流分布均匀的喷雾方式。

4 型式、型号与参数

4.1 型式:担架式。

4.2 产品型号的编制应符合 JB/T 8574 的规定,示例如下:

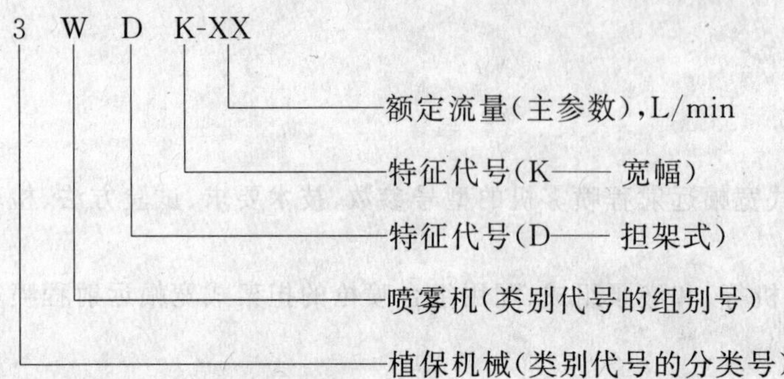

4.3 喷雾机的基本参数见表 1。

表 1 喷雾机基本参数

序号	参 数	指 标
1	发动机功率/kW	≥3.5
2	额定工作压力/MPa	1.5～3.5
3	液泵额定流量/(L/min)	30～50
4	液泵额定转速/(r/min)	600～1 200

5 技术要求

5.1 一般技术要求

5.1.1 喷雾机应按规定程序批准的图样和技术文件制造,并符合本部分的要求。

5.1.2 喷雾机的配套动力应符合有关标准的要求。

5.1.3 喷雾机配用的活塞泵、柱塞泵和活塞隔膜泵的性能应符合 JB/T 9802 和 JB/T 9806 的规定。配用其他类型液泵时,其性能应符合相关标准或产品说明书的规定。

5.1.4 喷雾机装配后,应按使用说明书规定的操作方法进行起动性能试验。手摇起动及手拉起动绳起动方式以次数计算,起动 3 次,起动成功次数应不少于 1 次;手拉自回绳起动方式按时间计算,开始起动到起动成功的时间应不超过 30 s。

5.1.5 喷雾机应在额定转速、额定工作压力上限工况下进行 0.5 h 的连续运转试验。运转过程中应无不正常的振动、响声、紧固件松动及漏水漏油现象,柱塞泵柱塞密封处的滴漏量应不大于 1 mL/min。连续运转试验后,泵内温度应不大于 75 ℃,机油温升应不大于 35 ℃。

5.1.6 喷雾机的调压阀应灵敏可靠,当以额定工况运转时,扳动减压手柄,压力应能迅速下降至 0.5 MPa 以下;将调压手轮全部旋松时压力不得超过 1.0 MPa。

5.1.7 喷雾机在 1.5 MPa 的工作压力下喷雾时,水平射程应不小于 15 m,喷雾量偏差应不大于 10%,在水平射程范围内喷雾量分布均匀性变异系数应不大于 35%。

5.1.8 喷雾机配有卷管机构时,卷管机构应转动灵活,操作安全可靠,与喷雾软管连接处不应漏水或自动脱落。

5.1.9 使用说明书中应根据 GB/T 9480 的要求编制,并包含安全操作注意事项、安全标志的说明和维护保养方面的内容。

5.2 安全要求

5.2.1 喷雾机在额定工作压力上限工作时,各工作部件及连接处、各密封部位应无松动和渗漏等现象。

5.2.2 喷雾机应设置限定工作压力的安全装置,限压安全装置的限定压力应不超过喷雾机额定工作压力上限的1.2倍;从安全装置泄出的药液应当能安全排放。

5.2.3 喷雾机的传动装置、发动机排气管等危险部位应设有安全防护装置,防护装置应符合GB 10395.1的规定。因结构原因无法保证安全距离时,应按GB 10396设置安全标志,并在使用说明书中加以说明。

5.2.4 液泵的空气室应具有良好的耐压性能,在2倍额定工作压力上限的试验压力下保持1 min,不允许出现破裂、渗漏等现象。

5.2.5 喷雾机承压管路部件应具有良好的耐压性能,在1.5倍额定工作压力上限的试验压力下保持1 min,不得出现破裂、渗漏现象。

承压软管上应有永久性标志,直接或间接地标明制造厂和最高允许工作压力。

5.3 可靠性

喷雾机的有效度和首次故障前平均工作时间(MTTFF)应符合表2的规定。

表2 喷雾机可靠性

序号	项目	指标
1	有效度/%	≥96
2	首次故障前平均工作时间/h	≥50

5.4 装配要求

5.4.1 喷雾机各零、部件及紧固件的连接应牢固可靠,容易自动松脱的零、部件应装有防松装置。

5.4.2 喷雾机装配后,用手转动运动件应灵活,不得有摩擦、卡滞等异常现象;操纵机构应灵活可靠。

5.5 外观要求

5.5.1 喷雾机外观应整洁,不应有锈渍、油污、明显的涂层剥落、碰瘪、划伤等缺陷;用手操作的零、部件,其操作表面应光滑、无毛刺和尖角锐棱。

5.5.2 喷雾机表面涂层的附着力应不低于JB/T 9832.2—1999规定的Ⅱ级。

6 试验方法

6.1 试验前准备

6.1.1 试验前样机应进行技术参数测定,并按使用说明书的规定进行调整和保养。

6.1.2 试验前应对试验用的各种仪器进行校准和标定。

6.1.3 试验地选择和测量:选择有代表性的田块作为试验用地,地势应平坦,无障碍物。测量区长度应不小于100 m,宽度应不小于30 m。

6.2 性能测定

6.2.1 喷雾机的整机性能测定按JB/T 9782和本部分进行。

6.2.2 喷雾机的连续运转试验应装上喷雾软管,用喷枪喷雾,试验介质为常温清水。在额定转速、额定工作压力上限工况下,连续运转0.5 h。

6.2.3 泵性能试验和喷雾机的可靠性试验在台架上进行。用电动机作动力,常温清水作试验介质,泵性能试验测算表同JB/T 7284—2005中附录A。

6.2.4 喷雾机的起动性能试验应在液泵卸荷状态下进行。配套动力为汽油机的喷雾机在不低于 −5 ℃环境温度下测定，配套动力为柴油机的喷雾机在不低于 5 ℃环境温度下测定。

试验前，喷雾机在环境温度下的适应时间应不少于 1 h。拉动启动绳起动，每次起动允许操作 2 回，其中 1 回成功即为该次起动成功，试验进行 3 次；手拉自回绳起动方式按时间计算。

6.2.5 喷雾机的水平射程测定按 JB/T 9782 规定的方法，在 1.5 MPa 工作压力下进行。

6.2.6 喷雾机的喷雾量测定按 JB/T 9782 规定的方法进行，在 1.5 MPa 工作压力下进行，按式(1)计算出喷雾量偏差。

$$\delta=\frac{|Q-Q_0|}{Q_0}\times 100 \qquad \cdots\cdots(1)$$

式中：

δ——喷雾量偏差，%；

Q——实际喷雾量，单位为升每分钟(L/min)；

Q_0——额定喷雾量，单位为升每分钟(L/min)。

注：额定喷雾量是指喷雾机产品说明书等技术文件明示的喷雾量。

6.2.7 水平射程范围内喷雾量分布均匀性测定按 JB/T 9782 规定的方法进行。在水平射程范围内每隔 0.5 m 布置一个测量点，以 1.5 MPa 工作压力喷雾，用集雾槽收集各测量点的雾量，记录数据，按 JB/T 9782 的规定计算出喷雾量分布均匀性变异系数。

6.3 外观质量检查

漆膜附着性能按 JB/T 9832.2 的规定检查 3 处，其他外观质量用目测、手感等的方法检查。

6.4 可靠性考核

喷雾机可靠性的考核机具数量应不少于 2 台。

6.4.1 有效度的测定按 JB/T 7284—2005 标准的规定进行。

6.4.2 首次故障前平均工作时间(MTTFF)测定，按下列方法进行。

喷雾机在额定转速、额定工作压力下运转，用喷枪喷雾，试验介质为常温清水。累计运转 100 h，记录数据，计算喷雾机发生首次故障(轻度故障除外)前的平均工作时间。

$$\mathrm{MTTFF}=\frac{1}{r}\left(\sum_{i=1}^{r}t_i+\sum_{j=1}^{n-r}t_j\right) \qquad \cdots\cdots(2)$$

式中：

MTTFF——首次故障前平均工作时间，单位为小时(h)；

n——试验台数；

r——发生首次故障的台数(当 $r=0$ 时，按 $r=1$ 计)；

t_i——第 i 台背负机发生首次故障的累计工作时间，单位为小时(h)；

t_j——试验结束时，未发生首次故障的第 j 台喷雾机工作累计时间，单位为小时(h)。

注：轻度故障是指轻度影响产品功能，修理费低廉的故障及在日常保养中能用随机工具轻易排除的故障。例如紧固后可排除的轻微渗漏、螺栓松动、更换次要的外部紧固件等。

7 检验规则

7.1 出厂检验

每台喷雾机均应进行出厂检验，以检查喷雾机的制造质量、装配质量和完整性是否符合产品技术条件的规定。出厂检验按表 3 规定的项目进行。制造厂质量检验部门检验合格后，附合格证方可入库或出厂。

表 3　不合格分类

分类		项目名称	所在条款	出厂检验	型式检验
A类	1	起动性能	5.1.4	√	√
	2	运转性能	5.1.5	√	√
	3	整机密封性能	5.2.1	√	√
	4	限压安全装置	5.2.2	√	√
	5	防护装置及安全标志	5.2.3	—	√
	6	空气室耐压性能	5.2.4	—	√
	7	承压管路部件耐压性能及软管标志	5.2.5	—	√
B类	1	配套液泵性能	5.1.3	—	√
	2	液泵机油温度	5.1.5	—	√
	3	水平射程	5.1.7	—	√
	4	喷雾量分布均匀性变异系数	5.1.7	—	√
	5	卷管机构连接可靠性	5.1.8	—	√
	6	使用说明书	5.1.9	—	√
	7	首次故障前平均工作时间	5.3	—	√
	8	有效度	5.3	—	√
C类	1	液泵机油温升	5.1.5	—	√
	2	调压阀灵敏可靠性	5.1.6	√	√
	3	喷雾量偏差	5.1.7	—	√
	4	装配质量	5.4	√	√
	5	涂层外观	5.5.1	√	√
	6	涂层附着力	5.5.2	—	√
	7	产品标牌	8.1	—	√
	8	包装质量及完整性	8.2	—	√
注："√"为必检项目，"—"为非必检项目。					

7.2　型式检验

7.2.1　喷雾机正常批量生产时，每3年应进行1次型式检验。但有下列情况之一时，应进行型式检验。

a)　新产品定型鉴定及老产品转厂生产时；

b)　结构、工艺、材料有较大的改变，可能影响产品性能时；

c)　工装、模具的磨损可能影响产品性能时；

d)　产品停产1年以上后恢复生产时；

e)　国家质量监督机构提出进行型式试验要求时。

7.2.2　型式检验应按表3规定的全部项目进行，检验数量为2台。

7.3　不合格分类

被检项目凡不符合本部分要求的即为不合格。按其对产品质量的影响程度，分为A类不合格、B类不合格和C类不合格。不合格分类见表3。

7.4　组批与抽样

7.4.1　按GB/T 2828.1—2003规定的正常连续批量生产的产品抽样方案，抽样判定方案见表4。订货方抽验产品时，抽查批和接收质量限可由供需双方协商确定。

表 4 抽样判定方案表

不合格分类	A		B		C	
项目数	7		8		8	
检验水平	S-1					
样本字码	A					
样本数	2					
AQL	6.5		40		65	
Ac Re	0	1	2	3	3	4

7.4.2 一般情况下，检查批 N 应不少于 20 台。型式检验的样本应在制造商确认的合格产品中随机抽取。抽样时还应考虑增抽 1 台或 2 台备用样本，备用样本在因非机器本身质量问题导致无法正确判断时使用。

7.5 判定规则

7.5.1 出厂检验

按表 3 的项目检验，达到要求的评为合格；对于试验中出现的故障，排除后还应进行试验直至合格为止。发现的问题无法排除时，按不合格品处理。

7.5.2 型式检验

根据表 3 的规定对样本进行检查；

检验时，因样本质量问题发生严重故障及致命故障导致检验无法继续进行时，则应停止检验，产品按不合格处理。

根据检验结果进行逐项考核评定，按照表 4 的规定进行判定。表中 AQL 为接收质量限，Ac 为接收数，Re 为拒收数，均以计点法计算。

8 标志、包装、运输和贮存

8.1 标志

喷雾机应在明显的位置牢固地固定产品标牌。产品标牌的型式应符合 GB/T 13306 的规定，至少应包括以下内容：

a) 产品商标；

b) 喷雾机型号、名称；

c) 主要技术参数：额定转速、额定流量、额定工作压力等；

d) 出厂编号和/或出厂日期；

e) 制造商名称。

8.2 包装

8.2.1 喷雾机的包装箱应牢固可靠，便于运输。包装箱外应标明：

a) 产品名称、型号；

b) 总质量，kg；

c) 包装箱体积，长(mm)×宽(mm)×高(mm)；

d) 制造厂名称；

e) 产品执行标准编号；

f) “小心轻放”、“不得倒置”、“防潮”、“防压”等储运标志应符合 GB/T 191 的规定。

8.2.2 包装箱内应附带随机文件(产品使用说明书、合格证、“三包”凭证及装箱单)和备件、附件和随机工具清单。

8.2.3 喷雾软管装箱时，弯曲内径应不小于管径的15倍，应避免扎破、压扁现象。

8.3 运输和贮存

8.3.1 喷雾机出厂时包装应牢固可靠，符合运输要求，并有防潮防压措施。

8.3.2 喷雾机应存放在通风干燥的场所，禁止与有腐蚀性的物质混放。

ICS 65.060.40
B 91

中华人民共和国国家标准

GB/T 24679.1—2009/ISO 19932-1:2006

植物保护机械　背负式喷雾器
第1部分:试验要求和方法

Equipment for crop protection—Knapsack sprayers—
Part 1:Requirements and test methods

(ISO 19932-1:2006,IDT)

2009-11-30 发布　　　　　　　　　　2010-04-01 实施

中华人民共和国国家质量监督检验检疫总局
中国国家标准化管理委员会　发布

前　言

GB/T 24679《植物保护机械　背负式喷雾器》分为两个部分：

——第1部分：试验要求和方法；

——第2部分：技术要求。

本部分为GB/T 24679的第1部分。

本部分等同采用ISO 19932-1:2006《植物保护机械　背负式喷雾器　第1部分：试验要求和方法》（英文版）。

本部分等同翻译ISO 19932-1:2006。

为了便于使用，本部分对ISO 19932-1:2006做了如下编辑性修改：

——将"ISO 19932的本部分"改为"本部分"；

——删除ISO 19932-1:2006的前言；

——用小数点"."代替作为小数点的逗号","；

——对ISO 19932-1:2006中引用的其他国际标准，用已被采用为我国的国家标准代替。

本部分的附录A、附录B、附录C和附录D为资料性附录。

本部分由中国机械工业联合会提出。

本部分由全国农业机械标准化技术委员会归口。

本部分起草单位：国家植保机械质量监督检验中心、国家农机具质量监督检验中心、中国农业机械化科学研究院、中国农业大学、台州信溢农业机械有限公司、山东卫士植保机械有限公司、富士特有限公司、博罗县东田实业有限公司、台州市超达工具有限公司。

本部分主要起草人：刘燕、佟棣、陈俊宝、严荷荣、何雄奎、尚才初、张义。

引　言

在喷洒农药时，使用背负式喷雾器需要考虑生物、经济、环境和操作者等方面因素，也要考虑喷雾器的适用性。

本系列标准的目的是规定试验方法和技术要求，以确保使用的安全性。

本系列标准的实施应当达到的效果是对操作者药害降低到最低水平，避免农药泄漏到环境中产生不必要的农药浪费。

植物保护机械　背负式喷雾器
第1部分:试验要求和方法

1　范围

GB/T 24679的本部分规定了额定容积不小于5 L的背负式喷雾器的试验要求和方法。

本部分适用于农业和园艺等用途的摇杆操作的背负式喷雾器和背负式压缩喷雾器。

2　规范性引用文件

下列文件中的条款通过GB/T 24679的本部分的引用而成为本部分的条款。凡是注日期的引用文件,其随后所有的修改单(不包括勘误的内容)或修订版均不适用于本部分,然而,鼓励根据本部分达成协议的各方研究是否可使用这些文件的最新版本。凡是不注日期的引用文件,其最新版本适用于本部分。

GB/T 20085—2006　植物保护机械　词汇(ISO 5681:1992,MOD)

3　术语和定义

GB/T 20085确立的以及下列术语和定义适用于本部分。

3.1

额定容积　nominal volume

喷雾器不进行任何操作时,喷雾器药液箱上标示的最大装液水平的容积。

注:最大装液水平可以用水位线的最大值标示,也可以用一个专用指示标志的较小值来标示。

4　试验用介质及设备

4.1　水

清洁、不含固体悬浮物。

4.2　试验液

已知浓度的示踪剂溶液。

比色示踪剂和荧光示踪剂都可以用来代替农药进行试验,以确定喷雾器的药液泄漏量和残留液量。药液浓度、所用试验设备以及清洗方法都应与用于测量的示踪剂相适应。

4.3　比色计或荧光计

应能够确定示踪剂的浓度。

4.4　运转试验装置

能将喷雾器固定,让喷雾器的泵连续工作,其行程和频率可调。

4.5　截流阀试验装置

其组成为:一个用来固定截流阀手柄的支架,一个行程应能调节的阀杆驱动机构,在截流阀反复开、关的过程中,保证液流在规定的流速和压力范围内。

4.6　背带试验装置

当喷雾器从200 mm的高度处沿导轨垂直坠落时,能被一个直径为75 mm的水平圆棒挂住背带。该装置对喷雾器背带的上、下两个固定点都能够进行测试。

示例见附录A。也可以采用其他等效的试验装置。

4.7 坠落试验装置

能够使直立的喷雾器垂直地跌落到一块高密度聚乙烯(PEHD)板上。高密度聚乙烯板厚度为50 mm,边长为800 mm×800 mm,表面平整,置于平坦的水平地面上。

该装置应能使喷雾器每次坠落时所产生的冲击力保持一致。

示例见附录B。可以采用其他等效的试验装置。

4.8 加液装置

该装置能控制和调节加水或试验液的体积和速度。

示例见附录C。可以采用其他等效的试验装置。

4.9 称重装置

a) 25 kg的最大测量误差为±1 g;

b) 2 kg的最大测量误差为±0.1 g。

4.10 量杯(筒)

每1 L的最大测量误差为±10 mL。

4.11 计时器(秒表)

5 min的最大测量误差为±0.5 s。

4.12 耐压试验装置

对喷雾器进行气压或水压试验的装置。压力应能调节到1 MPa,此时的最大测量误差为±5%。

4.13 压力表

量程为2 MPa,最大测量误差为±0.012 MPa。

4.14 聚乙烯塑料袋

规格为300 mm×400 mm。

4.15 聚乙烯塑料薄膜

规格为2 000 mm×1 000 mm。

5 试验

5.1 一般要求

一台完整的新样机,应在环境温度为10 ℃~30 ℃,相对湿度不低于50%,并且在无风力及阳光影响的条件下进行试验。摇杆操作的背负式喷雾器,先按5.2规定进行运转试验。

按照使用说明书的规定,将喷雾器安装成使用状态。检查加液口药箱盖、压紧螺母和其他接头的紧固状况。用4.9a)规定的装置测量喷雾器的净重,单位用克(g)表示。

5.2 摇杆操作的背负式喷雾器运转试验

将喷雾器用背带固定在4.4规定的试验装置上。给药液箱加水至额定容积的75%。

操作摇杆,最大频率不超过35次/min,使喷雾器工作在使用说明书规定的正常工作压力范围内。若使用说明书中没有规定工作压力,则试验压力为0.30 MPa±0.02 MPa。试验过程中加水,保证药箱内的水量不低于额定容积的5%。连续试验25 h。

5.3 性能试验

5.3.1 截流阀可靠性试验

将截流阀和喷杆一起从喷雾器上拆卸下来,安装到4.5规定的试验装置上。将试验压力调整为0.30 MPa±0.02 MPa。满行程操作截流阀,开、关频率为(15±5)次/min,累计25 000次。检查并记录截流阀的泄漏情况。

5.3.2 喷雾量测定

喷雾器随机提供的每一种、每一个喷头的喷雾量都应该测定,测量误差应不超过1%。试验压力为正常喷雾压力或使用说明书规定的工作压力,如果在使用说明书中没有规定,则试验压力为

0.30 MPa±0.02 MPa。记录喷雾器的喷雾量，根据说明书中给定的额定喷雾量，计算喷雾量偏差。

喷雾量偏差的百分比用 E_P 表示，按式(1)计算：

$$E_P = \frac{V_P - V_0}{V_0} \times 100 \quad \cdots\cdots(1)$$

式中：

V_P——实测喷量，单位为升每分钟(L/min)；

V_0——额定喷量，单位为升每分钟(L/min)。

5.3.3 背带及固定点

警告：本试验存在危险因素。所有人员都应远离试验现场或加以防护，以免受到飞出物的伤害。

给药液箱加水至总质量为 7 kg±10 g。按 4.6 规定的装置，将喷雾器悬挂在圆棒上，使每一根背带都能单独进行试验。将喷雾器从其悬挂的位置垂直提升 200 mm，然后释放让其坠落。对每一根背带重复试验 10 次。

检查背带的损坏情况。

注：当操作者背负喷雾器作业时，考虑到每根背带的所承受的最大冲击载荷，取 5 倍的安全系数即采用 7 kg 负荷进行测试。

5.3.4 表面滞留液量测定

5.3.4.1 一般要求

本试验样机为一台不装液体的完整的喷雾器。

用 0.5%的非离子表面活性剂水溶液彻底清洗喷雾器表面，晾干。

将摇杆和喷杆置于停放的位置，卸去药液箱盖或气泵。将滤网套上聚乙烯塑料袋后一起放进加液口，使塑料袋紧贴滤网，将加液口堵死。

压缩喷雾器：用橡胶堵头堵住加水口，或用被塑料薄膜封口的漏斗将药箱加水口封住。

将喷雾器放在一个容器的支架上，该容器的容积应不低于喷雾器药箱容积。

将 4.8 规定的加液装置放置到位，其出水口距药箱加水口上方 100 mm，模拟定速加液的过程。喷雾器背带背对加液装置，背带上固定点的连线应与加液装置的轴线相垂直(见附录 C)。加水的落点应在加液口的中心。

加液装置装满试验液或水，无溢出。按 5.3.4.2 或 5.3.4.3 继续进行试验。

5.3.4.2 试验液测定法

将等同喷雾器额定容积的试验液从加液装置倒向密封的喷雾器加液口，模拟定速加液的情况。加液速度应该保证将额定容积的试验液在 60 s 内加完，时间误差不超过 10%。

移开加液装置，用干燥、清洁的容器换下已收集到试验液的容器。干燥清洁容器的容积应不低于准备用来清洗喷雾器的水的体积。

用水清洗喷雾器的外表面，直到所有的示踪剂都清洗干净。用 4.9a)规定的装置测定清洗用水量 V_W。用 4.3 规定的装置测定清洗水中的示踪剂浓度 C_W。

表面残留液量用 V_D 表示，单位毫升(mL)，按式(2)计算：

$$V_D = V_W \times \frac{C_W}{C_T} \quad \cdots\cdots(2)$$

式中：

V_W——收集到的清洗水容积，单位为毫升(mL)；

C_T——试验液中示踪剂的浓度；

C_W——清洗水中示踪剂的浓度。

试验液中示踪剂浓度和清洗用水量应选择适当，保证表面残留液量的测量误差应不超过±1 mL。

5.3.4.3 水测定法

将等同喷雾器额定容积的水从加液装置倒向密封的喷雾器加液口，模拟定速加液的过程。加液速度应该保证将额定容积的水在 60 s 内加完，时间误差不超过 10%。

在加完水后，立即除去塑料袋或橡胶堵头，将喷雾器连同药液箱盖或气泵用 4.9a）规定的装置称重。

根据喷雾器试验前（按 5.1 试验记录的质量）和加水试验后的质量差，确定表面残留水的体积。

5.3.5　残留液量测定

本试验样机为一台不装液体的完整的喷雾器。

给喷雾器中加额定容积的水，并将其固定在试验装置上成可使用的状态。对摇杆操作的背负式喷雾器，可用 4.4 规定的试验装置。

用两根背带的喷雾器应垂直固定。用单根背带的喷雾器则依照喷雾器的使用状态应将其倾斜固定。

喷射部件应固定在喷雾器最低点所在的水平面上，装上喷雾量最大的喷头进行喷雾。试验压力为使用说明书规定的正常工作压力。如果在使用说明书中没有规定，则试验压力为 0.30 MPa±0.02 MPa。

对压缩喷雾器，当出现断续喷雾现象时，即使喷雾器还有不小于 0.1 MPa 的压力，也应立即关闭截流阀。

对摇杆操作的背负式喷雾器，出现断续喷雾现象时，或喷雾压力降至 0.1 MPa 以下时，还继续操作摇杆 5 次，再关闭截流阀。

用 4.9a）规定的装置称喷雾器的质量。

根据试验后喷雾器质量与 5.1 试验记录的质量的差值，确定喷雾器内残留液量。

5.3.6　稳定性试验

将一台没有装液体的背负式喷雾器放置在 10°（=5.7%）的平整坚硬坡面上，背带面向斜面下方。将摇杆、连杆和喷杆置于停放位置。若无停放位置，则将摇杆放置于最高位置，喷杆置于斜面下方。

再将喷雾器转动 90°。检查稳定性。

向喷雾器加额定容积的水，重复这一试验。

记录所有的不稳定现象。

5.3.7　药液箱水位线和总容积测定

将一台没有装液的喷雾器垂直置于水平的平台上，摇杆置于停放位置。

给喷雾器药箱加水，直到标示额定容积的水位线，用 4.10 规定的量杯或 4.9a）规定的装置称量加水的质量，测量和记录每条水位线对应的容积。

水位线误差的百分比用 E_k 表示，按式(3)计算：

$$E_k = \frac{V_S - V_m}{V_S} \times 100 \qquad \cdots\cdots(3)$$

式中：

V_S——药液箱水位线标示的容积，单位为毫升（mL）；

V_m——对应水位线实测的容积，单位为毫升（mL）。

试验的第二部分是将水加满至药箱加液口的上沿。

对摇杆操作的背负式喷雾器，放入滤网，拧紧药箱盖。

对压缩喷雾器，装上气泵并拧紧。如果配带有漏斗，则排净漏斗中的水。如果加液口的位置低于药液箱的其他部分，会形成空腔，则卸掉出水软管，装好气泵，从药液箱出水口向药箱内加水。

用 4.9a）规定的装置称量装满水的喷雾器的质量。

根据装满水的喷雾器质量和按 5.1 试验记录的质量，确定装水总容积（V）。

药液箱额外容积占额定容积的百分比用 V_A 表示，按式(4)计算：

$$V_A = \frac{V - V_0}{V_0} \times 100 \qquad \cdots\cdots(4)$$

式中：

V——总容积，单位为毫升(mL)；

V_0——额定容积，单位为毫升(mL)。

5.3.8 定速加液试验

5.3.8.1 一般要求

本试验样机为一台不装液体的完整的喷雾器。

用0.5%的非离子表面活性剂水溶液彻底清洗喷雾器表面，晾干。

将摇杆和喷杆置于停放的位置，卸去药液箱盖或气泵，保留加水滤网。

把喷雾器放在一个容器里，容器的大小要足够容纳按5.3.8.2试验时清洗喷雾器而收集的水量。或将喷雾器放在按4.15规定的塑料薄膜的中间，按5.3.8.3进行试验。

将按4.8规定的加液装置定位好，其出水口位于加液口上方100 mm处，模拟定速加液过程。喷雾器背带背对加液装置，背带固定点的连线应与加液装置的轴线相垂直(见附录C)。加水的落点应在加液口的中心。

给加液装置加入试验液或水，不得溢出。按5.3.8.2或5.3.8.3进行试验。

5.3.8.2 用试验液测定

将等同喷雾器额定容积的试验液从加液装置倒进喷雾器加液口。加液速度应该保证60 s内加完额定容积的液体，时间误差不超过10%。

用水清洗喷雾器的外表面，直到所有的示踪剂都清洗干净。用4.9a)规定的装置测定收集到的清洗水的体积V_W。用4.3规定的装置测定清洗水中的示踪剂浓度C_W。

溢流量用V_S表示，单位为毫升(mL)，按式(5)计算：

$$V_S = V_W \times \frac{C_W}{C_T} \quad \cdots\cdots(5)$$

式中：

V_W——收集到的清洗水体积，单位为毫升(mL)；

C_T——试验液中示踪剂的浓度；

C_W——清洗水中示踪剂的浓度。

试验液中示踪剂浓度和清洗用水量应选择适当，应保证溢流量的测量误差不超过±1 mL。

5.3.8.3 用水测定

将等同喷雾器额定容积的水从加液装置倒进喷雾器加液口，模拟定速加液过程。加水速度应该保证额定容积的水在60 s内加完，时间误差不超过10%。

用棉布擦干喷雾器外表面残留液体。

用4.9b)规定的装置对塑料薄膜及棉布称重，减去其原来的质量，即可计算出从塑料薄膜及棉布上收集到的溢流量。

5.3.9 药液排空性试验

本试验样机为一台不装液体的完整的喷雾器。

向喷雾器中加入额定容积的水。按使用说明书规定的方法，将喷雾器中的水倒出，倒完水后用4.9a)规定的装置测量喷雾器的质量。

根据倒完水后喷雾器的质量与5.1所记录的喷雾器净质量之间的差值，计算残留在喷雾器内未倒出的液体体积。

5.4 坠落试验

警告：本试验存在危险因素。所有人员都应远离试验现场或加以防护，以免受到飞出物的伤害。

同5.5和5.6试验准备一样，本试验在一台不装液体的完整的喷雾器上进行。

给喷雾器中加入额定容积的水。压缩喷雾器加压到说明书规定的最高工作压力。

将喷雾器安装在4.7规定的试验台上。从600 mm高度坠落一次。

5.5 耐压试验

警告:本试验存在危险因素。所有人员都应远离试验现场或加以防护,以免受到飞出物的伤害。

本试验之前应先按照5.4进行坠落试验。

给压缩喷雾器中加入额定容积的水。将截流阀的出水口连接到4.12规定的耐压试验装置上。

加压直到卸压阀开启,或加压到规定的最高工作压力的两倍并保持30 s。

记录试验结果。对有卸压阀的,记录卸压阀开启时的压力。

5.6 泄漏试验

5.6.1 一般要求

本试验样机为一台不装液体的完整的喷雾器。应先按5.5规定进行耐压试验。

给喷雾器加入额定容积试验液或水,用药箱盖或气泵将加液口拧紧,擦干净外表面的残留液。

给喷雾器加压到说明书规定最高工作压力,喷雾10 s±1 s,关闭截流阀。要确保喷出的液体没有沾污喷雾器外表面。再用无孔的喷头片换下有孔喷头片,并擦净无孔喷头片外表面所有的残留液。

如果使用试验液,将喷雾器直立放置在容器内的支架上;如果使用水,放置在4.15规定的塑料薄膜上。让带软管的喷杆和关闭的截流阀自然挂起。

容器的大小应能容纳喷雾器和清洗用水,并能足够浸没整个喷雾器。

将喷雾器放置300 s±5 s,然后将(压缩喷雾器)药箱快速卸压,要确保无任何泄漏。

重复下列倾斜试验2次:先将喷雾器倾斜45°(背带面朝下),时间为60 s±1 s;然后将喷雾器置于水平状态(背带面朝下),时间为60 s±1 s。

根据试验用的是试验液或水,分别按5.6.2或5.6.3的规定测定泄漏量。

5.6.2 用试验液测定

用一合适的容器收集泄漏的试验液。在容器中装上一定量的水,将整台喷雾器浸入水中来洗下任何不宜观察到的泄漏液。从容器中将喷雾器取出,用4.9a)所述的装置确定清洗水的体积。用4.3所述的装置确定示踪剂的浓度。

泄漏量用V_L表示,单位为毫升(mL),按式(6)计算:

$$V_L = V_W \times \frac{C_W}{C_T} \qquad \cdots\cdots(6)$$

式中:

V_W——收集到的清洗水的体积,单位为毫升(mL);

C_T——试验液中示踪剂的浓度;

C_W——清洗水中示踪剂的浓度。

试验液中示踪剂浓度和清洗用水量应选择适当,保证泄漏量的测量误差不应超过±1 mL。

5.6.3 用水测定

用棉布擦去喷雾器外表面残留液。

测定泄漏量即为塑料薄膜和棉布上收集到的水量。用4.9b)规定的装置称量,要减去试验前塑料薄膜和棉布的质量。

6 试验报告

试验结果应写在试验报告中。附录D给出了报告的样式。

附 录 A
(资料性附录)
背带试验装置示例

如图 A.1 所示,要求背带试验装置能够对背带反复施加一个可以控制的作用力。

单位为毫米

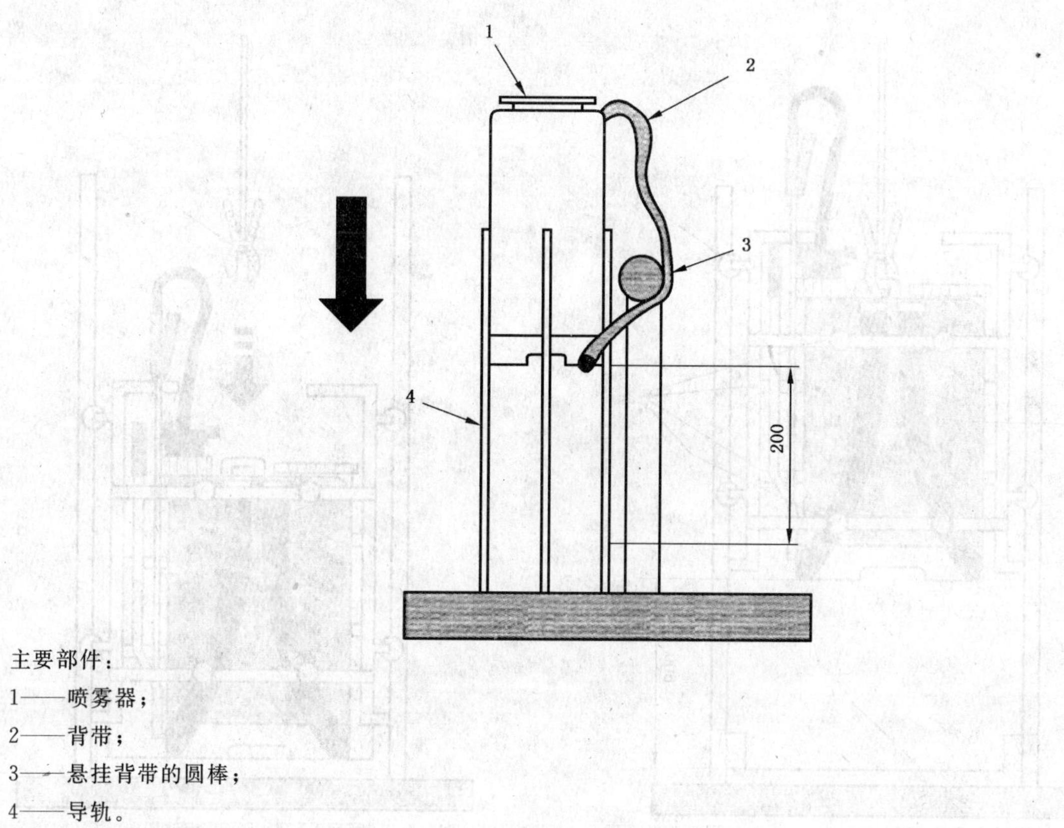

主要部件:
1——喷雾器;
2——背带;
3——悬挂背带的圆棒;
4——导轨。

a) 释放位置

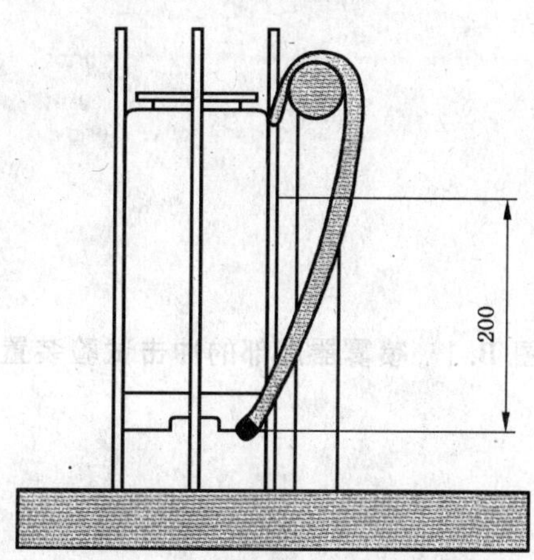

b) 冲击位置

图 A.1 背带冲击试验装置

附 录 B
（资料性附录）
坠落试验装置示例

如图B.1所示，要求坠落试验装置能对喷雾器底部重复产生一种可以控制的冲击力。

单位为毫米

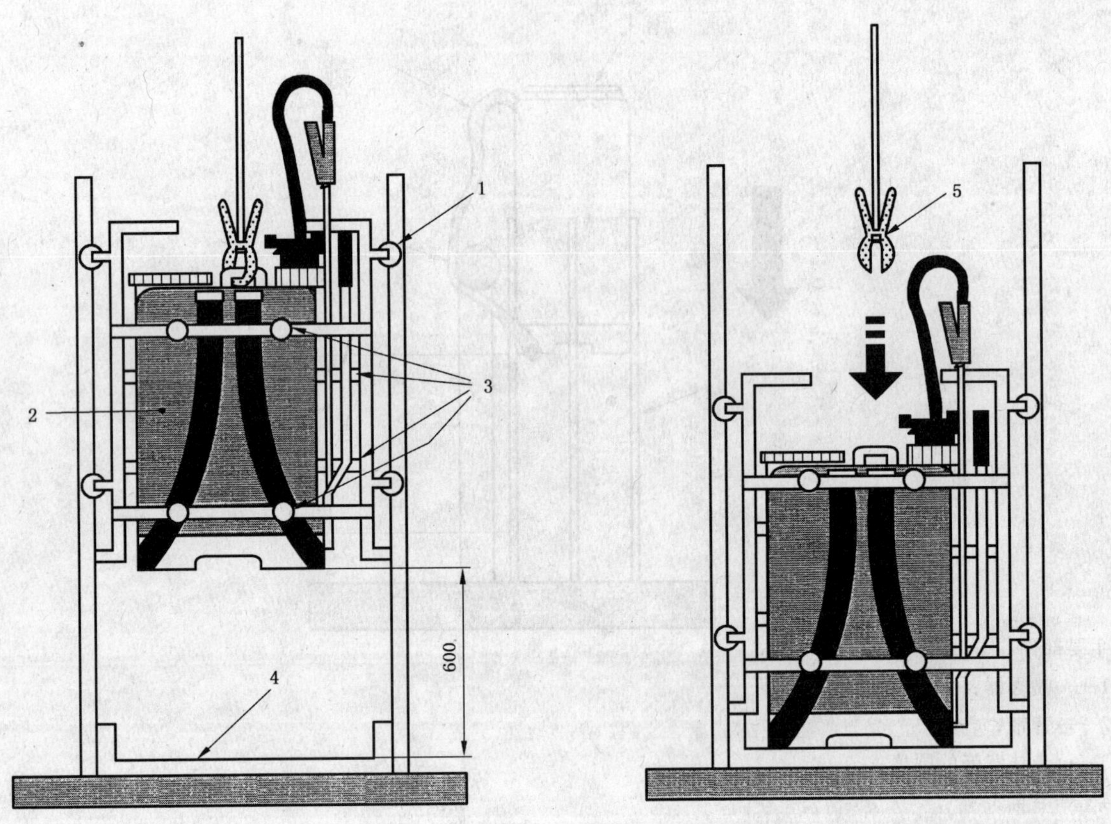

a）释放位置

b）冲击位置

主要部件：

1——滚轮；

2——喷雾器；

3——可调节导轨；

4——规定的地面；

5——夹钳。

图B.1 喷雾器底部的冲击试验装置

附　录　C
（资料性附录）
加液装置示例

加液装置是一个铲斗形状固定装置，用来模拟给喷雾器加液。

该装置（见图 C.1）由一个加液系统（图未画出）组成，加液的速度可以控制和调整，可将喷雾器的额定容积的液体在试验时间为 1 min(60 s)内加入喷雾器，时间偏差不超过 10%。

单位为毫米

主要部件：

1——试验液加入点；

2——加液装置轴线；

3——背带端固定点的连线。

[a] 表示推荐尺寸。

图 C.1　加液装置的结构示意图

附 录 D
（资料性附录）
试验报告示例

D.1 喷雾器试验报告

试验单位(名称和地址)：

试验地点： 试验日期：

表 D.1 喷雾器试验报告

<table>
<tr><td colspan="3">喷雾器</td></tr>
<tr><td>喷雾器型号：</td><td colspan="2">制造商：</td></tr>
<tr><td colspan="3">类别： 摇杆操作的背负式 □ 压缩 □</td></tr>
<tr><td>药液箱额定容积/L：</td><td colspan="2">背带数量： 1 □ 2 □</td></tr>
<tr><td colspan="3">喷雾器净质量/g：</td></tr>
<tr><td>喷头类型</td><td>压力控制装置</td><td>正常工作压力/MPa</td></tr>
<tr><td></td><td></td><td></td></tr>
<tr><td></td><td></td><td></td></tr>
<tr><td></td><td></td><td></td></tr>
<tr><td></td><td></td><td></td></tr>
<tr><td></td><td></td><td></td></tr>
<tr><td colspan="3">备注：</td></tr>
<tr><td colspan="3">试验条件</td></tr>
<tr><td>最低温度/℃：</td><td colspan="2">最小相对湿度/%：</td></tr>
<tr><td>最高温度/℃：</td><td colspan="2">最大相对湿度/%：</td></tr>
<tr><td colspan="3">运转试验</td></tr>
<tr><td>工作压力/MPa：</td><td colspan="2">气泵工作频率/(次/min)：</td></tr>
<tr><td colspan="3">试验时间/h：</td></tr>
<tr><td colspan="3">损坏： 是 □ 否 □</td></tr>
<tr><td colspan="3">备注：</td></tr>
<tr><td colspan="3">试验结果</td></tr>
<tr><td colspan="3">截流阀可靠性试验</td></tr>
<tr><td colspan="2">喷头类型：</td><td>工作压力/MPa：</td></tr>
<tr><td colspan="2">工作频率/(次/min)：</td><td>总循环次数：</td></tr>
<tr><td colspan="2">损坏：是 □ 否 □</td><td>泄漏：是 □ 否 □</td></tr>
<tr><td colspan="3">备注：</td></tr>
</table>

<table>
<tr><td colspan="6">喷雾量测定</td></tr>
<tr><td>喷头类型</td><td>压力控制装置</td><td>喷雾压力
MPa</td><td>规定的喷雾量
L/min</td><td>实测喷雾量
L/min</td><td>偏差/%</td></tr>
<tr><td></td><td></td><td></td><td></td><td></td><td></td></tr>
<tr><td></td><td></td><td></td><td></td><td></td><td></td></tr>
<tr><td></td><td></td><td></td><td></td><td></td><td></td></tr>
<tr><td colspan="6">背带及固定点试验</td></tr>
<tr><td colspan="6">喷雾器加水后的质量/g：</td></tr>
</table>

表 D.1（续）

功能性损坏： 是 □ 否 □				
备注：				
表面滞留试验				
加液速度/(L/min)：				
用试验液测定				
清洗用水量(V_W)/mL：				
试验液中示踪剂浓度 (C_T)：				
清洗水中示踪剂浓度 (C_W)：				
用水测定				
试验后喷雾器质量/g：				
药液表面残留液量(V_D)/mL：				
备注：				
残留液量试验				
工作压力/MPa：		位置： 垂直 □ 倾斜(°)□		
试验后喷雾器质量/g：				
残留液量 /mL：				
备注：				
稳定性试验				
药液箱液位	喷雾器位置		稳定性	
不装液体	背带朝下坡面		是 □ 否 □	
	左面朝下坡面		是 □ 否 □	
	背带朝上坡面		是 □ 否 □	
	右面朝下坡面		是 □ 否 □	
装额定容积液体	背带朝下坡面		是 □ 否 □	
	左面朝下坡面		是 □ 否 □	
	背带朝上坡面		是 □ 否 □	
	右面朝下坡面		是 □ 否 □	
备注：				
药液箱容积刻度试验				
水位线标示容积(V_S) L	每次加液量 L	对应刻度线实测的容积(V_M) L	偏差(V_S-V_M) L	误差/%
1				
2				
3				
4				
5				
6				
7				
8				
9				
10				
11				

表 D.1（续）

12				
13				
14				
15				
16				
17				
18				
19				
20				
21				
22				
备注：				
总容积试验				
加满水喷雾器质量/g：				
总容积/L：				
额外容积百分比(V_A)/%：				
备注：				
定速加液试验				
加液速度/(L/min)：				
用试验液测定				
清洗用水量(V_W)/mL：				
试验液中示踪剂浓度(C_T)：				
清洗水中示踪剂浓度(C_W)：				
用水测定				
试验前塑料布以及棉布的质量(皮重)/g：				
试验后塑料布以及棉布的质量/g：				
溢流液质量/g：				
溢流量(V_S)/mL：				
备注：				
排空性试验				
试验后喷雾器质量/g：				
残留液体积/mL：				
备注：				
坠落试验				
损坏：　是 □　　否 □				
备注：				
耐压试验				
试验压力/MPa：				
卸压阀是否打开：　是 □　　否 □				
损坏：　是 □　　否 □				
备注：				

表 D.1(续)

泄漏试验			
喷雾压力/MPa:			
	垂直位置	45°位置	水平位置
试验时间/s:			
用试验液测定			
试验液中示踪剂浓度(C_T)			
清洗水中示踪剂浓度(C_W)			
清洗水体积(V_W)/mL			
用水测定			
试验前塑料薄膜以及棉布质量(皮重)/g:			
试验后塑料薄膜以及棉布质量/g:			
泄漏液质量/g:			
泄漏液体积(V_L)/mL:			
备注:			

ICS 65.060.40
B 91

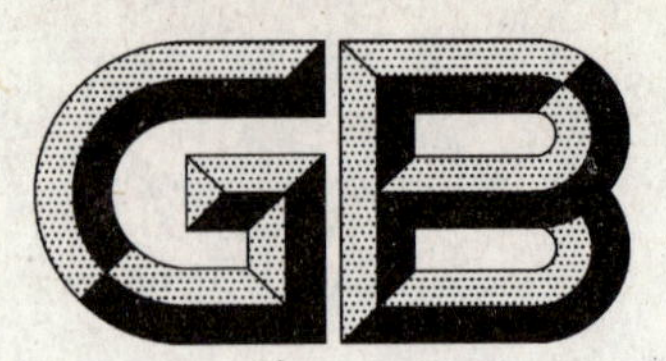

中华人民共和国国家标准

GB/T 24679.2—2009/ISO 19932-2:2006

植物保护机械　背负式喷雾器
第2部分:技术要求

Equipment for crop protection—Knapsack sprayers—
Part 2:Performance limits

(ISO 19932-2:2006,IDT)

2009-11-30 发布　　2010-04-01 实施

中华人民共和国国家质量监督检验检疫总局
中国国家标准化管理委员会　发布

前　言

GB/T 24679《植物保护机械　背负式喷雾器》分为两个部分：

——第1部分：试验要求和方法；

——第2部分：技术要求。

本部分为GB/T 24679的第2部分。

本部分等同采用ISO 19932-2:2006《植物保护机械　背负式喷雾器　第2部分：技术要求》(英文版)。

本部分等同翻译ISO 19932-2:2006。

为了便于使用，本部分对ISO 19932-2:2006做了如下编辑性修改：

——将"ISO 19932的本部分"改为"本部分"；

——删除ISO 19932-2:2006的前言；

——用小数点"."代替作为小数点的逗号"，"；

——对ISO 19932-2:2006中引用的其他国际标准，用已被采用为我国的国家标准代替。

本部分由中国机械工业联合会提出。

本部分由全国农业机械标准化技术委员会归口。

本部分起草单位：国家植保机械质量监督检验中心、国家农机具质量监督检验中心、中国农业机械化科学研究院、中国农业大学、市下控股有限公司、台州市广丰塑业有限公司、台州市黄岩天文模具有限公司、台州市椒江协丰喷雾器厂、丹阳市北吉模塑有限公司。

本部分主要起草人：谭本垠、陈小兵、陈俊宝、严荷荣、何雄奎、李冠军、陈官顺。

引　言

在喷洒农药时，使用背负式喷雾器需要考虑生物、经济、环境和操作者等方面因素，也要考虑喷雾器的适用性。

本系列标准的目的是规定试验方法和技术要求，以确保使用的安全性。

本系列标准的实施应当达到的效果是对操作者药害降低到最低水平，避免农药泄漏到环境中产生不必要的农药浪费。

植物保护机械　背负式喷雾器
第2部分:技术要求

1　范围

GB/T 24679 的本部分规定了额定容积不小于 5 L 的背负式喷雾器的最低性能要求。

本部分适用于农业和园艺等用途的摇杆操作的背负式喷雾器和背负式压缩喷雾器。

2　规范性引用文件

下列文件中的条款通过 GB/T 24679 的本部分的引用而成为本部分的条款。凡是注日期的引用文件,其随后所有的修改单(不包括勘误的内容)或修订版均不适用于本部分,然而,鼓励根据本部分达成协议的各方研究是否可使用这些文件的最新版本。凡是不注日期的引用文件,其最新版本适用于本部分。

GB/T 18678　植物保护机械　农业喷雾机(器)药液箱额定容量和加液孔直径(GB/T 18678—2002,eqv ISO 9357:1990)

GB/T 20085　植物保护机械　词汇(GB/T 20085—2006,ISO 5681:1992,MOD)

GB/T 20183.1—2006　植物保护机械　喷雾设备　第1部分:喷雾机喷头试验方法(ISO 5682-1:1996,IDT)

GB/T 24679.1—2009　植物保护机械　背负式喷雾器　第1部分:试验要求和方法(ISO 19932-1:2006,IDT)

3　术语和定义

GB/T 20085 和 GB/T 24679.1—2009 确立的术语和定义适用于本部分。

4　技术要求和规范

4.1　总则

喷雾器设计应能满足在其预期的用途中安全使用的要求。

喷雾器应能方便操作、易于监控和快速关闭。

喷雾器在按 GB/T 24679.1—2009 中 5.2 进行试验后应能满足 4.2 规定的要求,并在按 GB/T 24679.1 进行试验时应满足 4.3 中的要求。

4.2　技术要求

4.2.1　一般要求

药液箱装满额定容积的药液后,喷雾器整机总质量不应超过 25 kg,应能较容易被一个人提起、背上和放下。

喷雾器的喷雾量大小应能调节,并能重复再现。

可通过调整压力控制装置或改变泵工作的频率而得到重复一致的喷雾量。

在更换使用说明书中规定的易损件(如喷头、过滤器、防滴阀、开关、隔膜)时,不用专用工具应能方便更换,供应商随机提供专用工具除外。

应有措施保证装满药液的喷雾器能安全垂直放置。

4.2.2　背带及其固定点

背带应使用非吸水性材料制成。

背带长度应能调节以满足操作者的需要。

喷雾器应至少有一条背带上带有能快速对接与脱卸的装置，操作者背负作业时只用一只手就可操作此装置。

背带的承载部分宽度应不小于 30 mm。

背带固定点不应因重力或运动等因素而自动松开。

4.2.3 药液箱

药液箱不承压的摇杆操作的背负式喷雾器应有一个稳压装置。

药液箱额定容积的标注应为整数升。此外，操作者在给药液箱加液时，应能直接看清液位和额定容积水位线位置。

摇杆操作的喷雾器加液口直径不应小于 100 mm。压缩喷雾器应配备加液漏斗，其上部直径不应小于 100 mm，并能稳定置于加液口上。制造商应提供与加液斗配套合适的滤网，其网孔尺寸为 0.5 mm～2.0 mm。

药液箱的软管连接接头应有保护措施，防止被损坏。

药液箱的容积刻度水位线应符合 GB/T 18678 的规定。

4.2.4 控制装置

喷射部件应配有快速开、关的截流阀。截流阀在松开手柄时应关闭，在开通的位置不应被锁死。截流阀应尽可能地不被外力或锁紧装置失效等因素而意外打开。

4.2.5 软管

应使用柔软的喷雾管，保证在正常工作的任何位置都不被折弯。

4.2.6 过滤装置

摇杆操作的背负式喷雾器加液口应有过滤网，网孔大小应在 0.5 mm～2.0 mm 之间。

压缩喷雾器应尽可能地配备类似的过滤装置。制造商应提供合适的加液过滤装置。

药液箱加液口与滤网之间的间隙不应超过 2 mm。

喷头应设置过滤装置，其滤网孔径应小于最小喷孔的孔径。

过滤器应装在操作者容易操作的位置，便于拆卸和清洗。

4.2.7 喷头

在作业期间，喷雾形状应能保持稳定。

喷雾器存放和加液时，应有保护措施防止喷头外部堵塞，如设置喷杆固定夹。

4.2.8 压力计

喷雾器应有显示压力(如压力表)或控制压力的装置。

压力表的最大误差不应超过±0.02 MPa。

背负喷雾器作业时，操作者应能清楚地看到压力表的指示值。压力表应稳定可靠，最小刻度不应超过 0.02 MPa。

4.3 技术规范

4.3.1 一般要求

按 GB/T 24679.1—2009 中 5.3.6 进行试验时，喷雾器不应翻倒。

额定容积不超过 17 L 的喷雾器，在按 GB/T 24679.1—2009 中 5.3.5 进行试验时，其残留液量不应超过 250 mL；额定容积超过 17 L 的喷雾器，其残留液量不应超过药液箱额定容积的 1.5%。

按 GB/T 24679.1—2009 中 5.3.2 进行试验时，喷雾器的喷雾量误差不应超过使用说明书中规定值±15%。

按 GB/T 24679.1—2009 中 5.3.9 进行试验时，喷雾器内残留液量不应超过 50 mL。

按 GB/T 24679.1—2009 中 5.5 进行试验时，喷雾器的承压部件不应出现损坏现象。

按 GB/T 24679.1—2009 中 5.6 进行试验时，总的泄漏量不应超过：

——0 mL,在垂直放置时;

——0.5 mL,在45°放置时;

——5 mL,在水平放置时。

本试验在GB/T 24679.1—2009中5.4和5.5规定的试验之后进行。

4.3.2 背带及其固点

承载的背带及其固定点在按GB/T 24679.1—2009中5.3.3进行冲击试验时,不应出现损坏现象。

4.3.3 药液箱

按GB/T 24679.1—2009中5.3.8进行定速加液试验时,溢流量不应超过5 mL。

按GB/T 24679.1—2009中5.3.7进行容积测试时,摇杆操作的背负式喷雾器的药液箱额外体积应至少为额定容积的5%;压缩喷雾器药液箱额外体积应至少为额定容积的25%。

按GB/T 24679.1—2009中5.3.7进行试验,当加液量不超过额定容积的20%时,水位线刻度误差不应超过±7.5%。当加液量大于20%时,其水位线刻度误差不应超过±5%。

按GB/T 24679.1—2009中5.3.4进行试验时,表面滞留药液量不应超过70 mL。

4.3.4 截流阀

在按GB/T 24679.1—2009中5.3.1进行试验后,截流阀应仍能够有效的开启和关闭,无泄漏现象。

4.3.5 喷头

按GB/T 20183.1—2006中7.2进行试验时,喷雾器所配喷头(包括随机备用的喷头)的喷雾量误差不应超过其额定喷量的±10%。

ICS 65.060.40
B 91

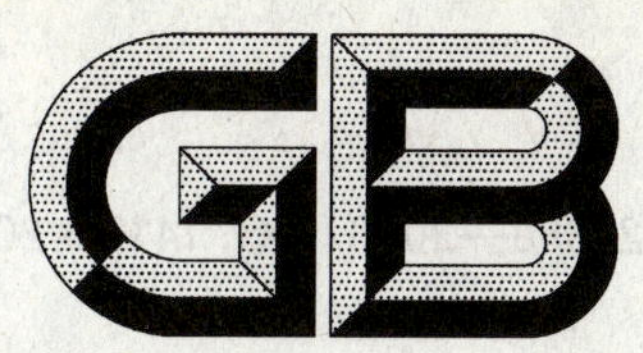

中华人民共和国国家标准

GB/T 24680—2009/ISO 14131:2005

农用喷雾机 喷杆稳定性 试验方法

Agricultural sprayers—Boom steadiness—Test methods

(ISO 14131:2005,IDT)

2009-11-30 发布 2010-04-01 实施

中华人民共和国国家质量监督检验检疫总局
中国国家标准化管理委员会 发布

前　言

本标准等同采用 ISO 14131:2005《农用喷雾机　喷杆稳定性　试验方法》(英文版)。

本标准等同翻译 ISO 14131:2005。

为便于使用,本标准做了如下编辑性修改:

——“本国际标准”改为“本标准”;

——删除了国际标准的前言;

——ISO 14131:2005 中引用的国际标准,用已被采用为我国的标准代替对应的国际标准。

——用小数点“.”替代作为小数点的“,”。

本标准附录 A 为规范性附录,附录 B、附录 C、附录 D 为资料性附录。

本标准由中国机械工业联合会提出。

本标准由全国农业机械标准化技术委员会(SAC/TC 201)归口。

本标准起草单位:中国农业机械化科学研究院、农业部南京农业机械化研究所、江苏大学、浙江大农实业有限公司。

本标准主要起草人:严荷荣、陈俊宝、傅锡敏、吴春笃、皇才进、王洪仁。

农用喷雾机　喷杆稳定性　试验方法

1　范围

本标准规定了农用大田喷雾机喷杆稳定性的试验条件和试验方法。

本标准适用于评价喷杆喷雾机的喷杆稳定性和悬挂性能，并确定喷杆的运动特性。

注：喷雾机的安全性在 GB 10395.6 中规定。

2　规范性引用文件

下列文件中的条款通过本标准的引用而成为本标准的条款。凡是注日期的引用文件，其随后所有的修改单(不包括勘误的内容)或修订版均不适用于本标准，然而，鼓励根据本标准达成的协议的各方研究是否可使用这些文件的最新版本。凡是不注日期的引用文件，其最新版本适用于本标准。

GB/T 10910—2004　农业轮式拖拉机和田间作业机械　驾驶员全身振动的测量

3　术语和定义

下列术语和定义适用于本标准。

3.1

喷杆中心　boom centre

位于喷杆的铅垂面内、喷杆两端喷孔连线的中点，见图 1。

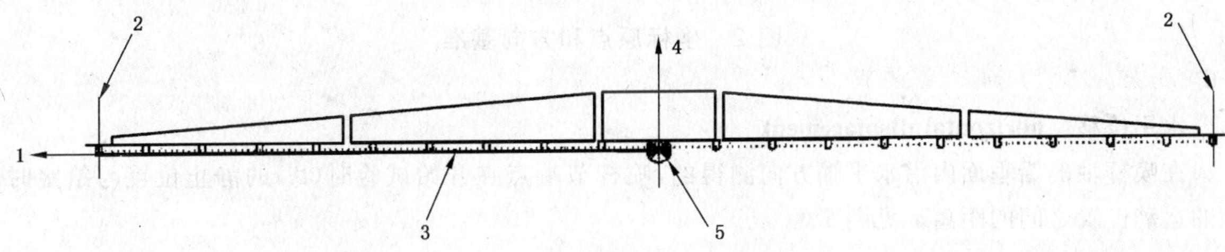

1——Y 轴；

2——端点喷头轴线；

3——连接喷头输出节；

4——Z 轴；

5——喷杆中心。

图 1　喷杆上的定义位置

3.2

喷杆节端　boom section end

每节喷杆的末端。

3.3

喷杆末端　boom tip

喷杆的末端点。

3.4

基准轴　reference axle

最接近喷杆的轴。

注：对牵引式喷雾机，是指喷雾机的轴。

3.5

垂直位移 vertical displacement

在喷杆轴的铅垂面内沿垂直轴方向上测得的，喷杆节端点在开始试验时(t_0)的静止位置与给定时间点的运动位置之间的距离。见图2。

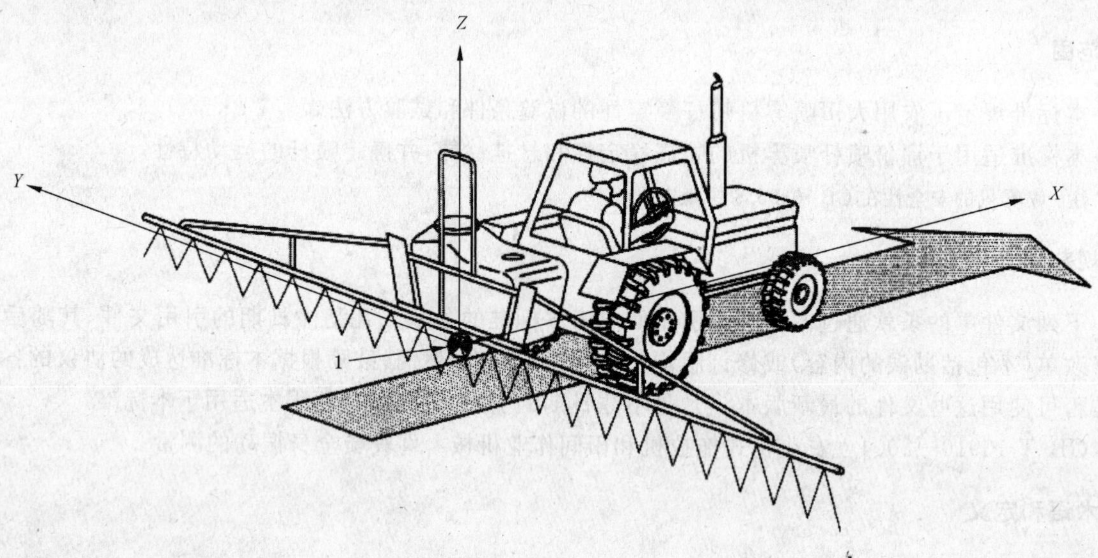

X——X 轴(沿喷雾机前进方向)；

Y——Y 轴(沿喷杆长度方向)；

Z——Z 轴(在铅垂面内)；

1——原点(喷杆中心)。

图2 坐标原点和方向基准

3.6

水平位移 horizontal displacement

在喷杆轴的铅垂面内沿水平轴方向测得的，喷杆节端点在开始试验时(t_0)的静止位置与给定时间点的运动位置之间的距离。见图2。

4 试验条件

4.1 一般要求

喷雾机操作应按照良好操作规程进行；对于试验科目以外的项目，应按照喷雾机制造商提供的说明书使用操作。

4.2 轮胎

轮胎的所有特性都应记录在试验报告中(见5.5)，包括充气压力。

4.3 喷杆的调整

喷杆测试应该在展开状态下进行，按照供试喷头的技术参数调整喷杆相对于靶标的高度：对于喷雾角为110°/120°的喷头，喷杆高度通常为50 cm；对于喷雾角为80°/90°的喷头，喷杆高度通常是75 cm。调整应按制造商说明书的规定进行，并在试验报告中详细说明。

4.4 轮距

报告中应注明喷雾机轮距和轴距。

4.5 技术参数测定

应在静止状态下测定与喷雾机喷杆及其悬挂装置相关的技术参数(见附录A)，并记录在试验报告中。

5 试验方法和要求

5.1 一般要求

按试验环境和测量条件,规定了三种试验:田间试验(5.2)、跑道试验(5.3)和模拟试验(5.4)。

5.2 田间试验

5.2.1 一般条件

应在正常的农业喷雾作业条件下进行。

试验报告中应记录气象条件,包括与行驶路径方向相关的风速和风向(见5.2.2)。在2 m高度测得的风速应不超过5 m/s。

5.2.2 行驶路径

如果风速高于4 m/s,则行驶路径方向应沿垂直风向。

试验喷雾机应沿行驶路径行驶3次。

行驶路径的最小长度至少应保证喷雾机行驶30 s。

为最大限度地减小喷雾机起动引起的喷杆晃动,行驶路径起步段长度至少应按行驶速度每0.1 m/s跑道长需要1 m的比例确定,且应不少于20 m。

5.2.3 行驶速度

试验期间行驶速度应保持不变,否则应能持续监测速度的变化。

5.2.4 运动测量

5.2.4.1 一般要求

测量频率至少应在0.1 Hz与5 Hz之间。

采样速率最少应为10 Hz。

5.2.4.2 位移

位移可直接测量,或者通过速度/加速度的定积分/二次积分获得。测量准确度按每1 m喷杆长度最低应为0.1 cm。

应同时测量垂直位移和水平位移。

5.2.4.3 速度

速度可直接测量或者通过对加速度积分获得,其准确度应与通过位移求导获得的结果相同。

5.2.4.4 加速度

加速度可直接测量,其准确度应该与通过位移二阶求导获得的结果相同。

5.2.5 过程

5.2.5.1 特定条件

测量行驶速度。

5.2.5.2 最低要求

所有试验至少应进行5次(通常重复10次)。

a) 喷杆总体性能的综合评价

   至少在垂直方向选择1个基准点。根据试验的目的,基准点可以是喷雾机机架、地面、作物表面或者其他确定的点或平面。最少应在一个测量点进行测量(例如在喷杆末端)。

b) 喷杆运动的评价

   沿水平方向和垂直方向选择基准点。根据试验的目的,基准点可以是喷雾机机架、地面、作物表面或者其他确定的点或平面。至少应在与喷杆中心有关的两个点(喷杆中心和喷杆端点)进行测量,最好在每个喷杆节端进行测量。

5.3 跑道试验

5.3.1 一般要求

试验目的是利用凹凸不平的跑道使喷雾机产生颠簸，以可再现的方式模拟田间工作条件，并且分析喷杆在这些条件下的运动情况。

除非药液注入量属于试验科目，否则试验均在喷雾机空箱时进行。

5.3.2 跑道

跑道应该用不易变形的材料建造。可在跑道上增加活动性障碍物——这些障碍物应安装在跑道上，以防止拖拉机改变其位置。

跑道的最小长度应该为 50 m，或者至少能够监视行驶 25 s 的距离。

为最大限度地减小喷雾机起动引起的喷杆晃动，跑道起步段的长度至少应按行驶速度每 0.1 m/s 跑道长需要 1 m 的比例确定，且最小应不少于 20 m。

试验用跑道按 GB/T 10910—2004 的 7.4 中规定(较平滑跑道)。

5.3.3 行驶速度

试验期间行驶速度应保持不变，否则应持续监测速度的变化。

5.3.4 运动测量

5.3.4.1 一般要求

测量并记录垂直运动和水平运动参数。

测量频率至少应在 0.1 Hz 与 5 Hz 之间。

采样速率最少应为 10 Hz。

5.3.4.2 位移

位移可以直接测量，或者通过速度/加速度的定积分/二次积分获得。测量准确度按每 1 m 喷杆长度最低应为 0.1 cm。

应测量垂直位移与水平位移。

5.3.4.3 速度

速度可直接测量或者通过对加速度积分获得，其准确度应与通过位移求导获得的结果相同。

5.3.4.4 加速度

加速度可直接测量，其准确度应该与通过位移求二阶求导获得的结果相同。

5.3.5 试验规程

5.3.5.1 特定条件

测量行驶速度。

跑道试验时应在位移/速度或加速度数据流中进行标记(或关闭并行数据流中的相关数据流)，以指示遇到的凸起或下陷障碍物的位置。

5.3.5.2 最低要求

所有试验至少应进行 3 次。

沿水平方向和垂直方向选择基准点。根据试验的目的，基准点可以是喷雾机机架、地面、作物表面或者一个确定的点或平面。至少应在与喷杆中心有关的两个点——喷杆中心和喷杆端点，最好在每个喷杆节端完成测量。

5.4 模拟试验

5.4.1 一般要求

模拟器通常是一种具有多个自由度的机械装置，以迫使静止的喷雾机产生不同方向的运动，为以可再现方式研究规定条件下的喷杆运动提供了条件。根据试验需要，模拟器可以只给 1 个轮子、给同 1 根轴上的两个轮子、给整个喷雾机，或者给拖拉机-喷雾机机组(具有或没有轮子)提供激励。

除非药液注入量属于试验科目，否则试验应在喷雾机空箱时进行。

5.4.2 输入信号

可使用不同的驱动信号,例如正弦振动或随机信号等仿真信号,以模拟实际条件。

如果以几个相近的正弦信号输入供试喷雾机,则其频率应在 0.1 Hz~3 Hz 范围内,并以 0.5 Hz 的增量递增为宜。这些信号的振幅应为:

——频率 0.1 Hz~0.5 Hz 时,振幅在±10 mm~±20 mm 之间;

——频率 1 Hz~1.5 Hz 时,振幅在±5 mm~±10 mm 之间;

——频率 2 Hz~3 Hz 时,振幅在±2 mm~±5 mm 之间。

对于装有轮子的喷雾机,为了弥补轮胎产生的减振效果,振幅应加倍。信号的持续时间应保证在系统稳定后能记录 10 个激励周期。

具有上述频率和振幅范围的、连续的正弦或随机信号可以用作输入信号。

5.4.3 运动测量

测量和记录相对于平衡位置的垂直位移和水平位移。

调节采样速率使之与驱动信号的最高频率相适应,以便每个激励周期能获得 10 个测量信号。对于 3 Hz 的输入信号,最高采样速率是 30 Hz。

5.4.3.1 准确度

最低测量准确度应该为 2 mm。

5.4.4 规程/最低要求

所有试验至少应进行 3 次。

垂直方向和水平方向上的基准点应位于喷雾机静止时的喷杆上。测量应在与喷杆中心相关的点上进行,至少应包括喷杆中心和喷杆末端,最好在每个喷杆节端进行。

5.5 试验报告

5.5.1 一般条件

应该在试验报告中详细写明下列情况:

——拖拉机、喷雾机(与喷杆及其悬挂装置相关的技术参数见附录 A)、特殊装置和结构、试验条件(轮胎、拖拉机和喷雾机重量、前后轮距和轴距、药液箱加液装置、喷雾机附件等)的说明。

——测量装置和测试过程(传感器型号、测量点的位置等)。应提供一张测量点位置分布图。

——测试条件。

——田间试验和跑道试验的测试基准要求。

5.5.2 试验结果

试验结果应该以所有重复试验的平均值来表达(水平位移和垂直位移的曲线除外)。

根据试验目的不同,试验结果可以表述为:

——喷杆末端相对于平衡位置或喷杆中心的水平位移和垂直位移曲线(见附录 B);

——给定带宽范围内运动的时间百分数;

——垂直方向的振幅(最大振幅及标准差,主振动曲线上峰谷间的最大振幅差,见附录 C 和附录 D);

——水平方向的振幅(最大振幅及标准差,主振动曲线上峰谷间的最大振幅差,见附录 C 和附录 D);

——喷杆末端的水平速度(最大速度、最小速度和标准差,见附录 D);

——对于模拟试验,驱动信号(作为输入值)与水平面、垂直面内喷杆末端的位移(作为输出值)之间的频率响应函数。

附 录 A
（规范性附录）
喷杆及其悬挂装置的几何参数测定

需要测定的几何参数应包括：

——悬挂梯形下底边或下铰接点与喷头的喷孔连线之间的距离；

——喷杆上外端喷头之间的距离；

——悬挂装置的几何参数，例如：

a) 悬挂梯形下悬挂点之间或者导轨下连接点之间的距离；

b) 悬挂梯形上底边或上铰接点相对于地面的高度。

附　录　B
（资料性附录）
田间试验或跑道试验的结果示例——相对于平衡位置的位移曲线

图 B.1 为田间试验或跑道试验中喷杆相对于平衡位置的位移曲线的示例。

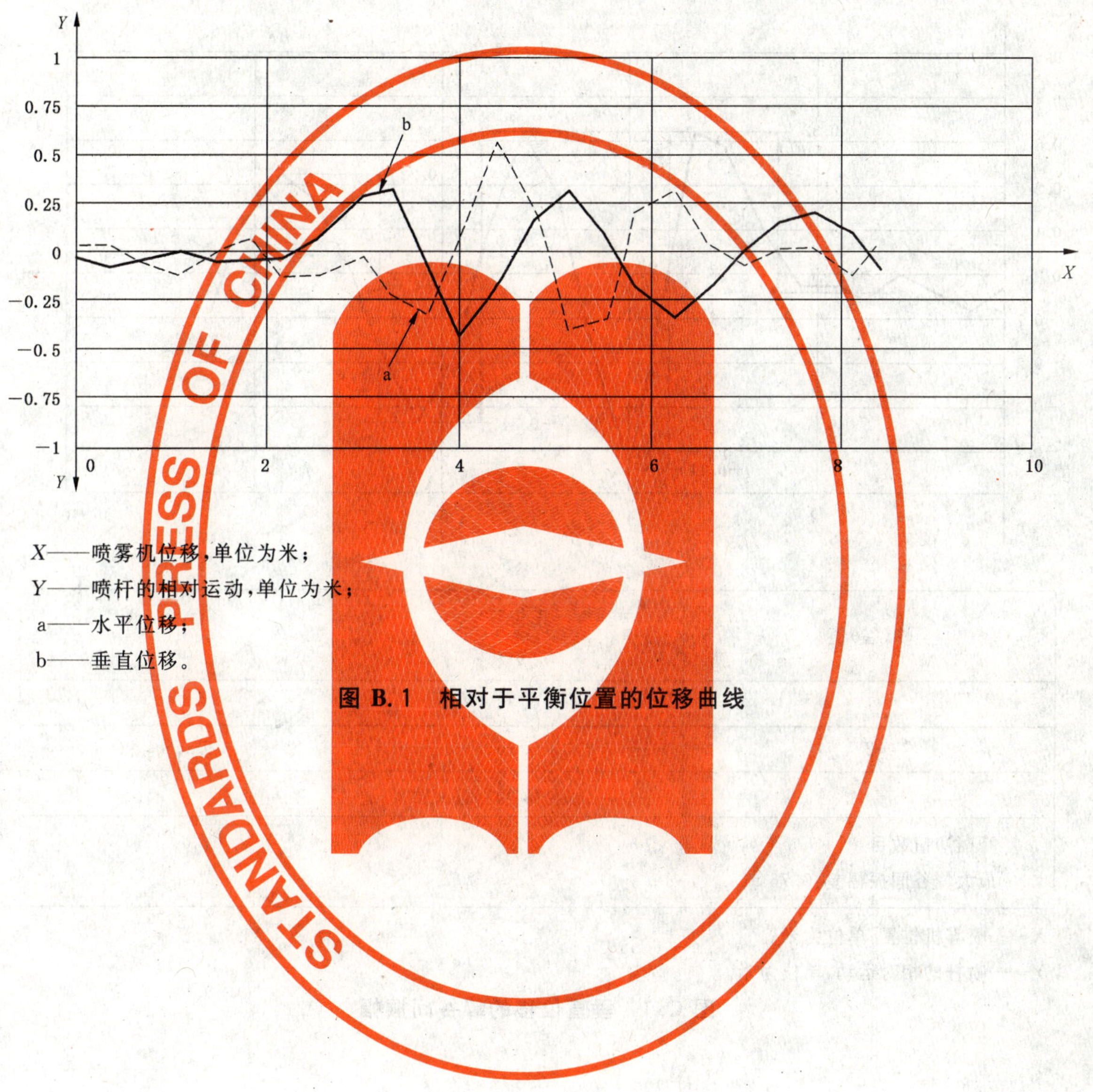

X——喷雾机位移，单位为米；
Y——喷杆的相对运动，单位为米；
a——水平位移；
b——垂直位移。

图 B.1　相对于平衡位置的位移曲线

附 录 C
（资料性附录）
跑道试验的结果示例——振动的峰谷间振幅

图 C.1 为跑道试验结果振动的峰谷间振幅的示例。

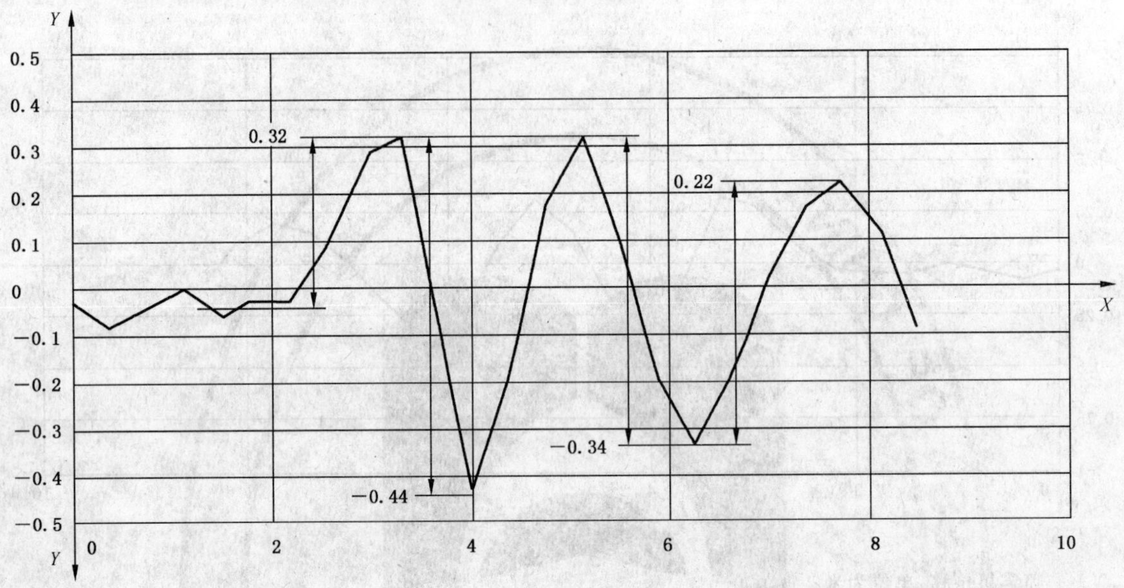

峰(谷)值	正位移 m	负位移 m
1	0.35	0.76
2	0.76	0.66
3	0.56	—

峰(谷)值数目:3。

最大峰谷间振幅差:0.76 m。

X——喷雾机位置,单位为米;

Y——喷杆的相对运动,单位为米。

图 C.1 垂直位移的峰谷间振幅

附　录　D
（资料性附录）
田间试验或跑道试验的结果示例——相对于平衡位置的位移曲线

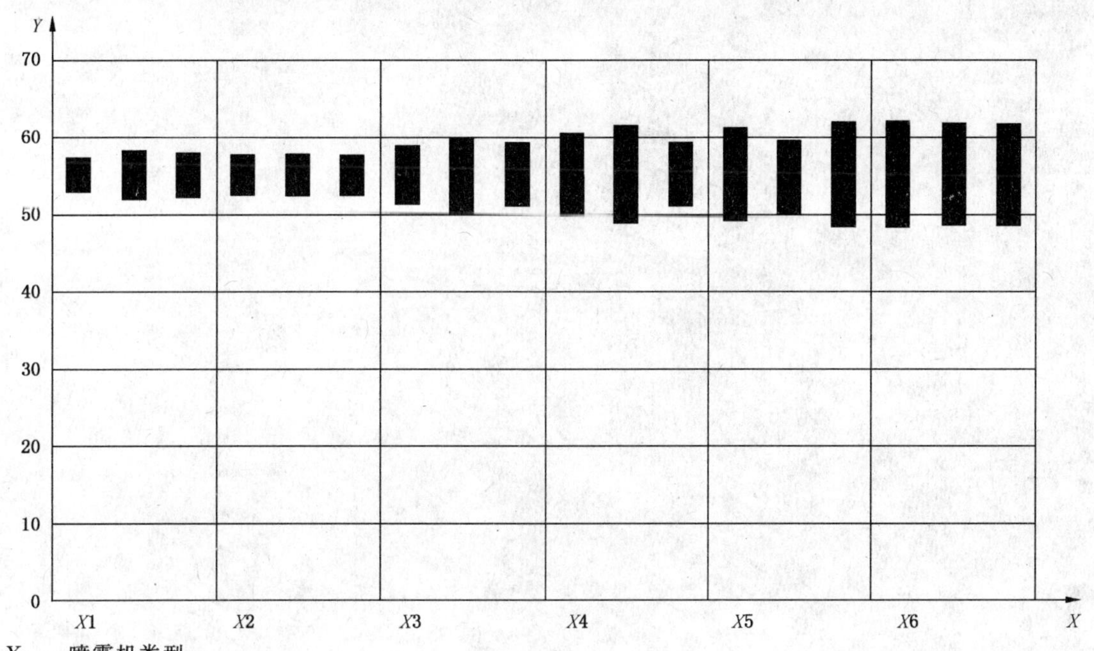

X——喷雾机类型；

Y——喷杆高度，单位为厘米。

图 D.1　喷杆中心点垂直运动位移的标准差(喷杆长度 12 m，高度 55 cm，重复 3 次)

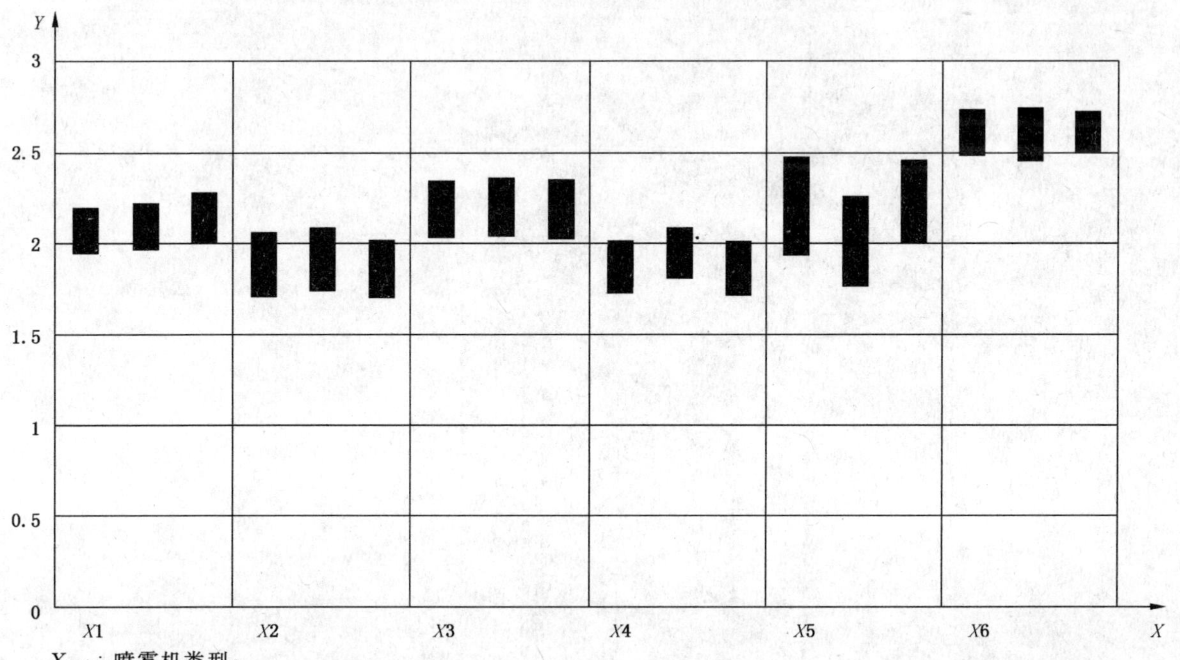

X——喷雾机类型；

Y——速度，单位为米每秒。

图 D.2　水平面内喷杆运动速度的标准差(相对于喷杆平均速度的偏差，重复 3 次)

ICS 65.060.40
B 91

中华人民共和国国家标准

GB/T 24681—2009/ISO 22866:2005

植物保护机械 喷雾飘移的田间测量方法

Equipment for crop protection—Methods for field measurement of spray drift

(ISO 22866:2005,IDT)

2009-11-30 发布　　　　2010-04-01 实施

中华人民共和国国家质量监督检验检疫总局
中国国家标准化管理委员会　发布

前　言

本标准等同采用 ISO 22866:2005《植物保护机械　喷雾飘移的田间测量方法》(英文版)。

本标准等同翻译 ISO 22866:2005。

为便于使用,本标准做了如下编辑性修改:

——“本国际标准”改为“本标准”;

——删除了国际标准的前言;

——用小数点“.”替代作为小数点的“,”。

本标准的附录 A、附录 B、附录 D 是规范性附录,附录 C、附录 E 是资料性附录。

本标准由中国机械工业联合会提出。

本标准由全国农业机械标准化技术委员会(SAC/TC 201)归口。

本标准起草单位:中国农业机械化科学研究院、中国农业大学、江苏大学、农业部南京农业机械化研究所。

本标准主要起草人:严荷荣、陈俊宝、何雄奎、吴春笃、皇才进、王忠群。

植物保护机械 喷雾飘移的田间测量方法

1 范围

本标准规定了植物保护机械喷雾飘移的田间测量方法。

本标准适用于大田作物用悬挂式、牵引式和自走式农用喷雾机(喷杆式喷雾机)与灌木和乔木作物(包括葡萄、啤酒花、水果)用悬挂式、牵引式和自走式农用喷雾机(包括风送式喷雾机)。

本标准也适用于手持式喷雾机或航空喷雾设备,但本标准规定的技术规范不包含这些设备试验的详细方案。

测量应在室外典型田间条件或者在规定的地面(包括草地)上进行。农作物对象包括可用喷杆式喷雾机喷洒农药的所有大田作物和园艺作物。试验时应测量并记录作物情况和基本气象条件。

本标准规定了离试验区规定距离内在施药过程中产生的喷雾飘移量的田间测量方法,以达到风险评估的目的;规定了一些标准的测量距离,用于比较不同试验的结果。

飘移量的测量涉及到下列两种情况之一:处理区域以外水平表面上的喷雾沉积量测定,或测量处理区域下风向一定距离内的气流传输雾滴的分布特性测量。水平面上的沉积用以评价污染(例如地表水污染)的风险,而气流传输雾滴的分布特性图测量用以评价吸入雾滴的风险和大田边界植物结构污染的风险。虽然不同系列试验的侧重点可能因取样阵列的选择而不同,但该标准可适用于以上两种情况。

本标准适用于必要时所进行的不同喷洒系统之间相对飘移的风险比较和评价,但是与基准喷雾系统、收集器、试验场地选择和确定相关的某些要求可能需要修改。应适当描述这些修改。

飘移量的测量与喷洒条件有关,喷洒时应尽量使喷雾区域内靶标上的沉积量达到实际施液量。因为飘移量通常表示为占施液量的比值,因此将靶标沉积的直接评价作为飘移测量过程的一部分十分重要。

2 术语和定义

下列术语和定义适用本标准。

2.1

喷雾飘移 spray drift

喷雾过程中由气流作用将农药带出靶标区的量。

注:沉积在作物或地面上然后逸散的农药,不算作喷雾飘移。飘移物的形态可能是雾滴、干的颗粒或蒸气,本标准的采样和评价只涉及雾滴的飘移。

2.2

幅宽 swath width

大田作物喷雾作业用的喷杆式喷雾机以及乔木和灌木作物用的风送式喷雾机的工作宽度。

2.3

直接喷雾区 directly sprayed area

喷雾处理的目标区域。

3 试验的基本要求

3.1 一般要求

喷雾飘移测量应包括下列过程:以规定的前进速度沿着与平均风向垂直的路线进行单程喷雾,将替代农药制剂的示踪剂染料或其他可示踪的材料，喷洒到规定的直接喷雾区。采样应在规定的下风区进行。

如果需要测量比较不同喷雾系统的相对飘移，则可以使用与平均风向垂直的单行进路线。如果需要，可以在行进路线上多次通过，以求在测量飘移沉积时获得足够的分辨率。采样可以在作物区或者在上述规定的下风区内。

如有可能，所有的测量都应使用能安全地喷洒到喷雾区并且没有环境污染危险的低毒性示踪剂。喷雾液应具有农药液体典型的物理性质，可以通过按常用比例（例如 0.1%）添加水溶性表面活性剂的方法来实现。

注：某些示踪剂的配方中可能含有表面活性剂的成分。

3.2 试验场地的选择

试验场地应选择除了靶标作物外，测量区域内对气流障碍最少的空旷区。应记录场地和地形的细节，并在试验报告中详述（见第 7 章）。

直接喷雾区应为：在喷雾区下风向一侧具有能布置取样点的区域（见 3.5）；下风区域应是裸露的泥土或者低矮的植物（最大高度 7.5 cm）上部，用来测量和评价气流传输飘移和/或沉积喷雾飘移。

直接喷雾区应位于作物区域边界的上风向，宽度至少应为 20 m。对于成行种植的作物（例如果树），喷雾区的最小宽度应尽可能接近 20 m，与作物行距保持一致。

直接喷雾区的长度或喷雾行进路线的长度至少应为 50 m。当在直接喷雾区或喷雾行进路线下风向的较大距离处测量喷雾飘移时，应增加喷雾区或行进路线的长度以考虑风向的变化。喷雾行进路线的长度应至少为下风向最大采样距离的 2 倍，且路线两端距采样点距离应相等。

所有下风向距离都应从直接喷雾区下风向的边界起测量（见附录 A）。

应使用坐标系描述喷雾飘移试验的布局的细节，包括采样区中收集器的大小和位置（见附录 B），喷雾飘移试验的具体设计应在试验结果中详细报告。

3.3 试验的实施

在所有试验中，应首先进行单程试验，以取得界定下风向范围的必要数据，确定直接喷雾区和单程喷雾的取样范围。对不同喷雾系统的相对喷雾飘移的比较评价，只需单程实验。

在测量直接喷雾区的喷雾飘移损失的试验中，根据需要可随后进行多行程试验。应沿上风方向依次对直接喷雾区内的邻近喷幅进行喷雾。所需的相邻喷幅数目取决于使区域内总喷雾飘移损失量显著增加（>飘移总测量值的 10%）所必需的上风距离，且应不少于 20 m。大多数情况下，20 m 的处理区域宽度（本标准默认值）已经足够，否则应使用喷雾机单程试验的结果计算此距离，计算时应使用地面喷雾飘移和/或空中喷雾飘移的测量值，并应涉及：

a） 测得的喷雾飘移量沿采样距离的衰减曲线，图中将直接喷雾区内的单幅喷雾平均沉积量表示为 100%；

b） 沿衰减曲线的飘移量的累积值，以确定累积飘移量达到总飘移量的 90%时所对应的下风向距离。

该距离应为直接喷雾区的最小宽度（见图 1，该示例中给出的最小的宽度约为 20 m）。

每次测量都应在直接喷雾区下风向处采集地面喷雾飘移和/或空中喷雾飘移的样本（见 3.5）。此外，应使用与沉积喷雾飘移（地面沉积）测定相似的采样系统来评价在直接喷雾区进行的喷雾。应注意确保用于检验喷洒剂量和施液量的取样介质在取样过程中不会达到饱和。

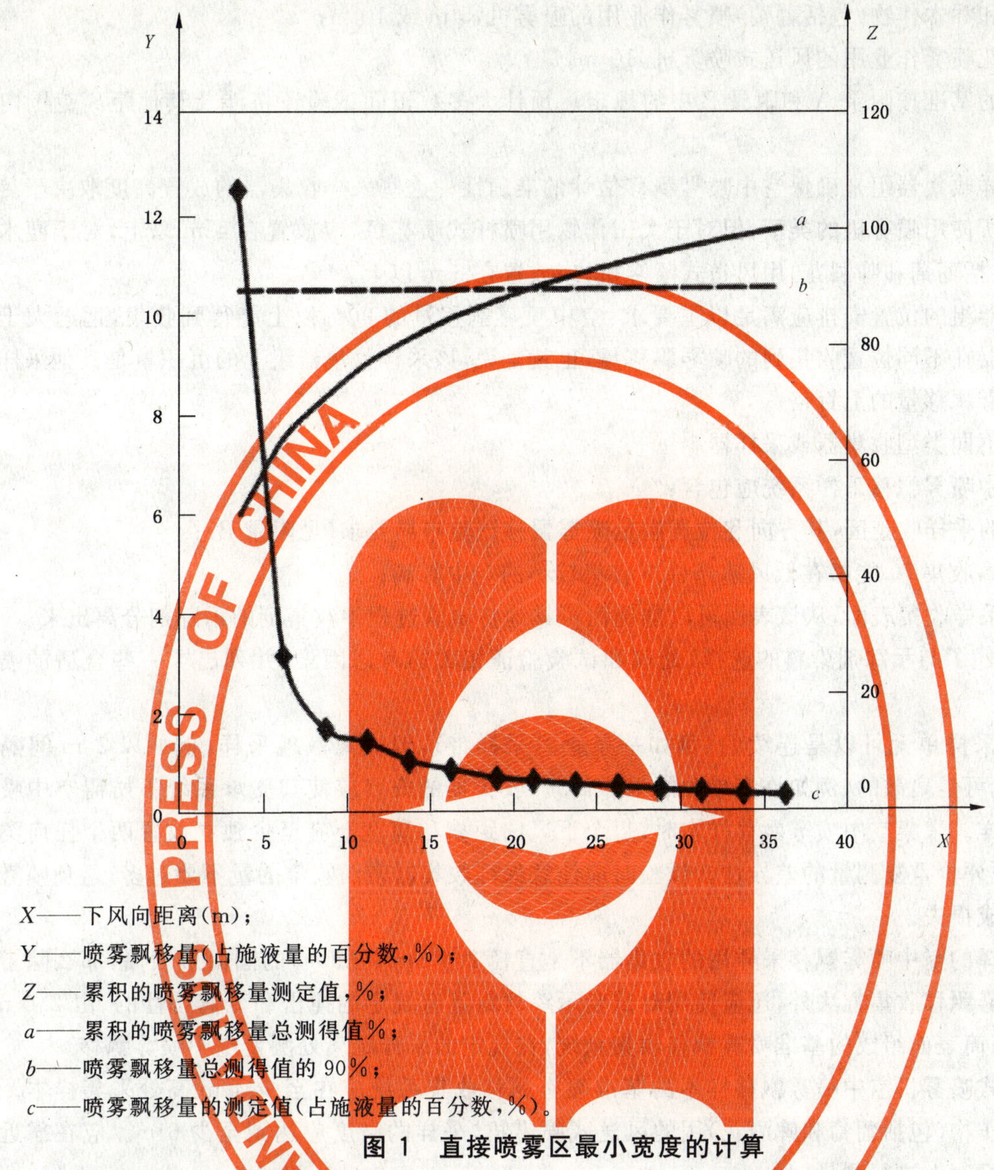

X——下风向距离(m)；

Y——喷雾飘移量(占施液量的百分数,%)；

Z——累积的喷雾飘移量测定值,%；

a——累积的喷雾飘移量总测得值%；

b——喷雾飘移量总测得值的90%；

c——喷雾飘移量的测定值(占施液量的百分数,%)。

图1　直接喷雾区最小宽度的计算

3.4　基准喷雾系统的使用

进行比较性测量时,田间测量方案中应包括基准喷雾系统的测量(见附录C)。应制定与试验地点条件相适应的良好的农艺规程。

3.5　喷雾飘移的测量

应将收集喷雾飘移("飘移沉降物")的水平收集器放置在与采样区内植物或作物顶部相适应的高度上,用以测量区域内雾液沉积的量。如果作物高度不整齐或者作物冠层稀疏,导致有较高比例的飘移沉降物到达地面时,应在地面上增加收集器。应选择象滤纸或色谱纸一样吸附能力强的水平收集器,以完全收集飘移雾滴。

从直接喷雾区起的每个采样距离上,应至少在地面上放置两个离散的水平采样器;对于连续采样介质,应以最小0.5 m的长度与喷雾行进路线平行放置。距离的测量应从收集器表面中心开始。下风向每个距离上采样介质的最小面积应为1 000 cm^2。垂直采样器的最小数量和下风向位置取决于采集空中喷雾飘移样品的方案(见3.6),至少应在5 m和10 m距离处进行测量,当以更大的距离进行测量时,采样距离应为5的整数倍。

取样最小距离应在直接喷雾区的下风向:

——大田作物喷雾作业用的喷杆式喷雾机,5 m;

——灌木和乔木作物(包括葡萄)喷雾作业用的喷雾机,5 m 或 10 m;

——啤酒花喷雾作业用的风送式喷雾机,10 m。

距离测量的基准按附录 A 和附录 B 中的规定。预计大多数田间试验还将涉及其他距离范围内的测量。

应使用采样收集器组来确保空中喷雾飘移估计的准确性。这些采样收集器的放置高度取决于目标作物的情况和所使用喷雾机的类型,但对于大田作物用喷杆式喷雾机,应放置在 4 m 以上;对于灌木和乔木类植物(包括葡萄和啤酒花)用风送式喷雾机,应放置在 6 m 以上。

采样收集器组的位置安排应满足以下要求:空中喷雾飘移量的 90%以上能得到收集,远远大于不同的采样收集器在不同位置收集到的喷雾飘移量,也就是说,该采样收集器组上的沉积量是其他采样器上收集的总喷雾飘移量的上百倍。

可以使用不同类型收集器或采样器。

合格的空中喷雾飘移采样系统应包含:

a) 规定的采样收集区,其方向和位置满足喷雾飘移试验布局要求(见附录 B);

b) 具有高收集率,能够在低风速条件下收集较小的空中雾滴;

c) 一个采样收集表面,从该表面可以准确而可靠地将试验过程中收集到的示踪剂分离出来。

附录 D 概述了与示踪剂染料的选择、处理和试验验证相关的考虑因素,并列出了一些合适的喷雾飘移采样器。

收集器的采样单元可以是连续的(例如一条垂直采样带),但应离散地采样(例如以 1 m 间隔布置)。收集器也可是离散的(例如许多单独的采样筒)。收集器的安装应使其支承系统不妨碍空中喷雾飘移的有效采样。采集空中喷雾飘移样本时,每个下风向距离和高度上应至少独立放置两个任何类型的收集器,以便评价重复测量的差异性。试验时应注意保证收集器表面收集的量不要过多,避免喷雾沉积物流失而造成损失。

如果所选择的空中喷雾飘移采样用的收集器不是直径 2.0 mm(±5%)的圆筒形表面,那么除了所选定的空中喷雾飘移收集方法外,还应使用对试验示踪材料具有规定的撞击和分离特性的、由 2.0 mm(±5%)直径圆筒表面组成的基准喷雾飘移收集系统,在规定的采样距离处测量空中喷雾飘移。

采集喷杆式喷雾机空中喷雾飘移样本的基准喷雾飘移收集系统应在至少 4 m 高处采集样本。对于乔木和灌木作物(包括葡萄和啤酒花)用的风送式喷雾机,采样的高度应达到至少 6 m。应在靠近雾流中心的某一高度上进行测量。

3.6 重复测量

3.2、3.3 和 3.5 中规定的测量应在与实际情况尽可能相似的风力条件下至少重复 3 次。从每个距离上取得的样本总数量应使距直接喷雾区边界 5 m 处的平均沉积能够获得±5%的置信区间。

4 气象条件的测量

测量时,应在飘移采样区中心处监视气象条件。应使用立杆支撑的传感器来测定:

——某一高度的风速;

——最少两个高度间的温差;

——平均气温和湿球温差(或用其他方法测量湿度);

——相对于喷雾行进路线的风向。

如果试验区域合适,应在距喷雾区域下风向边界至少 4 倍的作物高度作为下风向距离进行测量。应以至少 0.1 Hz 采样频率在作物冠层上方 1 m 高度及离地至少 2 m 处测量。

每次喷雾飘移测量过程中气象条件的测量次数应保持一致。

使用之前应先校准测量仪表。

5 喷雾飘移田间测量的可接收条件

应在下列范围内的大气条件下进行测量：

a) 风速至少 1 m/s(在作物冠层上方 1 m 且离地至少 2 m 处测量)。小于 1 m/s 的风速值个数应不超过总数 10%。

注：考虑风速对飘移收集效率的影响和预期的风向变化，最低风速的规定是重要的。

b) 风向：在喷雾期间，平均风向应与喷雾行进路线或直接喷雾区域下风边界成 90°±30°的角度，并且以 1.0 Hz 的频率采样时，与喷雾行进路线的垂直线的夹角大于 45°的风向数量应不超过总测量数的 30%。

c) 温度在 5 ℃～35 ℃之间。

田间测量喷雾飘移时，受天气和作物相关因素的影响，其试验条件无法得到直接控制，因此不可能直接重复某一给定的测量结果。对于任何喷雾机/作物的组合，为了支撑环境风险评价而进行的总喷雾飘移损失的定量分析试验，应在作物和天气情况相类似的条件下至少重复进行最少 3 次。

6 记录试验条件

6.1 关于喷雾系统

对于每种试验情况，应记录下列参数(适用时)：

——喷雾机型式；

——制造商；

——喷杆尺寸和高度；

——喷头型式、工作压力、实测流量和直接喷雾区域内的施液量；

——风机布置及调节装置安装方式和各种导向叶片的位置；

——与直接喷雾区域边界相关的末端喷头的位置；

——其他相关的参数，如防护等。

6.2 关于飘移取样区的农作物和表面

应记录以下与试验相关的情况：

——作物种类、生长情况及生长期；

——作物高度、收集区内的采样面高度；

——作物行距。

6.3 关于仪器与测量方法

试验结果报告应包括下列细节：

——使用的示踪系统，验证样品沉积物回收率的方法、样品处理和存放期间沉积物降解的定量分析方法，以及对所用方法准确度和分辨率的评估(见附录 D)；

——用于监测喷雾系统(包括压力表和流量计等)性能的仪器仪表；

——用于监测喷雾条件(包括风速和风向)的仪器仪表，以及这些仪器仪表系统校准情况。

7 试验结果描述

试验结果报告应包括：

a) 测量时的机器、作物和气象条件记录；

b) 试验场地、直接喷雾区域、试验区地形和采样位置的详情；

c) 在每个采样位置测得的地面喷雾飘移和空中喷雾飘移量。

每种场合以及距直接喷雾区域边界的每个距离上重复测量的沉积量结果，应计算其平均喷雾飘移沉积水平，并用占直接喷雾区域内水平采样表面上的施液量的百分比来表示。

对于空中喷雾飘移沉积，其试验结果应表示为单行程时采样组前的喷雾机喷雾量的百分比，同时应随试验结果提出统计置信度报告。

附录E给出了以图表形式描述试验结果的示例。

附　录　A
（规范性附录）
用于喷雾飘移测量的直接喷雾区域的定义

对于大田作物用的喷杆式喷雾机，在使用扁平雾流喷头时，直接喷雾区域等于喷杆上最外端喷头之间的距离 L，再在每侧末端加上工作喷头的平均间距的一半 $a/2$（见图 A.1）。

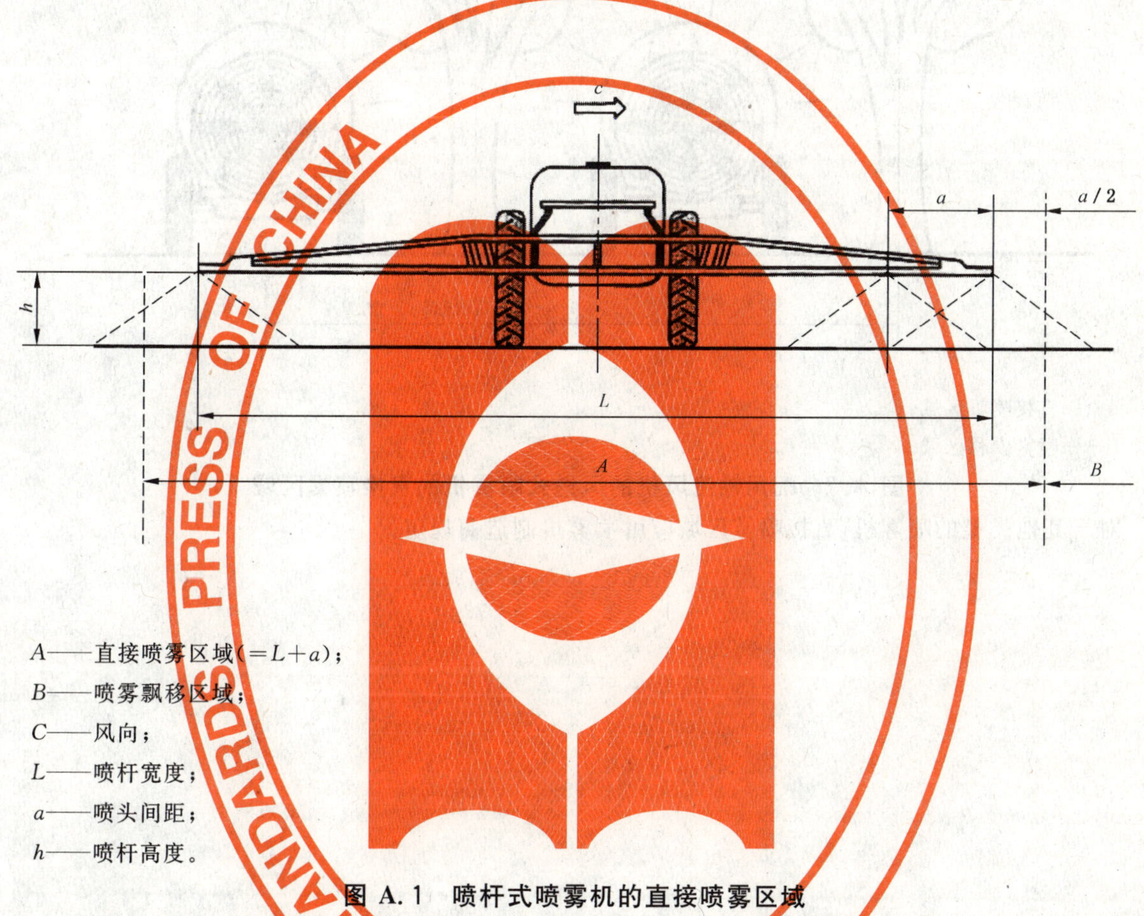

A——直接喷雾区域（$=L+a$）；
B——喷雾飘移区域；
C——风向；
L——喷杆宽度；
a——喷头间距；
h——喷杆高度。

图 A.1　喷杆式喷雾机的直接喷雾区域

对于乔木或灌木作物用的风送式喷雾机，直接喷雾区域等于所喷雾的作物行数（见图 A.2 示例），距离喷雾最后一行的边界外侧起行距的一半处开始作为喷雾飘移区域。

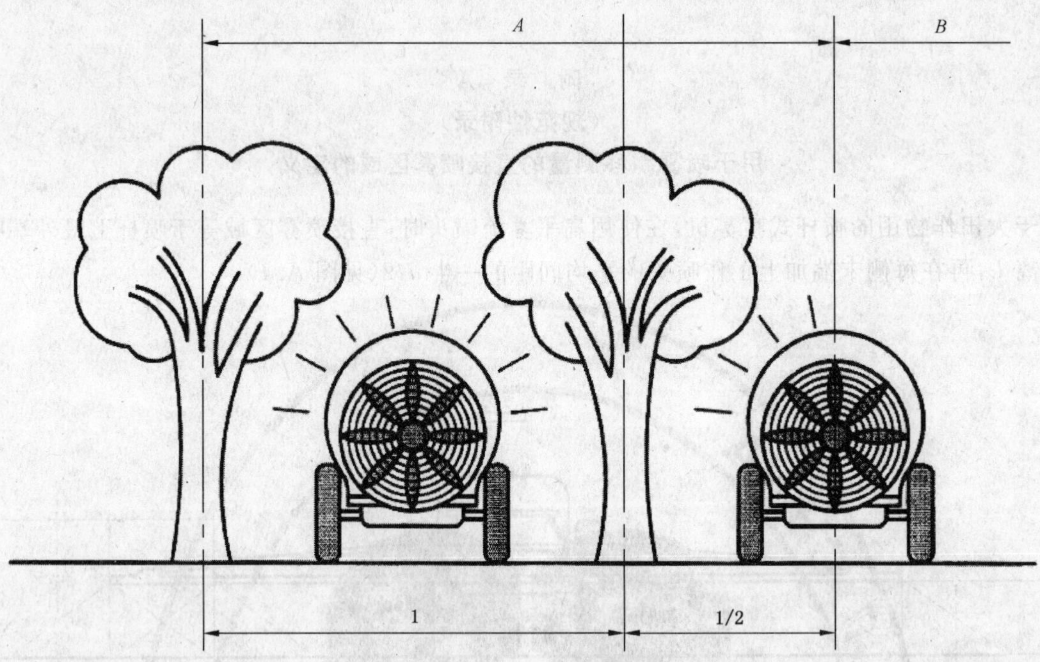

A——直接喷雾区域；
B——喷雾飘移区域。

图 A.2 配用轴流风机的风送式喷雾机的直接喷雾区域

对于其他类型的喷雾机，直接喷雾区域应由喷雾机制造商规定。

附 录 B
（规范性附录）
喷雾飘移田间测量的试验场地和靶标组的描述

使用三维坐标系，其中：

——X 轴为喷雾机的行进方向；

——Y 轴为与 X 成 90°的另一根水平轴（通常是风向）；

——Z 轴为垂直轴（与 X 和 Y 成 90°）。

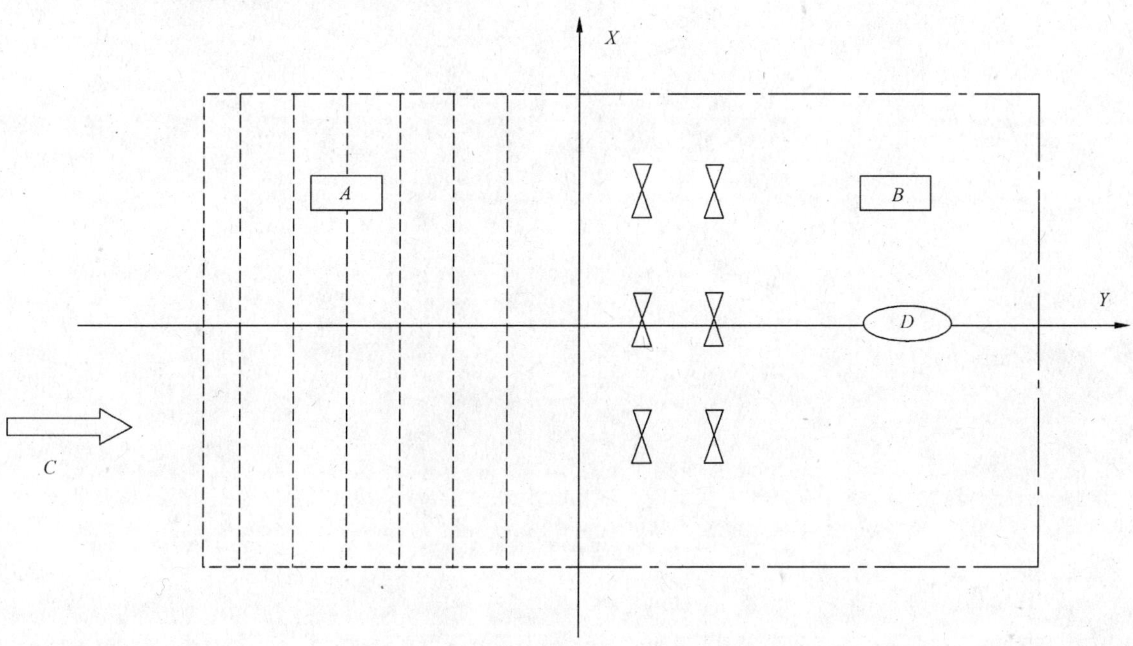

X——喷雾机行进的方向；
Y——与 X 成 90°的水平轴；
A——直接喷雾区域；
B——喷雾飘移区域；
C——风向；
D——典型的取样位置。

图 B.1 试验场地布局图

X 轴方向：

——喷雾机从 X 为负值处开始行进；

——喷雾行进路线长度为 X 轴方向的最大长度。

Y 轴方向：

——在沿位于大部分下风向一侧的线上（即沿 X 轴）为零；

——随下风向距离的增大而正增大；

——随上风向距离的增大而负增大；

——Y 取负的幅宽值，通常等于相邻的上风向的喷雾幅宽；

——Y 的最大正值等于最远处的下风向靶标点；

——Y 的最大负值等于直接喷雾区域的上风向边界。

Z 轴方向：

——在地表面标高等于零；

——随地面向上高度的增加而增大；

——随地面向下高度的增大而减小。

附 录 C
（资料性附录）
用于田间测量喷雾飘移的基准喷雾系统

当使用基准喷雾系统进行研究时，应按 ISO 22369 中的规定提出详细报告。

应制定与试验地点条件相适应的良好的农艺规程。

附　录　D
（规范性附录）
喷雾飘移收集器和取样器的选择和使用

本附录给出了关于喷雾飘移收集器和取样器选择和使用的技术规范。

a）在开始喷雾飘移测量之前，应检验在靶标收集器或采样器上的示踪剂的回收率和稳定性。这些准备工作应规定所用技术的分辨率水平。应在文件中陈述所有分析过程的细节。

b）应建立空中喷雾飘移收集器或采样器的使用规程，以最大限度地减少他们暴露在空中喷雾飘移的前后过程中产生各种交叉污染的风险。使用干净的收集器/采样器进行试验以及收集器/采样器采集到示踪剂溶液所需测定量的过程中，应监测交叉污染和示踪剂降解的潜在可能性。

c）应尽可能缩短收集器/采样器使用后的存放时间。需要存放时，应存放在适合示踪剂保存的条件下。通常存放在干燥、避光、温度低于 4 ℃的场所，并尽量减少产生凝结的各种危险因素（因为凝结可能导致结果出错）。

d）对取自喷雾时喷头喷出的喷雾液的样品中示踪剂含量进行标定，利用标定结果计算收集器/采样器收集到的示踪剂沉积量。

表 D.1 列出了常用的效果较好的喷雾飘移收集器和采样器。对于进行测量结果比较的情况，应当使用相同的收集器。

表 D.1　喷雾飘移收集器和采样器举例

收集面	特　点	备　注
——1.98 mm 直径聚乙烯塑料线； ——2.00 mm 直径聚四氟乙烯线； ——直径高达 5.0 mm 的金属筒	收集率高，采样面积已知	应检验示踪剂的回收率和持久力特性。 用于采集空中喷雾飘移的样本
——管状收集器； ——棉线； ——羊毛线； ——盘状收集器； ——滤布	收集率很高，收集面积可变和未知	从照片上确定平均采样尺寸。 用于采集空中喷雾飘移的样本
——滤纸； ——纸面； ——显微镜玻璃片； ——陪替氏培养皿	采集空中喷雾飘移样本时的收集率低	用于定量分析地面上沉降的喷雾飘移沉积；应水平安装
——吸入式取样器和旋转棒一类的活动式收集器	收集率高[a]	仅用于采集空中喷雾飘移的样本。 除非是等速采样，否则收集面积难于规定
[a] 在垂直的收集器和采样器上的收集率，在很大程度上取决于雾滴尺寸和风速。		

当用荧光染料作为示踪剂时，优化荧光计对示踪剂的激发和发射波长，以最大限度地区分示踪剂和背景十分重要。背景可能来自收集器、稀释液（例如自来水或去离子水的荧光性会随时间变化）和荧光计中的毛细测量元件的污染。

用稀释液浸泡收集器以使示踪剂溶解到溶液中。为了最大限度地回收示踪剂，应当使稀释液的量最小，但是这取决于收集面积和收集到的喷雾液量。稀释剂的量和收集器上的示踪剂的量也决定了从收集器表面上的回收率。应当事先调查以获得最佳稀释量。

荧光计的读数与溶液中示踪剂含量的关系由校准曲线确立。该校准曲线通过测定已知浓度示踪剂而获得。

注：在刻度限值范围内，该校准曲线是一条直线(例如：在“0 至 1 000”范围中的 $10<X<950$)。

根据荧光计的读数、校准曲线、收集器表面面积、喷雾液浓度、背景值(收集器与稀释液之和)和稀释剂的量，可以按公式(D.1)计算出单位面积上的喷雾液沉积量(如以微升每平方厘米为单位)。根据该喷雾飘移沉积量的值，可以按公式(D.2)计算出相同单位面积上喷雾飘移沉积量与田间施液量之比，来表示收集器上的喷雾飘移量的百分比。

$$\beta_{\text{dep}}=\frac{(\rho_{\text{smpl}}-\rho_{\text{blk}})\times F_{\text{cal}}\times V_{\text{dil}}}{\rho_{\text{spray}}\times A_{\text{col}}}\qquad\cdots\cdots(\text{D.1})$$

$$\beta_{\text{dep}}\%=\frac{\beta_{\text{dep}}\times 10\ 000}{\beta_{\text{v}}}\qquad\cdots\cdots(\text{D.2})$$

式中：

β_{dep}——喷雾飘移沉积量，单位为微升每平方厘米(μL/cm^2)；

$\beta_{\text{dep}}\%$——用百分比表示的喷雾飘移量，%；

β_{v}——喷雾施液量，单位为升每公顷(L/hm^2)；

ρ_{smpl}——样品的荧光计读数；

ρ_{blk}——不含示踪剂的空白采样器(收集器＋稀释水)的荧光计读数；

F_{cal}——校准系数——表示荧光计读数和示踪剂浓度之间的关系——以荧光计单位刻度所对应的浓度微克每升为单位表示(μg/L 荧光计刻度单位)；

V_{dil}——用于溶解收集器收集的示踪剂的稀释液(如自来水或去离子水)的体积，单位为升(L)；

ρ_{spray}——喷雾液浓度或者在喷头处采样的喷雾液中的示踪剂的量，单位为克每升(g/L)；

A_{col}——收集器上捕捉喷雾飘移的投影面积，单位为平方厘米(cm^2)。

附　录　E
（资料性附录）
田间测量喷雾飘移结果报告的示例

表 E.1　田间试验测量喷雾飘移结果报告的格式

<table>
<tr><td colspan="6">试验
编号：　　　　　　　　试验人员：　　　　　　　　日期：</td></tr>
<tr><td colspan="6">作物
自然条件描述：
类型：　　　　　　　　生长期：</td></tr>
<tr><td colspan="6">试验区：
应附加试验区图形。收集器(组)的描述——见表 E.2。
表面类型：　　　　　　　　植物高度：</td></tr>
<tr><td colspan="6">喷雾设备：
制造商：　　　　喷雾机类型：　　　　喷头：
施液量：　　　　喷雾压力：　　　　行驶速度：
示踪剂：　　　　示踪剂浓度：</td></tr>
<tr><td colspan="6">气象条件：
测量的真实情况应以适当的表格型式附加到本报告中。
总体说明：
基准高度：　　　　采样高度：
风速：　　　　风向：
温度：　　　　相对湿度：</td></tr>
<tr><td colspan="6">沉积测量概要：
附加测量细节——见表 E.3。
空中喷雾飘移测量
收集器/采样器类型：　　　　采样面尺寸：</td></tr>
<tr><td>位置
X、Y 坐标</td><td></td><td></td><td></td><td></td><td></td></tr>
<tr><td>沉积量</td><td></td><td></td><td></td><td></td><td></td></tr>
<tr><td colspan="6">地面喷雾飘移测量
收集器类型：　　　　采样区尺寸：</td></tr>
<tr><td>位置
X、Y 坐标</td><td></td><td></td><td></td><td></td><td></td></tr>
<tr><td>沉积量</td><td></td><td></td><td></td><td></td><td></td></tr>
</table>

表 E.2 常用的收集器/采样器明细表

收集器类型	收集器/采样器名称(形状)	尺寸 mm	采样面积 mm^2	备注
A	管状收集器(筒形)	$X=150$;$Y=3$;$Z=3$;	450	在侧面,沿喷幅方向
B	管状收集器(筒形)	$X=3$;$Y=3$;$Z=150$;	450	垂直方向
C	聚乙烯线(筒形)	$X=2$;$Y=2$;$Z=10\ 000$;	20 000	垂直方向

表 E.3 收集器/采样器测量的详细情况

空中喷雾飘移测量: 收集器/采样器组 1:$Y=5$ m,Z 位置$=5$ m,收集器类型(C)			
X 位置	−5 m	0 m	+5 m
沉积量:喷雾液,毫克或微升			
收集器/采样器组 2:Y 位置$=10$ m,Z 位置$=5$ m,收集器类型(C)			
X 位置	−5 m	0 m	+5 m
沉积量:喷雾液,毫克或微升			
收集器/采样器组 3:Y 位置$=5$ m,Z 位置$=1.0$ m,收集器类型(B)			
X 位置	−5 m	0 m	+5 m
沉积量:喷雾液,毫克或微升			
地面: 收集器/采样器组 4:Y 位置$=5$ m,Z 位置$=0.5$ m,收集器类型(A)			
X 位置	−5 m	0 m	+5 m
沉积量:喷雾液,毫克或微升			
收集器/采样器组 5:Y 位置$=10$ m,Z 位置$=0.5$ m,收集器类型(A)			
X 位置	−5 m	0 m	+5 m
沉积量:喷雾液,毫克或微升			

ICS 65.060.40
B 91

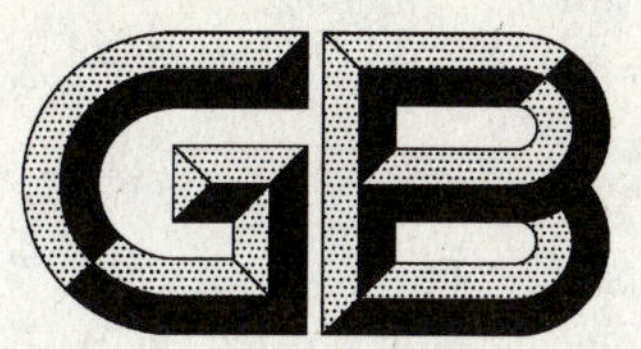

中华人民共和国国家标准

GB/T 24682.1—2009/ISO 22369-1:2006

植物保护机械 喷雾机飘移量分级 第1部分:分级

Crop protection equipment—Drift classification of spraying equipment—Part 1:Classes

(ISO 22369-1:2006,IDT)

2009-11-30 发布　　2010-04-01 实施

中华人民共和国国家质量监督检验检疫总局
中国国家标准化管理委员会　发布

前言

本部分是GB/T 24682《植物保护机械　喷雾机飘移量分级》的第1部分，等同采用ISO 22369-1:2006《植物保护机械　喷雾机飘移量分级　第1部分：分级》(英文版)。

本部分等同翻译ISO 22369-1:2006。

为便于使用，本部分做了如下编辑性修改：

——"ISO 22369-1:2006的本部分"改为"本部分"；

——删除了国际标准的前言。

本部分由中国机械工业联合会提出。

本部分由全国农业机械标准化技术委员会(SAC/TC 201)归口。

本部分起草单位：中国农业机械化科学研究院、中国农业大学、江苏大学、农业部南京农业机械化研究所。

本部分主要起草人：严荷荣、陈俊宝、何雄奎、吴春笃、皇才进、王忠群。

引　言

植物保护机械产生的喷雾飘移，会造成水源等非靶标面和敏感区域的污染。因此，通常需要规定最小的喷雾距离或隔离区域。使用减少飘移的喷雾机或喷雾部件能够减少受污染区域。建立喷雾机及喷雾零部件飘移的分级规范可以促进农户做出选择，可能有益于确定最佳喷施或相关立法。

喷雾飘移包括空中喷雾飘移以及沉降到地面上的飘移。喷雾飘移的分级基于喷雾设备（如喷雾机或喷雾部件）和基准喷雾系统之间的比较。基准喷雾系统基于使用喷雾设备在不同地区和作物上按照良好农艺规程进行施药作业。喷雾飘移的沉积量或收集量在离靶标不同距离处测量，喷雾机防飘性能的评定都是相对于基准喷雾系统而言的。

本系列标准的目的是提出一种确定喷雾机防飘性能的统一规程。

植物保护机械　喷雾机飘移量分级
第1部分:分级

1　范围

GB/T 24682的本部分规定了喷雾机的飘移量分级及防飘率的定义。

本部分适用于大田作物、灌木和乔木作物、园艺和林业用的喷雾机。

如可行,本部分应与GB/T 24682的其他部分结合使用。

2　术语和定义

下列术语和定义适用于本部分。

2.1

防飘率(d_{red})　drift reduction

在相同距离和试验程序下,被测喷雾机(CS)和基准喷雾系统(RS)之间喷雾飘移沉积量或回收量的差,按下列公式计算:

$$d_{red}=\left(\frac{d_{RS}-d_{CS}}{d_{RS}}\right)\times 100\%$$

3　分级

分级是通过基准喷雾系统与待测喷雾机之间的比较来确定的,分为A级到F级(见表1)。喷雾机的飘移分级取决于采用GB/T 24682其他部分中规定的试验方法得出的防飘率结果。

表1　防飘率分级

分级	F	E	D	C	B	A
防飘率/%	≥25～50	≥50～75	≥75～90	≥90～95	≥95～99	≥99

ICS 65.060.40
B 91

中华人民共和国国家标准

GB/T 24683—2009/ISO 9898:2000

植物保护机械　灌木和乔木作物用风送式喷雾机　试验方法

Equipment for crop protection—Test methods for air-assisted sprayers for bush and tree crops

(ISO 9898:2000,IDT)

2009-11-30 发布　　2010-04-01 实施

中华人民共和国国家质量监督检验检疫总局
中国国家标准化管理委员会　发布

前言

本标准等同采用 ISO 9898:2000《植物保护机械　灌木和乔木作物用风送式喷雾机　试验方法》(英文版)。

本标准等同翻译 ISO 9898:2000。

为便于使用,本标准做了如下编辑性修改:

——“本国际标准”改为“本标准”;

——删除了国际标准的前言;

——ISO 9898:2000 中引用的国际标准,用已被采用为我国的标准代替对应的国际标准;

——喷雾压力单位用“MPa”代替“bar”;

——用小数点“.”替代作为小数点的“,”。

本标准的附录 A 为规范性附录。

本标准由中国机械工业联合会提出。

本标准由全国农业机械标准化技术委员会(SAC/TC 201)归口。

本标准起草单位:中国农业机械化科学研究院、农业部南京农业机械化研究所、江苏大学、台州信溢农业机械有限公司。

本标准主要起草人:严荷荣、陈俊宝、傅锡敏、皇才进、吴春笃、陈健。

植物保护机械 灌木和乔木作物用风送式喷雾机 试验方法

1 范围

本标准规定了测定灌木、葡萄园和乔木作物用的风送式喷雾机的特性和试验方法。

本标准适用于悬挂式、牵引式及自走式的风送式喷雾机(包括气力雾化喷雾机)。

本标准规定了在可控条件下(实验室)测试喷雾机性能的试验方法，以尽可能减小环境污染的风险。

2 规范性引用文件

下列文件中的条款通过本标准的引用而成为本标准的条款。凡是注日期的引用文件，其随后所有的修改单(不包括勘误的内容)或修订版均不适用于本标准，然而，鼓励根据本标准达成协议的各方研究是否可使用这些文件的最新版本。凡是不注日期的引用文件，其最新版本适用于本标准。

GB/T 20083.1—2006 风送农业喷雾机 数据表 第1部分：典型格式(ISO 13441-1:1997,MOD)

3 试验条件

3.1 喷雾机的调整

测试应在机器(整流栅，喷头，导流装置等)正常工作状态下进行。

3.2 喷雾机的结构

导流装置的位置，气流出风口的形状和方向，喷嘴的方向，以及其他改进气流或液体分布的装置都应在报告中阐述。可以用喷雾机的照片和原理图描述喷雾机的结构。

3.3 喷雾机的环境

喷雾出风口方向5 m内应无任何障碍物。

3.4 动力输出速度

测试至少应在动力输出轴的额定转速(540±5)r/min下进行。

注：如果喷雾机的额定转速是1 000 r/min运转，则在动力输出轴转速(1 000±10)r/min下测试。

3.5 喷雾机齿轮箱

如果驱动风机的动力传递系统中包含有变速装置，那么测试应涵盖齿轮箱的所有挡位，并应当测定动力输出轴速度和风机转速。

3.6 安装角可调的风机

对于叶片安装角可调的风机，至少应在制造商推荐的角度进行测试。如果制造商未推荐叶片角度，则应采用调节范围的中间位置，或最靠近中间位置的角度进行测试。

3.7 开度可调的风机出风口

装有可调出风口开度的喷雾机，至少应使用制造商推荐的出风口宽度进行测试。如果制造商未推荐出风口宽度，则应在调节范围的中间位置，或最靠近中间位置的开度进行。

3.8 装有轴流风机的悬挂式喷雾机

应在报告中说明风机轴的高度。

3.9 测试液体

使用自来水。测试中如需使用示踪剂或染色剂，应写入报告。

3.10 大气环境

测试时的气温和湿度应写入报告。

4 喷雾机功率消耗的测定

应使用扭矩仪等仪器测试喷雾机正常工作状态时的总功耗(风机,泵等),测试过程中应切断喷头处液流。测试应采用制造商推荐的最大压力。

5 流量的测试

5.1 基准方法

常规的方法是用一个连接两根测量风筒的风室,来测量喷雾机单个风机或多台风机进口和出风口处的流量。试验装置的基本结构见图1。测量风室与不同种类风送式喷雾机之间可以采用的连接方式见图2。

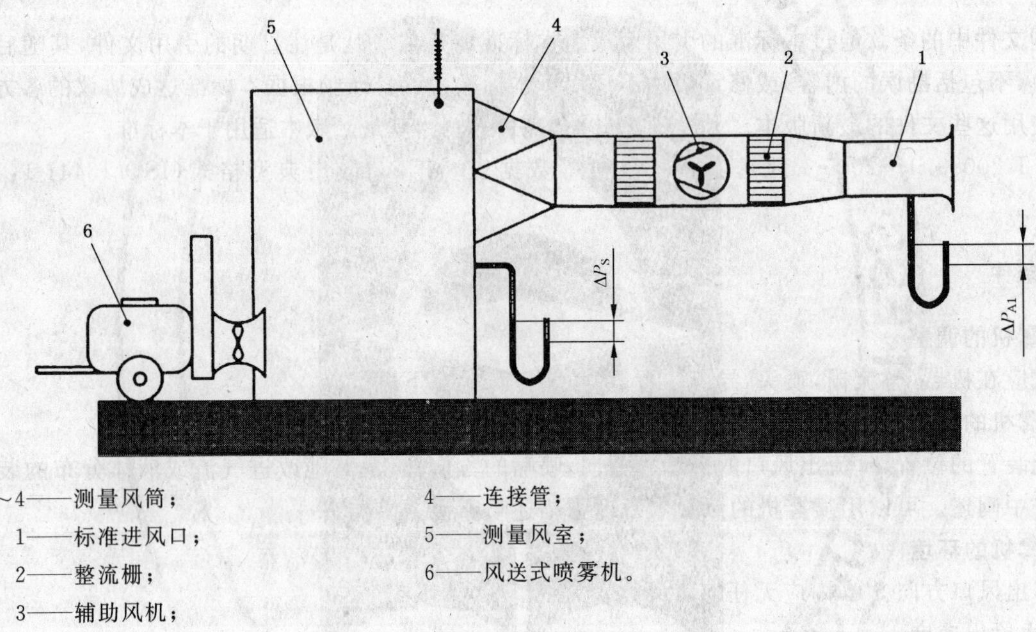

1～4——测量风筒;
1——标准进风口;
2——整流栅;
3——辅助风机;
4——连接管;
5——测量风室;
6——风送式喷雾机。

图1 试验装置的基本结构示意图

试验装置应符合以下技术规范:

主体部分是一个密闭的箱子,连有两根测量风筒(第1根风筒的直径900 mm,流量测量范围20 000 m^3/h～110 000 m^3/h;第2根风筒的直径450 mm,流量测量范围2 000 m^3/h～20 000 m^3/h)。测量风室尺寸为:宽4.6 m,长6.15 m,高3.75 m。测量风室的一个侧板由可移动的支撑架和金属板组成,可以和喷雾机连接。喷雾机的风机把测量风室内的空气抽出,测量风筒内的辅助风机则向测量风室内补充等量的空气。为确保风机工作条件和田间工作条件相同,要控制风机的转速,同时调节辅助风机的流量与被测定风机的流量一致。两台风机的流量是否一致可通过测量风筒内气压与大气压力间的压差 ΔP_S 是否等于零来检验。测量风筒标准进风口处的压力 ΔP_{A1} 反映了空气流速大小。用 ΔP_{A1} 计算空气流量的公式如下:

管1: $q_v = 3\,203.20 \times \sqrt{\dfrac{\Delta P_{A1}}{\rho}}$

管2: $q_v = 88.288\,3 \times \sqrt{\dfrac{\Delta P_{A1}}{\rho}}$

式中:

q_v——空气流量,单位为立方米每小时(m^3/h);

ΔP_{A1}——测量风筒标准进风口处的压力，单位为帕(Pa)；

ρ——空气密度，单位为千克每立方米(kg/m³)。

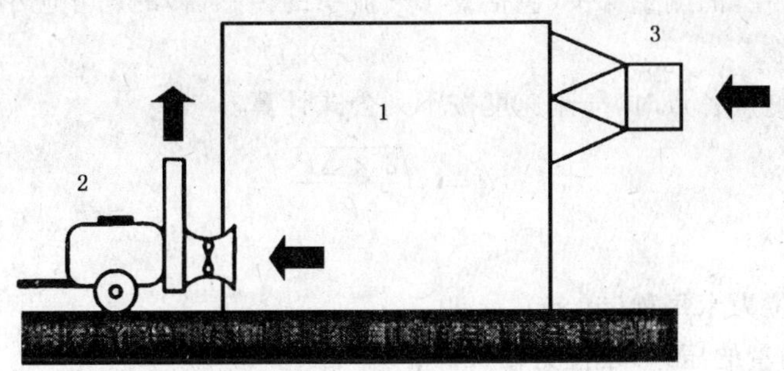

a) 测试单侧吸气式风送喷雾机的测量风室结构图

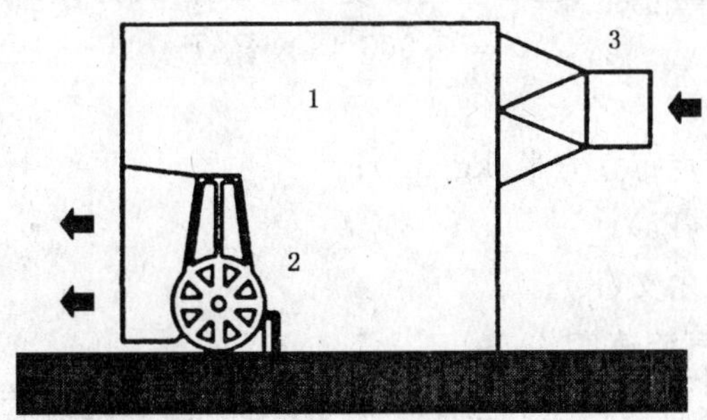

b) 测试风送式喷雾机单侧流量的测量风室结构示意图

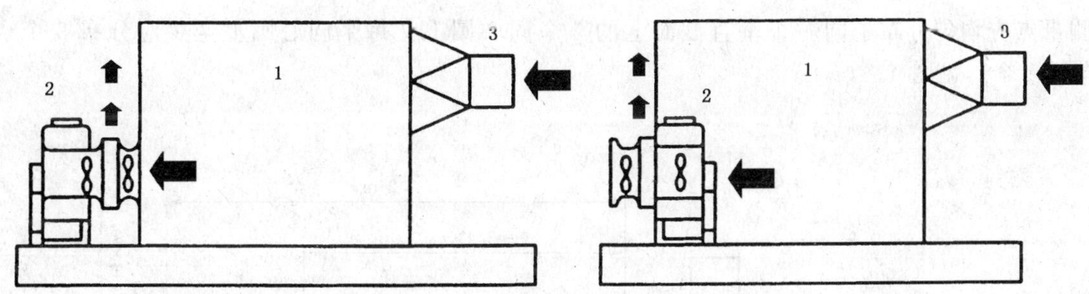

c) 测试双侧吸气式风送式喷雾机的测量风室结构图

1——测量风室；

2——喷雾机；

3——测量风筒。

图2 测量风室与不同种类的风送式喷雾机可以采用的连接方式

5.2 其他测试方法

5.2.1 一般要求

风送式喷雾机的气流速度也可以使用不同的仪器在风机进风口或出风口测定。可以使用的仪器有普朗特管(Prandtl管，毕托管的一种)风速仪、热线风速仪、小型螺旋推进式风速仪或激光风速仪。超声波风速仪可以用来测定风送式喷雾机的出风口气流速度，但不能测定进口气流速度。为了使进出风口截面上测量的气流速度具有代表性，应规定测量点的最少数量(见5.2.2和5.2.3)。空气流量等于90°截面上的气流速度乘以截面积。在计算风机总的截面积时，应把导流装置、喷头或风机结构件的影响计算进去。

使用热线风速仪、小型螺旋推进式风速仪或激光风速仪，应和普朗特管风速仪测量值相一致。90°

截面上的测量点数量应和普朗特管风速仪测量时相同。

对每个测量点，应使用采样最小间隔为 10 s、最少 100 个采样数据的平均气流速度。

较大尺寸(长度或直径)的测量探头(包括置于气流中的传感器)的尺寸应小于 25 mm。

测量误差应小于 5%。

用普朗特管风速仪测量各点时，气流速度按下列公式计算。

$$v=\sqrt{\frac{2\times \Delta P}{\rho}}$$

式中：

v——气流速度，单位为米每秒(m/s)；

ΔP——用普朗特管测量的压差，单位为帕(Pa)；

ρ——空气密度，单位为千克每立方米(kg/m³)。

在计算空气密度时，要测量环境气压和空气温度，按下列公式计算：

$$\rho = 0.003\ 48\times P/T$$

式中：

ρ——空气密度，单位为千克每立方米(kg/m³)；

P——环境气压，单位为帕(Pa)；

T——空气温度，单位为开尔文(K)。

5.2.2 在风机进气管端测量气流速度

应在风机进风一侧的连接管内测量。为了不影响风机进风，连接管直径应是风机进风口直径的 1.5 倍，管子长度应不少于 2 m，在连接管的垂直截面上、与风机进风口距离为 3/4 倍的连接管长度处，用普朗特管风速仪测量气流速度(见图 3)。

测量点应均匀分布于同一个垂直截面上的 5 个同心圆上。每个同心圆上至少应分布 3 个点(每 120°布置 1 个)，见图 4。

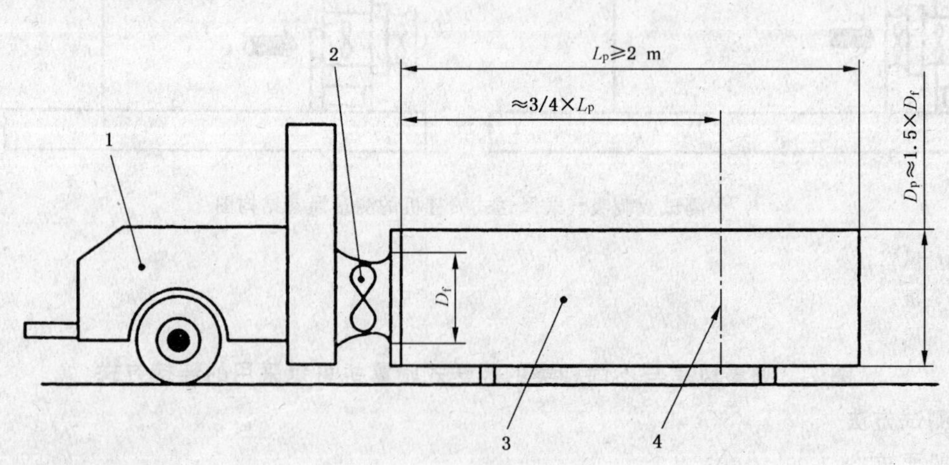

D_f——风机进风口直径；

D_p——风机连接管直径；

L_p——风机连接管长度；

1——风送式喷雾机；

2——风机；

3——连接管；

4——垂直测量截面。

图 3 在风机进风口端测量气流速度

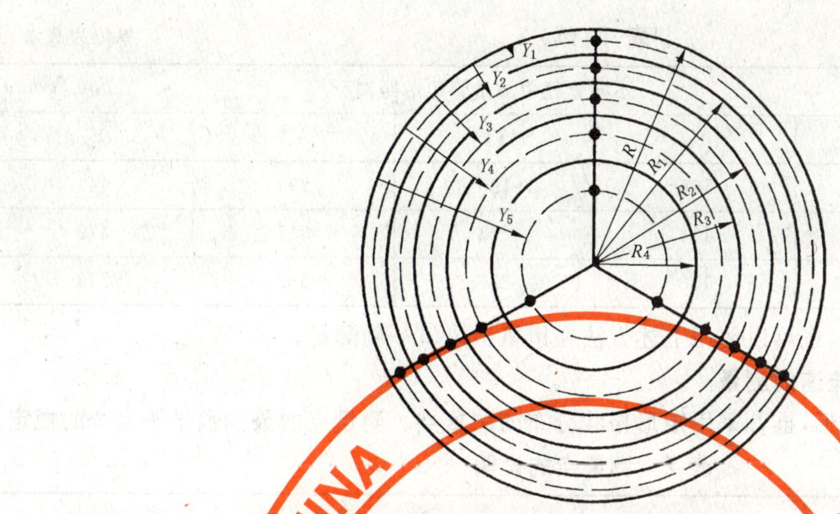

●——测量点；

--------——同心圆。

图 4　垂直测量截面与测量点的位置

同心圆半径按下列公式计算：

$$R_i/R = \sqrt{1-(i/n)}$$

$$Y_i/R = 1-\sqrt{1-\frac{2i-1}{2n}}$$

式中：

Y_i——连接管内壁至测量点间的距离；

R_i——圆环直径；

n——圆环数量；

i——圆环序号。

计算表：分 5 个圆环($n=5$)，从重心圆上的测量点到圆环管边的距离 $Y_1 \sim Y_5$，计算得表 1 如下：

表 1　不同连接管径的测量点至连接管内壁的距离

单位为毫米

管径	不同管径中测量管边的距离				
	Y_1	Y_2	Y_3	Y_4	Y_5
100	3	8	15	23	34
200	5	16	29	45	68
300	8	25	44	68	103
400	10	33	59	90	137
500	13	41	73	113	171
600	15	49	88	136	205
700	18	57	103	158	239
800	21	65	117	181	274
900	23	74	132	204	308
1 000	26	82	146	226	342
1 100	28	90	161	249	376
1 200	31	98	176	271	410

表 1（续） 单位为毫米

管径	不同管径中测量管边的距离				
	Y_1	Y_2	Y_3	Y_4	Y_5
1 300	33	106	190	294	444
1 400	36	114	205	317	479
1 500	38	123	220	339	513

如果风机具有圆形出风口，也可以使用上述方法在风机出风口一侧测量。

5.2.3 风机出风口一侧空气流速的测量

如果风机出风口形状是矩形，推荐采用矩形格状分布的测量点。测量点的最少数量按表 2 的规定。

表 2 测量点的说明

垂直截面面积 cm^2	风机型式或出风口（进风口）形状	点在最大覆盖面 cm^2/点	测量点的最少数量	点的面积/总出风口面积
<100	● 径向、轴向、横流风机，单个出风口 GB/T 20083.1—2006 中 502.4 ● 轴向风机的第 2 个出风口 GB/T 20083.1—2006 中 502.1	5	20	>0.05
100～500	● 轴向风机的第二个出风口 GB/T 20083.1—2006 中 502.1 ● 横流风机的矩形出风口 GB/T 20083.1—2006 中 502.5	10	10～50	0.1～0.02
500～2 000	● 轴向风机的主出风口（环形） GB/T 20083.1—2006 中 502.1 ● 轴向风机、垂直导流装置 GB/T 20083.1—2006 中 502.2 ● 横流风机的矩形出风口 GB/T 20083.1—2006 中 502.5	25	25～80	0.05～0.012 5
2 000～4 000	● 轴向风机的主要（环形）出风口 GB/T 20083.1—2006 中 502.1 ● 带垂直导流装置的轴向风机、矩形出风口 GB/T 20083.1—2006 中 502.2 ● 横流风机的矩形出风口 GB/T 20083.1—2006 中 502.5	50	40～80	0.025～0.012 5
>4 000	● 带垂直导流装置的轴向风机、矩形出风口 GB/T 20083.1—2006 中 502.2	100	16	<0.025
>4 000	● 连接到进风侧的连接管（圆形）	250	40	<0.125

6 气流速度分布测定（静态测试）

测定距离出风口 0.5 m 处的气流方向和速度。喷雾机或测量传感器的移动速度应小于 1 cm/s。

测量气流方向的传感器可以是带有角度指示器的风向标（测量气流速度，见 5.2.1）。使用 5 孔皮托管或激光风速计也可同时测量气流速度和方向。

垂直方向上最大气流速度的静态测量，以 1 cm 不超过 10 s 的速度，测定 10 cm 分层上的气流方向和气流速度。实时评价有代表性气流速度和气流角度，并记录每个分层上的测试结果(如图5的例子所示)。

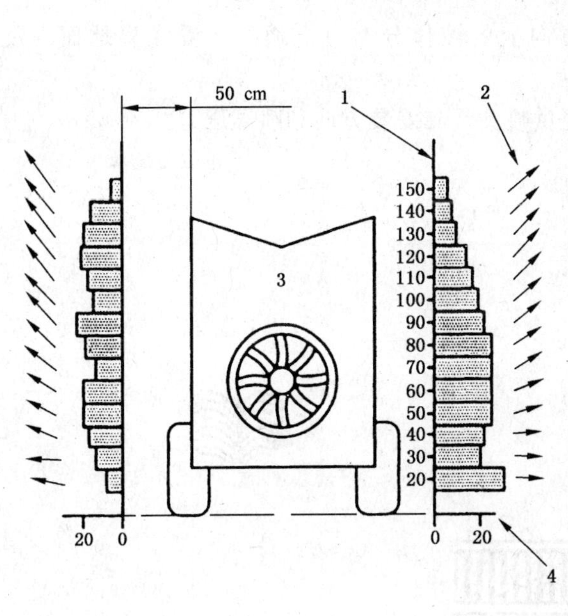

数据报告

气流速度				
高度	左边	右边	平均	偏差
cm	m/s		m/s	%
150	5.6	6.4	6.0	7
140	14.2	8.5	11.3	26
130	17.7	10.2	13.9	27
120	18.7	14.6	16.7	12
110	14.6	17.2	15.9	8
100	14.2	19.8	17.0	17
90	20.7	22.0	21.4	3
…				
气流角度				
高度	左边	右边	平均	偏差
cm	(°)		(°)	%
150	55	41	48.0	7
140	50	43	46.5	4
130	52	45	48.5	4
120	51	46	48.5	2
110	48	44	46.0	2
100	45	41	43.0	2
90	40	38	49.0	1
…				

1——高度，cm；

2——气流角度；

3——风送式喷雾机；

4——气流速度，m/s。

图5　定距离上的气流方向和速度分布图形和数据报告示例

根据制造商的要求，应测定在空气出风口宽度上的气流速度分布，并记入报告(见图6)。

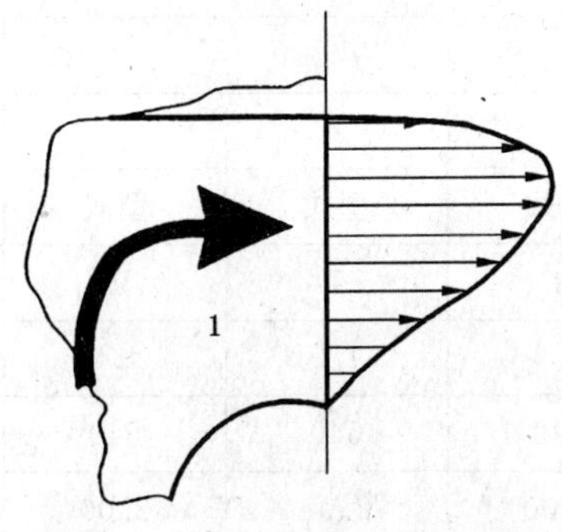

1——空气出风口。

图6　空气出风口宽度上的气流速度分布测量示例

7 液量分布的测试

7.1 一般要求

可以在静态(7.2)或动态的情况(7.3)下测量液体分布。

对于葡萄园用(有时也可用于其他果园)的风送式喷雾机,测量位置应距离喷雾机轴线 1.25 m;用在果园里和啤酒花的喷雾机,则应为 2 m。见图 7。

对于棚架植物(如葡萄棚架)用喷雾机,其水平方向上的液体分布可以通过放置在离地面高度 2.5 m 处的雾滴收集器进行测试。

为了获得测量高度方向上的均匀分布,制造商应提供喷头及其安装方向和喷雾压力。

单位为毫米

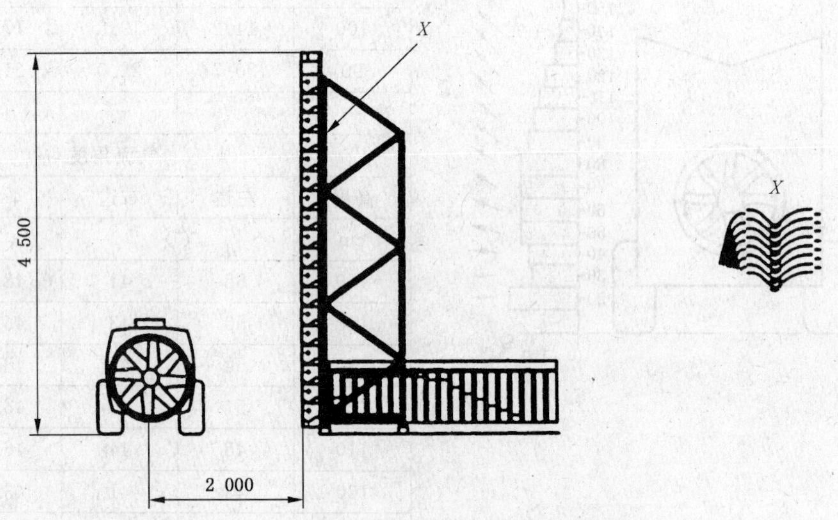

图 7 常规风送式喷雾机的分层收集器

7.2 静态测试(喷雾机静止)

7.2.1 垂直方向上的分层收集器

附录 A 给出了垂直方向上分层收集器的特性。

用于收集水的最大分层厚度为 0.25 m。

测量高度范围应为地面以上 4.5 m。

测试结果应按表 3 和图 8 的形式描述。

注:如能得到同样的测量精确,也可采用其他的试验装置。

表 3 垂直方向上的液量分布示例(见图 8)

调节状态						
测试人员						
日　期						
喷　头	型式	型式	型式	型式	型式	型式
风机档位	1	1	1	1	1	1
压力/MPa	1.0	1.0	1.0	1.0	1.0	1.0
动力输出轴转速/(r/min)	540	540	540	540	540	540
距离/m	2.00	2.00	2.00	2.00	2.00	2.00
气流射高	0～2.80 m	0～2.80 m	0～2.80 m	0～2.80 m	0～2.80 m	0～2.80 m

表 3（续）

测量位置	左侧	左侧	左侧	右侧	右侧	右侧
喷头序号						
10						
9						
8	关	关	关	关	关	关
7	关	关	2.80 m/开	2.80 m/开	关	关
6	关	2.45 m/开	2.45 m/开	2.45 m/开	2.45 m/开	关
5	1.95 m/开	1.95 m/开	1.95 m/开	1.95 m/开	1.95 m/开	1.95 m/开
4	1.45 m/开	1.45 m/开	1.45 m/开	1.45 m/开	1.45 m/开	1.45 m/开
3	0.95 m/开	0.95 m/开	0.95 m/开	0.95 m/开	0.95 m/开	0.95 m/开
2	0.45 m/开	0.45 m/开	0.45 m/开	0.45 m/开	0.45 m/开	0.45 m/开
1	关	关	关	关	关	关
	结果					
高度 m	液体流量 mL/min					
4.125～4.375						
3.875～4.125						
3.635～3.875						
3.375～3.635						
3.125～3.375						
2.875～3.125						
2.635～2.875			0	0		
2.375～2.635		0	128.8	133.3	0	
2.125～2.375	0	44.8	301.9	325.9	45.3	0
1.875～2.125	24.3	161.1	328.6	376.4	149.2	18.5
1.625～1.875	138.5	330.6	329.6	394.7	375.3	141.3
1.375～1.625	303.5	433.4	413.9	443.4	409.1	249.0
1.125～1.375	316.6	372.8	376.2	363.3	394.9	367.6
0.875～1.125	448.1	452.8	426.1	438.4	461.8	478.1
0.625～0.875	406.5	483.8	419.4	516.1	404.6	462.6
0.375～0.625	393.3	507.9	443.9	407.6	437.1	306.2
0.125～0.375	342.1	222.2	295.0	273.5	345.9	327.2

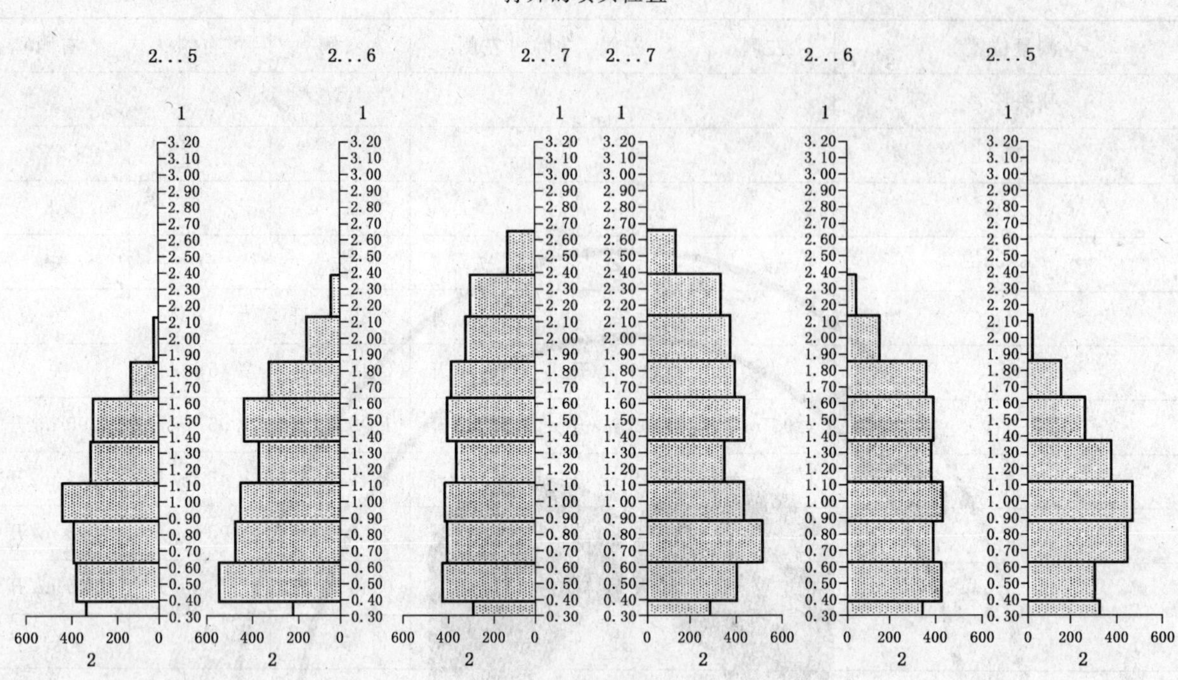

图8　垂直液量分布示例

7.2.2　人工靶标

测量原理涉及定量分析收集器(过滤纸，海绵状的纤维棉布等)上的喷雾保留量。这些收集物吸收喷雾后重量会增加，应测量并记录收集器重量。在测试报告中要写下喷雾和记录之间的最长延迟时间。

收集器应固定在一根垂直杆上。这些收集器的尺寸应小于 0.25 m×0.25 m。为限制两个收集物间的间隙，收集器间的垂直距离应为 0.25 m。

测试应在喷雾机静态下进行，或测量装置(垂直杆)在喷雾机前面非常缓慢地匀速移动进行测量。

测试高度范围应距离地面 4.5 m。

测试结果要用表 3 和图 8 的形式描述。

7.3　动态测试(喷雾机运动)

7.3.1　一般要求

这种测试方法要求喷雾机以其作业速度(4 km/h)，在收集平面前移动进行测试(见图 9)。

收集物(如过滤纸，管状清洁器、海绵状的纤维棉布等)应对喷雾液有强的吸附力。

7.3.2　管状收集器

至少应采用 5 组连续的垂直放置的线形收集器(4.5 m 高)用来检测不同高度的雾流沉积情况。

推荐的垂直线形收集器间的距离为 0.1 m～0.5 m。

喷雾液体应含有荧光示踪化合物来分析沉淀情况，如 C.I.酸性黄 3(一种荧光示踪剂名称，简称 BSF，最大浓度 1.5 g/L)。需要进行搅拌以确保荧光示踪液混合好。为了检验混合物的均匀性，在使用前后都要采样(例如用 BSF 溶液作为示踪剂，需要 20 min 才能搅拌均匀)。

经过处理后，应尽快将收集物收集起来。用镊子把管状清洁器捡起。相同高度上的所有收集器应放置在单独的盒子或塑料袋里。各层水平面之间的最大距离是 0.25 m。收集物应立即放在一个暗箱内，以防光化学降解。

收集物应用纯净水清洗，并测量清洗液的示踪剂浓度。

测试结果以表 3 和图 8 的形式表示。

单位为厘米

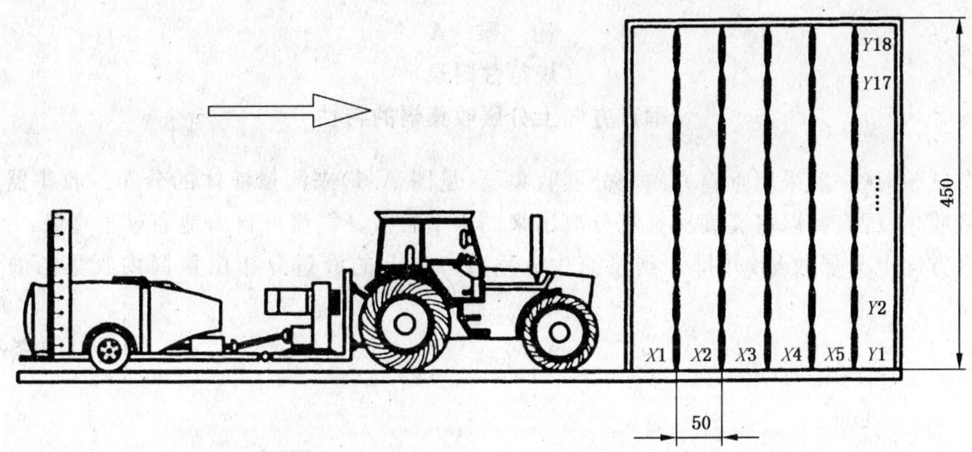

图 9 垂直导流式喷雾机的雾流在人工靶标上的沉积试验

7.3.3 滤纸

收集物要固定在一个垂直杆上。这些收集物的尺寸应小于 0.25 m×0.25 m。为限制两个收集物间的间隙，收集器间的垂直距离应为 0.25 m。

测试高度范围应距离地面 4.5 m。

喷雾液应含有荧光示踪剂，如 C.I.酸性黄 3(BSF)。

收集物应用纯净水清洗，并测量清洗液的浓缩液。

测试结果以表 3 和图 8 的形式表示。

8 雾滴尺寸的测量

本标准没有涉及雾滴尺寸的测量。雾滴尺寸测量按相关标准规定。

9 试验报告

9.1 试验条件

应在报告中说明试验条件：

——喷雾机结构型式；

——PTO(动力输出轴)转速；

——喷雾机齿轮箱的位置和风机转速；

——可变角度的风机叶片的位置；

——风机出风口的宽度；

——悬挂式喷雾机的风机轴高度；

——试验液体；

——大气环境：

　　——温度；

　　——大气压力；

　　——湿度；

　　——风向和风速。

9.2 仪器精度

所有的测试仪器的精度都应记入报告中。

附 录 A
（规范性附录）
垂直方向上分层收集器的特性

在静态试验时，一般采用垂直方向上分层收集器（见图 A.1）来测量液体的分布。收集器的主要部件是垂直幕墙，并配有可以将雾滴从气流分离出来的水平层板。气流可自由地通过垂直墙，分离出来的液体在垂直方向上分层收集，并排入到量筒中。垂直方向上的液量分布由量筒内收集的液体高度来衡量。

单位为毫米

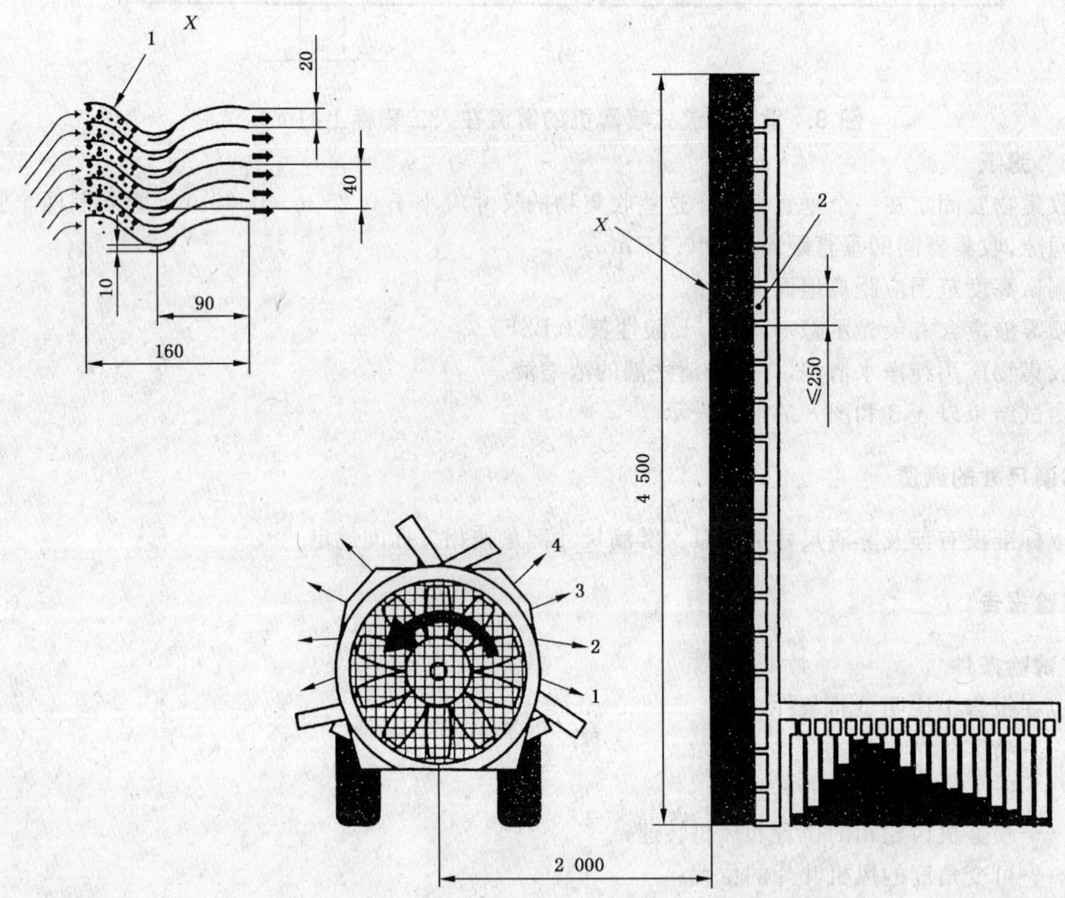

1——分层板；
2——取样栅格。

图 A.1 垂直方向上液量分布试验方法示意图

ICS 65.060.40
B 91

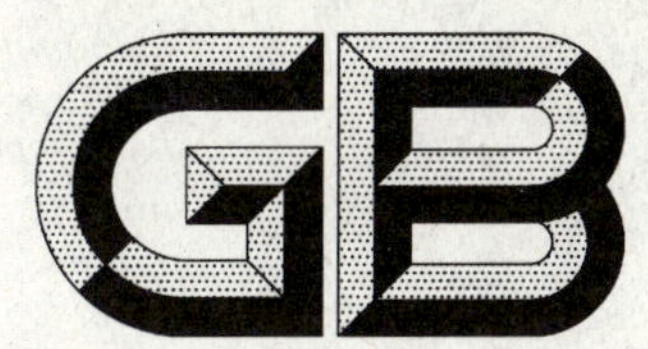

中华人民共和国国家标准

GB/T 24684.1—2009/ISO 22368-1:2004

植物保护机械 评价清洗系统的试验方法 第1部分:喷雾机整机的内部清洗

Crop protection equipment—Test methods for the evaluation of cleaning systems—Part 1:Internal cleaning of complete sprayers

(ISO 22368-1:2004,IDT)

2009-11-30 发布 2010-04-01 实施

中华人民共和国国家质量监督检验检疫总局
中国国家标准化管理委员会 发布

前　言

GB/T 24684《植物保护机械　评价清洗系统的试验方法》分为以下3个部分：

——第1部分：喷雾机整机的内部清洗；

——第2部分：喷雾机的外部清洗；

——第3部分：药液箱的内部清洗。

本部分是GB/T 24684的第1部分。

本部分等同采用ISO 22368-1:2004《植物保护机械　评价清洗系统的试验方法　第1部分：喷雾机整机的内部清洗》(英文版)。

本部分等同翻译ISO 22368-1:2004。

为便于使用，本部分做了如下编辑性修改：

——“ISO 22368-1:2004的本部分”改为“本部分”；

——删除了国际标准的前言；

——用小数点“.”替代作为小数点的“，”。

本部分的附录A为规范性附录、附录B为资料性附录。

本部分由中国机械工业联合会提出。

本部分由全国农业机械标准化技术委员会(SAC/TC 201)归口。

本部分起草单位：中国农业机械化科学研究院、农业部南京农业机械化研究所、现代农装科技股份有限公司。

本部分主要起草人：严荷荣、陈俊宝、王忠群、皇才进、周海燕。

引　言

因为下列原因，植物保护用喷雾机的清洗变得越来越重要：

——为了避免环境和操作者受到污染；

——因为可能发生的农药意外排放，从而造成作物的药害、引发人们对农药残留量增高的担心，或者引起几种互不相容的农药的混合。

此外，有关工业部门可能需要提供清洗系统的发展指南，以评价技术发展水平和未来技术基础。

GB/T 24684.1 和 GB/T 24684.2 规定了与喷雾机内部和外部清洗有关的试验方法，给用户提供了评价内部和外部清洗系统总体性能的方法以及将来确定技术性能的依据。本系列标准也为各喷雾机关键零部件提供了单独章节（见 GB/T 24684.3）。

本部分为评价清洗系统特定组成部分提供了试验方法，获得的详细结果可为改进和完善清洗系统提供依据。

植物保护机械
评价清洗系统的试验方法
第1部分:喷雾机整机的内部清洗

警告:本部分的使用者应当熟悉常规的实验室操作规范。本部分未阐述使用相关的所有可能的安全问题。使用者应自行规定合适的安全和健康操作规程,并确保遵守国家相关的安全和环境条款。

1 范围

GB/T 24684的本部分规定了安装在植物保护喷雾机上、用于喷雾机整机(包括药液箱)内部清洗的清洗系统的性能试验方法。

本部分适用于植物保护及喷施液体肥料的悬挂式、牵引式和自走式农用喷雾机。

本部分不适用于具有药剂直接注入系统的喷雾机。

2 试验条件

试验应该在下列条件下进行:

试验液温度:5 ℃~25 ℃。

空气温度:5 ℃~25 ℃。

空气相对湿度:≥30%。

在室外进行试验时,应当考虑天气/气候条件的影响。

3 试验

3.1 一般要求

安全警示——本方法可能会造成环境危害,应该遵守公认的预防措施以避免试验液意外排放到试验场地以外。所有的操作应尽可能保证收集试验液和喷雾机清洗用水,否则应该注意使喷出的液体不会损害环境。

根据附录A和本章条款,应使用1%浓度的碱式氯化铜悬浮液进行试验。如果能够证明具有相同的性能,也可使用其他的示踪液体进行测试。为此,测量精度至少应当为原始药液箱浓度的0.01%。

有些情况下试验液检出数量可能较少,此时应当更改原始技术参数。

3.2 试验内容

3.2.1 试验开始时,先清洗喷雾机整机的内表面。然后边开动搅拌器搅拌边给药液箱加注试验液直至药液箱全满。应保证所有内表面(特别是药箱内部上表面和药箱盖)都要被试验液浸湿,并使用包括压力搅拌、吸入式药剂箱和卸压安全阀等所有功能。搅拌器持续搅拌10 min后,从喷雾机药液箱中取出3个有代表性的样品,用以检查基准试验液的浓度。每个样品量应不少于50 mL,相对于试验液基准浓度的偏差应不超过5%。按照正常喷雾作业工况(动力输出轴转速、额定喷雾压力、喷头号码、喷头数量和流量等),使用整个喷杆喷雾来排空药液箱,直到没有试验液从喷头流出为止。

3.2.2 按照制造商说明书操作喷雾机的清洗系统。按正常喷雾作业程序,使用整个喷杆喷雾以排空药液箱,直到没有任何液体从喷头流出为止。

3.2.3 给喷雾机注满清水。要保证所有内表面(特别是药箱内部上表面和药箱盖),都用清水清洗。清洗过程中要使用喷雾机的所有功能(压力搅拌、吸入式药剂箱和卸压安全阀等)。

3.2.4 开始喷雾,将液体收集在一个单独的容器(A)中。

3.2.5 从容器(A)中取出3个有代表性的样品。每个样品应不少于50 mL,其浓度相对于容器(A)中液体的平均浓度的偏差应不超过5%。

3.2.6 采用合适的方法,例如:原子吸收光谱法测定3.2.1和3.2.5所取样品中的浓度(铜含量),分别计算平均值。

3.2.7 按下式计算3.2.1和3.2.5所取样品的平均浓度的比值F,用百分数表示:

$$F=\frac{C_{\mathrm{AM}}}{C_{\mathrm{RM}}}\times 100\%$$

3.2.8 将数据记录在试验报告中(试验报告示例见附录B)。

3.3 可选做试验程序(展示清洗系统的清洁过程)

按制造商说明书操作喷雾机的清洗系统,但将清洗水分成两份或更多的份数。在每个清洗阶段结束时(在喷雾喷射停止之前),在最长软管的喷头处取样。根据试验液基准浓度计算样品的浓度。

附 录 A
（规范性附录）
试验粉末的成分

A.1 成分

试验用铜应以三水碱式氯化铜的形式[试验粉末也叫做“王铜”1)]：

化合物	含量
($3CuO \cdot CuCl_2 \cdot 3H_2O$)	45%
木质素磺酸盐	5%
碳酸钙($CaCO_3$)	8%
十水硫酸钠($Na_2SO_4 \cdot 10H_2O$)	11%

A.2 粉末粒度和分布

粉末粒度和体积分布应满足：

尺寸	体积分布
<20 μm	最少 98%
<10 μm	最少 90%
<5 μm	最少 70%

A.3 工业制品有效成分中的杂质含量

杂质应该限于下列程度：

总杂质：最多 3.5%。

水分：最多 2%。

灰分：最多 1.5%(除铜以外)。

A.4 可溶性

试验粉末应不易溶于水和有机溶剂，溶于强无机酸，通过生成络合物能溶于氨水和胺溶液。

1) 王铜是可在市场上购得的较合适产品。该信息是为方便本部分使用者而给出，并不表示对该产品的承认或保证。

附 录 B
（资料性附录）
试验报告示例

喷雾机的数据：

喷雾机的型号：

药液箱额定容量： L

喷头的型式和号码：

清洗系统的型式：

清洗用喷头的喷量： L/min

清水箱的额定容量： L

残留液量： L

测量数据：

试验液基准浓度（见 3.2.1）	mg/L
样品 1（C_{R1}）	
样品 2（C_{R2}）	
样品 3（C_{R3}）	
平均浓度（C_{RM}）	

清洗后的液体浓度（见 3.2.5）	mg/L
样品 1（C_{A1}）	
样品 2（C_{A2}）	
样品 3（C_{A3}）	
平均浓度（C_{AM}）	

清洗后平均浓度的比值 F（见 3.2.7）	%
$F=\frac{C_{AM}}{C_{RM}}\times 100\%$	

选做试验结果（见 3.3）	mg/L
样品 1（C_{O1}）	
样品 2（C_{O2}）	
样品 3（C_{O3}）	

ICS 65.060.40
B 91

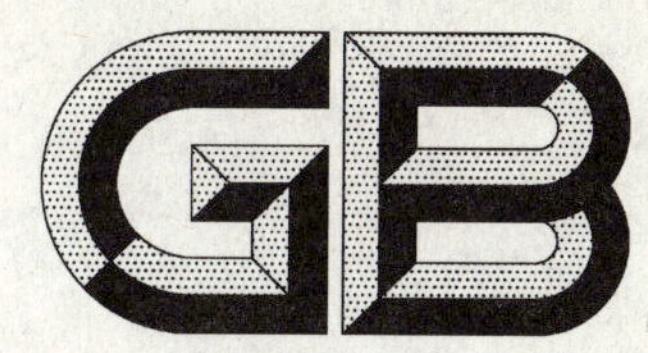

中华人民共和国国家标准

GB/T 24684.2—2009/ISO 22368-2:2004

植物保护机械 评价清洗系统的试验方法 第2部分:喷雾机的外部清洗

Crop protection equipment—Test methods for the evaluation of cleaning systems—Part 2:External cleaning of sprayers

(ISO 22368-2:2004,IDT)

2009-11-30 发布　　　　2010-04-01 实施

中华人民共和国国家质量监督检验检疫总局
中国国家标准化管理委员会　发布

前　言

GB/T 24684《植物保护机械　评价清洗系统的试验方法》分为以下3个部分：

——第1部分：喷雾机整机的内部清洗；

——第2部分：喷雾机的外部清洗；

——第3部分：药液箱的内部清洗。

本部分是GB/T 24684的第2部分。

本部分等同采用ISO 22368-2:2004《植物保护机械　评价清洗系统的试验方法　第2部分：喷雾机的外部清洗》(英文版)。

本部分等同翻译ISO 22368-2:2004。

为便于使用，本部分做了如下编辑性修改：

——“ISO 22368-2:2004的本部分”改为“本部分”；

——删除了国际标准的前言；

——用小数点“.”替代作为小数点的“,”。

本部分的附录A为规范性附录，附录B、附录C为资料性附录。

本部分由中国机械工业联合会提出。

本部分由全国农业机械标准化技术委员会(SAC/TC 201)归口。

本部分起草单位：中国农业机械化科学研究院、农业部南京农业机械化研究所、现代农装科技股份有限公司。

本部分主要起草人：严荷荣、陈俊宝、王忠群、皇才进、周海燕。

引　言

因为下列原因，植物保护用喷雾机的清洗变得越来越重要：

——为了避免环境和操作者受到污染；

——因为可能发生的农药意外排放，从而造成作物的药害、引发人们对农药残留量增高的担心，或者引起几种互不相容的农药的混合。

此外，有关工业部门可能需要提供清洗系统的发展指南，以评价技术发展水平和未来技术基础。

GB/T 24684.1 和 GB/T 24684.2 规定了与喷雾机内部和外部清洗有关的试验方法，给用户提供了评价内部和外部清洗系统总体性能的方法以及将来确定技术性能的依据。本系列标准也为各喷雾机关键零部件提供了单独章节（见 GB/T 24684.3）。

本部分为评价清洗系统特定组成部分提供了试验方法，获得的详细结果可为改进和完善清洗系统提供依据。本部分旨在规定 1 种标准试验程序，以模拟正常工作条件下药液对喷雾机的污染情况。根据试验目标，可以使用两种不同试验方法中的任何一种或两种：试验 A 专用于喷雾机的研制或调整，将喷雾机受到的外部污染减到最小；试验 B 用来比较不同喷雾机的清洁系统，并针对将来可能提出的要求检查清洁装置的性能。

植物保护机械
评价清洗系统的试验方法
第2部分:喷雾机的外部清洗

警告:本部分的使用者应当熟悉常规的实验室操作规范。本部分未阐述使用相关的所有可能的安全问题。使用者应自行规定合适的安全和健康操作规程,并确保遵守国家相关的安全和环境条款。

1 范围

GB/T 24684 的本部分规定了评价安装在植物保护喷雾机上用于清除喷雾机外表面沉积的清洗系统的性能的两种试验方法。试验的目的是向喷雾机设计者提供喷雾机污染方面的信息,并对与外部清洗相关的不同的附件或调节装置进行比较(试验 A),并且提供了测定不同清洗系统性能的方法(试验 B)。

本部分适用于植物保护及喷施液体肥料的悬挂式、牵引式和自走式农用喷雾机。

2 术语和定义

下列术语和定义适用本部分。

2.1

清洗装置 cleaning device

装在喷雾机上,用于清洗喷雾机的外表面的部件。

3 试验液和条件

3.1 一般要求

应该用 3.2 中规定的试验液,并在 3.3 中规定的条件下进行试验。如果能够证明具有相同的性能,可以使用其他的示踪液体进行测试。为此,测量精度至少应当为原始药液箱浓度的 0.01%。

注:为试验 A 和试验 B 各规定了一种试验液。对于试验 A,可以使用容易清洗沉积的可溶性染料;而对于试验 B,需要使用较黏稠的试验液,以便更明显地区别不同清洗装置性能之间的差别。

3.2 试验液

3.2.1 试验 A

应该使用浓度 0.1%的酒石黄 85%E102 黄色溶液作为试验液。

3.2.2 试验 B

应该使用附录 A 规定的浓度 0.1%的碱性氯化铜悬浮液作为试验液。

3.3 试验条件

应该在下列条件下进行试验:

试验液温度:5 ℃~25 ℃。

地面条件:没有扬尘和落叶(例如草地)。

进行重复性试验时:

——气温变动范围不超过 5 ℃;

——空气相对湿度变动范围不超过 20%;

——最大风速:5.0 m/s(在试验区固定位置 2 m 高处测量)。

4 试验 A——规定的可再现的外部污染试验

安全预防措施——本方法可能会造成环境危害，应该遵守公认的预防措施以避免试验液意外排放到试验场地以外。所有的操作应尽可能保证收集试验液和喷雾机清洗用水，否则应该注意使喷出的液体不会损害环境。在进行喷雾机污染试验以及清洗期间，应该采取预防措施以尽可能减小试验液的飘移。

重要提示——可以修改该试验(如分开清洗喷雾机零件，用相片显示污染情况等)，以获得更详细的信息。如果可以证明具有相同的测量性能，则允许采用替代方法进行喷雾机单独零件污染的评价(例如使用由与喷雾机相同的材料制造的可拆卸人造收集器)。

4.1 试验开始时，首先应干燥和清洁喷雾机外表面。然后，按照4.2规定的方法给药液箱注入试验液(见3.2.1)至所需的容积。从喷雾机药液箱取出3个有代表性的样品，用以检查试验液的基准浓度，每个样品的量应不少于50 mL，相对于基准浓度的偏差应不超过5%。

4.2 在规定条件下(速度、压力等)操作喷雾机，沿圆周行驶10 min，确保向左转和向右转的圈数相等。对于喷杆喷雾机(大田作物和灌木作物用)，转弯半径应等于喷杆长度；而风送式果园喷雾机，转弯半径应为10 m。测量喷雾机喷出的试验液量并记入试验报告。

4.3 应记录试验期间的风速、气温、湿度及田间条件。

4.4 将喷雾机放在一个尺寸合适的集水池中，其大小足以收集总的清洗液量。对于牵引式喷雾机，其轮胎应在集水池外清洗。对于悬挂式喷雾机，必要时可以将拖拉机部分进入集水池，但应保证试验过程中不将拖拉机的污染包括在内，如采取拖拉机部分单独洗涤或覆盖拖拉机暴露在集水池外的部分等办法。

4.5 用喷枪以1 MPa的压力清洗喷雾机。测量清洗用水的总量并记入试验报告。从收集的冲洗液中取出3个有代表性的样品。充分清洗集水池。

4.6 按4.5的规定再清洗第2次。

4.7 使用合适的方法，例如分光光度分析法，测定清洗液中黄色染料的浓度(见4.5和4.6)。计算按照4.5和4.6所取样品浓度的平均值。

4.8 在试验报告中记录喷雾机上沉积的黄色染料质量(4.5和4.6)，以其占喷出的染料总质量的百分比表示。

4.9 如果在第2次清洗后测出的黄色染料质量超过第1次清洗后测出质量的10%，则应增加第3次清洗。

4.10 在3.3中给出的条件下，至少应进行3次重复试验。计算质量分数 C_V，如果 C_V 值高于15%，则应重做此试验。

4.11 在试验报告中(试验报告示例见附录B)记录所有测量数据和其他信息，例如用照片表示的污染情况等。

5 试验 B——外表面清洗设备的性能测定

安全预防措施——本方法可能会造成环境危害，应该遵守公认的预防措施以避免试验液意外排放到试验场地以外。所有的操作应尽可能保证收集试验液和喷雾机清洗用水，否则应该注意使喷出的液体不会损害环境。在进行喷雾机污染试验以及清洗期间，应该采取预防措施以尽可能减小试验液的飘移。

重要提示——应注意试验液的表面附着特性，特别注意取样时应当保证其真正具有代表性。

5.1 试验开始时，首先应干燥和清洁喷雾机外表面。然后，按照5.2规定的方法给药液箱注入试验液(见3.2.2)至所需的容积。从喷雾机药液箱取出3个有代表性的样品，用以检查试验液的基准浓度，每个样品的量应不少于50 mL，相对于基准浓度的偏差应不超过5%。

5.2　按4.2的规定沿圆周运行10 min，前进速度应为5.0 km/h。对于喷杆喷雾机，使用扁平雾流喷头时压力应为0.3 MPa，使用空气射流喷头时压力应为0.5 MPa；对于风送式果园喷雾机，压力应为1.0 MPa。

5.3　应记录试验期间的风速、空气温度、湿度及田间条件。

5.4　将喷雾机放在一个尺寸合适的集水池中，其大小足以收集总的清洗液量。对于牵引式喷雾机，其轮胎应在集水池外清洗。对于悬挂式喷雾机，必要时可以将拖拉机部分进入集水池，但应保证试验过程中不将拖拉机的污染包括在内，如采取拖拉机部分单独洗涤或覆盖拖拉机暴露在集水池外的部分等办法。

5.5　按照操作手册使用安装在喷雾机上的清洗装置清洗喷雾机。清洗集水池并测量所使用的水量。从收集的清洗液中取出10个有代表性的样品。充分清洗集水池。

5.6　使用喷枪以不低于1 MPa的压力清洗整个喷雾机。测量清洗用的总水量。从收集的清洗液中取出10个有代表性的样品。

5.7　通过采用合适的方法，例如原子吸收光谱分析法，测定清洗液中铜的浓度(见5.5和5.6)。计算5.5和5.6的所取样品的浓度平均值。

5.8　在试验报告中记录清洁装置清洗出的铜质量(5.5)，以其占上述两种清洗方法(5.5和5.6)清洗出的铜总质量的百分比表示。

5.9　在3.3中给出的条件下，至少应进行3次重复试验。计算质量分数C_V，如果C_V值高于15%，则应重做此试验。

5.10　在试验报告中记录所有测量数据(试验报告示例见附录C)。

附 录 A
（规范性附录）
试验粉末的成分

A.1 成分

试验用铜应以三水碱式氯化铜的形式[试验粉末也叫做“王铜”1)]：

化合物	含量
($3CuO \cdot CuCl_2 \cdot 3H_2O$)	45％
木质素磺酸盐	5％
碳酸钙($CaCO_3$)	8％
十水硫酸钠($Na_2SO_4 \cdot 10H_2O$)	11％

A.2 粉末粒度和分布

粉末粒度和体积分布应满足：

尺寸	体积分布
＜20 μm	最少 98％
＜10 μm	最少 90％
＜5 μm	最少 70％

A.3 工业制品有效成分中的杂质含量

杂质应该限于下列程度：

总杂质：最多 3.5％。

水分：最多 2％。

灰分：最多 1.5％(除铜以外)。

A.4 可溶性

试验粉末应不易溶于水和有机溶剂，溶于强无机酸，通过生成络合物能溶于氨水和胺溶液。

---

1) 王铜是可在市场上购得的较合适产品。该信息是为方便本部分使用者而给出，并不表示对该产品的承认或保证。

附 录 B
(资料性附录)
试验报告示例——适用于试验方法 A

喷雾机的数据：

喷雾机的型式

药液箱额定容量： L

(喷杆喷雾机)喷杆宽度： m

(风送式果园喷雾机)喷头数量：

喷头型式：

喷头间距： cm

喷雾压力： MPa

试验条件：

田间条件：

转向圆直径： m

测量数据：

重复次数		喷出的黄色染料	喷雾机第1次清洗出的黄色染料(见4.5)	喷雾机第2次清洗出的黄色染料(见4.6)	喷雾机第3次清洗出的黄色染料(如果需要)(见4.9)
1	体积				
	浓度				
2	体积				
	浓度				
3	体积				
	浓度				

试验结果：

重复次数	喷出的黄色染料的质量 mg	喷雾机第1次清洗出的黄色染料质量(见4.5) mg	喷雾机第2次清洗出的黄色染料质量(见4.6) mg	第2次与第1次清洗的百分比	喷雾机第3次清洗出的黄色染料质量(如果需要)(见4.9) mg	喷雾机上的总沉积量 mg	喷雾机上的黄色染料与喷出的黄色染料质量之比值 %	气温 ℃	湿度 %	最大风速 m/s
1										
2										
3										
平均										
C_V %	—	—	—	—	—	—		—	—	—

附 录 C
（资料性附录）
试验报告示例——适用于试验方法 B

喷雾机的数据：

喷雾机的型式：

药液箱额定容量： L

清水箱容量： L

（喷杆喷雾机）喷杆宽度： m

喷杆高度： cm

（风送式果园喷雾机）喷头数量：

喷头型式：

喷头间距： cm

喷雾压力： MPa

清洗装置的型式：

试验条件：

田间条件：

转向圆直径： m

测量数据：

重复次数		第 1 次清洗出的喷雾机上的铜质量（见 5.5）	第 2 次清洗出的喷雾机上的铜质量（见 5.6）
1	体积		
	浓度		
2	体积		
	浓度		
3	体积		
	浓度		

试验结果：

重复次数	第 1 次清洗出的喷雾机上的铜质量（见 5.5）mg	第 2 次清洗出的喷雾机上的铜质量（见 5.6）mg	喷雾机上的铜总质量 mg	清洗装置清洗出的铜质量与两种方法清洗出的铜总质量之比值（见 5.5 和 5.6）%	空气温度 ℃	湿度 %	最大风速 m/s
1							
2							
3							
平均							
C_V %	—	—	—		—	—	—

ICS 65.060.40
B 91

中华人民共和国国家标准

GB/T 24684.3—2009/ISO 22368-3:2004

植物保护机械 评价清洗系统的试验方法 第3部分:药液箱的内部清洗

Crop protection equipment—Test methods for the evaluation of cleaning systems—Part 3:Internal cleaning of tank

(ISO 22368-3:2004,IDT)

2009-11-30 发布

2010-04-01 实施

中华人民共和国国家质量监督检验检疫总局
中国国家标准化管理委员会 发布

前　言

GB/T 24684《植物保护机械　评价清洗系统的试验方法》分为以下 3 个部分：

——第 1 部分：喷雾机整机的内部清洗；

——第 2 部分：喷雾机的外部清洗；

——第 3 部分：药液箱的内部清洗。

本部分是 GB/T 24684 的第 3 部分。

本部分等同采用 ISO 22368-3:2004《植物保护机械　评价清洗系统的试验方法　第 3 部分：药液箱的内部清洗》（英文版）。

本部分等同翻译 ISO 22368-3:2004。

为便于使用，本部分做了如下编辑性修改：

——"ISO 22368-3:2004 的本部分"改为"本部分"；

——删除了国际标准的前言；

——用小数点"."替代作为小数点的","。

本部分的附录 A 为规范性附录、附录 B 为资料性附录。

本部分由中国机械工业联合会提出。

本部分由全国农业机械标准化技术委员会(SAC/TC 201)归口。

本部分起草单位：中国农业机械化科学研究院、农业部南京农业机械化研究所、现代农装科技股份有限公司。

本部分主要起草人：严荷荣、陈俊宝、王忠群、皇才进、周海燕。

引 言

因为下列原因,植物保护用喷雾机的清洗变得越来越重要:

——为了避免环境和操作者受到污染;

——因为可能发生的农药意外排放,从而造成作物的药害、引发人们对农药残留量增高的担心,或者引起几种互不相容的农药的混合。

此外,有关工业部门可能需要提供清洗系统的发展指南,以评价技术发展水平和未来技术基础。

GB/T 24684.1 和 GB/T 24684.2 规定了与喷雾机内部和外部清洗有关的试验方法,给用户提供了评价内部和外部清洗系统总体性能的方法以及将来确定技术性能的依据。本系列标准也为各喷雾机关键零部件提供了单独章节(见 GB/T 24684.3)。

本部分为评价清洗系统特定组成部分提供了试验方法,获得的详细结果可为改进和完善清洗系统提供依据。

植物保护机械 评价清洗系统的试验方法 第3部分:药液箱的内部清洗

警告:本部分的使用者应当熟悉常规的实验室操作规范。本部分未阐述使用相关的所有可能的安全问题。使用者应自行规定合适的安全和健康操作规程,并确保遵守国家相关的安全和环境条款。

1 范围

GB/T 24684 的本部分规定了安装在植物保护喷雾机上、用于喷雾机药液箱内部清洗的清洗系统的性能试验方法。

本部分适用于植物保护及喷施液体肥料的悬挂式、牵引式和自走式农用喷雾机。

本部分不适用于具有药剂直接注入系统的喷雾机。

2 术语和定义

下列术语和定义适用本部分。

2.1

清洗系统 rinsing system

喷雾机上用于清洗喷雾机药液箱内部的完整部件。

3 试验条件

试验应该在下列条件下进行:

试验液温度:5 ℃～25 ℃。

空气温度:5 ℃～25 ℃。

空气相对湿度:＞30％。

4 试验

安全预防措施——本方法可能会造成环境危害,应该遵守公认的预防措施以避免试验液意外排放到试验场地以外。所有的操作应尽可能保证收集试验液和喷雾机清洗用水,否则应该注意使喷出的液体不会损害环境。

4.1 一般要求

根据附录 A 和本部分第 3 章中给定的条件,应使用 1％浓度的碱式氯化铜悬浮液进行试验。如果能够证明具有相同的性能,也可使用其他的示踪液体进行测试。

4.2 试验内容

4.2.1 试验开始时,先清洗药液箱。

然后边开动搅拌器搅拌边给药液箱加注试验液直至药液箱全满。应保证所有内表面(特别是药箱内部上表面和药箱盖)都要被试验液浸湿。搅拌器持续搅拌 10 min 后,从喷雾机药液箱中取出 3 个有代表性的样品,用以检查基准试验液的浓度。每个样品量应不少于 50 ml,相对于试验液基准浓度的偏差应不超过 5％。

4.2.2 模拟喷雾作业工况排空药液箱。例如打开各段喷管进水口中的 1 个,使其排出的液量等于从所有喷头处排出液体的总量,剩余部分的液体通过药液箱出水口排出。

4.2.3 用清水冲洗喷雾机除主药液箱外的所有零件(例如泵、过滤器、泵回流管路等)。

4.2.4 将药液箱干燥 24 h。

4.2.5 按制造商说明书操作喷雾机的清洗系统。可在与喷雾机工作条件相同的前提下,由外部清洁水压力源给药液箱供水。清洗完毕后,用 1 个单独的清洁容器(A)收集从药液箱出水口放出的清洗液,并测量其体积。

4.2.6 清洗完毕后,用高压清洗机充分冲洗药液箱的所有内表面,包括药箱盖和过滤网。冲洗过程中,用 1 个单独的清洁容器(B)收集从药液箱出水口放出的冲洗液,并测量其体积。

4.2.7 从两个容器(A 和 B)中分别取出 3 个有代表性的样品。采用合适的方法,例如:原子吸收光谱法测定所取样品的浓度(铜含量),分别计算平均值。

4.2.8 记录铜的质量百分比 m,用清洗装置清洗出来的铜质量(容器 A 中样品的铜质量)占药液箱排空后的铜质量(样品 A 和 B 的铜质量之和)的百分比来表示。

4.2.9 记录试验(试验报告的例子见附录 B)。

附 录 A
（规范性附录）
试验粉末的成分

A.1 成分

试验用铜应以三水碱式氯化铜的形式[试验粉末也叫做“王铜”1)]：

化合物	含量
($3CuO \cdot CuCl_2 \cdot 3H_2O$)	45%
木质素磺酸盐	5%
碳酸钙($CaCO_3$)	8%
十水硫酸钠($Na_2SO_4 \cdot 10H_2O$)	11%

A.2 粉末粒度和分布

粉末粒度和体积分布应满足：

尺寸	体积分布
<20 μm	最少 98%
<10 μm	最少 90%
<5 μm	最少 70%

A.3 工业制品有效成分中的杂质含量

杂质应该限于下列程度：

总杂质：最多 3.5%。

水分：最多 2%。

灰分：最多 1.5%（除铜以外）。

A.4 可溶性

试验粉末应不易溶于水和有机溶剂，溶于强无机酸，通过生成络合物能溶于氨水和胺溶液。

---

1) 王铜是可在市场上购得的较合适产品。该信息是为方便本部分使用者而给出，并不表示对该产品的承认或保证。

附 录 B
(资料性附录)
试验报告示例

喷雾机的数据：

喷雾机的型式：

药液箱额定容量： L

清水箱额定容量： L

清洗用喷头的型式：

清洗用喷头的喷液量： L/min

测量数据：

试验液基准浓度(见 4.2.1)	
样品 1(C_{R1})/(mg/L)	
样品 2(C_{R2})/(mg/L)	
样品 3(C_{R3})/(mg/L)	
平均浓度(C_{RM})/(mg/L)	

容器 A 中清洗液的量(见 4.2.5)	
体积 V_A/L	
样品 1(C_{A1})/(mg/L)	
样品 2(C_{A2})/(mg/L)	
样品 3(C_{A3})/(mg/L)	
平均浓度(C_{AM})/(mg/L)	

容器 B 中清洗液的量(见 4.2.6)	
体积 V_B/L	
样品 1(C_{B1})/(mg/L)	
样品 2(C_{B2})/(mg/L)	
样品 3(C_{B3})/(mg/L)	
平均浓度(C_{BM})/(mg/L)	

清洗装置清洗出来的铜质量占药液箱排空后的铜质量的百分比 m(见 4.2.8)	
$m=\frac{C_{AM}\times V_A}{C_{AM}\times V_A+C_{BM}\times V_A}\times 100\%$	%

ICS 65.060.99
B 91

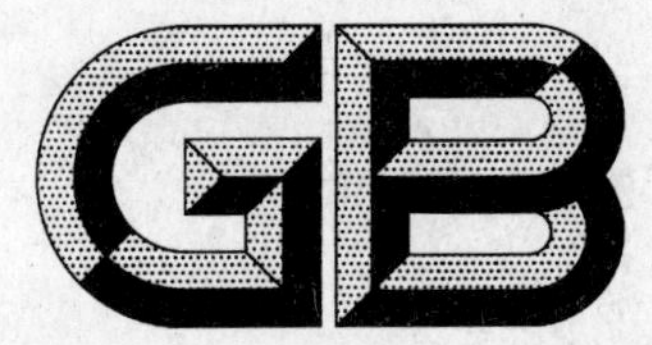

中华人民共和国国家标准

GB/T 24685—2009

水田平地搅浆机

Flatting and puddling paddy field machine

2009-11-30 发布　　2010-04-01 实施

中华人民共和国国家质量监督检验检疫总局
中国国家标准化管理委员会　发布

前　言

本标准的附录 A 为规范性附录。

本标准由中国机械工业联合会提出。

本标准由全国农业机械标准化技术委员会(SAC/TC 201)归口。

本标准负责起草单位:黑龙江省农业机械试验鉴定站。

本标准参加起草单位:黑龙江红兴隆机械制造有限公司、双鸭山宏大机械制造有限公司。

本标准主要起草人:王振格、李晓东、范东方、洪伟彬、孙静雷、刘福来、杨晓斌、屈年全、孙德超、李爱东。

水田平地搅浆机

1 范围

本标准规定了水田平地搅浆机的技术要求、试验方法、检验规则、标志、包装、运输和贮存。

本标准适用于水田压茬、搅浆、平地作业的水田平地搅浆机(以下简称"搅浆机")。

2 规范性引用文件

下列文件中的条款通过本标准的引用而成为本标准的条款。凡是注日期的引用文件,其随后所有的修改单(不包括勘误的内容)或修订版均不适用于本标准,然而,鼓励根据本标准达成协议的各方研究是否可使用这些文件的最新版本。凡是不注日期的引用文件,其最新版本适用于本标准。

GB/T 1764 漆膜厚度测定法

GB/T 3098.1—2000 紧固件机械性能 螺栓、螺钉和螺柱(idt ISO 898-1:1999)

GB/T 3098.2—2000 紧固件机械性能 螺母 粗牙螺纹(idt ISO 898-2:1992)

GB/T 9239.1—2006 机械振动 恒态(刚性)转子平衡品质要求 第1部分:规范与平衡允差的检验

GB/T 9480 农林拖拉机和机械、草坪和园艺动力机械 使用说明书编写规则(GB/T 9480—2001,eqv ISO 3600:1996)

GB 10395.1 农林机械 安全 第1部分:总则(GB 10395.1—2009,ISO 4254-1:2008,MOD)

GB 10395.5 农林拖拉机和机械安全技术要求 第5部分:驱动式耕作机械(GB 10395.5—2006,ISO 4254-5:1992,MOD)

GB 10396 农林拖拉机和机械、草坪和园艺动力机械 安全标志和危险图形 总则(GB 10396—2006,ISO 11684:1995,MOD)

GB/T 13306 标牌

JB/T 5673—1991 农林拖拉机及机具涂漆 通用技术条件

JB/T 8574 农机具产品型号编制规则

JB/T 9832.2 农林拖拉机及机具 漆膜 附着性能测定方法 压切法(JB/T 9832.2—1999,eqv ISO 2409:1972)

QC/T 518 汽车用螺纹紧固件紧固扭矩

3 术语和定义

下列术语和定义适用于本标准。

3.1

水田平地搅浆机 flatting and puddling paddy field machine

可在经水浸泡后的留茬稻田地完成压茬、搅浆和平地作业的机具。

3.2

泥浆度 specific gravity of paddy field slurry

经过浸泡、搅浆作业后,稻田的泥浆程度,用泥浆的容重表示。

4 产品型号

产品型号按 JB/T 8574 编制,搅浆机产品型号表示方法:

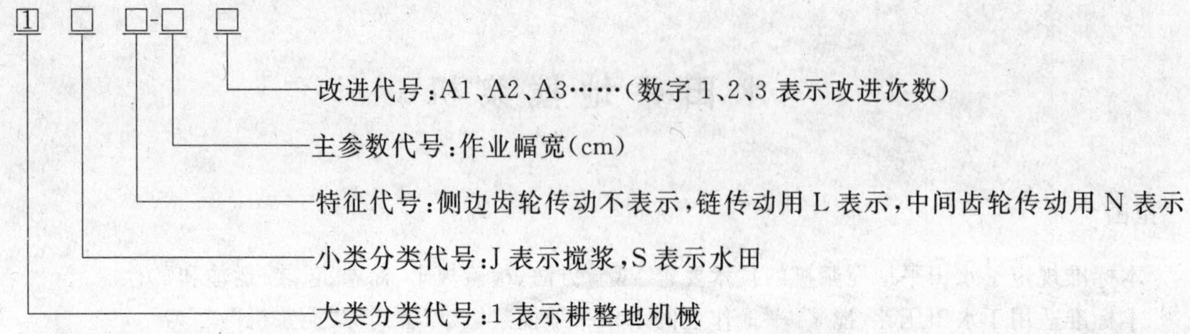

标记示例:

作业幅宽为200 cm,中间齿轮传动型式,经过2次改进,水田平地搅浆机表示为:

1JSN-200A2

5 技术要求

5.1 主要性能及可靠性指标

搅浆机主要性能指标、使用可靠性指标应符合表1规定。

表1 主要性能及可靠性指标

项 目	指 标
搅浆深度/cm	10～16
搅浆深度稳定性系数/%	≥85
搅浆后地表平整度/cm	≤5
泥浆度/(g/cm^3)	≤1.6
压茬深度/cm	≥5
植被覆盖率/%	≥80
使用可靠性(有效度)/%	≥90

5.2 一般要求

5.2.1 零件应按规定程序批准的图样和技术文件制造。所用材料应符合图样的规定。允许使用代用材料,其代用材料的机械性能应不低于原设计采用材料的性能。

5.2.2 铸件不应有裂纹和其他降低零件强度的缺陷,加工部位不允许有砂眼、气孔、缩孔和夹渣等缺陷。

5.2.3 锻件不应有夹层、折叠、裂纹和明显残缺皱褶。

5.2.4 冲压件不应有毛刺、裂纹和明显残缺皱褶。

5.2.5 焊接件焊接要牢固,焊缝应平整、均匀,不应有脱焊、漏焊、烧穿、夹渣、气孔等缺陷,焊后变形应矫正。

5.3 装配要求

5.3.1 所有零、部件应经检验合格,外购件、外协件应验收合格后方可进行装配。

5.3.2 整机装配后,零件的外露加工表面应涂防锈油、摩擦表面应涂润滑油。

5.3.3 操纵和调节机构应灵活、可靠;各紧固件不应松动;传动应平稳、无异常声响。

5.3.4 传动箱不应有漏油和渗油现象。

5.3.5 刀片、刀轴和齿轮箱等承受载荷的重要部位其紧固件强度等级为:螺栓不低于GB/T 3098.1—2000中规定的8.8级,螺母不低于GB/T 3098.2—2000中规定的8级。主要紧固件的拧紧力矩应符合QC/T 518的规定。

5.3.6 轴承座及润滑油温升不得超过25 ℃。

5.3.7 刀轴与刀片装配后应进行动平衡试验，其平衡品质等级应不大于 GB/T 9239.1—2006 中规定的 G 6.3 级。

5.3.8 运输间隙应不小于 300 mm。

5.4 涂漆与外观质量

5.4.1 涂漆前应将表面锈层、油污、焊渣和尘垢等清除干净。

5.4.2 油漆涂层应不低于 JB/T 5673—1991 中规定的 TQ-2-2-DM 普通耐候涂层的性能要求。

5.4.3 刀片等工作部件可以不涂底漆，只涂黑色面漆。

5.4.4 涂漆应色泽均匀、平整光滑、无露底，整机外观应整洁，不应有锈蚀、碰伤等缺陷。

5.4.5 在主要部位检查 3 处，涂漆厚度均应不小于 35 μm，涂漆附着力至少应有 2 处达到 JB/T 9832.2 中规定的Ⅱ级以上。

5.5 安全要求

5.5.1 对操作人员有危险的外露传动件(如传动链轮、链条、动力输入轴和万向节传动轴等)应有安全防护装置，防护装置应符合 GB 10395.1 的规定。

5.5.2 工作部件的防护装置应符合 GB 10395.5 的规定。

5.5.3 非作业状态时应能可靠的切断动力；离合器结合、分离应准确可靠。

5.5.4 万向节传动轴等危险部位应固定永久性警示标志。警示标志应符合 GB 10396 的规定。

5.5.5 使用说明书应给出操作和维护保养的安全注意事项，安全注意事项的编写应符合 GB/T 9480 的规定。

6 试验方法

6.1 基本要求

试验样机和配套动力应符合使用说明书要求。使用的仪器、设备和量具的量程及精度应满足测量的要求，并经校验合格。

6.2 性能试验

6.2.1 试验地选择

试验地灌水浸泡应不少于 5 天，试验地在当地具有代表性，其长度应不少于 20 m，宽度应不小于作业幅宽的 8 倍，留茬高度不大于 30 cm。

6.2.2 搅浆深度的测定

在测区内测 2 个行程，每一行程测 11 点，搅浆作业时搅浆机在测点处停止作业，测量刀辊两端部搅浆刀最低点与泥浆表面的垂直距离，此垂直距离即为该测点的搅浆深度。按式(1)计算搅浆深度平均值：

$$\overline{X} = \frac{\sum X}{n} \qquad \cdots\cdots (1)$$

式中：

$\overline{X}$——搅浆深度平均值，单位为厘米(cm)；

X——测点的搅浆深度，单位为厘米(cm)；

n——测点数。

按式(2)计算搅浆深度稳定性系数：

$$U = \left[1 - \frac{\sqrt{\sum (X-\overline{X})^2/(n-1)}}{\overline{X}}\right] \times 100 \qquad \cdots\cdots (2)$$

式中：

U——搅浆深度稳定性系数，%。

6.2.3 搅浆后地表平整度的测定

作业后 2 h,在测区内沿作业前进方向测 22 点,测搅浆后的地表与水平基准面的垂直距离。按式(3)计算搅浆后的泥浆表面与水平基准面的垂直距离平均值:

$$\bar{Y}=\frac{\sum Y}{n} \qquad \cdots\cdots(3)$$

式中:

$\bar{Y}$——搅浆后的泥浆表面与水平基准面的垂直距离平均值,单位为厘米(cm);

Y——测点处搅浆后的泥浆表面与水平基准面的垂直距离,单位为厘米(cm)。

按式(4)计算搅浆后地表平整度:

$$S=\sqrt{\sum(Y-\bar{Y})^2/(n-1)} \qquad \cdots\cdots(4)$$

式中:

S——搅浆后地表平整度,单位为厘米(cm)。

6.2.4 压茬深度的测定

在测区内测 2 个行程,每一行程测 11 点,测量泥浆表面与压入泥浆中留茬(压入泥浆不少于全长三分之二的留茬)的垂直距离即为压茬深度,按式(5)计算压茬深度平均值:

$$\bar{H}=\frac{\sum H}{n} \qquad \cdots\cdots(5)$$

式中:

$\bar{H}$——压茬深度平均值,单位为厘米(cm);

H——测点的压茬深度,单位为厘米(cm);

n——测点数。

6.2.5 植被覆盖率的测定

搅浆作业后在测区内按对角线法取样 5 处,每处面积为 1 m^2,分别测出压入泥浆内的植被重量和漂浮在泥浆或水面上的植被重量,按式(6)计算植被覆盖率:

$$B=\frac{G-G_w}{G}\times 100 \qquad \cdots\cdots(6)$$

式中:

B——植被覆盖率,%;

G——留茬总重量,单位为克(g);

G_w——泥浆和水面上的植被重量,单位为克(g)。

6.2.6 泥浆度的测定

搅浆作业后在测区内按对角线法取样 5 处,每处用容器将约 0.25 m^2 面积内,深度约为搅浆层深的泥浆、泥块(不含植被和表层水)全部取出,测量取样物容积和取样物重量,按式(7)计算泥浆度:

$$E=\frac{W}{1\,000\times V} \qquad \cdots\cdots(7)$$

式中:

E——泥浆度,单位为克每立方厘米(g/cm^3);

V——取样物容积,单位为立方厘米(cm^3);

W——取样物重量,单位为千克(kg)。

6.3 可靠性试验

可靠性试验按附录 A 的规定进行。

6.4 主要零部件、装配及外观质量的测定

6.4.1 空运转的检测

在正常工作转速范围内进行 30 min 空运转试验,运转时不得有异常响声。停车后检查下列项目:

a) 用测温仪测量轴承座及润滑油空运转前、后的温度，计算其温升；

b) 检查传动箱各动、静结合面有无漏油、渗油现象；

c) 用扳手将重要部位的紧固螺栓螺母松开四分之一圈，再用扭矩扳手将该螺母拧回到原来位置，测定其扭紧力矩值。

6.4.2 铸(锻)件、冲压件及焊接件质量

采用目测。

6.4.3 刀轴动平衡

将刀轴与刀片装配后用动平衡机测定。

6.4.4 运输间隙

在水平地面上，测量运输状态时样机最低点至地面的距离。

6.4.5 外观、涂漆厚度、涂漆附着力

外观采用目测。

涂漆厚度的测定方法应符合 GB/T 1764 的规定；涂漆附着力的测定方法应符合 JB/T 9832.2 的规定。

6.5 安全要求

防护装置的结构尺寸用刻度尺测量，其余采用目测方法。

7 检验规则

7.1 出厂检验

搅浆机应经制造厂质检部门进行出厂检验，检验合格附产品合格证方可出厂。出厂检验项目应符合表 2 规定。

表 2 不合格项目分类表

不合格分类		检 测 项 目		对应条款号	出厂检验	型式检验
类	序号					
A	1	安全要求	外露回转件	5.5.1	√	√
			工作部件的防护装置	5.5.2	√	√
			离合器	5.5.3	√	√
			警告标志	5.5.4	√	√
			使用说明书安全要求	5.5.5	√	√
	2	搅浆深度		表 1	—	√
	3	植被覆盖率		表 1	—	√
	4	使用可靠性(有效度)		表 1	—	√
B	1	压茬深度		表 1	—	√
	2	泥浆度		表 1	—	√
	3	搅浆深度稳定性系数		表 1	—	√
	4	搅浆后地表平整度		表 1	—	√
	5	传动箱密封性能		5.3.4	√	√
	6	刀轴动平衡		5.3.7	√	√

表 2（续）

<table>
<tr><th colspan="2">不合格分类</th><th rowspan="2">检　测　项　目</th><th rowspan="2">对应条款号</th><th rowspan="2">出厂检验</th><th rowspan="2">型式检验</th></tr>
<tr><th>类</th><th>序号</th></tr>
<tr><td rowspan="8">C</td><td>1</td><td>铸件、锻件、冲压件及焊接件质量</td><td>5.2.2～5.2.5</td><td>√</td><td>√</td></tr>
<tr><td>2</td><td>外观</td><td>5.4.2～5.4.4</td><td>√</td><td>√</td></tr>
<tr><td>3</td><td>涂漆厚度</td><td>5.4.5</td><td>—</td><td>√</td></tr>
<tr><td>4</td><td>涂漆附着力</td><td>5.4.5</td><td>—</td><td>√</td></tr>
<tr><td>5</td><td>空运转</td><td>5.3.3</td><td>√</td><td>√</td></tr>
<tr><td>6</td><td>重要部位紧固件</td><td>5.3.5</td><td>√</td><td>√</td></tr>
<tr><td>7</td><td>轴承座及润滑油温升</td><td>5.3.6</td><td>√</td><td>√</td></tr>
<tr><td>8</td><td>运输间隙</td><td>5.3.8</td><td>—</td><td>√</td></tr>
</table>

7.2　型式检验

凡属下列情况之一者，应进行型式检验，型式检验项目应符合表 2 规定。

a)　产品鉴定；

b)　正常生产时每两年进行一次；

c)　产品的结构、材料和工艺有较大改进，可能影响产品性能时；

d)　停产一年以上恢复生产时；

e)　质量监督部门要求进行型式检验时。

7.3　抽样方法

出厂检验应整批产品全部检验。型式检验采用随机抽样方法，在工厂近一年内生产的产品中随机抽取。整机抽取 2 台，供抽样的整机不应少于 10 台；在用户和销售部门抽样时，不受此限制。

7.4　不合格项目分类

7.4.1　检测项目凡不符合第 5 章要求的均为不合格项。

7.4.2　不合格按其对产品质量的影响程度分为 A、B、C 三类，不合格分类详见表 2。

7.5　判定规则

7.5.1　抽样判定方案见表 3，表中 AQL 为接收质量限，Ac 为接收数，Re 为拒收数，不合格项次数按计点法计算。

表 3　抽样判定方案

<table>
<tr><td rowspan="3">抽样方案</td><td colspan="2">不合格分类</td><td colspan="2">A</td><td colspan="2">B</td><td colspan="2">C</td></tr>
<tr><td colspan="2">样本项目数</td><td colspan="2">2×4</td><td colspan="2">2×6</td><td colspan="2">2×8</td></tr>
<tr><td colspan="2">检验水平</td><td colspan="6">S-1</td></tr>
<tr><td rowspan="2">判定方案</td><td colspan="2">AQL</td><td colspan="2">6.5</td><td colspan="2">40</td><td colspan="2">65</td></tr>
<tr><td>Ac</td><td>Re</td><td>0</td><td>1</td><td>2</td><td>3</td><td>3</td><td>4</td></tr>
</table>

7.5.2　采取逐项考核，按类判定的原则。各类的不合格项目数均小于或等于 Ac 时，产品质量判定为合格，否则判定为不合格。

8　标志、包装、运输与贮存

8.1　产品应在明显位置固定产品标牌，标牌应符合 GB/T 13306 的规定，内容至少应包括：

a） 型号、名称；

b） 主要技术参数；

c） 商标（若有商标时）；

d） 出厂编号；

e） 生产日期；

f） 制造厂名称、地址；

g） 执行标准编号。

8.2 润滑处、传动系统、主要调节部位和操纵手柄应有明显标志。

8.3 产品出厂时可以总装或部件包装出厂，其包装箱和捆扎件应牢固、可靠，保证各部件在不经任何修理的情况下即能进行总装。零件、附件、备件和随机专用工具需用木箱或包装袋包装。

8.4 包装箱外文字和标记应清晰、整齐、耐久。

8.5 随机技术文件应用防水袋装好，文件包括：

a） 装箱清单；

b） 质量合格证；

c） 使用说明书；

d） 三包服务卡。

8.6 产品出厂运输，应符合交通部门有关规定，保证在正常运输条件下，不损坏零部件。

8.7 产品室内贮存时，应保证干燥、通风和无腐蚀性气体，露天存放时应有防雨等措施。

附 录 A
（规范性附录）
使用可靠性评定试验方法

A.1 总则

A.1.1 采用对包用期内的产品进行定量现场可靠性试验。

A.1.2 采用随机抽样方法在近一年内生产的产品中抽取不少于2台产品，进行现场可靠性试验。

A.1.3 进行试验时，操作人员应按制造厂提供的产品使用说明书的规定进行操作和维修。

A.1.4 试验人员应按表A.1认真准确地做好每台搅浆机的试验写实纪录，并按表A.2进行统计和汇总。

表 A.1 可靠性试验统计表

机具名称： 试验时间：

生产企业： 试验地点：

机具编号： 工作幅宽： m

作业日期	作业时间 h	作业量 hm^2	耗油量 kg	故障			备注
				零(部)件名称	形式、原因及排除方法	排除时间 h	
合计				故障数			

记录人：

表 A.2 可靠性试验记录汇总表

机具编号	首次故障前作业量 hm^2	总作业时间 h	总耗油量 kg	故障数	故障排除时间 h	备 注

汇总人：

A.2 作业量测定

A.2.1 作业量按搅浆机的幅宽进行计算。

A.2.2 每天测定试验面积，其测定精度为 0.01 hm^2。

A.3 故障统计判定原则

A.3.1 整机或零(部)件在规定的条件下丧失规定功能或其性能指标超出合格范围的事件均称为故障。

A.3.2 与搅浆机本质失效有关的故障均属关联故障，如危及作业安全、丧失功能及零部件损坏等故障，在统计时应记入。仅引起操作人员不便，但不影响搅浆机作业、调整或日常保养中用随车工具可轻易排除的故障除外。

A.3.3 外界因素造成的故障均属非关联故障。在进行统计时，这类故障不应记入。具体是：

a) 由于超出使用说明书、技术条件规定的使用范围造成的故障；

b) 由于操作人员使用、保养不当或误操作造成的故障；

c) 外界偶然事故引起的故障。

定量结尾试验作业量为：

——配套动力不小于 15 kW 的搅浆机，结尾试验作业量为每米幅宽 40 公顷；

——配套动力小于 15 kW 的搅浆机，结尾试验作业量为每米幅宽 25 公顷。

A.3.4 使用可靠性(有效度)按式(A.1)计算：

$$K = \frac{\sum T_z}{\sum T_g + \sum T_z} \times 100 \qquad \cdots\cdots (A.1)$$

式中：

K——使用可靠性(有效度)，%；

T_g——机具在使用考核期间每班次的故障排除时间，单位为小时(h)；

T_z——机具在使用考核期间每班次的作业时间，单位为小时(h)。

ICS 65.060.50
B 91

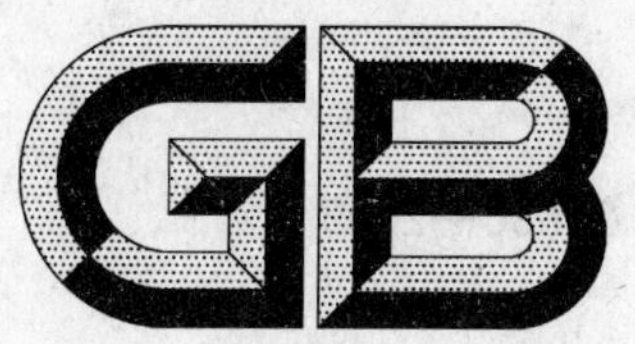

中华人民共和国国家标准

GB/T 24686—2009

水稻割捆机

Rice binder

2009-11-30 发布 2010-04-01 实施

中华人民共和国国家质量监督检验检疫总局
中国国家标准化管理委员会 发布

前　言

本标准的附录 A 为规范性附录。

本标准由中国机械工业联合会提出。

本标准由全国农业机械标准化技术委员会(SAC/TC 201)归口。

本标准起草单位:黑龙江省农业机械试验鉴定站。

本标准主要起草人:陈治文、伊长白、孙亮、汪曼、盛宏达、王振格。

水稻割捆机

1 范围

本标准规定了水稻割捆机的技术要求、试验方法、检验规则、标志、包装、运输和贮存。

本标准适用于手扶式、悬挂式和自走式水稻割捆机(以下简称"割捆机")。

2 规范性引用文件

下列文件中的条款通过本标准的引用而成为本标准的条款。凡是注日期的引用文件,其随后所有的修改单(不包括勘误的内容)或修订版均不适用于本标准,然而,鼓励根据本标准达成协议的各方研究是否可使用这些文件的最新版本。凡是不注日期的引用文件,其最新版本适用于本标准。

GB/T 1209.2 农业机械 切割器 第2部分:护刃器

GB/T 1209.3 农业机械 切割器 第3部分:动刀片、定刀片和刀杆

GB/T 1764 漆膜厚度测定法

GB/T 3098.1—2000 紧固件机械性能 螺栓、螺钉和螺柱(idt ISO 898-1:1999)

GB/T 3098.2—2000 紧固件机械性能 螺母 粗牙螺纹(idt ISO 898-2:1992)

GB/T 5262 农业机械试验条件测定方法的一般规定

GB/T 9480 农林拖拉机和机械、草坪和园艺动力机械 使用说明书编写规则(GB/T 9480—2001, eqv ISO 3600:1996)

GB 10395.1 农林机械 安全 第1部分:总则(GB 10395.1—2009,ISO 4254-1:2008,MOD)

GB 10396 农林拖拉机和机械、草坪和园艺动力机械 安全标志和危险图形 总则(GB 10396—2006,ISO 11684:1995,MOD)

GB/T 13306 标牌

JB/T 6268 自走式收获机械 噪声测定方法

JB/T 8574 农机具产品型号编制规则

JB/T 9832.2 农林拖拉机及机具 漆膜 附着性能测定方法 压切法(JB/T 9832.2—1999, eqv ISO 2409:1972)

QC/T 518 汽车用螺纹紧固件紧固扭矩

3 产品型号

割捆机产品型号按 JB/T 8574 编制,表示方法如下:

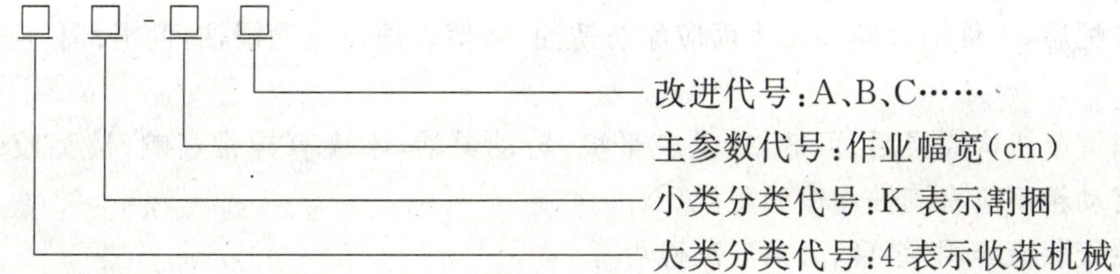

标记示例:

作业幅宽为 90 cm,经过 2 次改进,割捆机表示为:

4K-90B 水稻割捆机

4 技术要求

4.1 主要性能及可靠性指标

在水稻倒伏角度小于10°、切割线以上无杂草、成熟期为腊熟期、株高为700 mm～1 100 mm、产量在3 000 kg/hm²～12 000 kg/hm²、籽粒含水率15%～25%、风力不大于3 m/s的条件下作业，水稻割捆机主要性能和可靠性指标应符合表1规定。

表1 主要性能和可靠性指标

项目	质量指标
总损失率/%	≤1
成捆率/%	≥95
稻捆直径/mm	≥150
稻捆水平推出距离/mm	≥200
割茬高度/mm	≤100
根差/mm	≤100
操作者位置处噪声/[dB(A)]	≤95
动态环境噪声/[dB(A)]	≤87
坡度停车	自走式水稻割捆机应能可靠地停在20%坡度的干硬坡道上
使用可靠性(有效度)/%	≥90

4.2 一般技术要求

4.2.1 所有零部件应经检验合格，外购件、外协件应验收合格后方可进行装配。零件所用材料应符合图样的规定。允许使用代用材料，其代用材料的机械性能应不低于原设计采用材料的性能。

4.2.2 铸件不应有裂纹和其他降低零件强度的缺陷，加工部位不允许有砂眼、气孔、缩孔和夹渣等缺陷。

4.2.3 锻件不应有夹层、折叠、裂纹和明显残缺。

4.2.4 冲压件不应有毛刺、裂纹、起皱和明显残缺。

4.2.5 焊接件要牢固，表面应清渣，焊缝应平整、均匀，不应有脱焊、漏焊、烧穿、夹渣、气孔等缺陷。

4.2.6 使用说明书的内容和编写应符合GB/T 9480的规定。

4.3 主要零部件技术要求

4.3.1 护刃器及铆合应符合GB/T 1209.2的要求。

4.3.2 刀片尺寸及硬度应符合GB/T 1209.3的要求。

4.3.3 动刀片与刀杆之间的局部间隙不大于0.1 mm；铆钉头下不允许有间隙。

4.3.4 动刀片与护刃器中心线位置度不大于5 mm。

4.4 装配、外观技术要求

4.4.1 整机装配后，零件的外露加工表面应涂防锈油，摩擦表面应涂润滑油，润滑部位应加足润滑油并有明显标记。

4.4.2 操纵和调节机构应灵活、可靠，传动应平稳、转动灵活，不应有异常声响；V型胶带、输送带、链条不得脱轨；传动箱不应有滴油和渗油现象。

4.4.3 离合器安装应牢固，结合、分离应准确可靠。

4.4.4 星轮齿与拨齿尖啮合长度为17 mm～28 mm。

4.4.5 打捆机构的打结嘴与导草板凸起部位间隙为0.2 mm～2 mm。

4.4.6 打捆机构工作时，不得有卡滞、松动等现象，运转应灵活可靠。

4.4.7 刀杆曲柄等重要部位的紧固螺栓强度应不低于 GB/T 3098.1 中规定的 8.8 级，螺母不低于 GB/T 3098.2 中规定的 8 级，紧固件的扭紧力矩应符合 QC/T 518 的规定。

4.4.8 手扶式割捆机运输间隙应不小于 110 mm，悬挂式和自走式割捆机运输间隙应不小于 200 mm。

4.4.9 涂漆外观色泽均匀、光滑平整、无漏底现象；漆膜附着能力不低于Ⅱ级；漆膜厚度不小于 35 μm。

4.5 安全要求

4.5.1 对操作人员有危险的外露传动件(如传动链轮、链条、动力输入轴和万向节传动轴等)应有安全防护装置，防护装置应符合 GB 10395.1 的规定。

4.5.2 对操作人员有危险处应固定永久性安全标志，安全标志应符合 GB 10396 的规定。

4.5.3 使用说明书应给出操作和维护保养的安全注意事项，安全注意事项的编写应符合 GB/T 9480 的规定。

4.5.4 拨禾轮的最外缘和相邻固定部件之间应有 25 mm 的间隙。

4.5.5 割台传动系分离机构应具有防止意外接合的结构。

5 试验方法

5.1 试验条件

5.1.1 使用的仪器、设备和量具的准确度应满足测量的要求，并经检定合格，在规定的检定周期内。

5.1.2 试验田应具有代表性，试验田测区长度应不少于 20 m，两端预备区不少于 10 m，宽度应不小于作业幅宽的 10 倍。

5.1.3 按 GB/T 5262 的规定测定作物品种、作物自然高度、倒伏程度、成熟期、自然落粒、茎秆和籽粒含水率。

5.2 性能试验

5.2.1 割茬高度

每个行程测定 5 点，在割幅宽度上分别测定左、中、右三点的割茬高度，计算平均值。

5.2.2 根差

每行程测定 5 捆，测定根部(个别茎秆不计)的最大参差度，计算平均值。

5.2.3 成捆率

在测区内测定总打捆数及打捆成功的捆数，按式(1)计算成捆率。

$$\beta = \frac{K_c}{K_z} \times 100 \qquad \cdots\cdots(1)$$

式中：

β——成捆率，%；

K_c——打捆成功的捆数，个；

K_z——总打捆数，个。

5.2.4 损失率

5.2.4.1 割台损失率

在宽度为实际割幅、长度为 2 m 的面积内捡起落粒、掉穗、漏割穗，脱粒后称其籽粒质量，换算成每平方米损失的质量，每行程测定一点，计算出各行程的平均值，从中减去每平方米自然落粒质量，即为割台每平方米实际损失量。按式(2)计算割台损失率：

$$S_g = \frac{W_{gs}}{W_z} \times 100 \qquad \cdots\cdots(2)$$

式中：

S_g——割台损失率，%；

W_{gs}——割台每平方米实际损失量，单位为克每平方米(g/m^2)；

W_z——每平方米籽粒质量，克每平方米(g/m^2)。

5.2.4.2 捆放损失率

测定时，在测定捆放区内预先铺上帆布，使稻捆落在其上，捡起帆布上所有的落粒和落穗，将落穗脱粒后称量其籽粒质量，换算成每平方米损失的质量。按式(3)计算捆放损失率：

$$S_k = \frac{W_{ks}}{W_z} \times 100 \qquad \cdots\cdots (3)$$

式中：

S_k——捆放损失率，%；

W_{ks}——每平方米捆放损失量，克每平方米(g/m^2)。

5.2.4.3 总损失率

总损失率为割台损失率与捆放损失率之和。

5.3 稻捆直径

每行程测定11捆，测定稻捆捆扎部的直径，计算平均值。

5.4 稻捆水平推出距离

每行程测定11捆，测定割捆机将稻捆水平推出的距离，计算平均值。

5.5 使用可靠性试验

按附录A的规定进行。

5.6 噪声的测定

噪声测定方法执行JB/T 6268。

5.7 主要零部件、装配及外观质量的检测

5.7.1 主要部位紧固件紧固程度的测定

用扭矩扳手将主要部位的紧固螺栓螺母松开四分之一圈，再用扭矩扳手将该螺母拧回到原来位置，测定其扭紧力矩值。

5.7.2 硬度的检测

在淬火部位检测3点要求3点均应合格，如其中2点合格、1点不合格时，则在该点两侧各补测1点，要求补测的2点均应合格。

5.7.3 铸(锻)件、冲压件及焊接件质量的检测

采用目测方法。

5.7.4 空运转的检测

在额定转速下，样机进行30 min空运转磨合，观察离合部件运动是否有卡滞和工作不可靠现象，V型胶带、输送带、链条有无脱轨、掉链现象；检查离合器分离、啮合是否平稳可靠；停机30 min后，检查各动、静结合面有无漏油、渗油现象。

5.7.5 运输间隙的测定

在水平地面上，测量运输状态时样机最低点至地面的距离。

5.7.6 涂漆外观质量、漆膜厚度、漆膜附着力的检测

涂漆外观质量采用目测方法；漆膜厚度的检测按GB/T 1764的规定进行；漆膜附着力的检测按JB/T 9832.2的规定进行。

5.7.7 坡道停车的检测

机器在20%坡度的干硬坡道上行和下行停车制动后，应能可靠地停车。

6 检验规则

6.1 出厂检验

6.1.1 每台出厂的割捆机应经制造厂质量检验部门检验合格后，附产品合格证方可出厂。

6.1.2 出厂检验项目按表 2 规定执行，生产企业可以根据自身的产品质量水平情况增加作业性能项目的检验。

表 2 不合格分类

不合格分类		检测项目	出厂检验	型式检验
类别	序号			
A	1	安全要求	√	√
	2	总损失率	—	√
	3	噪声	—	√
	4	成捆率	—	√
	5	坡度停车	—	√
	6	使用可靠性(有效度)	—	√
B	1	稻捆直径	—	√
	2	稻捆推出距离	—	√
	3	打捆机构	—	√
	4	密封性能	√	√
	5	整机空运转紧固件松动个数	√	√
	6	整机空运转，V 型胶带、输送带、链条运行情况	√	√
	7	主要紧固件紧固力矩	√	√
	8	刀片硬度	√	√
	9	运输间隙	√	√
	10	使用说明书	√	√
C	1	根差	—	√
	2	割茬高度	—	√
	3	离合器	√	√
	4	铸(锻)件、冲压件及焊接件质量	√	√
	5	涂漆外观质量	√	√
	6	漆膜附着能力	—	√
	7	漆膜厚度	√	√
	8	护刃器铆合质量	√	√
	9	动刀铆合质量	√	√
	10	星轮齿与拨齿尖啮合长度	√	√
	11	动刀片与护刃器中心线位置度	√	√

6.2 型式检验

6.2.1 凡属下列情况之一，应进行型式检验。

a) 新产品鉴定；

b) 正常生产时每两年进行一次；

c) 产品的结构、材料和工艺有较大改进,可能影响产品性能时;

d) 停产一年以上恢复生产时;

e) 质量监督部门要求进行型式检验时。

6.2.2 型式检验项目按表2规定执行。

6.3 抽样方法

在工厂近1年内生产的成品中随机抽取2台样机,在工厂抽样时,整机库存量应不少于10台,在销售部门不受此限。样机抽取封存后至检测工作结束期间(可靠性试验除外),除按使用说明书规定进行调整和保养外,不应再进行其他调整、修理和更换。

6.4 项目分类

6.4.1 检测项目凡不符合第4章要求的均为不合格项。

6.4.2 按检测项目对产品质量的影响程度分为A、B、C三类,A类为对机器质量有重大影响的项目,B类为有严重影响的项目,C类为影响一般的项目,不合格分类见表2。

6.5 判定规则

6.5.1 采取逐项考核,按类判定的原则。各类的不合格项目数均小于或等于Ac时,产品质量判定为合格,否则判定为不合格。

6.5.2 抽样判定方案见表3,表中AQL为接收质量限,Ac为接收数,Re为拒收数。

表3 抽样判定方案

不合格分类	A	B	C
样本量	2		
项目数	2×6	2×10	2×11
检验水平	S-1		
AQL	6.5	40	65
Ac　Re	0　1	2　3	3　4

7 标志、包装、运输与贮存

7.1 产品应在明显位置固定产品标牌,标牌应符合GB/T 13306的规定,内容至少应包括:

a) 型号、名称;

b) 主要技术参数;

c) 商标(若有商标时);

d) 出厂编号;

e) 生产日期;

f) 制造厂名称、地址;

g) 执行标准编号。

7.2 润滑处、传动系统、主要调节部位和操纵手柄应有明显标志。

7.3 产品出厂时可以总装或部件包装出厂,其包装箱和捆扎件应牢固、可靠,保证各部件在不经任何修理的情况下即能进行总装。零件、附件、备件和随机专用工具需用木箱或包装袋包装。

7.4 包装箱外部文字和标记应清晰、整齐、耐久。

7.5 随机技术文件应用防水袋装好,文件包括:

a) 装箱清单;

b) 质量合格证;

c) 使用说明书;

d) 三包服务卡。

7.6 产品出厂运输,应符合交通部门有关规定,保证在正常运输条件下,不损坏零部件。

7.7 产品贮存时应保证干燥、通风和无腐蚀性气体,露天存放时应有防雨等措施。

附 录 A
（规范性附录）
使用可靠性试验方法

A.1 总则

A.1.1 采用对保用期内的产品进行定量现场可靠性试验方法。

A.1.2 采用随机抽样方法，在近一年内生产的产品中抽取不少于 2 台样机，进行现场可靠性试验。

A.1.3 进行试验时，操作人员应按制造厂提供的产品使用说明书的规定进行操作和维护。

A.1.4 试验人员应按表 A.1 认真准确地做好每台机器的试验写实记录，并按表 A.2 进行统计和汇总。

表 A.1 可靠性试验统计表

机器名称：　　　　试验时间：

生产企业：　　　　试验地点：

机器编号：　　　　工作幅宽：

作业日期	作业时间 h	作业量 hm^2	耗油量 kg	故障			备注
				零(部)件名称	形式、原因及排除方法	排除时间 h	
合计				故障数			

记录人：

表 A.2 可靠性试验记录汇总表

机器 编号	首次故障前作业量 hm^2	总作业时间 H	总耗油量 kg	故障数	故障排除时间 h	备注

汇总人：

A.2 作业量测定

A.2.1 作业量按割捆机的幅宽进行计算。

A.2.2 每天测定试验面积，其测定精度为 0.01 hm^2。

A.3 故障统计判定原则

A.3.1 整机或零(部)件在规定的条件下丧失规定功能或其性能指标超出合格范围的事件均称为故障。

A.3.2 与割捆机本质失效有关的故障均属关联故障，如危及作业安全、丧失功能及零部件损坏等故障，在统计时应记入。仅引起操作人员不便，但不影响机器作业、调整或日常保养中用随车工具可轻易排除的故障除外。

A.3.3 外界因素造成的故障均属非关联故障。在进行统计时，这类故障不应记入。具体是：

a) 由于超出使用说明书、技术条件规定的使用范围造成的故障；

b) 由于操作人员使用、保养不当或误操作造成的故障；

c) 外界偶然事故引起的故障。

定量结尾试验作业量为：

——配套动力大于 5 kW 的机器每米幅宽工作量为 15 hm^2；

——配套动力小于 5 kW 的机器每米幅宽工作量为 10 hm^2。

A.3.4 使用可靠性(有效度)K 按式(A.1)计算：

$$K = \frac{\sum T_z}{\sum T_g + \sum T_z} \times 100 \qquad \text{(A.1)}$$

式中：

K——使用可靠性(有效度)，%；

T_g——在使用考核期间每班次的故障排除时间，单位为小时(h)；

T_z——在使用考核期间每班次的作业时间，单位为小时(h)。

ICS 65.060.99
B 91

中华人民共和国国家标准

GB/T 24687—2009

微型谷物风选机

Minitype grains winnower

2009-11-30 发布 2010-04-01 实施

中华人民共和国国家质量监督检验检疫总局
中国国家标准化管理委员会 发布

前言

本标准的附录A为资料性附录。

本标准由中国机械工业联合会提出。

本标准由全国农业机械标准化技术委员会(SAC/TC 201)归口。

本标准负责起草单位:重庆市农机产品质量监督检验站、四川省农业机械鉴定站、四川省资阳市荣武机具厂、重庆市永川区福春机械厂。

本标准主要起草人:罗宏、梁山城、穆斌、梁云、米洪友、许甦康、陈军成、李荣武、颜福春。

微型谷物风选机

1 范围

本标准规定了微型谷物风选机的安全要求、技术要求、检验规则以及标志、包装、运输与贮存。

本标准适用于配套电动机功率不大于1.1 kW的吸风式或吹风式微型谷物风选机(以下简称“风选机”)。

2 规范性引用文件

下列文件中的条款通过本标准的引用而成为本标准的条款,凡是注日期的引用文件,其随后所有的修改单(不包括勘误的内容)或修订版均不适用于本标准,然而,鼓励根据本标准达成协议的各方研究是否可使用这些文件的最新版本。凡是不注日期的引用文件,其最新版本适用于本标准。

GB/T 2828.1—2003 计数抽样检验程序 第1部分:按接收质量限(AQL)检索的逐批检验抽样计划(ISO 2859-1:1999,IDT)

GB/T 5171 小功率电动机通用技术条件

GB/T 5494 粮油检验 粮食、油料的杂质、不完善粒检验

GB/T 5497 粮食、油料检验 水分测定法

GB/T 5667 农业机械 生产试验方法

GB/T 9480 农林拖拉机和机械、草坪和园艺动力机械 使用说明书编写规则(GB/T 9480—2001,eqv ISO 3600:1996)

GB/T 9651 单相异步电动机试验方法

GB 10395.1 农林机械 安全 第1部分:总则(GB 10395.1—2009,ISO 4254-1:2008,MOD)

GB 10396 农林拖拉机和机械、草坪和园艺动力机械 安全标志和危险图形 总则(GB 10396—2006,ISO 11684:1995,MOD)

GB 12350 小功率电动机的安全要求

GB/T 13306 标牌

JB/T 5673 农林拖拉机及机具涂漆 通用技术条件

JB/T 9796 固定式农业机械 噪声声功率级的测定

JB/T 9832.2 农林拖拉机及机具 漆膜附着性能测定方法 压切法(JB/T 9832.2—1999,eqv ISO 2409:1972)

3 术语和定义

下列术语和定义适用于本标准。

3.1

微型谷物风选机 mini grains winnower

以小功率电动机为配套动力、通过吸风或吹风对谷物进行清选的机器。

3.2

杂质 impurities

谷物中含有的壳、茎杆、叶、草及其种子、沙粒、不完整或未成熟谷物等轻杂物,不包括碎石、泥块等重杂物。

4 安全要求

4.1 风选机产品设计和结构应合理，保证操作人员按制造厂的使用说明书规定进行操作和维护保养时没有危险。

4.2 风选机配套电动机的安全要求应符合 GB 12350 的规定。

4.3 风选机的外露运动件应有防护装置，防护装置应符合 GB 10395.1 的规定。

4.4 风选机的安全标志应符合 GB 10396 的规定。

4.5 使用说明书的基本要求、内容和编制方法应符合 GB/T 9480 的规定，使用说明书中应有提醒操作者的安全注意事项。

4.6 风选机的负载噪声应不大于 80 dB(A)。

5 技术要求

5.1 一般要求

风选机应符合本标准的要求，并按经规定程序批准的产品图样和技术文件制造。

5.2 主要零部件

5.2.1 风选机配套电动机应符合 GB/T 5171 的规定。

5.2.2 风选机风扇应具有足够的强度，在搬运和运转中不得产生变形。

5.3 作业性能要求

风选机在谷物含杂率为 2%～10%、含水率为 12%～18%的条件下作业时，其主要性能指标应符合表 1 的规定。

表 1 主要性能指标

项目	指标
生产率/(kg/h)	达到使用说明书规定值
吨料电耗/(kW·h/t)	≤0.5
损失率/%	≤0.8
除杂率/%	≥70

5.4 可靠性

使用有效度不小于 95%。

5.5 装配

5.5.1 风选机的配套件、标准零部件应符合有关标准的规定；所有自制件应检验合格；外协件、外购件应有合格证，并经检验合格后，方可进行装配。

5.5.2 每台装配完毕的风选机应进行 30 min 空运转试验，试验应满足下列要求：

a) 启动平稳、方便，停机时动力切断彻底、可靠；

b) 操纵装置应灵活、可靠；

c) 运行平稳，不得有卡碰和异常声音；

d) 连接件、紧固件不得松动。

5.6 外观

风选机外观应平整、光滑，外表面不应有划伤、碰伤、凹凸不平等缺陷。

5.7 焊接质量

风选机焊接零部件的焊缝应平整、牢固，不得有烧穿、漏焊、夹渣、裂纹、气孔等缺陷。

5.8 涂漆

5.8.1 风选机表面油漆涂层应色泽均匀、平整光滑，无露底、挂漆、起泡、流痕、起皱等缺陷。

5.8.2 漆膜附着力检查三处,应至少有两处达到Ⅱ级以上。

5.8.3 漆膜厚度不小于 35 μm。

6 试验方法

6.1 试验条件

6.1.1 试验样机准备。试验样机按照使用说明书的规定进行调整和保养,达到正常状态后方可进行测试。

6.1.2 试验场地。试验应在空旷平整的场地上进行。

6.1.3 试验物料准备。试验物料应选用具有代表性的谷物种类(如稻谷、小麦、玉米、大豆等),并应符合 5.3 的要求。试验物料的含杂率按 GB/T 5494 的规定进行测定,含水率按 GB/T 5497 的规定进行测定。

6.1.4 试验用仪器、设备应检定合格,在检定有效期内,并满足附录 A 的规定。

6.2 安全检验

6.2.1 电动机接地装置及接地标志采用目测法进行检查,绕组常态绝缘电阻按 GB/T 9651 的规定进行测定。

6.2.2 防护装置、安全标志、使用说明书采用目测法逐项进行检查。

6.2.3 噪声按 JB/T 9796 的规定进行测定。

6.3 性能测定

6.3.1 试验要求

6.3.1.1 在风选机达到正常作业状态后方可进行试验,试验时间不少于 15 min。

6.3.1.2 取样方法。试验过程中从谷物排出口接取样品三次,第一次接取在试验开始后 3 min 进行,以后每次接取的间隔时间为 5 min,每次取样时间为 30 s。

6.3.1.3 清选后谷物含杂率按 GB/T 5494 的规定进行测定。

6.3.2 生产率的计算

$$Q = \frac{3\,600 Q_r}{t} \qquad \cdots\cdots (1)$$

式中:

Q——风选机生产率,单位为千克每小时(kg/h);

Q_r——入机谷物总质量,单位为千克(kg);

t——测定时间,单位为秒(s)。

6.3.3 吨料电耗的计算

$$G_n = \frac{G_{nz}}{Q_r} \times 1\,000 \qquad \cdots\cdots (2)$$

式中:

G_n——吨料电耗,单位为千瓦小时每吨(kW·h/t);

G_{nz}——耗电量,单位为千瓦小时(kW·h)。

6.3.4 损失率的计算

$$\varepsilon = \frac{Q_s}{(1 - a_y) Q_r} \times 100 \qquad \cdots\cdots (3)$$

式中:

ε——损失率,%;

Q_s——杂质排出口损失好谷物质量,单位为千克(kg);

a_y——入机谷物含杂率。

6.3.5 除杂率的计算

$$\eta = \frac{a_y Q_r - a_h Q_h}{a_y Q_r} \times 100 \quad \cdots\cdots\cdots\cdots\cdots\cdots\cdots\cdots (4)$$

式中：

η——除杂率，%；

a_h——清选后谷物含杂率；

Q_h——清选后谷物总质量，单位为千克(kg)。

6.4 可靠性试验

6.4.1 在使用说明书规定的作业条件下，每台样机累计作业时间为 200 h，样机数量不少于 2 台。

6.4.2 可靠性试验期间，除按制造厂规定的要求进行维护保养，并按规定时间更换易损件外，不应更换其他零部件。

6.4.3 样机整机、总成(部件)或零件在规定的条件和时间内，丧失规定功能事件均称为故障。

6.4.4 在可靠性试验过程中，如果样机发生安全事故或样机损毁，可靠性直接判为不合格。

6.4.5 使用有效度的测定按 GB/T 5667 的规定进行。

6.5 装配、外观、焊接质量、涂漆检验

6.5.1 风选机在空载状态下，按 5.5.2 进行检查。

6.5.2 风选机外观、焊接质量、涂层外观质量采用目测法进行检查。

6.5.3 漆膜附着力按 JB/T 9832.2 的规定进行测定。

6.5.4 漆膜厚度按 JB/T 5673 的规定进行测定。

7 检验规则

7.1 出厂检验

7.1.1 每台风选机应经制造厂质量检验部门检验合格，并签发合格证后，方可出厂。

7.1.2 风选机空载试验应符合 5.5.2 的规定。

7.1.3 每台风选机应进行下列项目检查，检查结果应符合本标准的规定。

a) 外观；

b) 焊接质量；

c) 涂漆；

d) 电动机绕组常态绝缘电阻；

e) 电动机接地装置及接地标志；

f) 风选机防护装置；

g) 风选机安全标志。

7.1.4 对出厂交货的风选机，订货单位有权按本标准的规定，对出厂风选机进行抽检。抽检规则和判定方法由定货单位和制造厂协商确定。

7.2 型式检验

7.2.1 风选机遇有下列情况之一时，应进行型式检验：

a) 新产品或老产品转厂生产的试制定型鉴定；

b) 正式生产后，如结构、工艺、材料有较大改变，可能影响产品性能时；

c) 正常生产时，定期或积累一定产量后，应周期性进行一次检验，一般一年进行一次；

d) 产品长期停产后，恢复生产时；

e) 国家质量监督机构提出进行型式检验的要求时。

7.2.2 判定规则

7.2.2.1 检验项目按不合格程度分为 A 类、B 类和 C 类，检验项目分类见表 2。

7.2.2.2 抽样方法应符合 GB/T 2828.1—2003 正常检验一次抽样方案。判定方案见表 3。AQL 为接收质量限、Ac 为接收数、Re 为拒收数。

7.2.2.3 样本中各类项目不合格数小于或等于接收数 Ac 时，则判该产品为合格，否则判该产品为不合格。

表 2 检验项目分类

类别	项序	项目名称
A	1	防护装置
	2	电动机接地装置及接地标志
	3	电动机绕组常态绝缘电阻
	4	安全标志
	5	噪声
	6	使用说明书安全要求
B	1	生产率
	2	吨料电耗
	3	损失率
	4	除杂率
	5	可靠性
C	1	装配
	2	外观
	3	焊接质量
	4	涂漆

表 3 抽样检验方案

项目类别	A	B	C
样本数	2		
项目数	6	5	4
检验水平	S-1		
AQL	6.5	25	40
Ac Re	0 1	1 2	2 3

8 标志、包装、运输与贮存

8.1 标志

每台风选机应按 GB/T 13306 的规定，在明显位置固定产品标牌，其内容至少应包括：

a) 制造厂名称；

b) 产品型号与名称；

c) 主要技术参数：生产率(kg/h)、配套功率(W 或 kW)、额定电压(V)、转速(r/min)；

d) 整机质量(kg)；

e) 产品出厂编号和出厂日期；

f) 产品执行标准编号。

8.2 包装

8.2.1 出厂的风选机应保证成套性，随机提供的附件、备件、工具和运输时必须拆下的零部件应进行分类包装，保证其完整无损。

8.2.2 风选机的随机文件应包括：

a) 装箱单；

b) 产品合格证；

c) 使用说明书。

8.3 运输与贮存

8.3.1 运输

风选机出厂装运，应符合交通部门的有关规定，应保证在正常运输条件下，不损坏零、部件。

8.3.2 贮存

经检验合格的风选机应存放于干燥、通风良好的仓库内。

附 录 A
（资料性附录）
仪器设备准确度要求

表 A.1 仪器设备准确度要求

序号	仪器设备名称	测量范围	准确度要求
1	电参数测试仪	0 kW/h～2 kW/h	±0.25%
2	声级计	25 dB～100 dB	1 级
3	绝缘电阻表	0 MΩ～500 MΩ	1.0 级
4	覆层测厚仪	0 μm～50 μm	±1 μm
5	台秤	0 kg～500 kg	Ⅱ级
6	案秤	0 g～5 000 g	±1 g
7	天平	0 g～100 g	±0.1 g
8	秒表	0 min～30 min	2 级

ICS 65.060.40
B 91

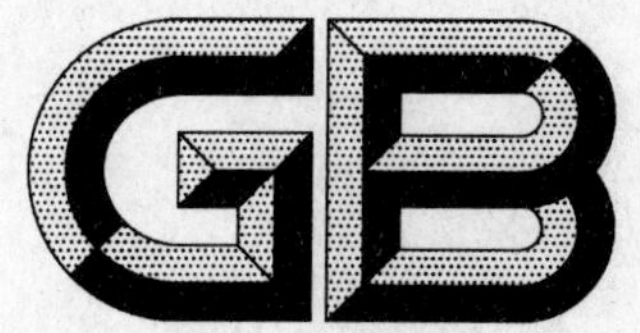

中华人民共和国国家标准

GB/T 24688—2009

动物防疫消毒机　试验方法

Equipment for animal disinfection machinery—Test methods

2009-11-30 发布　　2010-04-01 实施

中华人民共和国国家质量监督检验检疫总局
中国国家标准化管理委员会　发布

前　言

本标准的附录 A 为资料性附录。

本标准由中国机械工业联合会提出。

本标准由全国农业机械标准化技术委员会(SAC/TC 201)归口。

本标准起草单位:农业部南京农业机械化研究所、苏州农业药械有限公司、台州信溢农业机械有限公司。

本标准主要起草人:薛新宇、傅锡敏、汪建、陈健。

动物防疫消毒机　试验方法

1　范围

本标准规定了动物防疫消毒机的试验条件和试验方法。

本标准适用于配套液力泵及轴流式风机的喷雾式动物防疫消毒机。

2　规范性引用文件

下列文件中的条款通过本标准的引用而成为本标准的条款。凡是注日期的引用文件，其随后所有的修改单(不包括勘误的内容)或修订版均不适用于本标准，然而，鼓励根据本标准达成协议的各方研究是否可使用这些文件的最新版本。凡是不注日期的引用文件，其最新版本适用于本标准。

GB 10395.1　农林机械　安全　第1部分：总则(GB 10395.1—2009，ISO 4254-1：2008，MOD)

GB 10395.6　农林拖拉机和机械　安全技术要求　第6部分：植物保护机械(GB 10395.6—2006，ISO 4254-6：1995，MOD)

GB 10396　农林拖拉机和机械、草坪和园艺动力机械　安全标志和危险图形　总则(GB 10396—2006，ISO 11684：1995，MOD)

GB 13960.1　可移式电动工具的安全　第一部分：通用要求

JB/T 9782　植保机械通用试验方法

JB/T 10753—2007　常温烟雾机

NY/T 388—1999　畜禽场环境质量标准

3　试验条件

3.1　环境

除特殊要求外，试验在常温下进行。

3.2　样机

试验时整机装配应完整。试验中除允许对紧固件进行一次调整外，不允许做其他调整。

3.3　试验用介质

自来水。

3.4　试验用仪器设备

试验用仪器、设备应在检定有效期内，其主要测定参数准确度应符合表1要求。

表1　主要测定参数准确度

测定参数	准确度要求
转速	±0.5%
时间	分辨率1 s
噪声	分辨率0.5 dB(A)
风速	±10%FS
温度	±1 ℃
电阻	±0.1%FS
容量	±2%
流量	±2%
压力	1.5级

4 试验方法

4.1 起动性能试验

在 0.85 倍额定电压或额定电压范围下限启动 3 次，检查消毒机是否能正常运转。

4.2 喷雾性能试验

4.2.1 单喷头喷量测定

将喷头向下安装，在规定压力下喷雾，用测量器皿测量其喷出的液量，计算每分钟的喷量；或用流量计测量。重复试验 3 次，计算其平均值。结果记入表 A.1。

4.2.2 整机喷量测定

将喷头安装成工作状态，在截流阀出口处接入压力表。压力表的压力保持在常用工作压力时，喷液 1 min～3 min，用器皿测量喷出的液量，或用流量计测量，计算每分钟的喷量。重复试验 3 次，计算其平均值。试验结果记入表 A.1。

4.2.3 残留量测定

按 JB/T 10753—2007 中 5.4 的方法进行测试。

4.2.4 雾滴直径测定

消毒机在额定工况下运转，用激光粒谱仪或光学显微镜测定雾滴体积中径。测定方法按 JB/T 9782—1999 中 4.2 规定进行。

4.2.5 雾滴的空间弥漫性

4.2.5.1 按 NY/T 388—1999 中 4.1 中的对空气环境质量的要求，进行雾滴的空间弥漫性测试。

4.2.5.2 试验在封闭或封闭半封闭空间内进行，试验气温 40 ℃以下，测试喷液中加 1%（质量比）黑色染料。

4.2.5.3 测试时喷雾头采用向上 30°的角度喷雾，取样采用纸卡法，即在每一观察外固定纸卡（2 cm×5 cm），纸卡的水平布置可根据消毒机工作状态，呈直线形或环形排列，距风机出口 1 m 处开始放置纸卡，每隔 1 m 放置一排，根据实际雾滴飞行距离，决定放置最远距离。纸卡在垂直方向的布置分上、中、下三层，下层距地面 0.5 m 处，中层与喷头口平，上层高于喷口 0.5 m 处，纸卡总数不少于 100 张，喷雾后沉降 6 h 后方可取样，在纸卡阴干后，用投影仪或计算机计读雾点数。试验结果记入表 A.2。

4.3 噪声测定

4.3.1 按 NY/T 388—1999 中 4.2 中对环境质量参数的要求，进行噪声试验。

4.3.2 测定场地半径为 20 m 以上的开阔地，场地内不得有任何障碍物或反射面。地面平整，本底噪声的 A 计权声压级应比整机所测得的噪声小 10 dB 以上。测试时，要求环境气温在 −10 ℃～35 ℃之间，风速低于 5 m/s。

4.4 主要零部件性能试验

4.4.1 液泵性能测试

试验应在室内台架上进行，并按 JB/T 9782 及相关液泵标准的规定进行。

4.4.2 风机风速测试

试验时，试验装置进出口附近应无任何影响气流正常流动的障碍物，记录环境参数：室温、大气压力、相对湿度等，测量点从风机出风口中心开始呈环形放射状布点进行测量，距风机出风口距离 1 m 范围内，每隔 0.2 m 沿中心直线分布测量 5 点；距风机出风口距离 1 m～3 m 范围内后，每隔 0.5 m 测量沿中心测量直线分布 5 点；距风机出风口距离超过 3 m 后，每隔 1 m 测量沿中心测量直线分布 5 点，直至风速小于 0.2 m/s 为止。结果记入试验表 A.3。

4.5 安全性检查

4.5.1 装配质量检查

打开电源，依次检查液泵、风机及喷雾头的转动，各运转部件是否有碰撞、卡死的现象。

4.5.2　**整机密封性能试验**

检查消毒机承压管路部件，部件的耐压性能应符合 GB 10395.6 规定；整机在喷雾状态下，各运动件运转，检查整机各部位有无漏液、漏油现象。试验中允许对紧固件进行一次调整。

4.5.3　**安全保护检查**

测试水箱内无水状态下电源自动关闭性能，检查水箱内水加满后报警提示及溢流装置的性能。

4.5.4　**安全标志**

按 GB 10395.1 和 GB 10396 规定，检查传动装置、风机出口处的安全标志及防护装置。

4.5.5　**电路安全性能的检查**

按 GB 13960.1 要求，电器系统应保证绝缘性能良好。测量采用兆欧表，测量值≥20 MΩ。

4.6　**首次故障前平均工作时间(MTTFF)测定**

消毒机在额定工况下运转，测定消毒机发生故障前的平均工作时间。试验介质为自来水，定时截尾时间为 100 h，按式(1)计算。

$$\mathrm{MTTFF}=\frac{T}{r}=\frac{1}{r}\left[\sum_{i=1}^{r}t_i+(n-r)t_0\right] \qquad (1)$$

式中：

T——总工作时间，单位为小时(h)；

n——抽样试验台数(不少于 2 台)；

r——发生首次故障台数(当 $r=0$ 时，按 $r=1$ 计)；

t_i——第 i 台消毒机出现首次故障时累计工作时间，单位为小时(h)；

t_0——定时截尾时间，单位为小时(h)。

4.7　**有效度测定**

完成首次故障平均工作时间测定后的喷雾机，在正常工作状态下继续进行试验，直到累计运转 200 h为止。按式(2)计算喷雾机的有效度。

$$K=\frac{\sum T_x}{\sum T_g+\sum T_x}\times 100 \qquad (2)$$

式中：

K——有效度，%；

$\sum T_g$——故障排除时间(例行检查保养时间除外)，单位为小时(h)；

$\sum T_x$——纯工作时间，单位为小时(h)。

5　试验报告

5.1　试验报告内容主要内容包括：

a)　试验目的、地点、概况说明；

b)　试验样机技术特征；

c)　试验依据的标准；

d)　试验仪器设备的规格、型号及编号；

e)　试验项目、数据、结果及结论；

f)　试验记录。

5.2　出厂检验报告内容包括：

a)　试验记录；

b)　试验结论。

附 录 A
（资料性附录）
消毒机主要技术参数测定与性能试验记录表

表 A.1 喷雾量测定表

机具型号＿＿＿＿＿＿ 日期＿＿年＿＿月＿＿日

测次	喷雾量测定/(L/min)		备注
	单喷头	整机喷量	
1			
2			
3			
平均			

试验地点＿＿＿＿＿＿ 记录＿＿＿＿

表 A.2 雾滴的空间弥漫性测定表

机具型号＿＿＿＿＿＿ 日期＿＿年＿＿月＿＿日

喷雾流量＿＿＿＿＿＿ 环境温度＿＿＿＿

风机风速＿＿＿＿＿＿ 空气相对湿度＿＿＿＿

项目		纸卡位置															平均
		0.5 m			1 m			1.5 m			……			n+0.5 m			
		上	中	下	上	中	下	上	中	下	上	中	下	上	中	下	
每平方厘米雾滴数	最高																
	最低																
	平均																
有效纸卡占总纸卡数/%																	
0个雾滴占总纸卡数/%																	
有效纸卡：指喷洒在纸卡上每平方厘米面积上的雾滴数≥10粒。																	

试验地点＿＿＿＿＿＿ 记录＿＿＿＿

表 A.3 风机风速测试结果记录表

机具型号________ 日期____年____月____日

大气压力________ 空气相对湿度________ 环境温度________

项目		纸卡位置距离/m											
		0.2	0.4	0.6	0.8	1	1.5	2	2.5	3	4	……	n
测量点	1												
	2												
	3												
	4												
	5												

试验地点________ 记录________

ICS 65.060.40
B 91

中华人民共和国国家标准

GB/T 24689.1—2009

植物保护机械　虫情测报灯

Equipment for crop protection—Pest forecast light trap

2009-11-30 发布　　2010-04-01 实施

中华人民共和国国家质量监督检验检疫总局
中国国家标准化管理委员会　发布

前 言

本部分由中国机械工业联合会提出。

本部分由全国农业机械标准化技术委员会(SAC/TC 201)归口。

本部分负责起草单位:汤阴县佳多科工贸有限责任公司、中国农业机械化科学研究院、全国农业技术推广服务中心。

本部分主要起草人:赵树英、齐惠昌、张跃进、孙乃霞、李复印。

植物保护机械　虫情测报灯

1　范围

GB/T 24689 的本部分规定了虫情测报灯的安全要求、技术要求、试验方法、检验规则及标志、包装、运输、贮存。

本部分适用于植物保护用虫情测报灯。

2　规范性引用文件

下列文件中的条款通过 GB/T 24689 的本部分的引用而成为本部分的条款，凡是注日期的引用文件，其随后所有的修改单(不包括勘误的内容)或修订版均不适用于本部分，然而，鼓励根据本部分达成协议的各方研究是否可使用这些文件的最新版本。凡是不注日期的引用文件，其最新版本适用于本部分。

GB/T 191　包装储运图示标志(GB/T 191—2008,ISO 780:1997,MOD)

GB/T 4237　不锈钢热轧钢板和钢带

GB 10396　农林拖拉机和机械、草坪和园艺动力机械　安全标志和危险图形　总则(GB 10396—2006,ISO 11684:1995,MOD)

GB/T 13306—1991　标牌

3　术语和定义

下列术语和定义适用于本部分。

3.1

诱集光源　light source of trapping

用于诱集昆虫的发光体。

3.2

撞击屏　crash screen

诱惑昆虫撞击的屏幕。

3.3

集虫器　insect collector

贮存昆虫的器件。

3.4

电源稳压隔离器　isolator of power regulation

用来保证电源电压 220 V±60 V 时可正常使用，防止接地失效时伤害人体。

3.5

光控传感器　optically controlled sensor

感应光信号的器件。

3.6

雨控传感器　rain controlled sensor

感应降雨信号的器件。

3.7

远红外虫体处理　far infrared treatment of pest

采用远红外技术对昆虫进行致死处理，并保证致死后的虫体可清晰辨认形态特征。

3.8

定位传感器　positioning sensors

实现集虫器自动转换过程中的位置信息传输。

3.9

排水装置　drainage device

将雨水与虫体分离并排除的装置。

3.10

转盘　wheel

实现8个不同时间段虫体分开存放的装置。

3.11

控制器　controller

指挥工作的微电脑系统。

3.12

漏虫装置　insect collection channel

将诱集到的虫体导送到虫体处理器的装置。

3.13

虫体完整　integrity of pest body

虫体主要特征不被损伤，能明显分辨出虫体特征和种类。

4　安全要求

4.1　电源输入端对壳体、电源稳压隔离器绝缘电阻应不小于2.5 MΩ，并能承受频率为50 Hz，电压为1 500 V耐电压试验，历时1 min无击穿现象。

4.2　产品应具有防雷击功能，当结构设计不能保证有效避雷时，应安装避雷装置。

4.3　在壳体表面明显部位应装有接地装置和标志。

4.4　结构外表面不应有使人致伤的尖角、锐边和毛刺等缺陷。

4.5　在灯体的明显部位应有符合GB 10396规定的安全标志。

5　技术要求

5.1　一般要求

5.1.1　产品应符合本部分规定，并按经规定程序批准的产品图样及技术文件制造。

5.1.2　采用符合GB/T 4237不锈钢型材整体结构，所有零、部件应经检验合格后方可进行装配。

5.1.3　外观应整齐美观，表面平整光洁，色泽均匀，无裂痕等缺陷；整体应牢固、无松动。

5.1.4　焊缝应平整、牢固、光滑、明亮、无毛刺。

5.1.5　诱集光源应采用功率为20 W、主波长为365 nm的黑光灯管，或光通量为2 700 lm～2 920 lm的白炽灯泡(200 W)。

5.2　性能要求

5.2.1　应能在温度为0 ℃～70 ℃、湿度不大于95%RH的环境中正常工作。在−40 ℃～70 ℃环境温度下存放不影响正常使用。

5.2.2　适用电源电压为220 V±60 V，电源稳压隔离器应能保证输出电压220 V±5 V。

5.2.3　灯管启动时间应不大于5 s。工作15 min后，远红外虫体处理仓内温度应达到80 ℃～90 ℃。

5.2.4　测报灯功率应不大于450 W，待机功率应不大于5 W。

5.2.5　光控传感器应按外界光线变化自动控制测报灯工作。在夜间正常工作状态下，外界强光瞬间照射不得改变工作状态。

5.2.6 雨控传感器应按外界雨量变化自动控制测报灯工作。

5.2.7 排水装置能有效将雨、虫分离,箱体内不得有明显积水。

5.2.8 远红外虫体处理致死率不小于98%,虫体完整率不小于95%。

5.2.9 定位传感器应能实现转盘准确定位,保证至少8个不同时间段诱集到的昆虫准确落入集虫器内。

5.2.10 控制器能有效采集、处理并储存光控传感器、雨控传感器、定位传感器的信息,并能控制计时、诱集光源、远红外虫体处理、排水、分时存放等工作。

5.2.11 三块撞击屏互成120°角,单屏尺寸为长595 mm±2 mm,宽213 mm±2 mm,厚度不小于5 mm。

6 试验方法

6.1 试验条件

6.1.1 温度0 ℃~70 ℃,湿度不大于95%RH。

6.1.2 在电网电压为220 V条件下,当产品使用说明书中对适用电压另有规定时应按其规定电压进行试验。

6.1.3 试验场地应宽敞,便于试验工作的展开,具备必要的电源和防火设施。

6.2 试验用仪器设备要求

6.2.1 试验用仪器设备应在检定周期内。

6.2.2 试验所用的仪器设备量程、准确度应与所测项目相适应。

6.2.3 试验开始前应对所用仪器设备的技术状态完好情况进行确认。

6.3 性能试验

6.3.1 外观与整体稳固性

目测外观应符合5.1.3要求。

6.3.2 焊接

目测检查所有焊缝应符合5.1.4要求。

6.3.3 诱集光源

用光波波长测试装置测定诱集光源波长。

也可用光谱仪测定诱集光源荧光粉的波长。

6.3.4 高、低温试验

6.3.4.1 接通高温箱电源,放入待测虫情测报灯,将高温箱内温度设置为70 ℃,恒温4 h后,应能正常工作。

6.3.4.2 接通低温箱电源,放入待测虫情测报灯,将低温箱内温度设置为-40 ℃,恒温4 h后,取出虫情测报灯,温度平衡(2 h)后,应能正常工作。

6.3.5 高湿度试验

将虫情测报灯放在湿度为95%RH的环境中,保持2 h后,接通电源应能正常工作。

6.3.6 工作电压

6.3.6.1 用电压表测定电源电压应为220 V±60 V。

6.3.6.2 将电压调节至160 V、220 V、280 V,用电压表测电源稳压隔离器输出电压应为220 V±5 V。

6.3.7 灯管启动时间与远红外虫体处理仓内温度

6.3.7.1 遮挡光控传感器(模拟夜晚状态),接通电源的同时开始计时,到灯管正常点亮时止,测计此区间的时间(单位:s)。

6.3.7.2 正常工作15 min后,用温度仪测量远红外虫体处理仓内表面温度,当显示值相对平稳后读数。

6.3.8　**工作功率、待机功率**

在工作和待机两种工况下用万用表分别测定该电路的电压和电流，按公式(1)计算：

$$P = U \cdot I \qquad \cdots\cdots(1)$$

式中：

P——功率，单位为瓦特(W)；

U——电压，单位为伏特(V)；

I——电流，单位为安培(A)。

也可用准确度相当的其他功率测量装置进行测量。

6.3.9　**光控传感器**

用遮光物体将光控传感器覆盖，检查光控指示器是否灵敏。

6.3.10　**雨控传感器**

将不少于 2 mL 水倒入雨控传感器，检查其是否灵敏。

6.3.11　**虫体致死率**

进入工作状态 15 min 后，将若干只活体昆虫投入远红外虫体处理仓内，20 min 后按公式(2)计算致死率：

$$\lambda = \frac{n}{N} \times 100 \qquad \cdots\cdots(2)$$

式中：

λ——虫体致死率，%；

N——虫体总数，单位为条；

n——致死虫体数，单位为条。

6.3.12　**虫体完整率**

对被投入的致死虫体进行目测检查，有无明显破损。按公式(3)计算。

$$\psi = \frac{n_1}{N} \times 100 \qquad \cdots\cdots(3)$$

式中：

ψ——虫体完整率，%；

n_1——完整虫体数，单位为条。

6.3.13　**定位传感器**

按动面板转仓按钮，集虫器应依次转换。

6.3.14　**控制器**

接通电源后，面板上指示灯应按顺序亮起，相应机构开始工作。

6.3.15　**撞击屏配置角度、尺寸**

用角度尺测量撞击屏夹角，用长度量具测量撞击屏的长、宽、厚度。

6.4　**安全要求**

6.4.1　**绝缘电阻和耐电压试验**

用兆欧表和高压试验仪击穿装置进行检验。

6.4.2　**接地装置和标志**

用目测方法。

6.4.3　**避雷功能或装置**

产品安装好后，用万用表电阻档，一端接接地装置，另一端接接地标识处，显示电阻值不应超过 4 Ω。

7　检验规则

7.1　**出厂检验**

7.1.1　出厂前必须经生产厂检验部门检验合格并附有合格证和标牌后方可出厂。

7.1.2　检验项目为4.1～4.4、5.1.3～5.1.5、5.2.3～5.2.5。

7.1.3　检验应满足下列要求：

——各连接件和紧固件不应有松动现象；

——不得有短路、放电及灯管闪烁现象；

——灯管及内部电路不得有超高温现象。

7.1.4　安全要求应符合第4章的规定。

7.2　型式检验

7.2.1　有下列情形之一时应进行型式检验：

——新产品或老产品转厂生产的试制定型鉴定；

——生产过程中，如产品结构、材料工艺等有较大变化时；

——正常生产过程中，每两年至少应进行一次；

——产品停产一年后恢复生产时；

——国家质量监督部门提出型式检验要求时。

7.2.2　型式检验项目

型式试验项目4.1～4.4、5.1.3～5.1.5、5.2.3～5.2.11。

7.2.3　型式检验时，应采取随机抽样的方法在成品库抽取。母体量不少于10台，样本数为2。

7.3　不合格判定

7.3.1　不合格项目分类

不合格项目按其对产品质量的影响程度，分为A、B、C三类。A类为对产品质量有重大影响的项目；B类为对产品质量有较大影响的项目；C类为对产品质量有一般影响的项目，侧重于零部件制造质量和装配质量项目。不合格项目分类见表1。

表1　不合格项目分类

类别	项序	项　目　名　称
A	1	应有避雷功能或装置
	2	应有接地装置和标志
	3	对地绝缘电阻和介电强度
	4	诱集光源功率与波长
	5	机械结构表面不得有尖角、锐边、毛刺
	6	安全标志
B	1	电源电压与稳压隔离器输出电压
	2	灯管启动时间与远红外虫体处理仓内温度
	3	虫体完整率及致死率
	4	光控传感器应按外界光线变化，控制测报灯工作
	5	雨控传感器按外界雨量变化实现系统自动控制
	6	定位传感器应能实现集虫器准确定位，保证转盘至少8个不同时间段诱集到的昆虫不混淆
	7	控制器能有效采集、处理并储存信息，并能控制各部件工作
	8	正常工作、存放环境温度、湿度
	9	排水装置将雨、虫分离，箱体内不得有明显积水

表 1（续）

类别	项序	项 目 名 称
C	1	外观与整体稳固性
	2	测报灯功率与待机功率
	3	焊接质量
	4	外观质量
	5	撞击屏配置角度、尺寸

7.3.2 评定规则

7.3.2.1 经对虫情测报灯进行逐项考核评定，评定结果按表 2 规定进行判定，表中可接收质量限 AQL、接收数 Ac、不接收数 Re 均按计点法计算。

表 2 抽样检验方案

项目类别	A	B	C
样本数		2	
项目数	6	9	5
检验水平		S-1	
AQL	6.5	25	40
Ac Re	0 1	1 2	2 3

7.3.2.2 样本中各类别不合格项目数小于或等于接收数 Ac 时，则判该产品为合格，否则判该产品为不合格。

8 标志、包装、运输与贮存

8.1 标志

每台产品应在明显位置固定符合 GB/T 13306—1991 中 5.6、5.8 规定的产品永久性标牌，内容至少应包括：

a) 产品名称；

b) 规格型号；

c) 主要技术参数；

d) 企业名称、地址；

e) 出厂日期或编号；

f) 产品执行标准号。

8.2 包装

8.2.1 产品出厂包装由制造厂与用户协商。

8.2.2 包装箱外型的标志应清晰整齐，并包括以下内容：

a) 产品名称；

b) 规格型号；

c) 企业名称、地址；

d) 出厂日期；

e) “小心轻放”、“向上”等标志应符合 GB/T 191 的规定。

8.2.3 包装箱内应附有下列文件：

a) 产品装箱单；

b） 产品合格证；

c） 产品使用说明书。

8.3 运输

可采用任何运输方式，运输中应小心轻放，不准倒置，严禁摔压，防止损坏，并应有防雨、雪措施。

8.4 贮存

产品或包装完备的产品应贮存在通气、干燥、无有害气体的库房中。

ICS 65.060.40
B 91

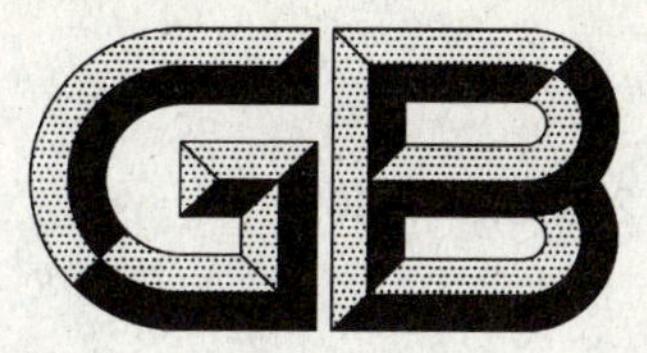

中华人民共和国国家标准

GB/T 24689.2—2009

植物保护机械　频振式杀虫灯

Equipment for crop protection—Frequency oscillation pest-killing light trap

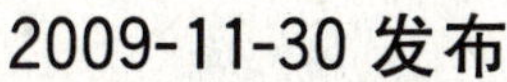

2009-11-30 发布　　2010-04-01 实施

中华人民共和国国家质量监督检验检疫总局
中国国家标准化管理委员会　发布

前　言

本部分由中国机械工业联合会提出。

本部分由全国农业机械标准化技术委员会(SAC/TC 201)归口。

本部分起草单位:汤阴县佳多科工贸有限责任公司、中国农业机械化科学研究院、全国农业技术推广服务中心。

本部分主要起草人:赵树英、齐惠昌、夏敬源、孙乃霞、李复印。

植物保护机械　频振式杀虫灯

1　范围

GB/T 24689 的本部分规定了频振式杀虫灯的基本构成、安全要求、技术要求、试验方法、检验规则及标志、包装、运输与贮存。

本部分适用于植物保护用频振式杀虫灯(以下简称"频振灯"),其他形式的杀(诱)虫灯可参照使用。

2　规范性引用文件

下列文件中的条款通过 GB/T 24689 的本部分的引用而成为本部分的条款,凡是注日期的引用文件,其随后所有的修改单(不包括勘误的内容)或修订版均不适用于本部分,然而,鼓励根据本部分达成协议的各方研究是否可使用这些文件的最新版本。凡是不注日期的引用文件,其最新版本适用于本部分。

GB/T 191　包装储运图示标志(GB/T 191—2008,ISO 780:1997,MOD)

GB 10396　农林拖拉机和机械、草坪和园艺动力机械　安全标志和危险图形　总则(GB 10396—2006,ISO 11684:1995,MOD)

GB/T 13306—1991　标牌

3　术语和定义

下列术语和定义适用于本部分。

3.1

频振　frequency oscillation

将电源转化为多种特定频率的技术。

注:利用频振技术在保证不同频率波段下的诱杀效果,保护人、畜安全和频振式杀虫灯的自身安全。

3.2

诱集光源　light source of trapping

用于诱集有害昆虫的发光体。

3.3

电网电压　voltage of power grid

用于触杀有害昆虫电网两端的电位差。

3.4

升压器　voltage booster

将输入的电压转换为高压的器件。

4　基本构成

产品的主要组成部分见图 1。

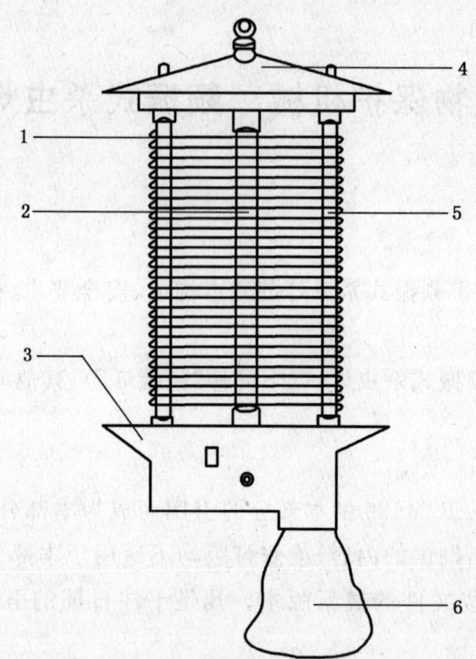

1——高压电网；
2——频振灯管；
3——接虫盘；
4——风雨帽；
5——绝缘柱；
6——接虫袋。

图1 频振式杀虫灯示意图

5 安全要求

5.1 当环境湿度大于95%RH时，频振灯能自动进入保护状态，当环境湿度不大于95%RH时即可自动恢复工作。

5.2 频振灯应具有防雷击功能，当结构设计不能保证有效避雷时，应安装避雷装置。

5.3 高压电网应采取可靠的保护措施保证人身安全。

5.4 电源输入端对外漏金属件绝缘电阻大于或等于2.5 MΩ。频振灯能承受频率50 Hz、电压1 500 V耐电压试验，历时1 min无击穿现象；高压电网与升压器能承受频率50 Hz、电压为5 000 V耐电压试验，历时1 min无击穿现象。

注：对于安全电压供电的产品不适用于5.4。

5.5 绝缘柱体应具有可靠的耐腐蚀、耐高电压性能。高压电网(雨天)连续电弧放电至少30 min，绝缘柱无炭化现象。

5.6 材料选择应能满足不同使用地域的气象条件。

5.7 在灯体的明显部位应有符合GB 10396规定的安全标志。

6 技术要求

6.1 一般要求

6.1.1 产品应符合本部分的规定，并应按经规定程序批准的图样和技术文件制造。

6.1.2 所有零、部件应经检验合格后方可进行装配。

6.1.3 外观应整齐美观，表面平整光洁，色泽均匀，无裂痕等缺陷，整体应牢固、无松动。

6.1.4 适用电源标称电压为 220 V,允许采用 380 V 和 DC 12 V 等电源。

6.1.5 结构设计应能配置不同波长的诱集光源、且工作时间段可调整,诱捕不同靶标害虫。

6.2 性能要求

6.2.1 应能在温度为 10 ℃～70 ℃、湿度不大于 95%RH 的环境下正常工作。在—40 ℃～70 ℃环境温度下存放后不影响正常使用。当湿度大于 95%RH 时应能保证灯的安全。

6.2.2 产品可按用户需要增加光控功能。

6.2.3 升压器应加装保护器,工作中不得有击穿、烧毁现象。

6.2.4 镇流器电压为 160 V 时,电流不得小于 220 mA;镇流器电压为 280 V 时,电流不得大于 420 mA。

6.2.5 启辉器接线端子应能根据电压波动进行调整,并满足下列要求:

——当电源电压为 200 V～280 V 时,频振灯管启动时间应不大于 5 s,无短路、电弧现象。

——当电源电压为 160 V～200 V 时,频振灯管启动时间应不大于 15 s,无短路、电弧现象。

6.2.6 频振灯额定功率不大于 35 W。

6.2.7 频振灯管的标定功率应为 15 W。

6.2.8 诱集光源波长应为 320 nm～680 nm。

6.2.9 昆虫捕捉率应不小于 95%。

6.2.10 单灯有效作用半径为农田不小于 120 m、林区不小于 80 m。

6.2.11 高压电网采用耐弧镀膜材料,直径 0.6 mm,并满足下列要求:

——螺旋绕制且不得有中间接头;

——网线间距应与所诱捕靶标害虫相适应;

——高压网线不得与电源线同孔,引线分开穿孔;

——诱集害虫撞击面积不小于 0.15 m^2;

——正常工作时不得产生电弧;

——工作电压为 2 300 V±115 V。

7 试验方法

7.1 试验条件

7.1.1 工作环境温度 10 ℃～70 ℃,湿度不大于 95%RH。放置环境温度—40 ℃～70 ℃。

7.1.2 适用电源电压为 220 V、380 V 或 DC12 V。当产品使用说明书中对适用电压另有规定时应按其规定电压进行试验。

7.1.3 试验场地应宽敞且明暗可调,便于试验工作的展开,具备必要的电源和防火设施。

7.2 试验用仪器设备要求

7.2.1 试验用仪器设备应在检定周期内。

7.2.2 试验所用的仪器设备量程、准确度应与所测项目相适应。

7.2.3 试验开始前应对所用仪器设备的技术状态完好情况进行确认。

7.3 性能和制造质量

7.3.1 外观与整体稳固性

感观检查应符合 6.1.3 的要求。

7.3.2 高、低温试验

7.3.2.1 接通高温箱电源,放入待测频振灯,待高温箱内温度达到 70 ℃,恒温 4 h 后,应能正常工作。

7.3.2.2 接通低温箱电源,放入待测频振灯,待低温箱内温度达到—40 ℃,恒温 4 h 后,取出频振灯,温度平衡(2 h)后,应能正常工作。

7.3.3 **高湿度试验**

将频振灯放在湿度为95%RH的环境中，保持2 h后，接通电源应能正常工作。调节湿度大于95%RH，应能自动进入保护状态。

7.3.4 **光控功能**

产品接通电源，遮挡光控传感器(模拟夜晚状态)，目测灯管应自动亮起，频振灯进入正常工作状态；去除光控传感器遮挡物，灯管应能自动熄灭，频振灯停止工作。

7.3.5 **升压装置安全保护**

在输出端直接短路，在70 ℃时短路4 h以上，常温状态下短路24 h以上，不能击穿、损坏，电路恢复正常后，应能正常工作。

7.3.6 **镇流器电压、电流**

调节镇流器电压分别为160 V和280 V时，用万用表电流档测量两种状态下的电流。

7.3.7 **启动电压**

7.3.7.1 用电压表测定工作电压应为200 V～280 V。当采用直流电源时，首先测定蓄电池电压，应符合产品说明书的要求。

7.3.7.2 在接通电源的同时开始计时，到灯管正常点亮时止，测计此区间的时间(单位:s)。观察在此过程中不得有短路和电弧现象。

7.3.8 **低压启动**

7.3.8.1 用调压器调低电压为160 V。

7.3.8.2 在接通电源开关的同时开始计时，到灯管正常点亮时止，测计此区间的时间(单位:s)，观察在此过程中不得有短路和电弧现象。

7.3.9 **功率**

接通电源，用万用表分别测定该电路的电压和电流，按式(1)计算：

$$P = U \cdot I \quad \cdots\cdots (1)$$

式中：

P——功率，单位为瓦特(W)；

U——电压，单位为伏特(V)；

I——电流，单位为安培(A)。

也可用准确度相当的其他功率测量装置进行测量。

7.3.10 **诱集光源波长**

用波长测试装置测定诱集光源波长。

也可用光谱仪测定诱集光源荧光粉的波长。

7.3.11 **昆虫捕捉率**

在夜间工作环境中，在一定空间内人工释放一定数量(一般不少于100只)的活体飞行昆虫，将频振灯置于工作状态，观察活体昆虫扑灯情况，分别记录扑灯后逃逸昆虫数量和捕捉到的数量，计算昆虫捕捉率。

7.3.12 **单灯有效作用半径**

夜间在平整的农田中，以工作状态下的频振灯为中心，以120 m为半径，将一定数量的飞行昆虫染色，分为四组(每组一般不少于25只)，从四个不同方向放飞，次日天明观察接虫袋内应有染色昆虫。林区放飞半径为80 m。

7.3.13 **高压电网线间距及电压**

用长度计量器具测量网线间距。通电后用相应的电压测试仪测量相邻两根网线电压。

7.3.14 **诱集害虫撞击面积**

用长度计量器具测定高压电网的有效几何尺寸并计算高压电网有效面积。

7.4 安全要求

7.4.1 高湿度状态下的自动保护

当频振灯所处环境湿度大于95%RH时，应自动进入保护状态，当环境湿度降至95%RH或以下时应能自动恢复工作。

7.4.2 避雷功能或装置

产品安装好后，用万用表电阻档，一端接接地装置，另一端接接地标识处，显示电阻值不应超过4 Ω。

7.4.3 高压电网安全性

将鲜瘦肉条(其长度不小于网线间距的2倍，宽度为10 mm)放在处于工作状态的高压网线上，不得出现持续电弧放电现象。关灯后取下鲜瘦肉条查看，不得有电弧痕迹。

7.4.4 绝缘电阻和抗电强度

用兆欧表和耐压试验仪进行检验。

7.4.5 绝缘柱炭化

用万用表笔测量任意相临两根网线的电压，确认电压达到2 300 V±115 V时，用体长大于线间距的昆虫或鲜肉条在绝缘柱的两根网线间一定距离内使其产生电弧放电，持续时间不少于30 min，绝缘柱表面及内部均不得有炭化现象，更换虫体或鲜肉条时间间隔不大于5 s。

8 检验规则

8.1 出厂检验

8.1.1 出厂前，必须经生产厂检验部门检验合格并附有合格证和标牌后方可出厂。

8.1.2 检验项目为5.1、5.2、5.4、6.1.3、6.2.3～6.2.7、6.2.11。

8.1.3 检验应满足下列要求：

——各连接件和紧固件不应有松动现象；

——不得有短路、电弧及灯管闪烁现象；

——电路灯管及电网不得有超高温现象。

8.2 型式检验

8.2.1 有下列情形之一时应进行型式检验：

——新产品或老产品转厂生产的试制定型鉴定；

——生产过程中，如产品结构、材料工艺等有较大变化时；

——正常生产过程中，每两年至少应进行一次；

——产品停产一年后恢复生产时；

——国家质量监督部门提出型式检验要求时。

8.2.2 型式检验项目

型式检验项目应符合本部分第5章、第6章的规定。

8.2.3 型式检验时，应采取随机抽样的方法在成品库抽取。母体量不少于10台，样本数为2。

8.3 不合格判定

8.3.1 不合格分类

不合格项目按其对产品质量的影响程度，分为A、B、C三类。A类为对产品质量有重大影响的项目；B类为对产品质量有较大影响的项目；C类为对产品质量有一般影响的项目，侧重于零部件制造质量和装配质量项目。不合格项目分类见表1。

表 1 不合格项目分类

项目类别	项序	项 目 名 称
A	1	高湿度状态下的自动保护
	2	应有避雷功能或装置
	3	高压电网保护措施
	4	绝缘柱耐腐蚀与无炭化现象
	5	电源输入端对地绝缘电阻和抗电强度
	6	高压网线与电源线分开穿孔
	7	安全标志
B	1	灯管启动时间
	2	低电压状态下灯管启动时间
	3	高压电网工作电压
	4	高压电网有效面积、网格间距及网线不得有中间接头
	5	正常工作、存放环境温度、湿度
	6	诱集光源波长
	7	昆虫捕捉率
	8	单灯有效作用半径
	9	镇流器电压,电流
C	1	外观与整体稳固性
	2	灯管标定功率
	3	频振灯额定功率
	4	焊接质量
	5	应能配置不同波长的诱集光源及工作时间段的调整

8.3.2 评定规则

8.3.2.1 根据表 1 所列检查项目进行逐项考核评定,评定结果按表 2 规定进行判定,表 2 中可接收质量限 AQL、接收数 Ac、不接收数 Re 均按计点法计算。

表 2 抽样检验方案

项目类别	A	B	C
样本数		2	
项目数	7	9	5
检验水平		S-1	
AQL	6.5	25	40
Ac Re	0 1	1 2	2 3

8.3.2.2 样本中各类不合格项目数小于或等于接收数 Ac 时,则判该产品为合格,否则判该产品为不合格。

9 标志、包装、运输与贮存

9.1 标志

每台产品应在明显位置固定符合 GB/T 13306—1991 中 5.6、5.8 规定的永久性产品标牌,内容至少应包括：

a） 产品名称；

b） 规格型号；

c） 主要技术参数；

d） 生产企业名称、地址；

e） 出厂日期和出厂编号；

f） 产品执行标准号。

9.2 包装

9.2.1 产品出厂包装由制造厂与用户协商。

9.2.2 包装箱外的标志应清晰整齐，并包括以下内容：

a） 产品名称；

b） 规格型号；

c） 生产企业名称、地址；

d） 出厂日期；

e） “小心轻放”、“向上”等标志应符合 GB/T 191 的规定。

9.2.3 包装箱内应附有下列文件：

a） 产品装箱单；

b） 产品合格证；

c） 产品使用说明书；

9.3 运输

可采用任何运输方式，运输中应小心轻放，不准倒置，严禁摔压，防止损坏，并应有防雨、雪措施。

9.4 贮存

产品或包装完备的产品应贮存在通气、干燥、无有害气体的库房中。

ICS 65.060.40
B 91

中华人民共和国国家标准

GB/T 24689.3—2009

植物保护机械　孢子捕捉仪(器)

Equipment for crop protection—Spores-capture instrument

2009-11-30 发布　　2010-04-01 实施

中华人民共和国国家质量监督检验检疫总局
中国国家标准化管理委员会　发布

前　言

本部分由中国机械工业联合会提出。

本部分由全国农业机械标准化技术委员会(SAC/TC 201)归口。

本部分负责起草单位:汤阴县佳多科工贸有限责任公司、中国农业机械化科学研究院、全国农业技术推广服务中心。

本部分主要起草人:赵树英、张跃进、孙乃霞、李复印、齐惠昌。

植物保护机械 孢子捕捉仪(器)

1 范围

GB/T 24689 的本部分规定了孢子捕捉仪(器)的技术要求、安全要求、试验方法、检验规则及标志、包装、运输及贮存。

本部分适用于捕捉空气中真菌孢子的固定式和移动式孢子捕捉仪(器)。

2 规范性引用文件

下列文件中的条款通过 GB/T 24689 的本部分的引用而成为本部分的条款,凡是注日期的引用文件,其随后所有的修改单(不包括勘误的内容)或修订版均不适用于本部分,然而,鼓励根据本部分达成协议的各方研究是否可使用这些文件的最新版本。凡是不注日期的引用文件,其最新版本适用于本部分。

GB/T 191 包装储运指示标志(GB/T 191—2008,ISO 780:1997,MOD)

GB 10396 农林拖拉机和机械、草坪和园艺动力机械 安全标志和危险图形 总则(GB 10396—2006,ISO 11684:1995,MOD)

GB/T 13306—1991 标牌

3 术语和定义

下列术语和定义适用于本部分。

3.1

集气口 air intake

被收集气体流经的通道口。

3.2

载玻片 glass slide

收集孢子的载体。

3.3

孢子仓 spores collector

安放载玻片的仓室。

4 安全要求

4.1 电源输入端对壳体绝缘电阻应不小于 2.5 MΩ,并能承受频率为 50 Hz,电压为 1 500 V 耐电压试验,历时 1 min 无击穿现象。

4.2 产品应具有防雷击功能,当结构设计不能保证有效避雷时,应安装避雷装置。

4.3 在壳体表面明显部位应装有接地装置和标志。

4.4 结构外表面不应有使人致伤的尖角、锐边和毛刺等缺陷。

4.5 在产品的明显部位应有符合 GB 10396 规定的安全标志。

注:4.1~4.3、4.5 仅适用于固定式孢子捕捉仪(器)。

5 技术要求

5.1 一般要求

5.1.1 产品应符合本部分规定,并按经规定程序批准的产品图样及技术文件制造。

5.1.2　所用的零、部件，须经生产厂质量检验部门检验合格后，方可进行装配。

5.1.3　外观平整、光滑、亮泽，不得有毛刺、划痕等缺陷，不锈钢型材面板拼接严整，焊缝无各种焊接缺陷。

5.1.4　应能在温度为－30 ℃～70 ℃，湿度不大于95％RH的环境中正常工作。

5.2　性能要求

5.2.1　固定式孢子捕捉仪电源电压为220 V±20 V，功率不大于180 W。允许采用太阳能、风能、蓄电池等能源。

5.2.2　移动式孢子捕捉仪电源电压为DC12 V，在不低于DC10.8 V的情况下应能正常工作。

5.2.3　集气口风速为0.3 m/s～5 m/s。

5.2.4　固定式孢子捕捉仪应按不同的工作环境调整工作方式：连续、段续和定时。

5.2.5　应能捕捉到空气中的孢子。

6　试验方法

6.1　试验条件

6.1.1　温度－30 ℃～70 ℃，湿度不大于95％RH。

6.1.2　固定式孢子捕捉仪电源电压为220 V±20 V，移动式孢子捕捉仪电源电压为DC12 V。当产品使用说明书中对适用电压另有规定时应按其规定电压进行试验。

6.1.3　试验场地应便于试验工作的展开，具备必要的防火设施。

6.2　试验用仪器设备的要求

6.2.1　试验用仪器设备应在检定周期内。

6.2.2　试验所用的仪器设备量程、准确度应与所测项目相适应。

6.2.3　试验开始前应对所用仪器设备的技术状态完好情况进行确认。

6.3　试验项目与方法

6.3.1　外观

感观检查外观和焊缝应符合5.1.3要求。

6.3.2　绝缘电阻和耐电压试验

用兆欧表和高压试验仪进行检验。

6.3.3　高、低温试验

6.3.3.1　接通高温箱电源，放入待试样机，待高温箱内温度达到70 ℃，恒温4 h后，应能正常工作。

6.3.3.2　接通低温箱电源，放入待试样机，待低温箱内温度达到－30 ℃，恒温4 h后，取出样机，温度平衡(2 h)后，应能正常工作。

6.3.4　高湿度试验

将样机放在湿度为95％RH的环境中，保持2 h后，接通电源应能正常工作。

6.3.5　电源电压

调节电压分别为200 V、220 V、240 V，接通固定式孢子捕捉仪(器)，应能正常工作。

以DC12 V蓄电池为电源的移动式孢子捕捉仪(器)，当蓄电池电压不小于10.8 V时应能正常工作。

6.3.6　功率

接通电源，用万用表分别测定该电路的电压和电流，按式(1)计算：

$$P = U \cdot I \qquad (1)$$

式中：

P——功率，单位为瓦特(W)；

U——电压，单位为伏特(V)；

I——电流，单位为安培(A)。

也可用准确度相当的其他功率测量装置进行测量。

6.3.7 **集气口风速**

在集气口处用风速测量仪测定3次，每次测量3点，取平均值。

6.3.8 **工作方式**

——设置连续工作时间应不小于24 h，从工作开始计时，期间不得有间歇。

——设置定时工作节拍为：工作1 h—停止0.1 h—工作1 h。从设定确认开始计时，按定时截尾法，起动、停止工作时间误差不得超出±5 s。工作状态下不得自动停机，停止状态下不得自动起动。

6.3.9 **孢子捕捉能力**

试验前更换洁净的载玻片并涂沫粘附介质(如凡士林)，正常工作后在进气口处匀速释放一定数量的人工培养孢子。3 min后抽出载玻片，通过显微镜观察载玻片上粘附的孢子。

7 检验规则

7.1 出厂检验

7.1.1 产品出厂前必须经生产厂检验部门检验合格并附有合格证和标牌后方可出厂。

7.1.2 检验项目为4.1～4.4、5.1.3、5.2.1～5.2.4。

7.1.3 检验应满足下列要求：

——各连接件和紧固件不应有松动现象。

——打开电源开关，不得有短路、风机卡滞等现象。

7.2 型式检验

7.2.1 有下列情形之一时应进行型式检验：

——新产品或老产品转厂生产的试制定型鉴定；

——生产过程中，如产品结构、材料工艺等有较大变化时；

——正常生产过程中，每两年至少应进行一次；

——产品停产一年后恢复生产时；

——国家质量监督部门提出型式检验要求时。

7.2.2 型式检验项目为4.1～4.4、5.1.3、5.1.4、5.2.1～5.2.5。

7.2.3 型式检验时，应采取随机抽样的方法在成品库抽取。母体量不少于8台，样本数为2。

7.3 不合格判定

7.3.1 **不合格项目分类**

不合格项目按其对产品质量的影响程度，分为A、B、C三类。A类为对产品质量有重大影响的项目；B类为对产品质量有较大影响的项目；C类为对产品质量有一般影响的项目，侧重于零部件制造质量和装配质量项目。

表1 不合格项目分类

类别	项序	项目名称
A	1	电源输入端对壳体绝缘电阻、抗电强度
	2	应有避雷功能或装置
	3	接地装置和标志
	4	应能捕捉到空气中的孢子
	5	安全标志

表 1（续）

类别	项序	项 目 名 称
B	1	工作环境（温度、湿度）
	2	工作电压（直流电源最低工作电压）
	3	固定式孢子捕捉仪的功率
	4	结构外表面不应有使人致伤的尖角、锐边和毛刺等
C	1	外观质量
	2	工作方式
	3	集气口风速

7.3.2 评定规则

7.3.2.1 根据表 1 所列检查项目对孢子捕捉仪产品进行逐项考核评定，评定结果按表 2 规定进行判定，表中接收质量限 AQL、接收数 Ac、不接收数 Re 均按计点法计算。

7.3.2.2 样本中各类别不合格项目数小于或等于接收数 Ac 时，则判该产品为合格，否则判该产品为不合格。

表 2 抽样检验方案

项目类别	A	B	C
样本数	2		
项目数	5	4	3
检验水平	S-1		
AQL	6.5	25	40
Ac Re	0 1	1 2	2 3

8 标志、包装、运输与贮存

8.1 标志

每台产品应在明显位置固定标牌，标牌应符合 GB/T 13306—1991 中 5.6、5.8 的规定，其内容至少应包括：

a) 产品名称；

b) 规格型号；

c) 主要技术参数；

d) 企业名称、地址；

e) 出厂日期或编号；

f) 产品执行标准号。

8.2 包装

8.2.1 产品出厂包装由制造厂与用户协商。

8.2.2 包装箱外的标识应清晰整齐，并包括以下内容：

a) 产品名称；

b) 规格型号；

c) 企业名称、地址；

d) 出厂日期；

e) “小心轻放”、“向上”等标志应符合 GB/T 191 的规定。

8.2.3 包装箱内应附有下列文件：

a) 产品装箱单；

b) 产品合格证；

c) 产品使用说明书。

8.3 运输

可采用任何运输方式，运输中应小心轻放，不准倒置，严禁摔压，防止损坏，并应有防雨、雪措施。

8.4 贮存

产品或包装完备的产品应贮存在通气、干燥、无有害气体的库房中。

ICS 65.060.40
B 91

中华人民共和国国家标准

GB/T 24689.4—2009

植物保护机械　诱虫板

Equipment for crop protection—Insect adhesive board

2009-11-30 发布　　2010-04-01 实施

中华人民共和国国家质量监督检验检疫总局
中国国家标准化管理委员会　发布

前 言

本部分由中国机械工业联合会提出。

本部分由全国农业机械标准化技术委员会(SAC/TC 201)归口。

本部分负责起草单位:汤阴县佳多科工贸有限责任公司、中国农业机械化科学研究院、全国农业技术推广服务中心。

本部分主要起草人:赵树英、齐惠昌、张跃进、孙乃霞、李复印。

植物保护机械　诱虫板

1　范围

GB/T 24689 的本部分规定了诱虫板的技术要求、试验方法、检验规则及标志、包装与贮存。

本部分适用于植物保护用诱虫板。

2　技术要求

2.1　结构设计应便于悬挂和清洗。

2.2　在温度 10 ℃～70 ℃的环境中基板无明显变形，胶体不流(硬)化、遇水不溶解。

2.3　基板颜色应为红(波长 640 nm±10 nm)、黄(波长 575 nm±10 nm)、绿(波长 520 nm±10 nm)、青(波长 490 nm±10 nm)、蓝(波长 465 nm±10 nm)、紫(波长 430 nm±10 nm)、白色等。应色泽一致，在强烈阳光照射下，向光面与背光面不得有明显色差。

2.4　基板应采用具有一定强度、硬度、耐湿的材料。

2.5　胶层应均匀一致，双面涂胶，单面胶层厚度为 0.03 mm～0.05 mm，在拆分中无脱胶现象。

2.6　胶体应采用热熔型不干胶材料，应耐酸、耐碱、无毒，化学性能稳定。

2.7　胶体粘接力不小于 6.8×10^{-4} N/mm^2。

3　试验方法

3.1　悬挂方便性

目测诱虫板是否有便于操作的悬挂点。

3.2　高、低温试验

3.2.1　接通恒温箱电源，放入待试诱虫板，将恒温箱内温度设置为 70 ℃，恒温 4 h 取出，应无明显变形，胶体不流化。

3.2.2　接通恒温箱电源，放入待试诱虫板，将恒温箱内温度设置为 10 ℃，恒温 4 h 取出，应无明显变形，胶体不硬化。

3.3　强烈阳光照射下基板向光面与背光面色差

用分光测色仪测定基板波长。应在阳光最强烈的时间段于阳光下目测基板颜色是否有明显色差。

3.4　胶体层厚度

刷胶前将 52 块基板叠起压紧，取不同 3 点测量总厚度，将中间 50 块双面涂胶后再次叠起压紧，取相同 3 点，用千分尺测量求单面平均值。

3.5　粘接力

3.5.1　试验用诱虫板应是生产 30 天后的产品。

3.5.2　将 5 g 的法码粘接于诱虫板。

3.5.3　将诱虫板水平提起，法码垂直向下，5 min 内不得自由脱落，在不同点上重复试验 3 次。

4　检验规则

4.1　型式检验

4.1.1　型式检验项目按第 2 章的要求。

4.1.2　订货单位有权按本部分对诱虫板制造质量进行抽检，抽检数量可由制造厂与订货单位协商确定。抽检结果如有不合格时，则应再抽取加倍数量的诱虫板进行复验。如仍不合格，需全部返修后重新提交验收。

4.1.3　型式检验时，应采取随机抽样的方法在库房抽取。母体量不少于100片，样本数为10片。

4.2　判定规则

各检验项目全部合格为合格，若其中一项不合格时，应加倍抽样进行复检，如果复检结果仍不合格，则判该批产品为不合格。

5　标志、包装、运输、贮存

5.1　每包产品应有下列标志：

a）　产品名称；

b）　规格型号；

c）　主要技术参数；

d）　企业名称、地址；

e）　出厂日期和出厂编号；

f）　产品执行标准号。

5.2　包装

5.2.1　每包产品必须有包装箱，包装应牢固、防潮。

5.2.2　产品出厂包装由制造厂与用户协商。

5.2.3　包装箱外形的标识应清晰整齐，并包括以下内容：

a）　产品名称；

b）　规格型号；

c）　企业名称、地址；

d）　出厂日期；

e）　“小心轻放”、“向上”等标志。

5.2.4　包装箱内应附有下列文件：

a）　产品装箱单；

b）　产品合格证；

c）　产品使用说明书。

5.3　运输

包装好的产品在能够避免雨、雪直接影响的条件下，可用任何运输工具运送。运送过程中应小心轻放，严禁摔压，防止损坏。

5.4　贮存

产品或包装完备的产品应贮存在通气、干燥、无有害气体的库房中。

ICS 65.060.40
B 91

中华人民共和国国家标准

GB/T 24689.5—2009

植物保护机械 农林生态远程实时监测系统

Equipment for crop protection—Remote real-time monitoring system for agricultural and forest ecology

2009-11-30 发布　　2010-04-01 实施

中华人民共和国国家质量监督检验检疫总局
中国国家标准化管理委员会　发布

前　言

本部分由中国机械工业联合会提出。

本部分由全国农业机械标准化技术委员会(SAC/TC 201)归口。

本部分负责起草单位:汤阴县佳多科工贸有限责任公司、中国农业机械化科学研究院、全国农业技术推广服务中心。

本部分主要起草人:陈戈、赵树英、齐惠昌、张跃进、孙乃霞、李复印。

植物保护机械
农林生态远程实时监测系统

1 范围

GB/T 24689 的本部分规定了农林生态远程实时监测系统的技术要求、试验方法、验收规则。

本部分适用于农林生态远程实时监测系统(以下简称"监测系统")。

2 规范性引用文件

下列文件中的条款通过 GB/T 24689 的本部分的引用而成为本部分的条款。凡是注日期的引用文件,其随后所有的修改单(不包括勘误的内容)或修订版均不适用于本部分,然而,鼓励根据本部分达成协议的各方研究是否可使用这些文件的最新版本。凡是不注日期的引用文件,其最新版本适用于本部分。

GB/T 3768 声学 声压法测定噪声源 声功率级 反射面上方采用包络测量表面的简易法(GB/T 3768—1996,eqv ISO 3746:1995)

GB 4208—2008 外壳防护等级(IP 代码)(IEC 60529:2001,IDT)

GB 10396 农林拖拉机和机械、草坪和园艺动力机械 安全标志和危险图形 总则(GB 10396—2006,ISO 11684:1995,MOD)

3 术语和定义

下列术语和定义适用于本部分。

3.1

云台 rotational station

通过步进电机控制的方向调节载物台。

3.2

微处理器 micro processor

由一个嵌入式实时多任务操作模块及一些根据需要进行定制的系统模块组成。

3.3

视频转换 video conversion

将模拟视频信号转换为数字信号的过程。

3.4

生物信息采集系统 bio-information collection system

将摄像机、防护外壳、云台、远红外发射器等设备集成在一起后安装于户外的设备。

3.5

信息转换器 information processor

将视频采集、数据转换、数据压缩、远程控制、动态 IP 等多种通讯功能、技术、模块集成于一体的设备。

3.6

支柱 prop

竖直固定在地面上,用于支撑旋臂的部件。

3.7

旋臂　rotary arm

用于安装云台的构件。

3.8

多通道　multi-channel

信息转换器上与其他设备相连接的接口。

4　系统组成

监测系统至少应由生物信息采集系统、信息转换器和计算机等设备组成，还可以与其他需要连接的设备连接使用，如农林小气候信息采集系统、显微镜成像设备等。

5　功能要求

5.1　通过微处理器应实现实时多任务操作。

5.2　应能与信息转换器进行远程配置，可用于无人职守的场所。

5.3　图像应具有高清晰度，在网络上可以传输多路实时图像。

5.4　应能通过软件实现远程控制、画面分割、切换处理、保存。

5.5　当连接农林小气候信息采集系统、显微镜成像等其他设备时，应实现其功能。

6　技术要求

6.1　产品应符合按规定程序批准的产品图样及技术文件。

6.2　电源输入端对外壳导体绝缘电阻不小于 2.5 MΩ，并能承受频率为 50 Hz、试验电压为 1 500 V 耐电压试验，历时 1 min 无击穿现象。

6.3　在电源电压为 220 V±60 V 时应能连续正常工作。

6.4　产品应具有防雷击功能，当结构设计不能保证有效避雷时，应安装避雷装置。金属外壳应有接地装置。

6.5　系统工作环境应满足下列要求：

——生物信息采集系统在环境温度为－30 ℃～70 ℃，湿度不大于 95%RH 的条件下应能正常工作，不得结露、结霜。

——信息转换器正常工作环境温度为－5 ℃～40 ℃，湿度不大于 85%RH，工作噪声应不大于 40 dB(A)。

6.6　当监测半径为 20 m 时，应能清晰辨别 10 mm×10 mm 的物体；当采集距离为 8 m 时，应能清晰辨别 1 mm×1 mm 的物体；当监测半径为 10 m 时，应能在夜间清晰辨别 10 mm×10 mm 的物体。

6.7　支柱对地面的不垂直度不大于 1°，旋臂相对于支柱运动应自如，无卡滞。

6.8　云台水平转角和摄像装置相对于云台的水平自转角均不小于 350°，垂直转角不小于 90°。水平方向移动距离不小于 3 m，垂直方向移动距离不小于 1.5 m。

6.9　系统程序编制应能被计算机所兼容，并向客户提供升级服务。

6.10　可同时多通道采集昆虫、小气候及微生物成像等信息，应用适宜压缩技术，保证图像高清晰度，通过视频转换，转化成计算机可识别的信息。

6.11　应能实现信息不间断的接收和发送。

6.12　应能实现设备的远程控制、图像处理。

6.13 室外工作装置外壳防护等级应符合 GB 4208—2008 中 IP65 的规定。

6.14 以支柱为中心，系统至少应能观测到半径 25 m 内的物体。

6.15 在信息转换器的明显部位应有符合 GB 10396 规定的安全标志。

7 试验方法

7.1 绝缘电阻和耐电压试验

用兆欧表和耐压试验仪进行检验。

7.2 电源电压波动与连续工作

分别调节电压至 160 V、220 V、280 V 三个电压点，每个电压点分别工作 8 h，观察其 24 h 之内应连续正常工作。

7.3 工作环境

将生物信息采集部件放入恒温试验箱，温度分别调节至 −30 ℃、0 ℃、70 ℃，每个点恒温 2 h，取出后立即与系统连接，应能正常工作。

将信息转换器放入恒温试验箱，温度分别调节至 −5 ℃、20 ℃、40 ℃，每个点恒温 2 h，取出后立即与系统连接，应能正常工作。

工作噪声按 GB/T 3768 的规定测定。

注：温度突变允许表面出现结露现象。

7.4 避雷功能或装置

产品安装好后，用万用表电阻档，一端接接地装置，另一端接接地标识处，显示电阻值不应超过 4 Ω。

7.5 采集信息清晰度

以生物信息采集点为中心，将 1 mm×1 mm 的物体放在用长度计量器具测定的 8 m 点上，将 10 mm×10 mm 的物体放在用长度计量器具测定的 20 m 点上观看物体。

夜间采集信息清晰度在夜间测试距离为 10 m，能分辨 10 mm×10 mm 的物体。

7.6 支柱对地面的不垂直度

用准确度为 1∶1000 的水平尺(仪)紧贴于支柱表面，水柱位于离地面 1.5 m 处。

允许采用其他方法试验。

7.7 转角测量

首先将云台回位在起点，以摄像装置纵向中心面前端为基点，向地面作垂线并画出交点。以该交点为起始点，分别以支柱为中心，以支柱与端面基点为半径，和以摄像装置连接铰点中心，以铰点至端面基点为半径各画一个 350° 扇形圆弧。启动云台水平转动至最大角度，再以摄像装置纵向中心面前端为基点，向地面作垂线应交于弧线上一点，测量起点与终点的角度，同理，使云台绕铰点转动，测量水平转角和垂直转角，见图 1。

7.8 多通道采集信息并压缩发送

在计算机上可同时或依次清晰显示所采集的信息。在计算机上查看所采集的信息是否被压缩存档。

7.9 信息不间断的接收和发送

确定起始时间，30 min 后核查信息的完整性。

7.10 设备的远程控制、图像处理

采用不同 IP 地址的计算机进行远程连接，对其所连接的设备进行控制和信息处理。

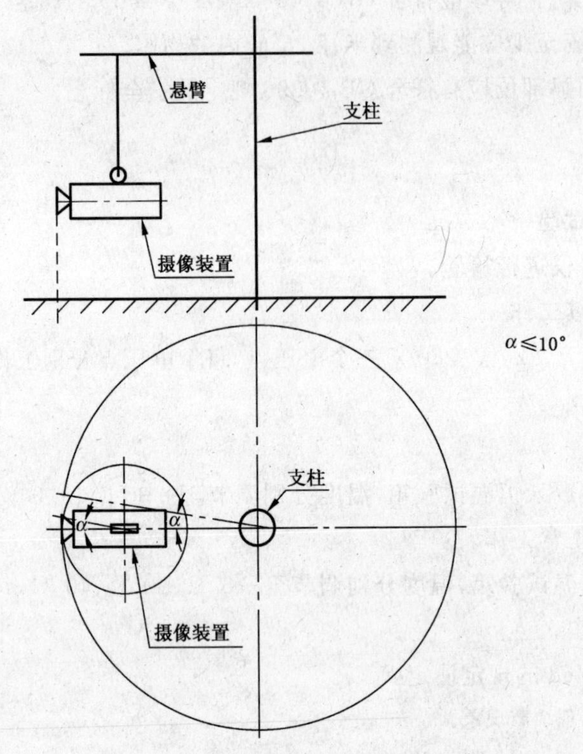

图 1 转角测量示意图

8 验收规则

8.1 验收条件

8.1.1 监测系统所在地一方应为验收工作提供必备的便利条件(如电源等)。

8.1.2 验收时环境应符合监测系统的工作环境要求。

8.2 验收人员组成

应由供需双方管理人员、技术人员等组成,必要时可邀请第三方参加。或委托有资质的中介机构实施验收。

8.3 验收仪器设备

8.3.1 试验用仪器设备应在检定周期内。

8.3.2 验收所用的仪器设备量程、准确度应与所测项目相适应。

8.3.3 验收开始前应对所用仪器设备的技术状态完好情况进行确认。

8.4 验收项目与方法

监测系统验收应实现第 5 章的功能要求,按表 1 逐条进行验收。

表 1

序号	项目条款	试验方法	合格判定
1	6.5	按 7.4 执行	显示值≤4 Ω 为合格
2	6.6	按 7.5 执行	符合 6.6 为合格
3	6.7	按 7.6 执行	不大于 1°,且旋臂运动自如,无卡滞为合格
4	6.8	按 7.7 执行	符合 6.8 为合格

表 1（续）

序号	项目条款	试验方法	合格判定
5	6.9	系统软件应能顺利装入计算机，并能实现6.10～6.12要求为合格	若有一条不能实现，则判为不合格
6	6.10	按7.8执行	符合6.10为合格
7	6.11	按7.9执行	符合6.11为合格
8	6.12	按7.10执行	符合6.12为合格
9	6.14	以支柱为中心观测半径为25 m处的物体	可辨别出物体轮廓即为合格
注：若序号中第2、3、4、9项不合格，允许调试。			

在当地实际气候条件下通过验收的监测系统，制造商应保证其在所适应的全环境条件下正常工作，产品使用可靠性不小于98%。

当需方要求时，也可以对表中所列条款以外的项目进行验收。

8.5　验收确认

验收后由验收方出具验收报告。全项合格由供需双方依照合同办理交付手续。如有不合格项，允许制造商重新调试、整改后再进行验收。

8.6　未尽事宜，由供需双方商定。

ICS 65.060.40
B 91

中华人民共和国国家标准

GB/T 24689.6—2009

植物保护机械 农林小气候信息采集系统

Equipment for crop protection—Information collecting system of microclimate for agriculture and forestry

2009-11-30 发布　　2010-04-01 实施

中华人民共和国国家质量监督检验检疫总局
中国国家标准化管理委员会　发布

前言

本部分由中国机械工业联合会提出。

本部分由全国农业机械标准化技术委员会(SAC/TC 201)归口。

本部分负责起草单位:汤阴县佳多科工贸有限责任公司、中国农业机械化科学研究院、全国农业技术推广服务中心。

本部分主要起草人:赵树英、齐惠昌、张跃进、孙乃霞、李复印。

植物保护机械
农林小气候信息采集系统

1 范围

GB/T 24689 的本部分规定了农林小气候信息采集系统的安全要求、技术要求、试验方法、检验规则、标志、包装、运输和贮存。

本部分适用于农林小气候信息采集系统。

2 规范性引用文件

下列文件中的条款通过 GB/T 24689 的本部分的引用而成为本部分的条款。凡是注日期的引用文件，其随后所有的修改单(不包括勘误的内容)或修订版均不适用于本部分，然而，鼓励根据本部分达成协议的各方研究是否可使用这些文件的最新版本。凡是不标注日期的引用文件，其最新版本适用于本部分。

GB/T 191 包装储运图示标志(GB/T 191—2008,ISO 780:1997,MOD)

GB 10396 农林拖拉机和机械、草坪和园艺动力机械 安全标志和危险图形 总则(GB 10396—2006,ISO 11684:1995,MOD)

GB/T 13306—1991 标牌

3 术语和定义

下列术语和定义适用于本部分。

3.1

农林小气候 microclimate for agriculture and forestry

农林小气候是指在农林业生产区域小范围内的气候状况，本部分同时还包括土壤温度、土壤含水率、蒸发量、降雨量。

3.2

风杯 wind cup

测量空气流速的器件。

3.3

风标 wind vane

测量空气流向的器件。

3.4

风杆 wind rod

支撑风杯、风标的部件。

3.5

温、湿度传感器 temperature and humidity sensor

测量被测环境温、湿度的敏感部件。

3.6

光照度传感器 light sensor

测量被测区域光照强度的敏感部件。

3.7

降雨量传感器　rain sensor

监测降水深度的敏感部件。

3.8

蒸发量传感器　evaporation sensor

观察被测环境水分蒸发情况的敏感部件。

3.9

百叶箱　thermometric shelter

传感器在采集环境因子时，不受瞬间因子变化影响的装置。

4　安全要求

4.1　电源输入端对外壳导体绝缘电阻不小于 2.5 MΩ，并能承受频率为 50 Hz、电压为 1 500 V 的耐电压试验，历时 1 min 无击穿现象。

4.2　在外壳的明显部位应装有接地装置和标志。

4.3　产品应具有防雷击功能，当结构设计不能保证有效避雷时，应安装避雷装置。

4.4　结构外表面不应有使人致伤的尖角、锐边和毛刺等缺陷。

4.5　在产品的明显部位应有符合 GB 10396 规定的安全标志。

5　技术要求

5.1　一般要求

5.1.1　产品应符合本部分规定，并按规定程序批准的产品图样及技术文件制造。

5.1.2　应具有采集空气温度、空气湿度、土壤温度、土壤含水率、蒸发量、降雨量、风速、风向、光照度、气压的功能。

5.1.3　表面应平整、光滑、亮泽、不得有毛刺、划痕等缺陷。整体结构应稳固、可靠，不得有松动感觉。

5.1.4　适用电源电压为 220 V±60 V，也适用于 DC12 V、太阳能、风能等其他能源，在各种电压条件下，应能连续工作。

5.2　性能要求

5.2.1　工作电压为 DC12 V。

5.2.2　应能在温度为－40 ℃～60 ℃的环境中正常工作。当温度在 60 ℃～70 ℃时使用不应损坏。

5.2.3　能测量东、东南、南、西南、西、西北、北、东北八个方位的风向。

5.2.4　可测量风速 0.2 m/s～35 m/s。当风速≤10 m/s 时，允差为±(0.2 m/s＋5%)；当风速＞10 m/s 时，允差为±5%。

5.2.5　空气温度与土壤温度测量范围为－40 ℃～60 ℃，分辨率为 0.1 ℃，允差为±0.3 ℃。

5.2.6　空气湿度可全量程测量，分辨率为 1%RH，允差为±3%RH；土壤含水率可全量程测量，分辨率为 1%，允差为±10%。

5.2.7　光照度测量范围为 0 lx～2×10^5 lx，分辨率为 0.1×10^3 lx，允差为±8%。

5.2.8　降雨量测量范围为 0 mm/h～200 mm/h，分辨率为 0.1 mm，允差为±4%。

5.2.9　蒸发量测量范围为 0 mm/h～10 mm/h，分辨率为 0.1 mm，允差为±0.1 mm。

5.2.10　气压测量范围为 0 kPa～110 kPa，分辨率为 0.01 kPa，允差为±0.5%。

5.2.11　室外采集主机能每小时储存一次测量参数，至少可存储一年的数据(8 760 次)，具有通过移动存储设备将数据转存到计算机的功能。

6 试验方法

6.1 试验条件

6.1.1 电压为 220 V±60 V,当产品使用说明书中对适用电压另有规定时应按其规定电压进行试验。

6.1.2 试验场地应宽敞,便于试验工作的展开,具备必要的电源和防火设施。

6.2 试验用仪器设备

6.2.1 试验用仪器设备应在检定周期内。

6.2.2 试验所用的仪器设备量程、准确度应与所测项目相适应。

6.2.3 试验开始前应对所用仪器设备的技术状态完好情况进行确认。

6.3 性能试验

6.3.1 外观与整体稳固性

感观检查是否符合 5.1.3 要求。

6.3.2 电源电压

系统开始工作计时,将电压连续调至 160 V、220 V、280 V,观察其 24 h 之内是否可以连续正常工作。

6.3.3 高、低温试验

6.3.3.1 接通高温箱电源,放入待试样机,待高温箱内温度达到 60 ℃,恒温 4 h 后,应能正常工作。

6.3.3.2 接通低温箱电源,放入待试样机,待低温箱内温度达到 −40 ℃,恒温 4 h 后,取出样机,温度平衡(2 h)后,应能正常工作。

6.3.4 风速

用风速仪在风杯附近位置同时测量,记录所测参数并计算。

6.3.5 风向

用风机分别从八个已知方位向采集系统风标送风,检验与采集系统测量风向是否吻合。或用风向仪同点、同步测量。

6.3.6 温度

将标准温度计与采集系统温度传感器同点测试,温度测定点分别为:−40 ℃、0 ℃、20 ℃、60 ℃。各点温度值均应显示正常,按式(1)计算:

$$\Delta t=\frac{t_1-t_2}{t_1}\times 100 \qquad \cdots\cdots(1)$$

式中:

Δt——温度相对误差,%;

t_1——标准温度计显示温度值,单位为摄氏度(℃);

t_2——采集系统显示温度值,单位为摄氏度(℃)。

6.3.7 空气湿度

用湿度仪与采集系统空气湿度传感器同点测试,相对湿度测定点分别为:20%、40%、60%、80%和90%。各点湿度值均应显示正常,按式(2)计算:

$$\Delta H=\frac{H_1-H_2}{H_1}\times 100 \qquad \cdots\cdots(2)$$

式中:

ΔH——空气湿度相对误差,%;

H_1——湿度计显示湿度值,%;

H_2——采集系统显示湿度值,%。

6.3.8 土壤含水率

6.3.8.1 用采集系统土壤含水率传感器测定地表以下 400 mm 处的土壤,随即在该处取 3 个样品,其单个质量为 20 g,装入铝盒。

6.3.8.2 将装有土壤的铝盒放入烘箱，打开盒盖。在 150 ℃±5 ℃的温度下烘干 2 h，取出用感量为 1‰的天平称重并记录。放回烘箱继续烘干，然后，每隔 1 h 称量一次，直至连续两次称量结果保持恒定止，按式(3)计算土壤含水率：

$$W = \frac{W_1 - W_2}{W_1} \times 100 \qquad \cdots\cdots(3)$$

式中：

W——土壤含水率，%；

W_1——烘干前土壤质量，单位为克(g)；

W_2——烘干后土壤质量，单位为克(g)。

用式(4)计算含水率误差：

$$\Delta W = \frac{W - W_3}{W} \times 100 \qquad \cdots\cdots(4)$$

式中：

ΔW——土壤含水率相对误差，%；

W_3——采集系统显示土壤含水率，%。

6.3.9 光照度

在同一环境条件下用标准照度计进行对比测试，按式(5)计算：

$$\Delta E_V = \frac{E_1 - E_2}{E_1} \times 100 \qquad \cdots\cdots(5)$$

式中：

ΔE_V——光照度相对误差，%；

E_1——标准照度计显示值，单位为勒克斯(lx)；

E_2——采集系统显示值，单位为勒克斯(lx)。

6.3.10 降雨量和蒸发量

按测量筒容积，用量杯分别盛取相当于降雨量为 5 mm、50 mm、100 mm 和 150 mm 的水，倒入降雨量测量筒内。然后再从蒸发量测量筒内倒出相当于蒸发量为 2 mm、5 mm、8 mm 的水，测量装置应能适时采集并记录数据，用式(6)计算降雨量(蒸发量)误差：

$$\Delta q = \frac{q_1 - q_2}{q_1} \times 100 \qquad \cdots\cdots(6)$$

式中：

Δq——降雨量(蒸发量)相对误差，%；

q_1——实际水量(蒸发量)，单位为毫米(mm)；

q_2——系统测量水量(蒸发量)，单位为毫米(mm)。

6.3.11 气压测量

将气压表和气压传感器同点、同步测量，计算差值。

6.3.12 存储容量

人工导入各参数信息 8 760 次，是否有丢失现象。

6.4 安全要求

6.4.1 绝缘电阻和耐电压试验

用兆欧表和耐压试验仪进行检验。

6.4.2 接地装置和标志

目测产品是否安装有接地装置和标志。

6.4.3 避雷功能或装置

产品安装好后，用万用表电阻档，一端接接地装置，另一端接接地标识处，显示电阻值不应超过 4 Ω。

7 检验规则

7.1 出厂检验

7.1.1 产品出厂前必须经生产厂检验部门检验合格并附有合格证和标牌后方可出厂。

7.1.2 检验项目为4.1～4.4、5.1.3、5.2.3～5.2.10。

7.2 型式检验

7.2.1 有下列情形之一时应进行型式检验：

——新产品或老产品转厂生产的试制定型鉴定；

——生产过程中，如产品结构、材料工艺等有较大变化时；

——正常生产过程中，每两年至少应进行一次；

——产品停产一年后恢复生产时；

——国家质量监督部门提出型式检验要求时。

7.2.2 型式检验项目为4.1～4.4、5.1.3、5.2.1～5.2.11。

7.2.3 型式检验时，采取随机抽样的方法在成品库抽取。母体量不少于8套，样本数为2套。

7.3 不合格判定

7.3.1 不合格项目分类

不合格项目按其对产品质量的影响程度，分为A、B、C三类。A类为对产品质量有重大影响的项目；B类为对产品质量有较大影响的项目；C类为对产品质量有一般影响的项目，侧重于零部件制造质量和装配质量项目。不合格项目分类见表1。

表1 不合格项目分类

类别	序号	项目名称
A	1	对地绝缘电阻和介电强度
	2	应有接地装置和标志
	3	应有避雷功能或装置
	4	机械结构表面无尖角、锐边和毛刺
	5	安全标志
B	1	工作电压
	2	风速测量误差
	3	风向测量误差
	4	空气温度和土壤温度测量误差
	5	空气湿度测量误差
	6	土壤含水率测量误差
	7	蒸发量测量误差
	8	降雨量测量误差
	9	光照度测量误差
	10	气压测量误差
	11	测量参数储存与转存功能
C	1	焊接质量
	2	各紧固件安装牢固可靠
	3	外观质量与整体稳固性
	4	电源电压
	5	工作环境温度、湿度

7.3.2 评定规则

7.3.2.1 对农林小气候信息采集系统进行逐项考核评定，评定结果按表2规定进行判定，表中AQL为接收质量限、接收数Ac、不接收数Re均按计点法计算。

7.3.2.2 样本中各类别不合格项目数小于或等于接收数Ac时，则判该产品为合格，否则判该产品为不合格。

表2 抽样检验方案

项目类别	A		B		C	
样本数	2					
项目数	5		11		5	
检验水平	S-1					
AQL	6.5		25		40	
Ac Re	0	1	1	2	2	3

8 标志、包装运输与贮存

8.1 标志

每套产品应在明显位置固定符合GB/T 13306—1991中5.6、5.8规定的产品标牌，内容至少应包括：

a) 产品名称；

b) 规格型号；

c) 出厂日期或编号；

d) 主要技术参数；

e) 企业名称、地址；

f) 产品执行标准号。

8.2 包装

8.2.1 产品出厂包装由制造厂与用户协商。

8.2.2 包装箱外型的标志应清晰整齐，并包括以下内容：

a) 产品名称；

b) 规格型号；

c) 企业名称、地址；

d) 出厂日期；

e) “小心轻放”、“向上”等标志应符合GB/T 191的规定。

8.2.3 包装箱内应附有下列文件：

a) 产品装箱单；

b) 产品合格证；

c) 产品使用说明书。

8.3 运输

可采用任何运输方式，运输中应小心轻放，不准倒置，严禁摔压，防止损坏，并应有防雨、雪措施。

8.4 贮存

产品或包装完备的产品应贮存在通气、干燥、无有害气体的库房中。

ICS 65.060.40
B 91

中华人民共和国国家标准

GB/T 24689.7—2009

植物保护机械　农林作物病虫观测场

Equipment for crop protection—
Observation station of diseases and pest for agricultural and forest crops

2009-11-30 发布　　2010-04-01 实施

中华人民共和国国家质量监督检验检疫总局
中国国家标准化管理委员会　发布

前　言

本部分由中国机械工业联合会提出。

本部分由全国农业机械标准化技术委员会(SAC/TC 201)归口。

本部分负责起草单位:汤阴县佳多科工贸有限责任公司、中国农业机械化科学研究院、全国农业技术推广服务中心。

本部分主要起草人:赵树英、齐惠昌、张跃进、孙乃霞、赵铁良。

植物保护机械　农林作物病虫观测场

1　范围

GB/T 24689 的本部分规定了农林作物病虫观测场的分级、基本组成、人员与实验设备的配备、主要功能和主要任务。

本部分适用于农林作物病虫观测场(以下简称"观测场")。

2　观测场分级

观测场分为三个等级:

一级观测场:科研型和区域性使用;

二级观测场:县级和保护地域使用;

三级观测场:乡镇级农林场使用。

3　基本组成

3.1　一级观测场

至少应含有:

——病虫观测圃

观测圃应建在基本无人为防治病虫的地带,保持通电和排灌方便,观测圃内应适宜种植农作物,四周没有强光源和化工、建材、冶炼等污染企业。

——信息采集中心

病虫信息采集、农林气候信息采集、农林生态远程实时监测、病虫调查统计。

——技术研究中心

监测与信息网络中心、实验研究室、生物培养室、生物标本室;

——供电、供水、环控及其他辅助设施

a)　应具有满足需要的供电设施;

b)　应具有满足需求的供水设施;

c)　应具有满足需求的环境温度调节设施;

d)　农林病虫调查专用车。

3.2　二级观测场

至少应含有:

——病虫观测圃

观测圃应建在基本无人为防治病虫的地带,保持通电和排灌方便,圃内应适宜种植农作物,四周没有强光源和化工、建材、冶炼等污染企业。

——信息采集中心

病虫信息采集、农林气候信息采集、农林生态远程实时监测、病虫调查统计。

——技术研究中心

监测与信息网络中心、实验研究室、生物标本室;

——供电、供水、环控及其他设施

a)　应具有满足需要的供电设施;

b)　应具有满足需求的供水设施;

c） 应具有满足需求的环境温度调节设施；

d） 农林病虫调查专用车。

3.3 三级观测场

至少应含有：

——病虫观测圃

观测圃应建在基本无人为防治病虫的地带，保持通电和排灌方便，圃内应适宜种植农作物，四周没有强光源和化工、建材、冶炼等污染企业。

——信息采集中心

病虫信息采集、病虫调查统计、生物标本制作。

——供电、供水、环控及其他设施

a） 应具有满足需要的供电设施；

b） 应具有满足需求的供水设施；

c） 农林病虫调查专用工具。

4 观测场配备

4.1 人员配备与人员结构

4.1.1 各级观测场按照农作物种植面积、种植结构、作物种类、病虫发生特点等，配备与其相适应的专职技术人员，一般情况下：一级观测场配备不少于5人，二级、三级观测场人员不做具体规定。

4.1.2 一级观测场人员结构应满足下列要求：

——研究人员：熟悉病虫测报原理与方法，具有昆虫识别、培养、标本制作和对病菌、孢子进行实验室显微观测、化验、分析的能力。

——计算机管理人员：熟悉计算机操作与管理及病虫测报原理与方法，具备一定的数理统计知识。

——设备维护管理人员：应具有相关专业知识和一定的实践经验。

——农艺人员：熟悉病虫测报原理与方法，具有一定的实践经验，并获得相应的资格。

对于二级、三级观测场所配备人员结构不做具体规定，但应满足工作需要。

4.2 实验设备配置

各级观测场应配备仪器、设备见表1。

表1 各级观测场仪器、设备配置表

设备类别	序号	仪器、设备名称		
		一级观测场	二级观测场	三级观测场
实验室仪器、设备	1	光学生物显微镜（40X～1 600X）及生物显微成像设备	光学生物显微镜（40X～1 600X）及生物显微成像设备	光学生物显微镜（40X～1 600X）
	2	解剖显微镜（4.5X～180X）及解剖显微成像设备	解剖显微镜（4.5X～180X）及解剖显微成像设备	解剖显微镜（4.5X～180X）
	3	昆虫、孢子培养箱	昆虫、孢子培养箱	昆虫、孢子培养箱
	4	电热恒温干燥箱	电热恒温干燥箱	电热恒温干燥箱
	5	分析天平，感量万分之一	—	—
	6	无菌工作台	—	—
	7	灭菌锅、台式离心机、移液器等	灭菌锅	—
	8	实验台、药品柜、标本柜	实验台、药品柜、标本柜	实验台、药品柜、标本柜
	9	实验玻璃器皿	实验玻璃器皿	实验玻璃器皿
	10	工具箱	工具箱	工具箱

表 1（续）

设备类别	序号	仪器、设备名称		
		一级观测场	二级观测场	三级观测场
监测设备	1	农林小气候信息采集系统	农林小气候信息采集系统	—
	2	虫情测报灯	虫情测报灯	虫情测报灯
	3	孢子捕捉仪(器)	孢子捕捉仪(器)	孢子捕捉仪(器)
	4	病虫调查统计器	病虫调查统计器	病虫调查统计器
	5	农林生态远程实时监测系统	农林生态远程实时监测系统	—
	6	频振式杀虫灯	频振式杀虫灯	频振式杀虫灯
网络设施配置	1	病虫影像编辑制作设备	—	—
	2	计算机	计算机	计算机
	3	病虫预测、预报、预警软件	—	—
	4	数码相机(病虫图片图像采集)	数码相机(病虫图片图像采集)	数码相机(病虫图片图像采集)
	5	扫描仪	—	—
	6	数码摄录放一体机	—	—
供水供电环控	1	可选用电网供电、太阳能发电或风力发电等多种供电方式	可选用电网供电、太阳能发电或风力发电等多种供电方式	可选用电网供电、太阳能发电或风力发电等多种供电方式
	2	可选用自供水和公共供水	可选用自供水和公共供水	可选用自供水和公共供水
	3	实验室环境控制设备(温度 25 ℃±2 ℃)、相对湿度 40%RH～80%RH)	实验室环境控制设备(温度 25 ℃±2 ℃)、相对湿度 40%RH～80%RH)	—

5 主要功能

5.1 一级观测场

5.1.1 预测、预报、预警

全天候监测病虫害生长、发展、种群变化，同步记录各种监测数据，预测病虫害发生，及时发布预警信息。

5.1.2 昆虫生态观测

对昆虫物种、数量进行生态观测、掌握昆虫的生物特性及其在各种气候条件(如日照、风力、空气、土壤温湿度等环境因子)下的消长规律。

5.1.3 病虫生物研究

对病菌和昆虫进行捕捉与培养，分析，研究昆虫的生物链及其在原生状态下的平衡规律，寻求植物保护与维护昆虫生态平衡的最佳方案，研究开发病虫害可持续防治新技术。

5.1.4 病虫观测信息采集

为病虫测报提供观测区域。该区域在无外界干扰的纯自然生态下，方便对昆虫的生理、生活习性和测报区域内自然环境的变化进行分析。

5.2 二级观测场

5.2.1 预测、预报、预警

全天候监测病虫害生长、发展、种群变化，同步记录各种监测数据，预测病虫害发生，及时发布预警信息。

5.2.2 昆虫生态观测

对昆虫物种、数量进行生态观测、掌握昆虫的生物特性及其在各种气候条件(如日照、风力、空气、土壤温湿度等环境因子)下的消长规律。

5.2.3 病虫生物研究

对病菌和昆虫进行捕捉与培养,分析,研究昆虫的生物链及其在原生状态下的平衡规律。

5.2.4 病虫观测信息采集

为病虫测报提供观测区域。该区域在无外界干扰的纯自然生态下,方便对昆虫的生理、生活习性和测报区域内自然环境的变化进行分析。

5.3 三级观测场

5.3.1 预测、预报、预警

全天候监测病虫害生长、发展、种群变化,同步记录各种监测数据,预测病虫害发生,及时发布预警信息。

5.3.2 昆虫生态观测

对昆虫物种、数量进行生态观测,掌握病虫和了解孢子的生物特性及其消长规律。

5.3.3 病虫观测信息采集

为病虫测报提供观测区域。该区域在无外界干扰的纯自然生态下,方便对昆虫的生理、生活习性和测报区域内自然环境的变化进行分析。

6 主要任务

6.1 一级、二级观测场

6.1.1 信息采集中心

——监测、预测、发布昆虫的发生、发展规律;

——采集、监测田间气候因子;

——远程诊断、监测昆虫种群活动规律;

——调查、统计病虫类别和密度;

——诱捕昆虫,分析昆虫习性;

——捕捉空气中的孢子。

6.1.2 技术研究中心

6.1.2.1 监测与信息网络中心

——对生态状况进行实时监测;

——对田间小气候进行监测、采集、记录、存储;

——调查统计虫情测报数据,记录有关信息;

——对病虫害图像信息进行数字化处理,建立昆虫和病菌孢子数据图像信息库;

——建立网络连接,传输数据信息,实现远程诊断和信息共享,发布有关病虫害预报。

6.1.2.2 实验研究室

——对捕捉到的病菌孢子进行观测或培养,分析空气中病菌孢子的密度;

——研究病菌孢子的生物特性,进行显微照像;

——研究病菌孢子在不同气候条件下的飞散规律;

——解剖昆虫,进行分子研究,制作培养基进行细胞培养。

——研究气候与病虫种类及密度的联系。

6.1.2.3 昆虫培养室

——对昆虫细胞进行培养观察;

——对昆虫虫卵进行培养;

——对昆虫的生物特性进行实验观察；

——为害虫物理灭杀技术的开发提供资源；

——为生物原料(如生物蛋白)的提取提供资源；

——为开发昆虫自动识别技术提供试验靶标。

6.1.3 昆虫标本室

——采集昆虫，制作昆虫标本；

——对昆虫标本进行分类、登记、归档、保管；

——为昆虫研究提供标本；

——向社会提供标本。

6.2 三级观测场

——监测、预测、发布昆虫的发生、发展规律；

——诱捕昆虫，分析昆虫习性；

——调查统计虫情测报数据，记录有关信息；

——对捕捉到的病菌孢子进行观测或培养，分析空气中病菌孢子的密度；

——采集昆虫，制作昆虫标本；

——对昆虫标本进行分类、登记、归档、保管；

——为昆虫研究提供标本；

——向社会提供标本。

ICS 67.140.10
X 55

中华人民共和国国家标准

GB/T 24690—2009

袋 泡 茶

Teabag

2009-11-30 发布 2010-01-01 实施

中华人民共和国国家质量监督检验检疫总局
中国国家标准化管理委员会 发布

前　言

本标准由中华全国供销合作总社提出。

本标准由全国茶叶标准化技术委员会归口。

本标准起草单位:国家加工食品质量监督检验中心(广州)、广州市质量监督检测研究院、中华全国供销合作总社杭州茶叶研究院、联合利华食品(中国)有限公司、杭州亨达茶业技术开发公司、星愿(中国)茶业有限公司。

本标准主要起草人:蔡依军、侯向昶、蔡玮红、郭新东、吴玉銮、周劲松、韦中良、黄皓、刘喜钰、冼燕萍、杜志峰、姚晓庆、谢文缄、罗海英。

袋　泡　茶

1　范围

本标准规定了袋泡茶的术语和定义、产品分类、要求、试验方法、检验规则、标签标志、包装、运输和贮存。

本标准适用于以茶叶(包括经窨花工艺制成的花茶)为原料,用过滤材料包装而成的袋泡茶。不适用于添加其他植物原料和食用香料的袋泡茶。

2　规范性引用文件

下列文件中的条款通过本标准的引用而成为本标准的条款。凡是注日期的引用文件,其随后所有的修改单(不包括勘误的内容)或修订版均不适用于本标准,然而,鼓励根据本标准达成协议的各方研究是否可使用这些文件的最新版本。凡是不注日期的引用文件,其最新版本适用于本标准。

GB/T 191　包装储运图示标志
GB 2762　食品中污染物限量
GB 2763　食品中农药最大残留限量
GB 7718　预包装食品标签通则
GB/T 8302　茶　取样
GB/T 8304　茶　水分测定
GB/T 8305　茶　水浸出物测定
GB/T 8306　茶　总灰分测定
GB 11680　食品包装用原纸卫生标准
GB/T 14487　茶叶感官审评术语
GB 16332　食品包装材料用尼龙成型品卫生标准
GB/T 22290　茶叶中稀土元素的测定　电感耦合等离子体质谱法
JJF 1070　定量包装商品净含量计量检验规则
QB/T 1458　非热封型茶叶滤纸
QB/T 2595　热封型茶叶滤纸
SB/T 10035　茶叶销售包装通用技术条件
SB/T 10037　红茶、绿茶、花茶运输包装
SB/T 10095　茶叶储藏养护通用技术条件
SB/T 10157　茶叶感官评审方法
定量包装商品计量监督管理办法　国家质量监督检验检疫总局令[2005]第75号
食品标识管理规定　国家质量监督检验检疫总局令[2007]第102号

3　术语和定义

下列术语和定义适用于本标准。

3.1

袋泡茶　teabag

以茶树[*Camellia sinensis* (*L.*) *O. Kuntze*]的芽、叶、嫩茎制成的茶叶为原料,通过加工形成一定的规格,用过滤材料包装而成的产品。

3.2

花茶袋泡茶　herbal teabag

以茉莉花茶、玫瑰花茶、栀子花茶、桂花茶、玉兰花茶、柚子花茶或珠兰花茶为原料加工而成的袋泡茶。

4　产品分类

根据茶叶原料的不同，袋泡茶主要分为绿茶袋泡茶、红茶袋泡茶、乌龙茶袋泡茶、黄茶袋泡茶、白茶袋泡茶、黑茶袋泡茶和花茶袋泡茶。

5　要求

5.1　滤袋材料和辅助材料要求

5.1.1　滤袋材料要求

5.1.1.1　滤纸应清洁，无毒，无异味，不影响茶叶品质。

5.1.1.2　非热封型茶叶滤纸应符合 QB/T 1458 的规定，热封型茶叶滤纸应符合 QB/T 2595 的规定，尼龙包装材料应符合 GB 16332 的规定。其他材料制成的滤袋应符合相应材料(食品级)的规定。

5.1.2　辅助材料要求

5.1.2.1　若使用提线，提线和封口应使用清洁、无毒、不污染茶叶的材料。提线宜为不含荧光物质的原白棉线，严禁漂白。提线应固定，不脱落，不断裂。固定提线用胶粘剂应无毒，无害。

5.1.2.2　若使用钉子封口，钉子应符合食品接触材料卫生标准的要求，钉子应固定，不脱落。

5.1.2.3　若使用吊牌，吊牌用纸应符合 GB 11680 的规定，其上的印刷油墨应符合食品卫生的要求。

5.2　形态要求

滤袋外形完整，冲泡后不溃破、不漏茶。

5.3　茶叶要求

5.3.1　基本要求

5.3.1.1　应具有本品种茶叶固有的品质特征，品质正常，无异味，无异嗅，无霉变。

5.3.1.2　除花茶袋泡茶可含有少量花瓣、花蕊外，不应含有非茶类夹杂物。

5.3.1.3　不应着色，无任何添加剂。

5.3.2　感官品质

应符合表 1 要求。

表 1　感官品质

项目	指标						
	绿茶袋泡茶	红茶袋泡茶	乌龙茶袋泡茶	黄茶袋泡茶	白茶袋泡茶	黑茶袋泡茶	花茶袋泡茶
香气	纯正	纯正	纯正	纯正	纯正	纯正	花香
滋味	平和	尚浓	纯和	纯和	纯正	纯和	纯正
汤色	绿黄	红	橙黄或黄绿	黄	浅黄	褐红或橙黄	具原料茶的汤色

5.3.3　理化指标

应符合表 2 的规定。

表 2 理化指标

项目		指标						
		绿茶袋泡茶	红茶袋泡茶	乌龙茶袋泡茶	黄茶袋泡茶	白茶袋泡茶	黑茶袋泡茶	花茶袋泡茶
水分(质量分数)/%	≤	7.5	7.5	7.5	7.5	7.5	10	9.0
总灰分(质量分数)/%	≤	7.5	7.5	7.5	7.5	7.5	8.5	7.5
水浸出物(质量分数)/%	≥	34.0	32.0	30.0	30.0	30.0	28.0	30.0

5.3.4 **卫生指标**

5.3.4.1 污染物限量指标应符合 GB 2762 的规定。

5.3.4.2 农药残留限量指标应符合 GB 2763 的规定。

5.4 **净含量要求**

定型预包装产品应符合《定量包装商品计量监督管理办法》的规定。

6 试验方法

6.1 感官品质检验按 GB/T 14487 和 SB/T 10157 的规定执行。

6.2 水分检验按 GB/T 8304 的规定执行。

6.3 总灰分检验按 GB/T 8306 的规定执行。

6.4 水浸出物检验按 GB/T 8305 的规定执行。

6.5 污染物限量中稀土的检验按 GB/T 22290 的规定执行,铅的检验按 GB 2762 的规定执行。

6.6 农药残留限量指标检验按 GB 2763 的规定执行。

6.7 净含量按 JJF 1070 规定的方法测定。

7 检验规则

7.1 **取样**

7.1.1 取样以"批"为单位。具有相同的茶类、包装规格和净含量,品质一致,同一批投料的产品为一批。

7.1.2 取样按 GB/T 8302 的规定执行。

7.2 **出厂检验**

7.2.1 由生产厂的检验部门按本标准规定对出厂检验项目进行逐批检验。

7.2.2 同一批产品随机抽取不少于 100 袋或 200 g 用于检测。

7.2.3 出厂检验项目为形态、茶叶感官品质、水分和净含量。

7.3 **型式检验**

7.3.1 型式检验每半年至少进行一次。有下列情况之一时应进行:

a) 更改关键工艺时;

b) 停产半年以上,恢复生产时;

c) 国家质量监督机构提出进行型式检验要求时。

7.3.2 型式检验项目为第 5 章的全部项目。

7.4 **判定规则**

检验项目均符合第 5 章的规定,判定为合格产品。如有一项或一项以上不符合第 5 章的规定,判定为不合格产品。

7.5 **复验**

对检验结果有争议时,应对留样或在同批产品中重新按 GB/T 8302 规定加倍取样进行不合格项目的复验,以复验结果为准。

8 标签标志、包装、运输和贮存

8.1 标签标志

产品的标签应符合 GB 7718 和《食品标识管理规定》的规定，同时应标明产品的分类名称。产品的包装贮运图示标志应符合 GB/T 191 的规定。

8.2 包装

销售包装应符合 SB/T 10035 的规定。运输包装应符合 SB/T 10037 的规定。

8.3 运输

运输工具应防潮、清洁、干燥、无异味、无污染。避免日晒、雨淋。不应与有毒、有害、有异味、易污染的物品混装混运。

8.4 贮存

应符合 SB/T 10095 的规定。产品应贮存在清洁、干燥、无异味、通风良好的专用仓库中。不应与有毒、有害、有异味、易污染的物品混存混放。

ICS 71.100.40
Y 43

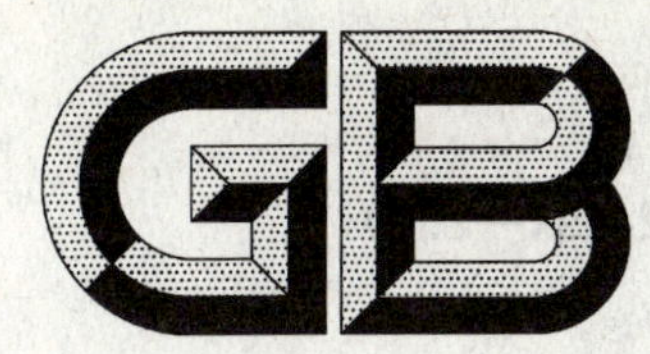

中华人民共和国国家标准

GB/T 24691—2009

果蔬清洗剂

Cleaning agent for fruit and vegetable

2009-11-30 发布　　2010-05-01 实施

中华人民共和国国家质量监督检验检疫总局
中国国家标准化管理委员会　发布

前　言

本标准的附录 A、附录 B、附录 C、附录 D、附录 E、附录 F 为规范性附录。

本标准由中国轻工业联合会提出。

本标准由全国食品用洗涤消毒产品标准化技术委员会归口。

本标准起草单位：西安开米股份有限公司、广州蓝月亮实业有限公司、国家洗涤用品质量监督检验中心（太原）、北京绿伞化学股份有限公司、广州立白企业集团有限公司、安利（中国）日用品有限公司。

本标准主要起草人：于文、张宝莲、何琼、赵新宇、金玉华、周炬、强鹏涛。

果 蔬 清 洗 剂

1 范围

本标准规定了果蔬清洗剂产品的技术要求、试验方法、检验规则和标志、包装、运输、贮存要求。

本标准适用于主要以表面活性剂和助剂等配制而成,用于清洗水果和蔬菜的洗涤剂。

2 规范性引用文件

下列文件中的条款通过本标准的引用而成为本标准的条款。凡是注日期的引用文件,其随后所有的修改单(不包括勘误的内容)或修订版均不适用于本标准,然而,鼓励根据本标准达成协议的各方研究是否可使用这些文件的最新版本。凡是不注日期的引用文件,其最新版本适用于本标准。

GB/T 4789.2 食品卫生微生物学检验 菌落总数测定

GB/T 4789.3 食品卫生微生物学检验 大肠菌群计数

GB/T 6368 表面活性剂 水溶液 pH 值测定 电位法(GB/T 6368—2008,ISO 4316:1977,IDT)

GB 9985—2000 手洗餐具用洗涤剂

GB/T 13173—2008 表面活性剂 洗涤剂试验方法

GB 14930.1 食品工具、设备用洗涤剂卫生标准

GB/T 15818 表面活性剂生物降解度试验方法

QB/T 2951 洗涤用品检验规则

QB/T 2952 洗涤用品标识和包装要求

JJF 1070 定量包装商品净含量计量检验规则

《定量包装商品计量监督管理办法》国家质量监督检验检疫总局令[2005]第 75 号

3 要求

3.1 材料要求

果蔬清洗剂产品配方中所用表面活性剂的生物降解度应不低于 90%;所用材料应使果蔬清洗剂产品配方的急性经口毒性 LD_{50} 大于 5 000 mg/kg;所用防腐剂、着色剂、香精应符合 GB 14930.1 中相关的使用规定。

3.2 感官指标

3.2.1 外观:液体产品不分层,无悬浮物或沉淀;粉状产品均匀无杂质,不结块。

3.2.2 气味:无异味,符合规定香型。

3.2.3 稳定性(液体产品):于-5 ℃±2 ℃的冰箱中放置 24 h,取出恢复至室温时观察,无沉淀和变色现象,透明产品不混浊;40 ℃±1 ℃的保温箱中放置 24 h,取出恢复至室温时观察,无异味,无分层和变色现象,透明产品不混浊。

注:稳定性是指样品经过测试后,外观前后无明显变化。

3.3 理化指标

果蔬清洗剂的理化指标应符合表 1 规定。

表 1 果蔬清洗剂的理化指标

项目		指标
总活性物含量/%	≥	10
pH 值(25 ℃,1∶10 水溶液)		6.0～10.5
甲醇含量/(mg/kg)	≤	1 000
甲醛含量/(mg/kg)	≤	100
砷含量(1%溶液中以砷计)/(mg/kg)	≤	0.05
重金属含量(1%溶液中以铅计)/(mg/kg)	≤	1
荧光增白剂		不应检出

3.4 微生物指标

果蔬清洗剂的微生物指标应符合表 2 规定。

表 2 果蔬清洗剂的微生物指标

项目		指标
细菌总数/(CFU/g)	≤	1 000
大肠菌群/(MPN/100 g)	≤	3

3.5 当产品标称可洗除果蔬上残留农药时,应对残留农药洗除效果进行验证。

3.6 定量包装要求

果蔬清洗剂销售包装净含量应符合国家质量监督检验检疫总局令[2005]第 75 号的要求。

4 试验方法

除非另有说明,在分析中仅使用确认为分析纯的试剂和蒸馏水或去离子水或相当纯度的水。

4.1 外观

取适量样品,置于干燥洁净的透明实验器皿内,在非直射光条件下进行观察,按指标要求进行评判。

4.2 气味

感官检验。

4.3 总活性物含量的测定

一般情况下,总活性物含量按 GB/T 13173—2008 中的第 7 章规定进行。当产品配方中含有不溶于乙醇的表面活性剂组分时,或客商订货合同书中规定有总活性物含量检测结果不包括水助溶剂,要求用三氯甲烷萃取法测定时,总活性物含量按 GB/T 13173—2008 中的第 7 章(B 法)规定进行。

4.4 pH 值的测定

按 GB/T 6368 的规定进行。

4.5 甲醇含量的测定(对于液体产品)

按 GB 9985—2000 附录 D 的规定配制标准溶液后,进行测定。

4.6 甲醛含量的测定(对于液体产品)

按 GB 9985—2000 附录 E 的规定进行。

4.7 砷含量的测定

按 GB 9985—2000 附录 F 的规定进行。

4.8 重金属含量的测定

按 GB 9985—2000 附录 G 的规定进行。

4.9 荧光增白剂的测定

按 GB 9985—2000 附录 C 的规定进行。

4.10 微生物检验

细菌总数和大肠菌群分别按 GB/T 4789.2 和 GB/T 4789.3 的规定进行。

4.11 表面活性剂生物降解度的测定

果蔬清洗剂产品配方中所用表面活性剂的生物降解度按 GB/T 15818 的规定进行。

4.12 净含量的测定

果蔬清洗剂销售包装净含量的检验、抽样方法及判定规则按 JJF 1070 的规定进行。

4.13 残留农药洗除效果验证

对残留农药洗除效果的验证按附录 A 进行。

4.14 清洗剂残留的测定

如需对产品使用后清洗剂残留进行定性、定量测定，测定方法可按附录 B、附录 C、附录 D、附录 E、附录 F 进行。

5 检验规则

按 QB/T 2951 执行。

出厂检验项目包括产品的感官指标、总活性物含量、pH 值及定量包装要求。

6 标志、包装、运输、贮存

6.1 标志、包装

按 QB/T 2952 执行。

产品标注适用于餐具清洗时，各指标值应同时符合餐具洗涤剂标准要求。

当配方中使用不完全溶于乙醇的表面活性剂或要求用三氯甲烷萃取法测定总活性物含量时，应注明。

6.2 运输

产品在运输时应轻装轻卸，不应倒置，避免日晒雨淋，不应箱上踩踏和堆放重物。

6.3 贮存

6.3.1 产品应贮存在温度不高于 40 ℃和不低于－10 ℃，通风干燥且不受阳光直射的场所。

6.3.2 堆垛要采取必要的防护措施，堆垛高度要适当，避免损坏大包装。

7 保质期

在本标准规定的运输和贮存条件下，在包装完整未经启封的情况下，产品的保质期自生产之日起为十八个月以上。

附 录 A
（规范性附录）
果蔬清洗剂对残留农药洗除效果的验证方法

A.1 范围

本方法规定了农药乳液和蔬菜表面含农药样本的制备方法，蔬菜表面含农药样本的清洗方法和农药去除率的测定方法。

本方法适用于以表面活性剂和助剂复配的果蔬清洗剂对氯氰菊酯、残杀威农药去除率的测定。

本方法的检出范围为氯氰菊酯 4.3 μg/mL～430.0 μg/mL，残杀威 1.5 μg/mL～150.0 μg/mL。

A.2 引用标准

GB/T 13174 衣料用洗涤剂去污力及抗污渍再沉积能力的测定。

A.3 方法原理

制备超标数倍农药的蔬菜样品；模拟实际洗涤情况，用 0.2%果蔬清洗剂溶液清洗后，用萃取、浓缩的方法获取残留农药；采用高效液相色谱测定清洗前后果蔬表面农药残留量，并计算得出残留农药去除率；与一定硬度水洗后的残留农药去除率比较，其比值为果蔬清洗剂对残留农药洗除效果的评价结果。

A.4 试剂

除非另有说明，在分析中仅使用确认的分析纯试剂和蒸馏水或去离子水或纯度相当的水（适用本标准所有附录）。

A.4.1 无水乙醇；

A.4.2 乙腈；

A.4.3 冰乙酸；

A.4.4 无水硫酸镁；

A.4.5 无水醋酸钠；

A.4.6 氯化钙（$CaCl_2$）；

A.4.7 硫酸镁（$MgSO_4 \cdot 7H_2O$）；

A.4.8 氯氰菊酯，大于 95%；

A.4.9 残杀威；

A.4.10 萃取液

0.1%的冰乙酸乙腈液；

A.4.11 250 mg/kg 标准硬水

称取氯化钙（A.4.6）16.7 g 和硫酸镁（A.4.7）24.7 g，配制 10 L，即为 2 500 mg/kg 硬水。使用时取 1 L 冲至 10 L 即为 250 mg/kg 硬水。

A.5 仪器

A.5.1 高效液相色谱仪；

A.5.2 电子秤，0.01 g；

A.5.3 高速组织匀浆机，转速 11 000 r/min～24 000 r/min；

A.5.4 离心机，转速不低于 2 000 r/min，离心管 50 mL；

A.5.5　超声波清洗器，超声频率 30/40/50(kHz)、超声功率 180 W；

A.5.6　水浴锅；

A.5.7　果蔬脱水器(图 A.1)，规格　外筒 ϕ26.5 cm×17.8 cm、内筒 ϕ24 cm×13 cm；

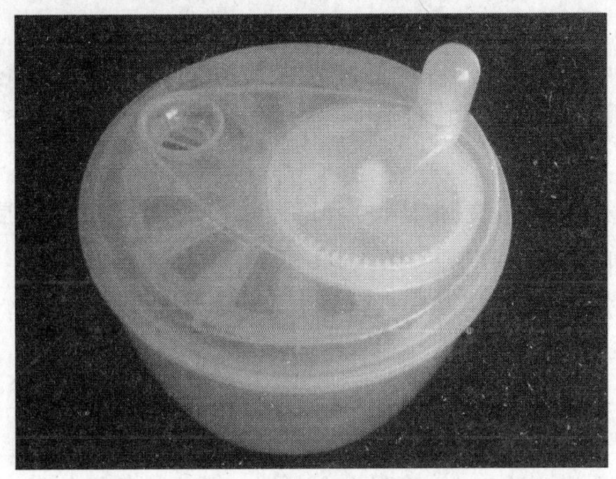

a) 果蔬脱水器外筒

b) 果蔬脱水器内筒

图 A.1　果蔬脱水器

A.5.8　烧杯，500 mL、1 000 mL；

A.5.9　容量瓶，50 mL；

A.5.10　不锈钢桶，容量 10 L。

A.6　试样制备

A.6.1　果蔬样本

选取大小相同、无断裂，边角无开口、无损伤的甜豆角为本实验的蔬菜样本(见图 A.2)。

图 A.2　蔬菜样本(甜豆角)

A.6.2　农药乳液制备

称取 5.00 g 氯氰菊酯和 2.50 g 残杀威溶于 500 g 无水乙醇溶液中，搅拌均匀后，用 250 mg/kg 硬水定量至 5 000 g，混匀，备用。农药乳液浓度为：含氯氰菊酯 0.1%、含残杀威 0.05%。

A.6.3　含农药蔬菜的制备

将甜豆角浸没于农药乳液中 20 min 后取出，甩去表面残留液滴，于室温阴凉处放置 24 h。将制备好的蔬菜样品分成 3 组，未洗(未洗涤蔬菜样品表面载附的农药量以 140 mg/kg～200 mg/kg 为宜)、水洗、果蔬清洗剂溶液洗涤各为 1 组，每组 2 份，每份 80 g，备用。

A.7 清洗方法

A.7.1 水洗涤方法

洗涤温度 30 ℃,硬水 800 mL(A.4.11)。

洗涤:取 800 mL 硬水(A.4.11)加入果蔬脱水器中,同时放入一份已制备好的蔬菜(A.6.3),浸泡 1 min 后开始匀速洗涤 4 min,洗涤搅拌方式为顺时针一圈,逆时针一圈,频率约为 19 r/min~21 r/min。

漂洗:将洗涤后的蔬菜样品放入干净的果蔬脱水器内筒中,先用 1 000 mL 硬水(A.4.11)冲洗一遍后弃去,再加入 1 000 mL 硬水(A.4.11)以上述同样的洗涤搅拌方式洗涤 30 s(顺时针一圈,逆时针一圈,频率约为 19 r/min~21 r/min),弃去第二次漂洗水,再以同样方式进行第三次漂洗。

同时进行平行试验。

A.7.2 果蔬清洗剂洗涤方法

用硬水(A.4.11)配制浓度为 0.2%果蔬清洗剂溶液,洗涤温度为 30 ℃。

洗涤:在果蔬脱水器中加入浓度为 0.2%果蔬清洗剂溶液 800 mL,同时放入一份已制备好的蔬菜(A.6.3),浸泡 1 min 后开始匀速洗涤 4 min,洗涤搅拌方式为顺时针一圈,逆时针一圈,频率约为 19 r/min~21 r/min。

漂洗:将经浸泡、洗涤后的蔬菜样品放入另一个干净的果蔬脱水器内筒中,用 1 000 mL 硬水(A.4.11)冲洗后弃去,再加入 1 000 mL 硬水(A.4.11),以同样的洗涤方式洗涤 30 s(顺时针一圈,逆时针一圈,频率约为 19 r/min~21 r/min),弃去第二次漂洗水,以同样方式进行第三次漂洗。

同时进行平行试验。

以未洗涤蔬菜样品(A.6.3)作为清洗前残留农药量测定用样,将水洗涤后试样(A.7.1)和果蔬清洗剂溶液洗涤后试样(A.7.2)甩去表面残留液滴,于室温阴凉处放置 12 h,分别用于农药去除率测定。

A.8 农药去除率试验方法

A.8.1 匀浆

取 1 份已制备好的试样,用剪刀剪成小块,采用匀浆机匀浆至糊状,从中取出 60 g 备用。

A.8.2 萃取

将 A.8.1 匀浆后的 1 份试样 60 g 置于 500 mL 烧杯中,加入 100 mL 萃取液(A.4.10),再加入 6 g 无水醋酸钠(A.4.5)和 18 g 无水硫酸镁(A.4.4),用玻璃棒搅拌均匀,置于超声波清洗器(50 Hz)中,清洗 3 min 后取出,倒出萃取清液于 500 mL 烧杯中,以上述方法重复萃取 2 次,合并萃取清液。将样品残渣放入 50 mL 离心管中,离心 4 min(转速为 4 000 r/min),将离心管中的清液合并到以上萃取清液中。

A.8.3 浓缩

将 A.8.2 制备的萃取清液置于(80±2)℃水浴中浓缩至 5 mL~8 mL,将浓缩液转移到 50 mL 容量瓶中,用萃取液(A.4.10)定容至 50 mL,备用。

A.8.4 仪器检测

高效液相色谱条件:

流动相:A:甲醇:水:冰乙酸=80:20:0.1;

B:水。

色谱柱:C18 柱,4.6 mm×150 mm。

柱温:30 ℃。

波长:276 nm。

梯度:见表 A.1。

表 A.1 梯度表

时间/min	A/%	B/%	流速/mL/min
0	60	40	1.0
6	100	0	1.5
20	100	0	1.5
21	60	40	1.0
25	60	40	1.0

进样量:20 μL。

工作站 Quest,二极管阵列检测器。

A.8.4.1 标液配制及外标法定量

精确称量 0.5 g(精确至 0.000 1 g)氯氰菊酯标准品和 0.25 g(精确至 0.000 1 g)残杀威标准品于 100 mL 容量瓶中用萃取液(A.4.10)稀释至刻度,该溶液浓度为 5 000 mg/mL,再根据需要将其稀释为不同浓度,即 1 μg/mL～500 μg/mL。依次进样,制作工作曲线,计算出回归方程(见图 A.3～图 A.7)。

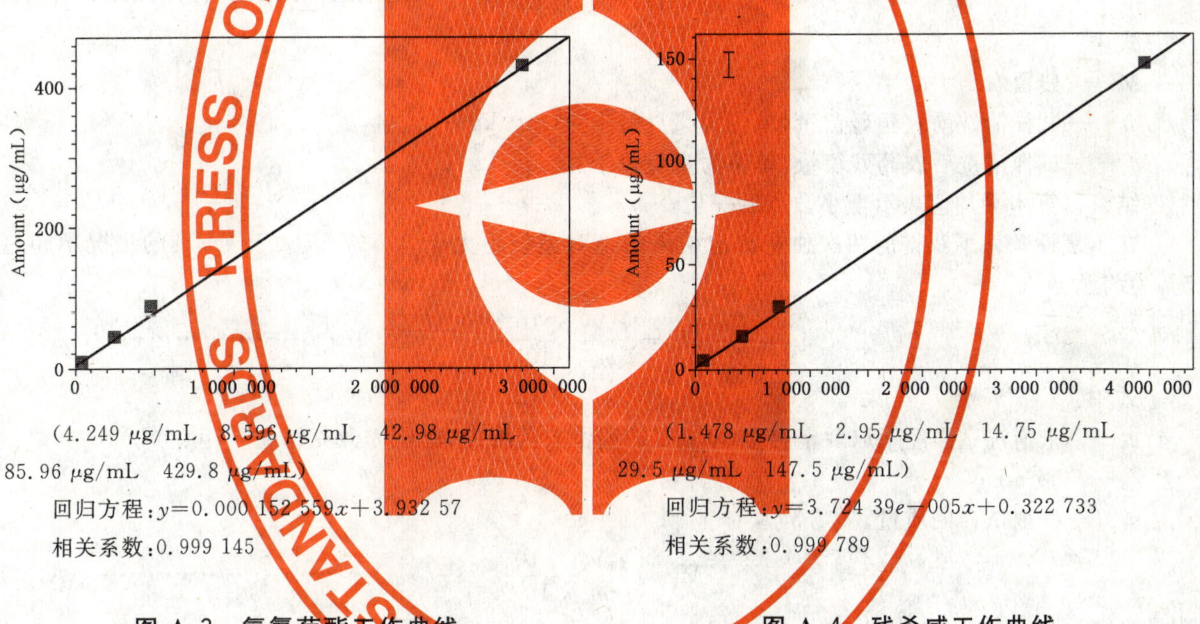

(4.249 μg/mL 8.596 μg/mL 42.98 μg/mL 85.96 μg/mL 429.8 μg/mL)

回归方程:$y=0.000\,152\,559x+3.932\,57$

相关系数:0.999 145

图 A.3 氯氰菊酯工作曲线

(1.478 μg/mL 2.95 μg/mL 14.75 μg/mL 29.5 μg/mL 147.5 μg/mL)

回归方程:$y=3.724\,39e-005x+0.322\,733$

相关系数:0.999 789

图 A.4 残杀威工作曲线

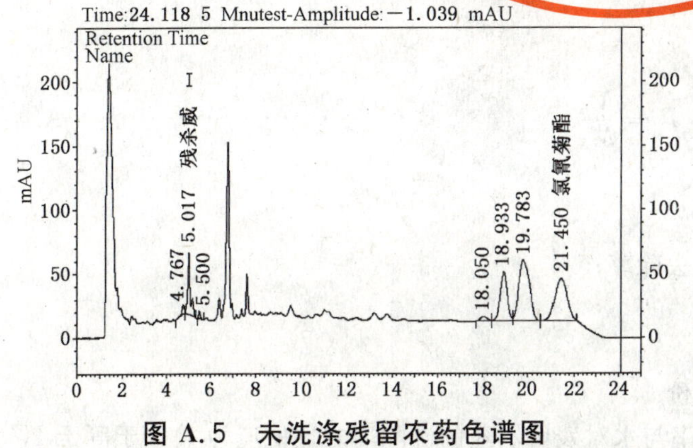

图 A.5 未洗涤残留农药色谱图

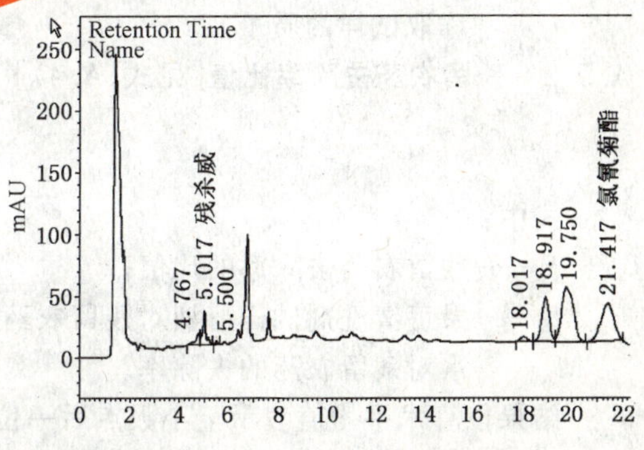

图 A.6 水洗涤残留农药色谱图

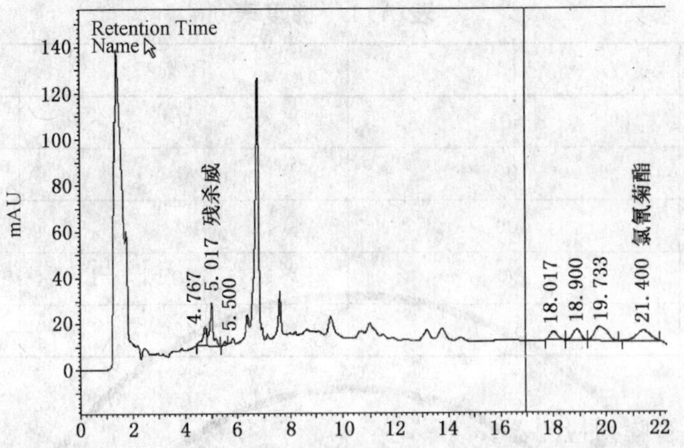

图 A.7　0.2%蔬果清洗剂溶液洗涤残留农药色谱图

A.9　结果计算与效果评价

A.9.1　残留农药去除率的计算[见式(A.1)～式(A.3)]

$$M=(M_0-M_1)/M_0\times 100 \quad\cdots\cdots(\text{A.1})$$

式中：

M——残留农药去除率，%；

M_0——试样清洗前农药残留量，单位为毫克每千克(mg/kg)；

M_1——试样清洗后农药残留量，单位为毫克每千克(mg/kg)。

结果以算术平均值表示至小数点后一位。

在重复性条件下获得的两次独立测定结果的绝对差值不大于3.5%，以大于3.5%的情况不超过5%为前题。

$$M_0=\frac{c_0V_0\times 10^{-3}}{m_0\times 10^{-3}} \quad\cdots\cdots(\text{A.2})$$

式中：

c_0——未清洗试样经萃取后定容至50 mL的残留农药浓度，单位为微克每毫升(μg/mL)；

V_0——50 mL；

m_0——称取试样的质量。

$$M_1=\frac{c_1V_1\times 10^{-3}}{m_1\times 10^{-3}} \quad\cdots\cdots(\text{A.3})$$

式中：

c_1——经清洗的试样萃取后定容至50 mL的残留农药浓度，单位为微克每毫升(μg/mL)；

V_1——50 mL；

m_1——称取试样的质量。

A.9.2　残留农药去除率比值[见式(A.4)]

$$P=\frac{M_S}{M_X} \quad\cdots\cdots(\text{A.4})$$

式中：

P——残留农药去除率的比值；

M_S——果蔬清洗剂试样溶液对残留农药的去除率；

M_X——水对残留农药的去除率。

结果以算术平均值表示至小数点后一位。

A.9.3　果蔬清洗剂对残留农药去除效果的评价

0.2%果蔬清洗剂溶液对残留农药的洗除率与水对残留农药的洗除率之比值应为 P 大于等于4。

附 录 B
（规范性附录）
果蔬清洗剂残留量的定性测定

B.1 方法原理

由一定量的蔬菜表面所携带最终漂洗水的量，作为果蔬清洗剂残留量测定时的移取量。以阴离子表面活性剂作为代表性残留物，测定残留于漂洗液中的阴离子表面活性剂和酸性混合指示剂中的阳离子染料生成溶解于三氯甲烷中的盐，此盐使三氯甲烷层呈现由阴离子表面活性剂含量决定的由浅至深的粉红色。

B.2 试剂

B.2.1 月桂基硫酸钠标准溶液，$c=2$ mg/kg

称取月桂基硫酸钠（含量以100%计）0.1 g（准确至0.001 g），用水溶解并定容至100 mL，用移液管移取上述溶液2.0 mL至1 000 mL容量瓶中，用水溶解、混匀备用。

B.2.2 酸性混合指示剂

按GB/T 5173—1995中4.8规定进行配制。

B.2.3 250 mg/kg 标准硬水

按GB/T 13174—2008中7.1规定进行配制。

B.2.4 三氯甲烷

B.3 仪器

B.3.1 具塞玻璃量筒，100 mL；

B.3.2 移液管，2 mL、10 mL、50 mL；

B.3.3 容量瓶，1 000 mL；

B.3.4 不锈钢镊子。

B.4 操作程序

B.4.1 准确称取4.0 g果蔬清洗剂试样，用硬水（B.2.3）稀释定容至2 000 mL；

B.4.2 称取绿叶蔬菜250 g，均匀地浸泡于已制备好的试样溶液（4.1）中，浸泡5 min，蔬菜应完全浸泡在清洗剂溶液中，每隔1 min将蔬菜完全翻转1次；

B.4.3 将浸泡后的蔬菜用镊子夹出，立刻用硬水（B.2.3）连续漂洗两次，每次用硬水2 000 mL，漂洗2 min，每隔0.5 min将蔬菜翻转1次。漂洗完两次后，第三次漂洗用硬水1 000 mL，浸漂10 min（尽量将蔬菜上的洗涤剂残留溶入漂洗水中），每隔1 min将蔬菜翻转1次。将第三次的漂洗水保留备用；

B.4.4 用移液管移取第三次的漂洗水20.0 mL（相当于250 g绿叶蔬菜表面的附着量）于具塞量筒中，加三氯甲烷15.0 mL，酸性混合指示剂10 mL，充分振摇、静置分层备用；

B.4.5 移取浓度为2 mg/kg的月桂基硫酸钠标准溶液20.0 mL于具塞量筒中，加三氯甲烷15.0 mL，酸性混合指示剂10.0 mL，充分振摇，静置分层备用；

B.4.6 将静置分层后的试样溶液（B.4.4）氯仿层与标准溶液（B.4.5）氯仿层进行目视比色，当试样溶液比标准溶液的粉红色相当或更浅，即可认定为残留于250 mg蔬菜上的阴离子表面活性剂小于等于2.0 mg/kg。

附 录 C
(规范性附录)
阴离子表面活性剂的测定——亚甲基蓝法
(果蔬清洗剂残留量的定量测定)

C.1 方法概要

阴离子表面活性剂与亚甲基蓝形成的络合物用三氯甲烷萃取，然后用分光光度法测定阴离子表面活性剂含量。

C.2 应用范围

本方法适用于含磺酸基和硫酸基的阴离子表面活性剂。

C.3 试剂

C.3.1 阴离子表面活性剂标准溶液

取相当于100%的参照物(按GB/T 5173测定纯度)1 g(准确至0.001 g)，用水溶解、转移并定容至1 000 mL，混匀。此溶液阴离子表面活性剂浓度为1 g/L。移取此溶液10.0 mL，于1 000 mL容量瓶中，加水定容，混匀，则该使用溶液阴离子表面活性剂浓度为0.01 mg/mL。

C.3.2 硫酸；

C.3.3 磷酸二氢钠洗涤液

将磷酸二氢钠50 g溶于水中，加入硫酸(C.3.2)6.8 mL，定容至1 000 mL。

C.3.4 亚甲基蓝溶液

称取亚甲基蓝0.1 g，用水溶解并稀释至100 mL，移取此溶液30 mL，用磷酸二氢钠洗涤液(C.3.3)稀释至1 000 mL。

C.3.5 三氯甲烷。

C.4 仪器

普通实验室仪器；

分光光度计，波长360 nm～800 nm。

C.5 工作曲线的绘制

准确移取浓度为0.01 mg/mL阴离子表面活性剂使用溶液(C.3.1)0 mL(作为空白参比液)、3.0 mL、6.0 mL、9.0 mL、12.0 mL、15.0 mL，分别于250 mL分液漏斗中，加水使总体积达100 mL。加入亚甲基蓝溶液(C.3.4)25 mL，混匀后加入三氯甲烷(C.3.5)15 mL，振荡30 s，静置分层；若水层中蓝色褪去，应补加亚甲基蓝溶液10 mL，再振荡30 s，静置10 min。

将三氯甲烷层放入另一支250 mL分液漏斗中(切勿将界面絮状物随三氯甲烷带出)，重复萃取至三氯甲烷层无色。

在合并的三氯甲烷萃取液中加入磷酸二氢钠溶液(C.3.3)50 mL，振荡30 s，静置10 min，将三氯甲烷层通过洁净的脱脂棉过滤到100 mL容量瓶中，加入三氯甲烷5 mL于分液漏斗中，重复萃取至三氯甲烷层无色，所有的三氯甲烷层均经脱脂棉过滤至100 mL容量瓶中，再以少许三氯甲烷淋洗脱脂棉，定容，混匀。

用分光光度计于波长650 nm，用10 mm比色池，以空白参比液做参比，测定试液的净吸光值。以表面活性剂质量(μg)为横坐标,净吸光值为纵坐标,绘制工作曲线或以一元回归方程计算 $y=a+bx$。

C.6 漂洗试液中表面活性剂含量的测定

准确移取适量漂洗试液(B.4.3)于250 mL分液漏斗中,加水至100 mL,加入三氯甲烷5 mL于分液漏斗中,重复萃取至三氯甲烷层无色,所有的三氯甲烷层均经脱脂棉过滤至100 mL容量瓶中,再以少许三氯甲烷淋洗脱脂棉,定容,混匀。

以同样程序测定空白试验液。

用分光光度计于波长650 nm,用10 mm比色池,以空白试验液做参比,测定试液的净吸光值,由净吸光值与工作曲线或 $y=a+bx$ 计算得到表面活性剂浓度,以μg/mL表示。

C.7 结果计算

阴离子表面活性剂的浓度按式(C.1)计算:

$$c_2 = \frac{M_2}{V_2} \qquad \text{(C.1)}$$

式中:

c_2——阴离子表面活性剂的浓度,单位为微克每毫升(μg/mL);

M_2——从工作曲线或计算得到的试液中阴离子表面活性剂含量,单位为微克(μg);

V_2——移取试液体积,单位为毫升(mL)。

附 录 D
（规范性附录）
乙氧基型表面活性剂的测定——硫氰酸钴法
（果蔬清洗剂残留量的定量测定）

D.1 方法概要

乙氧基型表面活性剂与硫氰酸钴所形成的络合物用三氯甲烷萃取，然后用分光光度法测定表面活性剂含量。

D.2 应用范围

本方法适用于聚氧乙烯型单链 EO 加合数 3～40，双链、三链、四链总 EO 加合数 6～60 的表面活性剂以及聚乙二醇(摩尔质量 300～1 000)、聚醚等表面活性剂。

D.3 试剂

D.3.1 乙氧基型表面活性剂标准溶液

称取相当于 100％的参照物(按 GB/T 13173—2008 中的第 8 章测定纯度)1 g(准确至 0.001 g)，用水溶解，转移并定容至 1 000 mL，混匀。此溶液表面活性剂浓度为 1 g/L。移取此溶液 25.0 mL 于 250 mL 容量瓶中，加水定容，混匀，则该使用溶液表面活性剂浓度为 0.1 mg/L。

D.3.2 硫氰酸铵；

D.3.3 硝酸钴(六水合物)；

D.3.4 苯；

D.3.5 硫氰酸钴铵溶液

将 620 g 硫氰酸铵(D.3.2)和 280 g 硝酸钴(D.3.3)溶于少量水中，混合均匀后定容至 1 000 mL，然后分别用 30 mL 苯萃取两次后备用。

D.3.6 氯化钠；

D.3.7 三氯甲烷。

D.4 仪器

普通实验室仪器和

紫外分光光度计，波长 200 nm～800 nm。

D.5 工作曲线的绘制

准确移取浓度为 0.1 mg/mL 表面活性剂使用溶液(D.3.1)0 mL(作为空白参比液)、5.0 mL、10.0 mL、20.0 mL、25.0 mL、30.0 mL、35 mL，分别于 250 mL 分液漏斗中，加水使总体积达 100 mL，加入硫氰酸钴铵溶液(D.3.5)15 mL，稍混匀加入 35.5 g 氯化钠(D.3.6)，充分振荡 1 min，静置 15 min 后加入三氯甲烷(D.3.7)15 mL，再振荡 1 min，静置 15 min 后将三氯甲烷层放入 50 mL 容量瓶中(切勿将界面絮状物随三氯甲烷层带出)，再重复萃取两次，用三氯甲烷定容，混匀。

用紫外分光光度计于波长 319 nm，用 10 mm 石英池，以空白参比液做参比，测定试液的净吸光值。以表面活性剂质量(μg)为横坐标，净吸光值为纵坐标，绘制工作曲线或以一元回归方程计算 $y=a+bx$。

D.6 漂洗试液中表面活性剂含量的测定

移取适量漂洗试液(B.4.3)于 250 mL 分液漏斗中，加水 50 mL，加入硫氰酸钴铵溶液(D.3.5)

15 mL，稍混匀加入 35.5 g 氯化钠（D.3.6），充分振荡 1 min，静置 15 min 后加入三氯甲烷（D.3.7）15 mL，再振荡 1 min，静置 15 min 后将三氯甲烷层放入 50 mL 容量瓶中（切勿将界面絮状物随三氯甲烷层带出），再重复萃取两次，用三氯甲烷定容，混匀。

以同样程序测定空白试验液。

用紫外分光光度计于波长 319 nm，用 10 mm 比色池，以空白试验液做参比，测定试液的净吸光值。由净吸光值与工作曲线或 $y=a+bx$ 计算得到表面活性剂浓度，以 μg/mL 表示。

D.7 结果计算

乙氧基型表面活性剂的浓度按式（D.1）计算：

$$c_3 = \frac{M_3}{V_3} \qquad \text{(D.1)}$$

式中：

c_3——乙氧基型表面活性剂浓度，单位为微克每毫升（μg/mL）；

M_3——从工作曲线或计算得到的试液中乙氧基型表面活性剂含量，单位为微克（μg）；

V_3——试样移取体积，单位为毫升（mL）。

注：阴离子表面活性剂、阳离子表面活性剂、两性表面活性剂及聚乙二醇的存在，会影响分析结果的准确性，应预先分离除去。聚乙二醇的分离见 GB/T 5560；其他表面活性剂的分离见 GB/T 13173。

附 录 E
（规范性附录）
两性离子表面活性剂的测定 金橙-2 法
（果蔬清洗剂残留量的定量测定）

E.1 方法概要

两性离子表面活性剂与金橙-2 在 pH＝1 的缓冲条件下形成的络合物用三氯甲烷萃取，然后用分光光度法测定两性离子表面活性剂含量。

E.2 应用范围

本方法适用于两性离子表面活性剂，也适用于阳离子表面活性剂及二者的混合物。

E.3 试剂

E.3.1 脂肪烷基二甲基甜菜碱标准溶液

准确称取相当于 100％的脂肪烷基二甲基甜菜碱（按 QB/T 2344 测定纯度）1.0 g（准确至 0.001 g），用水溶解，转移并定容至 1 000 mL，混匀。此溶液表面活性剂浓度为 1 g/L。移取此溶液 10.0 mL 于 1 000 mL 容量瓶中，加水定容，混匀，则该使用溶液表面活性剂浓度为 0.01 mg/mL。

E.3.2 金橙-2

称取 0.1 g 金橙-2 溶于 100 mL 水中，混匀。

E.3.3 盐酸

0.2 mol/L 盐酸溶液。

E.3.4 氯化钾

0.2 mol/L 氯化钾溶液。

E.3.5 缓冲溶液，pH＝1

量取 0.2 mol/L 盐酸溶液（E.3.3）97 mL，0.2 mol/L 氯化钾溶液（E.3.4）53 mL，加水 50 mL 摇匀备用。

E.3.6 三氯甲烷。

E.4 仪器

普通实验室仪器和

分光光度计，波长 360 nm～800 nm。

E.5 工作曲线的绘制

准确移取浓度为 0.01 mg/mL 表面活性剂使用溶液（E.3.1）0 mL（作为空白参比液）、5.0 mL、10.0 mL、15.0 mL、20.0 mL、25.0 mL、30.0 mL、35.0 mL 分别于 250 mL 分液漏斗中，加水使体积达 100 mL，加入 pH＝5 缓冲溶液（E.3.5）10 mL，金橙-2 溶液（E.3.2）3 mL，混匀后加入三氯甲烷 10 mL，振荡 30 s，静置 10 min 后放入 50 mL 容量瓶中（切勿将絮状物随三氯甲烷带出），重复萃取，直至三氯甲烷无色，用三氯甲烷定容，混匀。

用分光光度计于波长 485 nm，用 10 mm 比色池，以空白参比液做参比，测定试液的净吸光值。以表面活性剂质量（μg）为横坐标，净吸光值为纵坐标，绘制工作曲线或以一元回归方程计算 $y=a+bx$。

E.6 漂洗试液中表面活性剂含量的测定

移取适量漂洗试液(B.4.3)于250 mL分液漏斗中,加水使体积达100 mL,加入pH=5缓冲溶液(E.3.5)10 mL,金橙-2溶液(E.3.2)3 mL,混匀后加入三氯甲烷10 mL,振荡30 s,静置10 min后放入50 mL容量瓶中(切勿将絮状物随三氯甲烷带出),重复萃取,直至三氯甲烷无色,用三氯甲烷定容,混匀。

以同样程序测定空白试验液。

用分光光度计于波长485 nm,用10 mm比色池,以空白试验液做参比,测定试液的净吸光值。由净吸光值与工作曲线或 $y=a+bx$ 计算得到表面活性剂浓度,以 μg/mL 表示。

E.7 结果计算

两性离子表面活性剂的浓度按式(E.1)计算:

$$c_4 = \frac{M_4}{V_4} \qquad \cdots\cdots\cdots\cdots(E.1)$$

式中:

c_4——两性离子表面活性剂浓度,单位为微克每毫升(μg/mL);

M_4——从工作曲线或计算得到的试液中两性离子表面活性剂含量,单位为微克(μg);

V_4——移取试液体积,单位为毫升(mL)。

附　录　F
（规范性附录）
烷基糖苷类表面活性剂的测定——蒽酮法
（果蔬清洗剂残留量的定量测定）

F.1　方法概要

烷基糖苷类表面活性剂在酸性体系中水解生成的糖可与蒽酮反应，生成绿色的络合物，以分光光度法测定表面活性剂含量。

F.2　应用范围

本方法适用于烷基糖苷类和糖酯类的表面活性剂。

F.3　试剂

F.3.1　烷基糖苷标准溶液：

称取相当于100％的烷基糖苷（按 GB/T 19464 测定纯度）1.0 g（准确至 0.001 g），用水溶解，转移并定容至 1 000 mL，混匀。此溶液表面活性剂浓度为 1 g/L。移取此溶液 5.0 mL 用水稀释至 100 mL，混匀，则该使用溶液表面活性剂浓度为 0.05 mg/mL。

F.3.2　蒽酮；

F.3.3　硫酸；

F.3.4　蒽酮硫酸试剂：

取 0.08 g 蒽酮溶于 100 mL 硫酸中（此溶液需保存在冰箱内，隔数日应重新更换）。

F.4　仪器

普通实验室仪器和

F.4.1　分光光度计，360 nm～800 nm；

F.4.2　纳氏比色管，10 mL。

F.5　工作曲线的绘制

准确移取浓度为 0.05 μg/mL 的表面活性剂（F.3.1）使用溶液 0 mL（作为空白参比液）、0.25 mL、0.50 mL、1.00 mL、1.50 mL、2.00 mL 于纳氏比色管（F.4.2）中，加水至 2.0 mL，滴加 5.0 mL 蒽酮硫酸试剂（F.3.4）加盖置沸水浴中加热 5 min 后，取出立即冷却，摇匀，放置 50 min 后用分光光度计于波长 625 nm，用 10 mm 比色池，以空白参比液做参比，测定试液的净吸光值。以表面活性剂质量（μg）为横坐标，净吸光值为纵坐标，绘制工作曲线或以一元回归方程计算 $y=a+bx$。

F.6　漂洗试液中表面活性剂含量的测定

适量移取漂洗试液（B.4.3）2.0 mL 于纳氏比色管（F.4.2）中，以下步骤按 F.5 中“滴加 5.0 mL 蒽酮硫酸试剂，……摇匀”程序进行。

用同样程序测定空白试验液。

用分光光度计于波长 625 nm，用 10 mm 比色池，以空白试验液做参比，测定试液的净吸光值。由净吸光值与工作曲线或 $y=a+bx$ 计算得到表面活性剂浓度，以 μg/mL 表示。

F.7 结果计算

烷基糖苷类表面活性剂的浓度按式(F.1)计算：

$$c_5=\frac{M_5}{V_5} \qquad \text{(F.1)}$$

式中：

c_5——烷基糖苷类表面活性剂浓度，单位为微克每毫升(μg/mL)；

M_5——从工作曲线或计算得到的试液中烷基糖苷类表面活性剂含量，单位为微克(μg)；

V_5——移取试液体积，单位为毫升(mL)。

参 考 文 献

[1] GB/T 5173—1995《表面活性剂和洗涤剂 阴离子活性物的测定 直接两相滴定法》

[2] GB/T 5560—2003《非离子表面活性剂 聚乙二醇含量和非离子活性物(加成物)含量的测定 Weilbull法》

[3] GB/T 13173—2008《表面活性剂 洗涤剂试验方法》

[4] GB/T 13174—2008《衣料用洗涤剂去污力及抗污渍再沉积能力的测定》

[5] QB/T 2344—1997《两性表面活性剂 脂肪烷基二甲基甜菜碱》

ICS 71.100.40
G 72

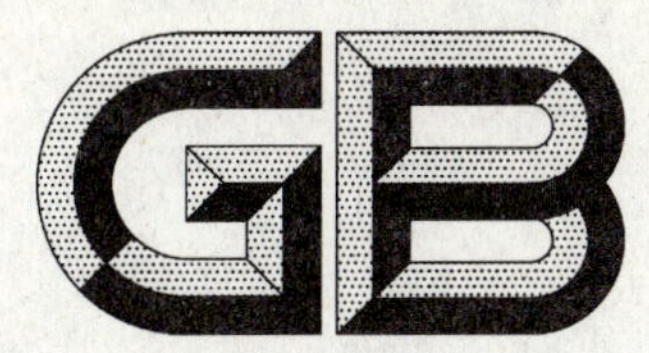

中华人民共和国国家标准

GB/T 24692—2009

表面活性剂　家庭机洗餐具用洗涤剂 性能比较试验导则

Surface active agents—Detergents for domestic machine dishwashing—Guider for comparative testing of performance

(ISO 7535:1984 MOD)

2009-11-30 发布　　　　2010-05-01 实施

中华人民共和国国家质量监督检验检疫总局
中国国家标准化管理委员会　发布

前　言

本标准修改采用 ISO 7535:1984《表面活性剂　家庭机洗餐具用洗涤剂　性能比较试验导则》(英文版)。

为了提供与本行业其他国家标准一致的文本结构，本标准根据国际标准重新起草。为便于使用，本标准增加附录 A、附录 B、附录 C、附录 D 等四项资料性附录。本标准与 ISO 7535:1984 的技术性差异在涉及的条款的页边空白处用垂直单线标识，并在附录 A 中的表 A.1 给出了本标准与 ISO 7535:1984 的有关章条对照表，表 A.2 给出了本标准与 ISO 7535:1984 的技术性差异及其原因的一览表。

本标准的附录 A、附录 B、附录 C、附录 D 为资料性附录。

本标准由中国轻工业联合会提出。

本标准由全国食品用洗涤消毒产品标准化技术委员会归口。

本标准起草单位：国家洗涤用品质量监督检验中心(太原)，利洁时家化(中国)有限公司。

本标准主要起草人：梁红艳、姚晨之、王裕荣、公培龙、毛建香、韩毅。

引　言

为进行各种家庭机洗餐具用洗涤剂和冲洗剂的性能比较试验，应考虑一些相关的或显然无关的变量、特殊的变量及其重要性，这些因素在各国和地区有所不同，取决于：

——由于不同的饮食习惯形成污垢的多样性；

——厨房用具，餐具和刀叉餐具的制作材料；

——水质和可供挑选机洗餐具的局限；

——洗碗机的程序。

考虑到国外家庭洗碗机的普及性，即使在我国还没有普遍使用，但由于该产品在我国已有市场，并且已有相关的国际标准对洗碗机用洗涤剂性能比较试验有要求，因此有必要建立适合于我国国情的家庭机洗餐具用洗涤剂和冲洗剂的性能比较试验的导则。

鉴于已认识到由相似的基础试验方法得到的比较试验资料，对用户是重要且有价值的，本标准规定了设计试验和评定结果时须考虑的判据。影响所有消费者的首要判据是从被食品和饮料污染的各类家庭器皿上有效地去除各种污垢，并尽量减少对器皿和洗涤设备的损伤。另一判据是洁净的器皿外观，例如：无污斑和膜痕。

尽管毒性和生态性质对于家庭中广泛使用的产品是极其重要的，但超出了本标准的范围，故不予规定。

本标准规定了对于选用的不同洗碗机所设计的最佳比较试验所应遵循的原则，以及如何设计令人满意的比较试验方法。

表面活性剂　家庭机洗餐具用洗涤剂性能比较试验导则

1　范围

本标准规定了建立家庭机洗餐具用洗涤剂性能比较试验的方法及评价方法的导则。

本标准适用于由表面活性剂和助剂等原料配制的固态(包括膏态)或液态机洗餐具用洗涤剂和冲洗剂的性能测定。

2　术语和定义

下列术语和定义适用于本标准

2.1

家庭机洗餐具用洗涤剂　detergents for domestic machine dishwashing

专为用于家庭洗餐具机而配制的洗涤剂。

2.2

家庭机洗餐具用冲洗剂　wash lotion for domestic machine dishwashing

专为改善家庭用洗餐具机洗净器具的外观和干燥效果而配制的液态(冲洗时加入更佳)或固态(在连续洗涤时加入并留在洗餐具机中)产品。

3　要求

3.1　洗涤剂

应选择在保质期内的洗涤剂进行性能特征的测试试验。

如果需比较不同洗涤剂样品的某些物理特征,如:均匀性、密度、溶解度、分散力等,应以包装无破损、在保质期内的样品,并贮存在相同的条件下进行试验。

3.2　污染器具负荷

3.2.1　污垢

试验最好选用家庭或小吃店正常污染的器具。每一次重复试验要用大小和组成类似的污染器具,而且由于器具和污垢的多样性,需对每一种试验器具作多次重复试验,以获得有统计意义的结果。污染物的放置时间不要超过一天。应控制污染的性质和贮放条件,如相对湿度和温度。

可选择的污渍包括:油和脂肪、蛋白质、碳水化合物、污染食物残渍、茶叶、咖啡、酒中的鞣质、口红、水果渍及烧焦和烘烤的食物。

正常使用的污染,可在实验室中以常用食品控制涂布于餐具上来模拟。本标准的附录B采用国内常用食品,按一定的比例配制成各种污渍,定量地涂布于餐具上进行模拟试验。

3.2.2　一次洗涤和多次洗涤

对曾用过的试验器具,只要在再次使用前经充分清洗,且其表面或保护层未受损伤的话,可进行一次洗涤评定。一次洗涤法在定义上不表示产品的累积效应,仅部分反映产品的洗涤性能。

为了评价累积效应,如金属失去光泽,结成污渍(如咖啡、茶),对釉面的影响等,应使用重复洗涤法,即将待试器具经污染、洗涤、贮放,多次重复此循环。

3.2.3　未污染器具

未污染器具可以用来评定污垢再沉积或损伤情况。当进行该目的的评价时,需在污染负荷存在下,作重复洗涤。

需要注意的是,污垢的再沉积通常主要受洗碗机本身的影响,而不是所用洗涤剂。

3.2.4 器具的类型和制作材料

包括餐具,刀叉餐具及厨房器皿等器具,可选用瓷、玻璃、陶、金属、塑料、聚四氟乙烯等材料制作。不选用多孔性板及木质的材料。

3.2.5 装载量

按洗碗机制造商的说明书进行。

3.3 洗涤过程

洗涤过程受选用的洗碗机限制。本试验建议选用国内目前通用的一种洗碗机进行试验。

3.3.1 洗碗机

3.3.1.1 安装

按照洗碗机制造商的说明书安装洗碗机。

3.3.1.2 水

当使用内装水软化器的洗碗机时,一般自来水即可满足要求。如备有水软化剂,应按洗碗机制造商的说明书再生。

没有内装水软化器时,如果仅试验一种水硬度,可选用国内水的平均硬度。最好用三种水硬度:低于、等于、高于国内的水硬度平均值。

如果用人工配制的硬水,应指明钙镁离子的比例。

3.3.1.3 洗碗机数目

一般用一台。作成对比较时,最好同时使用两台相同的洗碗机。

为了比较,当同时使用几台洗碗机时,它们应是同一型号;并且在试验前和试验中,必须检查其在各种过程中的准确动作。

3.3.2 装载方式

每一器具的位置:按照制造商说明书进行装载。试验中,应规定每一器具的准确位置,刀、叉、餐具应分放在篮子的各个格内。不同的金属制品不得混放于同一格中,也勿与旁边格子里的不同金属接触。

每一器具的定位:应按洗碗机制造商的说明书定位。任何情况下,污染表面均应按说明书的要求放置。

3.3.3 周期

选用洗碗机的标准洗涤程序作为一个周期,包括:洗涤,漂洗,干燥。设定的时间、温度参数。水压应在洗碗机规定的范围内恒定。

当进行重复洗涤时,器具在各次洗涤之间应经干燥,并预先冷却至室温。

3.3.4 洗涤剂的加入

按照洗涤剂制造商的建议,在每次试验前加入一定量的洗涤剂。当未指明用量时,可以按照洗碗机制造商说明书中的建议加入量加入洗涤剂。

3.3.5 冲洗剂的加入

洗餐具过程中,常使用洗涤剂和冲洗剂两种产品。当比较洗涤剂时,是否加入冲洗剂,需按该产品的要求。而比较冲洗剂时,则必须连同洗涤剂一起使用。

3.4 性能特征

3.4.1 概述

一次评定不能预测机洗餐具用洗涤剂的总性能,需作一系列评定,以评价各个方面,并提供总性能的定性判断。

3.4.2 性能特征的分类

洗涤产品的总性能可按一些独立的判据来分类,包括:

3.4.2.1 盘子的最终外观

此项目包括了对以下项目的考察:

——污垢的除去;

——污渍的除去；

——干的或烤焦的烹调残渣的除去；

——有无污斑和膜痕；

——再沉积。

为获得污垢有效的除去和再沉积效应的清楚图像，需要做几次重复试验。

3.4.2.2 **干燥效率**

此项目受洗碗机工作、水温、器具的组成和形状、在洗碗机中的位置，以及使用冲洗剂等的影响。此项目还可以比较冲洗剂对沥干、干燥和外观的影响。

3.4.2.3 **器具在洗涤过程中的耐损性**

此项目包含了化学和物理损伤，包括对保护层颜色，金属失去光泽，玻璃类表面光学性质变化的影响。

一般地，对铝制品失去光泽的试验，可进行5次～10次的洗涤后进行评价。保护层颜色的褪色，需要多达几百次的试验。为了可以在短时间内对保护层颜色的褪色进行评价，也可参照采用附录C的加速试验进行。

注：由于是加速试验，某些情况下，按附录C的方式测试得到的结果，可能与实际不一样。

由于其他因素也可以引起损伤，因此应对物理和化学损伤进行区别。

3.4.2.4 **对洗涤设备的影响**

此项目包括产品和洗涤机之间的任何相互作用。

洗碗机的腐蚀对消费者是非常重要的，要评定这种影响，需要新的洗碗机或部件。

4 性能特征试验及评价方法

4.1 各方可参照第3章的要求，建立合适的机洗餐具洗涤剂性能比较试验方法。本标准附录B为参考上述章条所建议的一个具体的试验示例。

4.2 本标准采用目视评定方法作为各性能特征的评价方法。必要时，以各种餐具的照片表明试验结果。

结果可有以下几种评价方法：

a) 采用数字标度记分制，例如：基于污斑的数目和大小，将性能分等为1～5等，见表1。

表1 性能分等及记分

性能等级	记　分	污物残留		
		污物残留	小点污物数量/个	总污物面积/mm^2
5	+1	无	—	—
4	0	有	1～4	≤4
3	−1	有	5～10	≤4
2	−2	有	>10	$4<s\leqslant 50$
1	−3	有	—	>50

b) 成对比较

最好同时使用两台相同的洗碗机，比较相应部位的器具并说明优者，可参照表2记分的方式比较同一位置的餐具。

表 2 样品与对照餐具洗涤剂的比较记分

记　分	餐具的表观
+2	明显优于对照餐具洗涤剂
+1	稍优于对照标准餐具洗涤剂
0	与对照餐具洗涤剂相当
−1	稍劣于对照餐具洗涤剂
−2	明显劣于对照餐具洗涤剂

c) 专门小组

对两种以上的产品分等，比较这些产品得到总的结果，可设计一平衡试验，以最大地减少需作的成对比较总数。

4.3 目视评判小组由经过培训的能坚持评判的专家组成。

4.4 记分和分等应在控制的光照和背景条件下进行。对玻璃器皿的评价，应在灯箱内进行。典型的灯箱是长方形的，前面开口，内表面是黑色的，荧光灯安放在灯箱的底部。

4.5 各性能特征及评价类型

对表 3 各性能特征，选用 4.2 的方法分别进行评价。

表 3 各性能特征及评价类型

各性能特征		评价类型	注　释
总体外观		小组评判	需要多位评判员进行评价
餐具的最终外观	污垢的去除	记分/小组评判	当用目视法对淀粉类污垢沾染的表面记分时，可用碘溶液（$KI\text{-}I_2$）着色，使残渣更醒目。
	污渍的去除	记分/小组评判	
	有无污斑和膜痕	记分/小组评判	可记分的参数是污斑数，污斑大小，对比度，靠边缘的污斑数，条痕数等。刀叉餐具上的污斑在抛光器具上更容易看到。
	再沉积	记分	可用原件（从未用过的）作为参考。
器具的损伤或褪色	保护层颜色	记分/小组评判	保护层的褪色可对照标准色规来记分。例如，将原件（从未用过的）作为设计色的参考。应分别记下磨损和划伤。因它们并不总与洗涤剂有关。
	金属光泽		
	玻璃类表面光学性质变化		
干燥	沥干	记分	
	干燥		
	外观		

5 试验报告和解释

试验报告应包括（但不限于）下列内容：

——每种特征一般都是独立的,代表性能的不同方面。因此应分别报告每种特征的结果,给出每一特征在一给定置信度的平均值和统计值;

注:本标准附录D为参考Schell/e的成对比较法,在一给定置信度进行显著性差异的判别的一个解析实例。

——为符合实际情况,对多次的重复试验,给出有意义的统计结果;

——小组评定按考虑的特征直接给出产品的结果,但不给出绝对值,也不允许将产品分等级;

——报告应清楚地表明具体的试验方式、条件,包括时间,温度,水压等参数,仪器,并叙述所用的方法、污渍种类;对出现的任何异常细节的记录;

——对以成对比较的小组评定来说,可用相互对照,或者与一参考产品对照来分等级;

——检验日期。

本标准中没有规定或自选的操作条件,和可能对结果有影响的因素,亦应在报告中叙述。

附 录 A
(资料性附录)
本标准与 ISO 7535:1984 的技术性差异及原因

A.1 本标准章条与 ISO 7535:1984 对照

本标准与 ISO 7535:1984 的章条对照见表 A.1。

表 A.1 本标准与 ISO 7535:1984 的有关章条对照表

本标准章条编号	对应的国际标准章条编号
引言的第一段	第 0 章的第一段
引言的第二段	第 5 章
引言的第三段	第 0 章的第二段
引言的第四段	第 0 章的第三段
引言的第五段	第 0 章的第四段
引言的第六段	—
第 1 章	第 1 章的第一段的第一句
2.1	4.1
2.2	4.2
3.1	第 10 章的第四段
3.2.1	7.1 的第二段和 7.4 的部分内容
3.2.2	7.2 的部分内容
3.2.3	7.3
3.2.4	7.4 的部分内容
3.2.5	8.3 的部分内容
3.3.1.1	8.3 的部分内容
3.3.1.2	9.1 的部分内容
3.3.1.3	8.1 的第一段和第二段
3.3.2	8.3 的部分内容
3.3.3	8.2 的第三段和 8.3 的部分内容
3.3.4	8.1 的第四段和 9.1.a)的部分内容
3.3.5	8.1 的第五段和 9.1.a)的部分内容
3.3.6	8.2 的第一段和第二段
3.4.1	6.1 的第一段
3.4.2	6.2 的第一句
3.4.2.1	6.2.1
3.4.2.2	6.2.2
3.4.2.3	6.2.3 的部分内容

表 A.1(续)

本标准章条编号	对应的国际标准章条编号
3.4.2.4	6.2.4
4.1	—
4.2	9.1 的第一段和 9.1.a)的部分内容
4.2.a)	9.1.a)的部分内容
4.2.b)	9.1.b)的部分内容
4.2.c)	9.1.c)
4.3	9.1 的第三段
4.4	9.1 的第四段
4.5	9.2
第 5 章	第 11 章

A.2 本标准与 ISO 7535:1984 的技术性差异及其原因

本标准与 ISO 7535:1984 的技术性差异及其原因见表 A.2。

表 A.2 本标准与 ISO 7535:1984 的技术性差异及其原因

本标准章条编号	技术性差异	原　因
引言	增加了“考虑到国外家庭洗碗机的普及性,即使其在我国还没有普遍使用,但由于该产品在我国已有市场,并且已有相关的国际标准对洗碗机用洗涤剂性能比较试验有要求,因此有必要建立适合于我国国情的家庭机洗餐具用洗涤剂和冲洗剂的性能比较试验的导则。”	提出建立本标准的必要性
第 1 章	增加了“本标准规定了家庭机洗餐具用洗涤剂性能比较试验的方法及评价标准的导则。本标准适用于由表面活性剂和助剂等配方生产的固态或液态机洗餐具用洗涤剂和冲洗剂的性能试验。”	按 GB/T 1.1《标准化工作导则　第 1 部分　标准的结构和编写规则》和 GB/T 1.2《标准化工作导则　第 2 部分　标准中规范性技术要素内容的确定方法》编写。
—	删除 ISO 7535:1984 中的引用标准 3	未引用标准,因此未设此条。
第 2 章	增加了“术语和定义”	同第 1 章。
3.1	仅选用原国际标准的 10 中第四段与本部分有关的内容。	简明扼要地提出对洗涤剂的要求。
3.2.1	仅选用 7.1 的第二段和 7.4 的部分内容	为控制试验条件,本标准选择用人工污垢进行洗涤性能的测试。
3.2.4	仅选用 8.1 的第四段和 9.1.a)的部分内容	明确器具的材料。
3.3	仅选用国内现在通用的一种洗碗机进行试验。	明确使用洗碗机的种类。
3.3.3	仅选用 8.2 的第三段和 8.3 的部分内容	明确洗涤程序。
3.4.2.3	仅选用 6.2.3 的部分内容	减少试验次数,节约时间。

表 A.2（续）

本标准章条编号	技术性差异	原　因
4.1	增加了“各方可参照第 3 章的要求，建立合适的机洗餐具洗涤剂性能比较试验方法。本标准附录 B 为参考上述章条所建议的一个具体的试验示例。”	按照本导则的要求，提出一个可操作的具体的试验方法。
4.2a)	增加了“表 1　性能分等及记分”	增加评价方法，便于对产品进行评价。
4.2b)	增加了“与对照餐具洗涤剂的比较”	增加评价方法，便于对产品进行评价。
4.5	增加了“器具的损伤或褪色和干燥两项性能特征及评价”	细化各性能特征的类型，便于掌握变量。
第 5 章	增加了“注：本标准附录 D 为参考 Schell/e 成对比较法，系在一给定置信度进行显著性差异的判别的一个具体的例子。”	便于在一给定置信度进行显著性差异进行判别。

附　录　B
（资料性附录）
家庭机洗餐具洗涤剂性能比较试验示例

B.1　方法概要

将一定量的人工污垢涂于餐具上，在洗碗机中用规定浓度的家庭机用餐具洗涤剂溶液洗涤后，通过目视评判来考察洗涤剂对污垢的去除等性能。亦可将未涂污餐具作为标准，与其进行比较。

B.2　试剂与材料

除非另有说明，在分析中仅使用蒸馏水或去离水或相当纯度的水。

a）　猪油；
b）　牛油；
c）　精制植物油；
d）　乳粉；
e）　小麦粉；
f）　新鲜鸡蛋；
g）　番茄酱；
h）　芥末；
i）　茶叶；
j）　燕麦片；
k）　柠檬酸(分析纯)。

B.3　仪器与设备

a）　分析天平，感量 0.1 mg，最大称量 200 g；
b）　托盘天平，感量 0.2 g，最大称量 200 g；
c）　洗碗机，可控温、干燥，可容纳 6 套餐具；
d）　温度计，0 ℃～100 ℃；
e）　猪棕油漆刷；
f）　电磁加热搅拌器；
g）　烧杯；
h）　不锈钢漏筛，ϕ1 mm 网眼；
i）　使用的餐具：
——饭碗，6 个，ϕ114.3 mm；
——菜盘，6 个，ϕ203.2 mm(内凹面 ϕ140 mm)；
——玻璃杯，6 个，ϕ60 mm×130 mm；
——茶杯，6 个，ϕ70 mm×50 mm；
——茶杯托盘，6 个，ϕ130 mm(内凹面 ϕ95 mm)；
——小椭圆盘，2 个，ϕ230 mm；
——佐料碟，2 个，ϕ70 mm；
——汤盆，1 个，ϕ200 mm；
——筷子，6 双；

——汤匙,6 个;

——汤勺,1 个;

——刀子,6 把;

——叉子,6 把。

注:推荐用由瓷器或塑料餐具组成的一套餐具,但也不必完全是由这两者组成。任何标准质量类型的餐具都是可以的。

B.4 试验

每次试验应重新制备人工污垢。

B.4.1 试验用水

本试验使用自来水。

B.4.2 人工污垢

1) 人工污垢配方

人工污垢用于涂渍菜盘和小椭圆盘。人工污垢的配方如下:

混合油 10%;

小麦粉 15%;

全脂奶粉 7.5%;

新鲜全鸡蛋液 30%;

番茄酱 4%;

芥末 1%;

蒸馏水 32.5%。

混合油:以 1∶1∶2 的质量比将猪油、牛油和植物油置于一烧杯中,加热使其融化,搅拌均匀,待用。

将新鲜鸡蛋去壳置烧杯中,搅拌均匀备用;小麦粉和全脂奶粉混合均匀;混合油置烧杯中加热至 50 ℃~60 ℃融化。将混合均匀的小麦粉和全脂奶粉分次转入融化的混合油的烧杯中搅拌;分次将新鲜蛋液加入烧杯中搅拌均匀;加入番茄酱和芥末搅拌均匀,最后分次将蒸馏水加入烧杯中搅拌成细腻的人工污垢,作涂污使用。

2) 涂污

餐具先在洗盘机中用 1% 柠檬酸溶液洗涤,即使是新的餐具,每次使用前也要在洗碗机中洗净,首先用 1% 的柠檬酸溶液洗,然后再用洗涤剂在生产商推荐的浓度下洗涤,每个都要进行常规的洗涤循环。在漂洗的过程中要用去离子水或者蒸馏水。当玻璃杯上还有污渍时,不要使用洗碗机的干燥循环。玻璃杯上没有水痕即说明漂洗干净。取出后用蒸馏水冲洗至不挂水珠,置干燥箱中干燥、冷却后备用。

用猪棕油漆刷蘸上人工污垢均匀涂于盘子内凹下的中心面上,按 B.4.6 涂污(精确到 0.1 g),涂污于(25±1)℃放置 8 h 备用。

B.4.3 茶渍

茶渍用于涂渍茶杯和茶托。其制备如下:

在合适的容器中,将 1 000 mL 沸水[水的硬度为(2.5 ±0.2)mmol/L。]加入到 16 g 茶叶(B.2.i)中浸泡 15 min,通过漏筛(B.3.h)边搅拌边将茶水倒入另一容器中。在每个茶杯中加入 100 mL 过滤的茶水,每个茶碟中加入 10 mL,于(25±1)℃放置 8 h,弃去茶叶水,备用。

B.4.4 燕麦渍

用 187 mL 去离子水与 12.5 g 燕麦片(B.2.j)混合,将混合物沸腾后煮 10 min 并不断搅拌。

用刷子(B.3.e),按 B.4.6 涂污至餐具内表面(精确到 0.1 g)。餐具上部的内边缘留 20 mm 不要涂布。涂污后于(25±1)℃放置 4 h 备用。

B.4.5　参比机洗餐具洗涤剂(用于成对比较试验的对照洗涤剂)

参比机洗餐具洗涤剂的配方如下:

无水柠檬酸三钠　　30.0%;

丙烯酸共聚物(活性物含量50%)　　12.0%;

脂肪醇聚氧乙烯聚氧丙烯嵌段共聚物　　2.0%;

二硅酸钠　　25.0%;

碳酸钠　　23.0%;

一水合过硼酸钠　　5.0%;

四乙酰基乙二胺　　2.0%;

淀粉酶　　0.5%;

蛋白酶　　0.5%;

标准机洗餐具洗涤剂的加入量:18 g/次。

注:丙烯酸共聚物(活性物含量50%)、脂肪醇聚氧乙烯聚氧丙烯嵌段共聚物可具体选用的商品为Sokalan CP5和Plurafac LF403。

B.4.6　涂污参照表

涂污参照表见表B.1。

表B.1　涂污参照表

餐、茶具		规格 φ/mm	涂污量		
名称	个数		人工污渍/g	燕麦渍/g	茶渍/mL
圆菜盘	6	203.2(内凹面140)	7.0	—	—
小椭圆盘	2	230	2.0	—	—
佐料碟	2	70	2.0	—	—
汤勺	1	—	4.0	4.0	—
筷子	6	—	0.4	0.6	—
小汤匙	6	—	2.0	2.0	—
刀子	6	—	1.5	1.5	—
饭碗	6	114.3	—	7.0	—
汤盆	1	200	—	25.0	—
茶碗	6	70	—	—	100
茶托	6	130(内凹面95)	—	—	10

B.4.7　洗涤剂

按照洗涤剂制造商的建议,在每次试验前加入一定量的洗涤剂。

当洗涤剂制造商未指明用量时,按18 g/次的加入量加入洗涤剂。

B.4.8　试验程序

开始性能试验前,洗碗机在试验条件下加入洗涤剂(不加漂洗剂)和洁净的负载,进行至少连续2次完全的循环试验操作。

注:这对试验的重现性是有益的。可避免由洗碗机的塑料部分引起的干燥性能的不同。

按照洗碗机的说明书要求,将涂好污渍的餐具及其他器皿放于洗碗机中。接通电源,设置程序为标准洗涤状态,进行试验。洗碗机自动停机后迅速取出晾于支架上,冷却至室温后,根据测试目的,按本标准4.2条选择具体评价方式,对本标准4.5条提出的各项性能特征进行评判,判断产品洗涤效果。

附 录 C
（资料性附录）
器具保护层颜色褪色的快速测定

C.1 方法概要

本方法包含一个利用餐具洗涤剂去除餐具外层釉质的测量程序，此加速试验可以评价正常使用条件下洗碗剂的对餐具的腐蚀作用。

通过浸没在沸腾洗碗剂溶液中瓷器片上敏感釉质的去除程度与未浸没在沸腾洗碗剂溶液中瓷器片上敏感釉质进行目视比较。

C.2 试剂与材料

瓷盘：ϕ203 mm 的沙拉盘，涂渍的釉质对于碱性清洁剂是敏感的。

C.3 仪器与设备

a） 不锈钢倾口烧杯，体积 4 000 mL，带有配套的不锈钢盖；

b） 不锈钢支架，用来支撑烧杯；

c） 蒸汽浴或其他合适的加热装置，用以保持 96 ℃～99.5 ℃的温度；

d） 白棉布，剪成边长 38 mm 的方块。

C.4 试样准备

C.4.1 瓷盘分片：将盘子切开分为八等份。

C.4.2 每个烧杯(C.3.a)使用 3 片瓷盘，其两面的总上釉面积大约为 258 cm^2。

C.5 步骤

C.5.1 按洗涤剂制造商的建议，制备洗涤剂水溶液各 3 L，放入不锈钢烧杯中，将烧杯放在支架(C.3.b)上，将其加热到 96 ℃～99.5 ℃。

C.5.2 先用温的蒸馏水洗涤试样，使其脱脂去污，然后在丙酮中漂洗，于空气中晾干。

C.5.3 把洗干净并且干燥的试样放到试验用溶液中。

C.5.4 浸泡 2 h 后，取出一片试样，不要干燥，立即用 38 mm 的方形棉布折成两层擦拭试样表面，再把试样浸入(82±1)℃的蒸馏水中润湿，然后取出在空气中晾干；保留棉布用作记录。

C.5.5 继续加热洗涤剂溶液 2 h。

C.5.6 另拿一块新的方形棉布，重复 C.5.4 和 C.5.5，直到 3 片试样都试验完毕。

C.5.7 记录使用的瓷器图案、洗涤剂及使用浓度、每两小时的目视结果。

C.5.8 按表 C.1 规定比较测试试样和未测试样，记录得分和结果。测试试样和未测试样应来源于同一个盘子。

表 C.1 器具保护层颜色褪色评定表

记分	结 果	棉 布	瓷 盘
0	无褪色	擦拭后无色彩迁移	无褪色，无釉掉色
1	轻微褪色	棉布上有色素痕迹	轻微褪色或变暗，可看出变化的迹象
2	中度褪色	棉布上有可见的色素	明显的褪色(从擦拭区域判断)
3	相当大褪色	棉布上有大面积的色素	大面积的色素迁移(从擦拭区域判断)
4	完全褪色	棉布上有大面积的色素	擦拭后比较完全的色素迁移(从擦拭区域判断)

附 录 D
（资料性附录）
Schell/e 成对比较法对结果解析实例

D.1 方法概要

洗涤剂的评价结果按照 Schell/e 成对比较法进行解析，在置信度为 95%及 99%时，进行显著性差异的判别。

对于采用数字标度记分制评价性能结果的，仍可采用此步骤进行数据统计、结果解析。

D.2 步骤

D.2.1 记分

以洗涤剂对附录 B 的饭碗燕麦渍洗涤结果为例，由三位有经验的评判专家按本标准 4.2.a)条进行打分，得分记在表 D.1 中。

表 D.1 对饭碗的洗涤评价

饭碗编号	评定者		
	1#	2#	3#
1#	−2	−2	−2
2#	−1	−1	−1
3#	−1	−1	−1
4#	−2	−2	−2
5#	−2	−2	−2
6#	−2	−2	−2

D.2.2 结果的解析

(1) 把由三位评定者评定的 6 个饭碗作全部重复，求出评价点的点数，见表 D.2。

表 D.2 评价点的点数

项 目	评价点 A					$n=\sum f_i$
记分(N)	−3	−2	−1	0	+1	
点数(f)	0	12	6	0	0	18
评价点合计($\sum N_i f_i$)	−30					

表中：

记分，N——4.2a)中的记分；

点数，f——为某一记分的个数，如：记分(−3)共有 0 个，记分(−2)共有 12 个，以此类推。根据表 D.2，计算：

a) 总平方和：

$$S_T = \sum N_i^2 f_i \qquad \cdots\cdots\cdots\cdots (D.1)$$

$$S_T = (-3)^2 \times 0 + (-2)^2 \times 12 + (-1)^2 \times 6 + 0^2 \times 0 + (+1)^2 \times 0 = 54.00$$

b) 主要效应平方和：

$$S_A = \frac{(\sum N_i f_i)^2}{n} \quad \cdots\cdots (D.2)$$

$$n = \sum f_i \quad \cdots\cdots (D.3)$$

$$S_A = [(-3)\times 0 + (-2)\times 12 + (-1)\times 6 + 0\times 0 + (+1)\times 0]^2/18 = 50.00$$

c) 误差平方和：

$$S_E = S_T - S_A \quad \cdots\cdots (D.4)$$

$$S_E = 54.00 - 50.00 = 4.00$$

(2) 按下式求自由度

a) 主要效应的自由度：

$$\phi_A = t - 1 \quad \cdots\cdots (D.5)$$

其中：

t——试验次数。

$$\phi_A = 2 - 1 = 1$$

b) 误差的自由度：

$$\phi_E = \frac{t(t-1)(n-1)}{2} \quad \cdots\cdots (D.6)$$

$$\phi_E = \frac{2\times(2-1)\times(18-1)}{2} = 17$$

(3) 制作分散分析表，进行 F 鉴定，见表 D.3。

表 D.3 分散分析表

因 素	平方和(s)	自由度(ϕ)	均方差(V)	方差比(F)	显著性差异
主要效应(A)	50.00	1	50.00	208.33	* * *
误差(E)	4.00	17	0.24		
总计(T)	54.00	18			

查 F 检验的 F 分布表：$F^1_{17(0.05)} = 4.45$，$F^1_{17(0.01)} = 8.40$

其中，$F^1_{17(0.05)}$ 为自由度分别为 1、17，置信度为 95% 的 F 分布；$F^1_{17(0.01)}$ 为自由度分别为 1、17，置信度为 99% 的 F 分布。

本例中，$F > F^1_{17(0.01)}$，结果有高度显著性差异(***)。

D.2.3 解析结果

当 $F > F^1_{17(0.05)}$，$F < F^1_{17(0.01)}$，结果有显著性差异(**)。

a) 评价点合计>0，样品洗涤剂对饭碗洗涤能力为优(显著水平为 5%)；

b) 评价点合计<0，样品洗涤剂对饭碗洗涤能力为劣(显著水平为 5%)；

当 $F > F^1_{17(0.01)}$，结果有高度显著性差异(***)。

a) 评价点合计>0，样品洗涤剂对饭碗洗涤能力为优(显著水平为 1%)；

b) 评价点合计<0，样品洗涤剂对饭碗洗涤能力为劣(显著水平为 1%)；

当 $F \leqslant F^1_{17(0.05)}$，结果没有显著性差异(*)。样品洗涤剂对饭碗洗涤能力为劣(显著水平为 5%)。

本例中，$F > F^1_{17(0.01)}$，结果有高度显著性差异(***)。因评价点合计<0，样品洗涤剂对饭碗洗涤能力为劣(显著水平为 1%)。

D.3 结论

样品洗涤剂对饭碗燕麦渍污垢除去能力为劣(显著水平为 1%)。

参 考 文 献

[1] BS EN 50242:1999,Electric dishwashers for household use—Test methods for measuring the performance 家用洗碗机性能测试试验方法

[2] RECKITT BENCKISER D0001326,CLEANING PERFORMANCE OF ADW DETERG-TEA 机洗洗涤剂对茶污渍的清洗性能

[3] RECKITT BENCKISER D0001331,CLEANING PERFORMANCE OF ADW DETERG-STARCH MIX 机洗洗涤剂对混合淀粉的清洗性能

[4] RECKITT BENCKISER D0002827,CLEANING PERFORMANCE OF ADW DETERG-OAT FLAKES 机洗洗涤剂对燕麦片污渍的清洗性能

[5] RECKITT BENCKISER D0002829,IKW—CLEANING PERFORMANCE OF ADW DETERGENTS IKW方法—机洗洗涤剂清洗性能

[6] ASTM D 3565-89 (2001) Standard Test Method for Tableware Pattern Removal by Mechanical Dishwasher Detergents[1] 用机洗洗涤剂洗涤餐具的标准试验方法

[7] JIS K 3362-1998 合成洗涤剂试验方法

ICS 83.140.01
Y 28

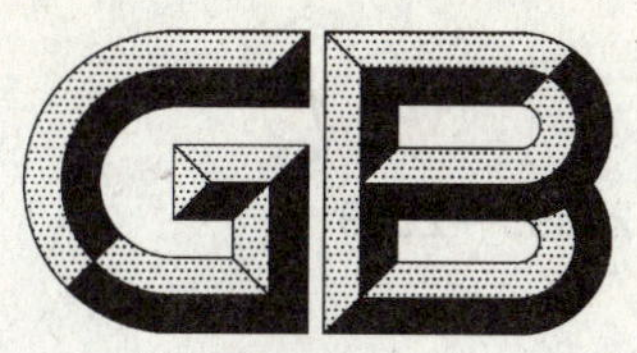

中华人民共和国国家标准

GB/T 24693—2009

聚丙烯饮用吸管

Polypropylene drinking straw

2009-11-30 发布　　2010-05-01 实施

中华人民共和国国家质量监督检验检疫总局
中国国家标准化管理委员会　发布

前 言

本标准由全国塑料制品标准化技术委员会提出。

本标准由中国标准化研究院归口。

本标准起草单位:义乌市双童日用品有限公司、轻工业塑料加工应用研究所、国家塑料制品质量监督检验中心(北京)。

本标准主要起草人:翁云宣、楼仲平、陈家琪、陈倩、李二桥、卢程航、余开封、朱芳珍。

聚丙烯饮用吸管

1 范围

本标准规定了聚丙烯饮用吸管(以下简称吸管)的术语和定义、分类、原料、要求、试验方法、检验规则、包装、标志、贮存和运输。

本标准适用于以聚丙烯(PP)树脂为原料经加工制成的一次性饮用吸管。

2 规范性引用文件

下列文件中的条款通过本标准的引用而成为本标准的条款。凡是注日期的引用文件,其随后所有的修改单(不包括勘误的内容)或修订版均不适用于本标准,然而,鼓励根据本标准达成协议的各方研究是否可使用这些文件的最新版本。凡是不注日期的引用文件,其最新版本适用于本标准。

GB/T 191—2008 包装储运图示标志

GB/T 1040.3—2006 塑料 拉伸性能的测定 第3部分:薄膜和薄片的试验条件(ISO 527-3:1995,IDT)

GB/T 2828.1—2003 计数抽样检验程序 第1部分:按接收质量限(AQL)检索的逐批检验抽样计划

GB/T 5009.60 食品包装用聚乙烯、聚苯乙烯、聚丙烯成型品卫生标准的分析方法

GB/T 5009.156 食品用包装材料及其制品的浸泡试验方法通则

GB/T 9174—2008 一般货物运输包装通用技术条件

GB 9685 食品容器、包装材料用添加剂使用卫生标准

GB 9688 食品包装用聚丙烯成型品卫生标准

GB 9693 食品包装用聚丙烯树脂卫生标准

GB 11680 食品包装用原纸卫生标准

3 术语和定义

下列术语和定义适用于本标准。

3.1

吸管 straw

用于吸饮液态食品的中空管。

3.2

直吸管 straight straw

直杆型的、两端垂直于轴线的吸管。

3.3

可弯吸管 flexible straw

有折弯波纹,可随意折弯的吸管。

3.4

尖头吸管 tip straw

有一端面加工成为斜面的吸管。

3.5

勺型吸管　spoon straw

一端面切口制成勺型的吸管。

3.6

伸缩吸管　extension straw

由两段或两段以上吸管通过组合连接成一支可伸缩的吸管。

3.7

装饰吸管　decoration straw

在吸管上附有装饰物，如花卉、卡通等物件起到装饰作用的吸管。

4　分类

按产品形态分为直吸管(见图 1)、可弯吸管(见图 2)、尖头吸管(见图 3)、勺型吸管(见图 4)、伸缩吸管(见图 5)。

各种吸管形态的简单示意分别见以下各图。

注：图中 L——长度、D——外径、α——尖端角度、K——勺型端展开值。

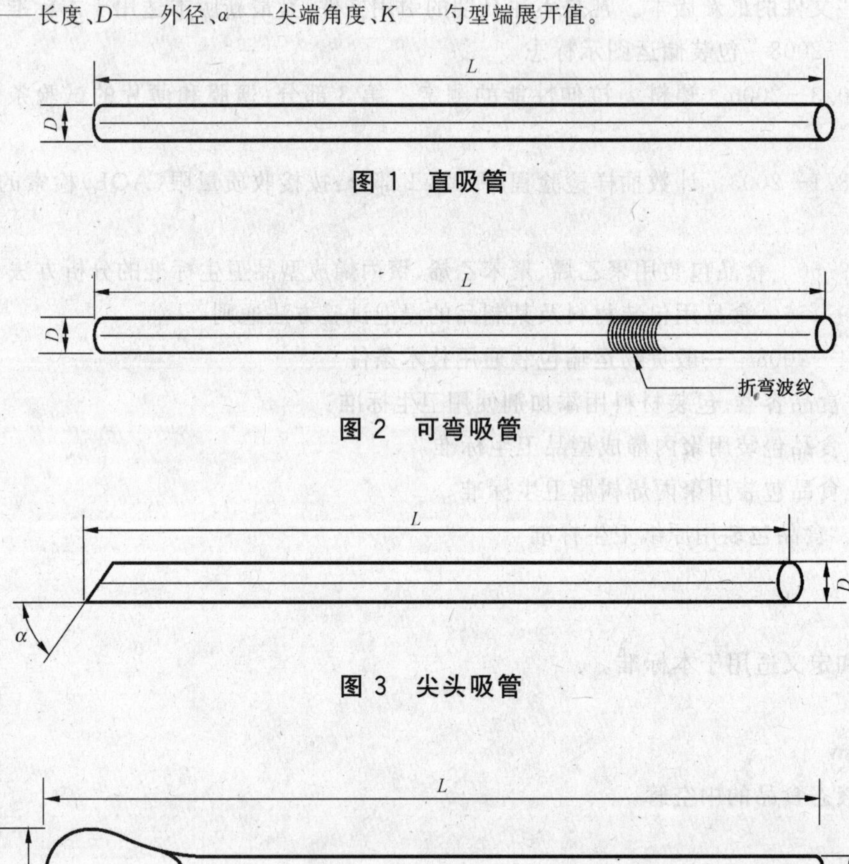

图 1　直吸管

图 2　可弯吸管

图 3　尖头吸管

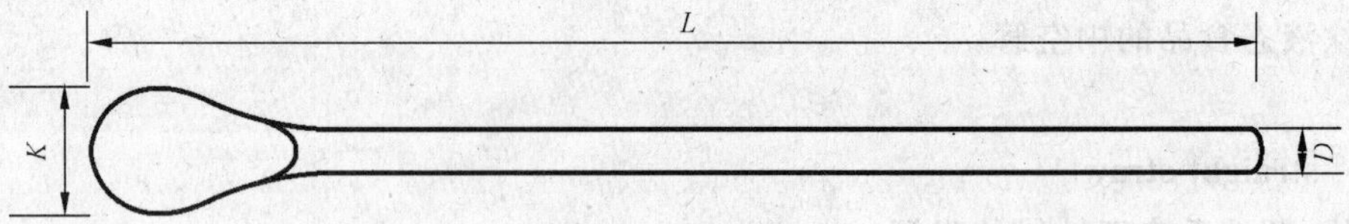

图 4　勺型吸管

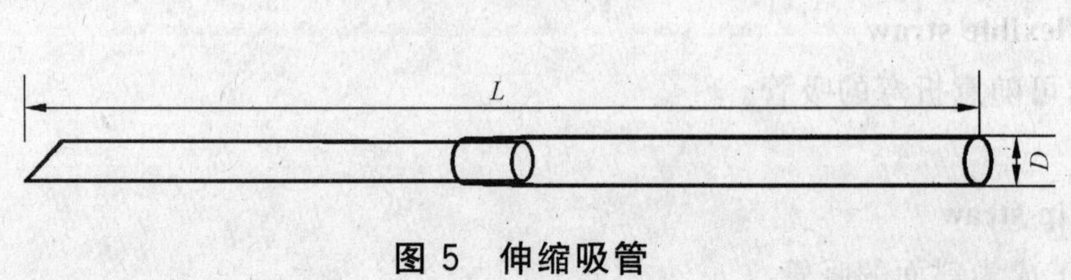

图 5　伸缩吸管

5 原料

5.1 树脂

原料应符合 GB 9693 的要求。

5.2 添加剂

添加剂的使用应符合 GB 9685 的规定。

6 要求

6.1 感官

吸管应无异味和异嗅。

吸管应色泽均匀、无污点和色斑。

吸管应外壁光滑、切口平整，无气泡、毛刺、裂纹、沟槽、凹陷、杂质、穿孔等缺陷。

可弯吸管的波纹成型度应棱角分明、挺度饱满、排列整齐、疏密一致、成型充分。

100 支试样中合格吸管数量应≥95 支。

6.2 规格尺寸偏差

6.2.1 长度偏差

吸管的长度偏差应≤±2%。

6.2.2 外径偏差

吸管的外径偏差应≤±4%。

6.2.3 壁厚均匀度

吸管同一截面上最大壁厚和最小壁厚之比应≤1.2(不含彩色条纹处凸变厚度)。

6.2.4 吸管弯曲度

吸管弯曲度应≤1.5%。

注：吸管弯曲度仅对直吸管、尖头吸管进行要求。

6.2.5 尖头吸管尖端角度(*α*)

尖头吸管尖端角度(α)应符合 $45° \leqslant \alpha \leqslant 65°$。

注：尖头吸管尖端角度(α)仅对尖头吸管(包括尖头可弯吸管、尖头直吸管、尖头伸缩吸管等)进行要求。

6.2.6 尖头吸管管壁厚度

尖头吸管的管壁厚度应≥0.2 mm。

6.2.7 勺型端展开率

外径≤6 mm 勺型吸管勺型端展开后的最大宽度(K)与其吸管周长的比率百分数应≥80%；

外径>6 mm 勺型吸管勺型端展开后的最大宽度(K)与其吸管周长的比率百分数应≥65%。

6.3 折弯波纹

任意 100 支可弯吸管，其折弯波纹轻轻拉直后出现断裂、破损和裂纹的吸管总数应≤2 支。

6.4 伸缩吸管分离时的拉伸力

伸缩吸管中组合的吸管分离时的拉伸力不应小于 30 N。

6.5 质量偏差

100 支吸管的总质量偏差应≤±5%。

6.6 卫生性能

吸管的卫生性能应符合 GB 9688 的要求。

7 试验方法

7.1 感官

任意抽取同一批产品中的 100 支吸管，在自然灯光下，目测吸管的外观和颜色。

室温下鼻闻吸管是否有异嗅。

7.2 规格尺寸偏差

7.2.1 长度偏差

用刻度分度为 1 mm 的直尺，测量吸管的一端到另一端的长度。

按式(1)计算长度偏差。

$$\Delta L = \frac{L - L_0}{L_0} \times 100 \qquad \cdots\cdots(1)$$

式中：

ΔL——长度偏差，%；

L——实测长度，单位为毫米(mm)；

L_0——产品标称长度，单位为毫米(mm)。

7.2.2 外径偏差

用管径规套入吸管一端，再用精度为 0.02 mm 的游标卡尺测量其外径尺寸。

按式(2)计算外径偏差。

$$\Delta D = \frac{D - D_0}{D_0} \times 100 \qquad \cdots\cdots(2)$$

式中：

ΔD——外径偏差，%；

D——实测外径，单位为毫米(mm)；

D_0——产品标称外径，单位为毫米(mm)。

7.2.3 壁厚均匀度

用精度为 0.01 mm 管厚规(或其他侧厚仪)在吸管的同一截面圆周上测量最大壁厚和最小壁厚。

7.2.4 吸管弯曲度

把吸管自然地平放在平板依靠物上，用直尺测量其弦高 H 和长度 L，见图 6，再按式(3)计算弯曲度。

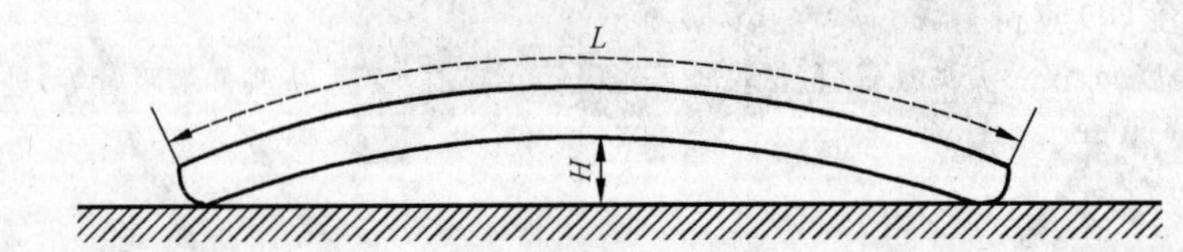

L——长度；H——弦到弧高度。

图 6 吸管弯曲度测量示图

$$\Delta R = \frac{H}{L} \times 100 \qquad \cdots\cdots(3)$$

式中：

ΔR——吸管弯曲度，%；

H——实测弦到弧高度，单位为毫米(mm)；

L——实测吸管长度，单位为毫米(mm)。

7.2.5 尖头吸管尖端角度

用万能角度尺测量尖头吸管尖端角度。

7.2.6 尖头吸管管壁厚度

用精度为 0.01 mm 的管厚规(或其他侧厚仪)测量尖头吸管的管壁厚度。

7.2.7 勺型吸管勺型端展开率

将勺型吸管勺型端平整地展开，用刻度分度为 1 mm 的直尺测量其展开后的最大宽度 K。

按式(4)计算勺型端展开率。

$$\Delta K = \frac{K}{3.14D_0} \times 100 \qquad \cdots\cdots(4)$$

式中：

ΔK——匀型端展开率，%；

K——实测最大宽度，单位为毫米（mm）；

3.14——圆周率；

D_0——产品要求外径，单位为毫米（mm）。

7.3 折弯波纹

任意抽取同一批产品中的100支吸管，目测折弯波纹成型度。将折弯波纹轻轻拉直，观察拉直后的吸管是否出现断裂、破损和裂纹等。

7.4 伸缩吸管分离时的拉伸力

将伸缩吸管轻轻地拉开，然后用夹具夹住吸管的两端，按 GB/T 1040.3—2006 对伸缩吸管进行拉伸，拉伸速度为 50 mm/min，读取两支吸管分离时的最大拉伸力值。试验10根吸管，结果取平均值。

7.5 质量偏差

随机抽取同一批产品中300支吸管，分成3组，每组100支吸管。

用精度不低于0.1 g的天平秤称出每组（100支吸管）的质量。

按式（5）计算质量偏差。

$$\Delta G = \frac{G - G_0}{G_0} \times 100 \qquad \cdots\cdots(5)$$

式中：

ΔG——质量偏差，%；

G——实测100支吸管质量，单位为克（g）；

G_0——产品要求100支吸管质量，单位为克（g）。

结果取3组试验结果的平均值。

7.6 卫生性能

采样方法、样品准备及浸泡液的制备应符合 GB/T 5009.156 要求。

按 GB/T 5009.60 的要求进行试验。

8 检验规则

8.1 组批

产品以批为单位进行验收，以同一原料、同一工艺连续生产的同一规格的吸管为一批，每批不得超过1 000万支。

8.2 检验分类

8.2.1 出厂检验

出厂检验项目包括6.1、6.2、6.3、6.4、6.5、9.1.2.3、9.1.3的内容。

8.2.2 型式检验

型式检验项目包括第6章、9.1.2、9.1.3、9.2的内容。有下列情况之一时，需进行型式检验：

a） 新产品或老产品转厂生产的试制定型鉴定；

b） 正式生产后，如结构、材料、工艺有较大改变，可能影响产品性能时；

c） 正常生产后，对批量产品进行抽样检查，每年至少一次；

d） 产品停产半年后，恢复生产时；

e） 出厂检验结果与上次型式检验有较大差异时；

f） 国家质量监督检验机构提出进行型式检验要求时。

8.3 抽样方案

8.3.1 感官

从抽取的样本中随机取足够数量样品进行。

8.3.2 规格尺寸偏差

采用 GB/T 2828.1—2003 的二次正常抽样方案。检查水平(IL)为一般检查水平Ⅱ,接收质量限(AQL)为 6.5,其样本、判定数组详见表 1。每一单位包装作为一样本单位,单位包装可以是箱、包或支等。试验时从每一单位包装中随机取一个产品作为样品检验。

表 1 抽样方案及判定

单位为单位包装

批 量	样 本	样本大小	累计样本大小	接收数 Ac	拒收数 Re
26~50	第一	5	5	0	1
	第二	5	10	1	2
51~90	第一	8	8	0	3
	第二	8	16	3	4
91~150	第一	13	13	1	3
	第二	13	26	4	5
151~280	第一	20	20	2	5
	第二	20	40	6	7
281~500	第一	32	32	3	6
	第二	32	64	9	10
501~1 200	第一	50	50	5	9
	第二	50	100	12	13
1 201~3 200	第一	80	80	7	11
	第二	80	160	18	19
≥3 201	第一	125	125	11	16
	第二	125	250	26	27

8.3.3 折弯波纹、伸缩吸管分离时的拉伸力、质量偏差、卫生性能

从抽取的样本中随机取足够数量样品进行。

8.4 判定规则

8.4.1 各项要求的判定

8.4.1.1 感官

感官若有不合格项目时,应在原批中抽取双倍样品再次对不合格项目进行复检,复检结果全部合格则判该项合格,否则判该项不合格。

8.4.1.2 规格尺寸

规格尺寸样本单位的判定,按 8.3.2 执行。

样本单位的检验结果若符合表 1 的规定,则判规格尺寸合格,否则判该项不合格。

8.4.1.3 折弯波纹、伸缩吸管分离时的拉伸力、质量偏差

若有不合格项目时,应在原批中抽取双倍样品再次对不合格项目进行复检,复检结果全部合格则判该项合格,否则判该项不合格。

8.4.1.4 卫生性能

卫生性能有不合格项时,则判卫生性能不合格。

8.4.2 合格批的判定

所有检验项目检验结果全部合格，则判该批合格。

9 包装、标志、贮存和运输

9.1 包装

9.1.1 包装材料

产品包装所采用的各种包装材料应满足卫生、贮存和运输的要求。

吸管包装用原纸应符合 GB 11680 的规定和要求。

吸管包装用聚丙烯薄膜的卫生性能应符合 GB 9688 标准要求。

9.1.2 单支纸(或塑料薄膜)包装吸管

9.1.2.1 包装

对成品吸管进行单支独立的包装，其包装后的吸管除应保持密封外，还应保持产品在使用时的包装膜或包装纸容易撕开而方便取用。

9.1.2.2 包装印刷

单支包装吸管也可以根据用户的要求在包装膜或包装纸上进行图案和文字的印刷，包装印刷后的文字图案应清晰，颜色应鲜明，无套版不正和油墨脱落现象。

9.1.2.3 包装压痕和外观

单支包装吸管的包装压痕应清晰，切口应平整，无裂开、压管和破损的现象。单支包装吸管的外观应整洁，无毛刺、污点、色斑、异物等缺陷。随机抽取 100 支单支包装吸管，目测包装压痕、外观和印刷效果的不合格吸管总数应≤2 支。

9.1.2.4 包装压痕、外观和印刷的抽样方案和判定规则

单支包装吸管包装压痕、外观和印刷效果的抽样方案和判定规则同吸管的感官项目的检验规则和判定规则。

9.1.3 包装数量

任意抽取 2 箱吸管，箱内不允许有少包(盒)现象。

在箱内任意抽取 2 包(盒)吸管，每包中吸管的数量应≥标称数量的 98%。

在同一批次中，出现少包(盒)现象，则该批为不合格；包(盒)内吸管数量若有不合格项目时，则抽取双倍样本量进行复检，复检结果全部合格则判该项合格，否则判该项不合格。

9.2 标志

9.2.1 外包装

产品的外包装箱或袋上应有明显的标志(外销或客户特殊要求的除外)，内容包括：

a) 产品标准号。

b) 产品名称与类型。

c) 规格尺寸：规格尺寸的表示内容应包括吸管形态标称外径 D、标称长度 L，表示方法为吸管形态外径×长度(单位为“mm”)。

示例：外径 5 mm、长 210 mm 的可弯吸管规格表示为“可弯吸管 $\phi5\times210$”。

d) 标称质量。

e) 生产日期。

f) 生产单位名称和地址。

g) 产品包装储运标志：应符合 GB/T 191—2008 的规定。

9.2.2 内包装

产品的内包装袋(盒)上应有明显的标志(外销或客户特殊要求的除外)，内容包括：

a) 产品标准号；

b) 产品名称与类型；

c) 材质；

d) 规格尺寸(标称外径和标称长度)；

e) 标称质量；

f) 单位包装数量(如多支时)；

g) 生产日期；

h) 生产单位名称和地址；

i) 检验合格标记；

j) 必要时，注明警示性语言。

如对尖头吸管，在包装上应注明“婴幼儿请在成人监护下使用本产品”或“请小心使用吸管尖头”等字样；如对附有装饰物的装饰吸管，在包装上应注明“婴幼儿请在成人监护下使用本产品”或“婴幼儿使用本产品时，请注意装饰物安全”等字样。

9.3 贮存

产品在贮存中应有通风、防潮、防霉、防火等措施。

未经启封的产品，其存放保质期应不超过2年。

9.4 运输

产品在运输过程中应符合 GB/T 9174—2008 要求。

ICS 81.040.30
Y 22

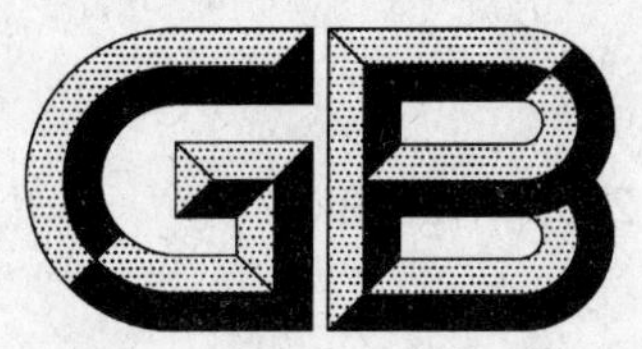

中华人民共和国国家标准

GB/T 24694—2009

玻璃容器　白酒瓶

Glass containers—Chinese spirits bottle

2009-11-30 发布　　2010-05-01 实施

中华人民共和国国家质量监督检验检疫总局
中国国家标准化管理委员会　发布

前言

本标准由重庆市质量技术监督局提出。

本标准由中国标准化研究院归口。

本标准负责起草单位:重庆市计量质量检测研究院。

本标准参加起草单位:重庆昊晟玻璃股份有限公司、五粮液集团环球集团公司、重庆市硅酸盐研究所、诺贝斯玻璃(重庆)有限公司。

本标准主要起草人:夏雪晴、王承、汪新、陈林、何小川、宋磊、兰梅、钟俐敏、王杰、刘樱英、宋家容、陈伟。

玻璃容器 白酒瓶

1 范围

本标准规定了白酒玻璃瓶的术语和定义、产品分类、要求、试验方法、检验规则、标志、包装、运输和贮存等要求。

本标准适用于盛装白酒的晶质料玻璃酒瓶、高白料玻璃酒瓶、普料玻璃酒瓶和乳浊料玻璃酒瓶。其他料种的玻璃酒瓶可参照本标准的有关规定。

2 规范性引用文件

下列文件中的条款通过本标准的引用而成为本标准的条款。凡是注日期的引用文件，其随后所有的修改单(不包括勘误的内容)或修订版均不适用于本标准，然而，鼓励根据本标准达成协议的各方研究是否可使用这些文件的最新版本。凡是不注日期的引用文件，其最新版本适用于本标准。

GB/T 2828.1 计数抽样检验程序 第1部分：按接收质量限(AQL)检索的逐批检验抽样计划

GB/T 4545 玻璃瓶罐内应力试验方法

GB/T 4546 玻璃容器 耐内压力试验方法

GB/T 4547 玻璃容器 抗热震性和热震耐久性试验方法

GB/T 4548 玻璃容器内表面耐水侵蚀性能测试方法及分级

GB/T 6552 玻璃瓶罐抗机械冲击试验方法

GB/T 8452 玻璃瓶罐垂直轴偏差试验方法

GB/T 9987 玻璃瓶罐制造术语

GB/T 17449 包装 玻璃容器 螺纹瓶口尺寸

GB 19778 包装玻璃容器 铅、镉、砷、锑溶出允许限量

GB/T 20858 玻璃容器 用重量法测定容量 试验方法

GB/T 21170 玻璃容器 铅、镉溶出量的测定方法

QB/T 3729 玻璃容器 冠形瓶口尺寸

3 术语和定义

GB/T 9987确立的以及下列术语和定义适用于本标准。

3.1

晶质料玻璃瓶 lead-free crystal glass bottle

用总铁含量(以三氧化二铁计)不超过0.040%的具有较高折射率、高透射比(光透射比不低于91.0%)的无色硅酸盐玻璃制成的酒瓶。

注：总铁含量参见GB/T 1347中三氧化二铁的测定，光透射比参见GB/T 5433测定。

3.2

高白料玻璃瓶 expensive white glass bottle

用总铁含量(以三氧化二铁计)不超过0.060%的无色硅酸盐玻璃制成的酒瓶。

3.3

普料玻璃瓶 ordinary glass bottle

用普白料、青白料等硅酸盐玻璃制成的用于盛装各类白酒的酒瓶。

3.4

乳浊料玻璃瓶　opaque white glass bottle

用白色的乳浊玻璃制成的用于盛装各类白酒的酒瓶。

4　产品分类

按产品玻璃种类酒瓶进行分类，分为晶质料玻璃酒瓶、高白料玻璃酒瓶、普料玻璃酒瓶和乳浊料玻璃酒瓶四类。以下简称晶质料瓶、高白料瓶、普料瓶和乳浊料瓶。

5　要求

5.1　理化性能

理化性能应符合表1的规定。

表1　理化性能

项目名称	指标			
	晶质料瓶	高白料瓶	普料瓶	乳浊料瓶
耐内压力/MPa	≥0.5			
抗热震性/℃	≥35			
抗冲击/J	≥0.2			
内应力[a]/级	真实应力≤4			—
内表面耐水性/级	HCD			
[a] 不透明白酒瓶对内应力不作要求。				

5.2　铅、镉、砷、锑溶出允许限量

铅、镉、砷、锑溶出允许限量应符合GB 19778的规定。

5.3　规格尺寸

5.3.1　容量

满口容量及满口容量允许误差应符合表2的规定。

表2　满口容量及满口容量允许误差

公称容量 V/mL	满口容量	满口容量允许误差	
	≥V %	V %	mL
50<V≤100	110	—	±3
100<V≤200	110	±3	—
200<V≤300	108	—	±6
300<V≤500	106	±2	—
500<V<1 000	104	—	±12
V≤50,V≥1 000	由供需双方商定		

5.3.2　瓶口尺寸

冠形瓶口应符合QB/T 3729的规定，螺纹瓶口应符合GB/T 17449的规定，其他瓶口由供需双方商议确定。

5.3.3　公称主体直径公差 T_D

公称主体直径公差 T_D 按式(1)计算：

$$T_D = \pm(0.5 + 0.012D) \tag{1}$$

式中：

T_D——公称主体直径公差，单位为毫米(mm)；

D——公称主体直径，单位为毫米(mm)。

计算值保留一位小数。

注：非圆形瓶瓶身外径公差由供需双方商议确定。

5.3.4 公称瓶高公差 T_H

公称瓶高公差 T_H 按式(2)计算：

$$T_H = \pm(0.6 + 0.004H) \tag{2}$$

式中：

T_H——公称瓶高公差，单位为毫米(mm)；

H——玻璃瓶公称高度，单位为毫米(mm)。

计算值保留一位小数。

5.3.5 垂直轴偏差 T_V

垂直轴偏差 T_V 按式(3)或式(4)计算：

a) $H>120$ mm：

$$T_V = 0.3 + 0.01H \tag{3}$$

b) $H\leqslant120$ mm：

$$T_V = 1.5\ \text{mm} \tag{4}$$

式中：

H——玻璃瓶公称高度，单位为毫米(mm)。

计算值保留一位小数。

注：非圆形瓶不要求。

5.3.6 厚度

厚度应符合表3的规定。

表3 厚度

项目名称	指标			
	晶质料瓶	高白料瓶	普料瓶	乳浊料瓶
瓶身厚度/mm	≥1.2			
瓶底厚度/mm	≥3.0			
同一截面瓶壁厚薄比	≤(2∶1)			
同一瓶底厚薄比	≤(2∶1)			
注：对特殊瓶型，厚度要求由供需双方商议确定。				

5.3.7 瓶身圆度

瓶身圆度应符合表4的规定。

表4 瓶身圆度

项目名称	晶质料瓶	高白料瓶	普料瓶	乳浊料瓶
瓶身圆度，　不超过直径的	3%	4%	5%	5%
注：非圆形(特殊造型)的不按此计算。				

5.3.8 瓶口不平行度

瓶口不平行度公差应符合表5的规定。

表 5　瓶口不平行度　　　　单位为毫米

瓶口公称直径 D	瓶口相对于容器底部不平行度允差
D≤20	≤0.45
20<D≤30	≤0.6
30<D≤40	≤0.7
40<D≤50	≤0.8
50<D≤60	≤0.9
D>60	≤1.0

5.4　外观质量

外观质量应符合表 6 的规定。

表 6　外观质量

项　目		要　求			
		晶质料瓶	高白料瓶	普料瓶	乳浊料瓶
气泡	表面气泡和破气泡	不许有			
	直径>4 mm	不许有			
	瓶口封合面及封锁环上	≥0.8 mm 不许有	≥1 mm 不许有		
	2 mm<直径≤4 mm　不多于	不许有	2 个	4 个	3 个
	1 mm<直径≤2 mm　不多于	2 个	3 个	6 个	4 个
	0.5 mm<直径≤1 mm　不多于	4 个	6 个	8 个	8 个
	>0.5 mm 气泡总数　不多于	5 个	10 个	14 个	12 个
	直径≤0.5 mm 且能目测的在每平方厘米内　不多于	2 个	5 个	7 个	7 个
结石	直径>1 mm	不许有			
	0.3 mm<直径≤1 mm，且轻击不破，周围无裂纹　不多于	2 个	3 个	5 个	4 个
	瓶口封合面及封锁环上	不许有			
裂纹		不许有(表面点状撞伤不作裂纹处理)			
内壁缺陷		粘料、尖刺、玻璃搭丝、玻璃碎片不许有			
合缝线	尖锐刺手的	不许有			
	凸出量/mm	≤0.4	≤0.5		
	初型模合缝线明显的	不许有			
表面质量	瓶体表面不光洁平滑，有粗糙感	不许有		明显的不许有	
	黑点、铁锈	不许有		明显的不许有	
	氧化斑、波纹、油斑、冷斑	明显的不许有			
	摩擦伤	明显的不许有		—	
瓶口	口部尖刺、高出口平面的立棱	不许有			
	影响密封性的缺陷	不许有			
文字图案		清晰、完整，位置准确			

6 试验方法

6.1 理化性能

6.1.1 耐内压力

按 GB/T 4546 的规定执行。

6.1.2 抗热震性

按 GB/T 4547 的规定执行。

6.1.3 内应力

按 GB/T 4545 的规定执行。

6.1.4 抗冲击性

圆形瓶按 GB/T 6552 的规定执行，方形瓶或其他异形瓶选取瓶身最薄弱部位或接触部位，冲击一次。

6.1.5 内表面耐水性

按 GB/T 4548 的规定执行。

6.2 铅、镉、砷、锑溶出允许限量

铅、镉的试验方法按 GB/T 21170 的规定执行，砷、锑的试验方法按 GB 19778 的规定执行。

6.3 容量

按 GB/T 20858 的规定执行。

6.4 规格尺寸

6.4.1 瓶口尺寸

用精度为 0.02 mm 的游标卡尺或塞规测量瓶口。

6.4.2 主体直径和瓶身圆度

用精度为 0.02 mm 的游标卡尺测量瓶身(需偏离合缝线)，以测量同一横截面最大值为主体直径，其最大值与最小值之差与公称直径之比为圆度。

6.4.3 瓶高

用精度为 0.02 mm 的高度尺或其他相同精度的测高装置测定。

6.4.4 垂直轴偏差

按 GB/T 8452 的规定执行。

6.4.5 厚度

瓶身、瓶底厚度用精度为 0.01 mm 的测厚仪测定。

用测厚仪在瓶身同一横截面上测量，测得最厚点与最薄点之比。

用测厚仪在同一瓶底上测得最厚点与最薄点之比。

6.4.6 瓶口不平行度

用精度为 0.02 mm 的高度尺测量，瓶底至瓶口最高值与最低值之差为瓶口不平行度。

6.5 外观质量

在自然光下距离 500 mm 处目测，必要时用 10× 刻度放大镜进行测量。

7 检验规则

7.1 出厂检验

7.1.1 出厂检验项目为本标准 5.1、5.3、5.4 规定的项目。

7.1.2 产品出厂交接验收应按 GB/T 2828.1 规定的二次抽样方案进行，需要时也可由供需双方另行协定。

7.1.3 产品验收以每百单位产品不合格品数表示，提交验收批产品的检查水平(IL)、接收质量限

(AQL)应符合表7的规定。

表7　检查水平和接收质量限

类别	项　目	检查水平(IL)	接收质量限(AQL)			
			晶质料瓶	高白料瓶	普料瓶	乳浊料瓶
理化性能	内应力	S-3	0.40	0.65	0.65	—
	抗热震		0.65	1.0	1.5	1.5
	耐内压力		0.65	1.0	1.5	1.5
	抗冲击		0.65	1.0	1.5	1.5
	内表面耐水性	按GB/T 4548规定				
规格尺寸	瓶底厚度及厚薄比	S-1	4.0	6.5	6.5	6.5
	瓶口尺寸、容量	S-4	1.0	1.5	2.5	2.5
	瓶身厚度及厚薄比、高度、垂直轴偏差	S-4	1.0	1.5	2.5	2.5
	主体直径、瓶身圆度、瓶口不平行度	S-4	1.0	2.5	4.0	4.0
外观质量	表面质量、文字图案	I	4.0	6.5	6.5	6.5
	气泡、结石、合缝线	I	4.0	6.5	6.5	6.5
	瓶口、裂纹、内壁缺陷	S-4	1.0	1.5	2.5	2.5

7.1.4　每批检验以上各个项目均需合格，如有一项不合格，应由负责部门分析具体不合格情况后作出该批报废或整理后重新交验的决定，重新提交检验的产品若仍然不符合要求，则该批判为不合格。

7.2　型式检验

7.2.1　生产情况出现下列情况之一时，应进行型式检验：

a）设计新产品或对原产品进行改进时；

b）生产工艺有较大改变时，如原辅材料有较大变化时、更换设备或停产后重新恢复生产时；

c）出厂检验与上次型式检验结果有较大差异时；

d）在生产进行到一定的时间或形成一定的产量后，如每半年进行一次；

e）国家质量监督机构或用户提出要求时。

7.2.2　型式检验应从批量生产的产品中按表7规定随机抽取样本，并按第5章全部项目逐项检验，试验方法按第6章规定执行。

7.2.3　型式检验时全部检验项目均应合格，如有一项不合格，则型式检验不合格。

8　标志、包装、运输和贮存

8.1　标志

每件产品应标明生产厂商标或标志。

8.2　包装

选用托盘、纸箱等适当的包装，以减少因包装运输不当对白酒玻璃瓶质量的影响。包装材料应使产品保持清洁，并不易破碎。

每件包装应附合格证或合格标签，注明生产企业名称，产品名称，规格，数量，生产日期、批号，检验包装人员姓名(代号)，以及“玻璃物品”等图示储运标志。

8.3　运输

运输中应防止剧烈震动，装卸时要轻拿轻放。

8.4　贮存

产品储存环境应通风、干燥，产品在贮存过程中，应远离有异味、腐蚀性和有毒的物品。

参 考 文 献

[1] GB/T 1347—2008 钠钙硅玻璃化学分析方法
[2] GB/T 5433—2008 日用玻璃光透射比测定方法

ICS 85.060
Y 32

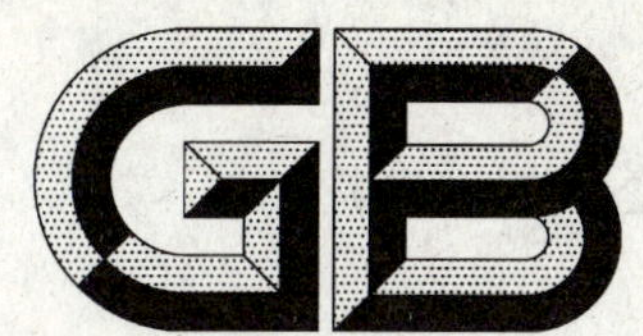

中华人民共和国国家标准

GB/T 24695—2009

食品包装用玻璃纸

Cellophane used for food packaging

2009-11-30 发布 2010-05-01 实施

中华人民共和国国家质量监督检验检疫总局
中国国家标准化管理委员会 发布

前　言

本标准是在原轻工业行业标准 QB/T 1013—2005《玻璃纸》的基础上制定。

本标准的附录 A、附录 B、附录 C 为规范性附录。

本标准由中国轻工业联合会提出。

本标准由全国造纸工业标准化技术委员会(SAC/TC 141)归口。

本标准起草单位:潍坊恒联玻璃纸有限公司、中国制浆造纸研究院。

本标准主要起草人:陈汉爱、李瑞丰、高玉刚、许丽丽。

本标准由全国造纸工业标准化技术委员会负责解释。

食品包装用玻璃纸

1 范围

本标准规定了食品包装用玻璃纸(以下简称为食品用玻璃纸)的分类、要求、试验方法、检验规则和标志、包装、运输、贮存。

本标准适用于医药、食品等商品透明包装用玻璃纸。

2 规范性引用文件

下列文件中的条款通过本标准的引用而成为本标准的条款。凡是注日期的引用文件,其随后所有的修改单(不包括勘误的内容)或修订版均不适用于本标准,然而,鼓励根据本标准达成协议的各方研究是否可使用这些文件的最新版本。凡是不注日期的引用文件,其最新版本适用于本标准。

GB/T 450 纸和纸板 试样的采取及试样纵横向、正反面的测定(GB/T 450—2008,ISO 186:2002,MOD)

GB/T 451.1 纸和纸板尺寸及偏斜度的测定

GB/T 451.2 纸和纸板定量的测定(GB/T 451.2—2002,eqv ISO 536:1995)

GB/T 451.3 纸和纸板厚度的测定(GB/T 451.3—2002,idt ISO 534:1998)

GB/T 462 纸、纸板和纸浆 分析试样水分的测定(GB/T 462—2008;ISO 287:1985,MOD;ISO 638:1978,MOD)

GB/T 601 化学试剂 标准滴定溶液的制备

GB/T 2828.1 计数抽样检验程序 第1部分:按接收质量限(AQL)检索的逐批检验抽样计划(GB/T 2828.1—2003,ISO 2859-1:1999,IDT)

GB/T 2679.2 纸和纸板透湿度与折痕透湿度的测定(盘式法)(GB/T 2679.2—1995,eqv ISO 2528:1974)

GB/T 5009.78 食品包装用原纸卫生标准的分析方法

GB/T 10342 纸张的包装和标志

GB/T 10739 纸、纸板和纸浆试样处理和试验的标准大气条件(GB/T 10739—2002,eqv ISO 187:1990)

GB 11680 食品包装用原纸卫生标准

GB/T 12914 纸和纸板 抗张强度的测定(GB/T 12914—2008;ISO 1924-1:1992,MOD;ISO 1924-2:1992,MOD)

3 分类

3.1 食品用玻璃纸分为防潮和非防潮。

3.2 食品用玻璃纸分为卷筒和平板。

3.3 食品用玻璃纸分为一等品和合格品。

4 要求

4.1 非防潮食品用玻璃纸的技术指标应符合表1或按合同要求,防潮食品用玻璃纸的技术指标应符合表2或合同要求。

表 1 非防潮食品用玻璃纸技术要求

指标名称		单位	规定			
定量		g/m²	≤40		>40	
定量偏差			一等品	合格品	一等品	合格品
			±2	±3	±2	±3
厚度横幅差 ≤	平板	μm	4	5	4	5
	卷筒		3	4	3	4
抗张强度 ≥	纵	N/15 mm	20	15	25	20
	横		10	8	15	10
伸长率 ≥	纵	%	7	7	10	8
	横		15	12	20	15
交货水分		%	8.0±2.0			
抗粘性 ≥		%	70			
含硫量 ≤		%	0.03			
小于 0.5 mm 的气泡 ≤		个/m²	0	5	0	5

表 2 防潮食品用玻璃纸技术要求

指标名称		单位	规定			
定量		g/m²	≤40		>40	
定量偏差			一等品	合格品	一等品	合格品
			±2	±3	±3	±4
厚度横幅差 ≤	平板	μm	3	4	4	5
	卷筒		2	3	3	4
抗张强度 ≥	纵	N/15 mm	35	30	40	35
	横		15	10	20	15
伸长率 ≥	纵	%	10		10	
	横		20		20	
交货水分		%	8.0±2.0			
透湿度 ≤		g/(m²·24 h)	60			
热封强度 ≥		N/37 mm	1.764		1.5	
抗粘性 ≥		%	70			
含硫量 ≤		%	0.03			
小于 0.5 mm 的气泡 ≤		个/m²	0	5	0	5

4.2 食品用玻璃纸的切边应整齐，纸面应平整，不应有裂口、缺角、实道。

4.3 禁止在食品用玻璃纸中使用对人体有害的助剂。食品用玻璃纸的卫生指标必须符合 GB 11680 的规定。

4.4 平板纸规格为 1 000 mm×1 150 mm、1 000 mm×1 200 mm、900 mm×1 100 mm、900 mm×500 mm 或按合同要求，尺寸偏差应不大于 $^{+5}_{-3}$ mm，偏斜度应不超过 5 mm。

4.5　卷筒食品用玻璃纸宽度和直径按合同要求，宽度偏差应不大于$^{+5}_{-3}$ mm。

4.6　卷筒食品用玻璃纸每卷断头应不多于2个，机外复卷(或分切)的卷筒食品用玻璃纸接头处应用胶带平接，并在卷筒端部夹明显标志或按合同要求。

4.7　卷筒食品用玻璃纸松紧应一致，切边整齐，不应有裂口、损伤等。卷筒端面锯齿形应不超过±5 mm，机外复卷(或分切)食品用玻璃纸应不超过±2 mm。

5　试验方法

5.1　试样的采取按GB/T 450执行。

5.2　试样的处理和试验的标准大气条件按GB/T 10739执行。

5.3　尺寸按GB/T 451.1进行测定。

5.4　定量按GB/T 451.2进行测定。

5.5　厚度横幅差按GB/T 451.3进行测定，沿幅纸横向均匀测定5个点，以最大值与最小值之差表示结果。

5.6　抗张强度、伸长率按GB/T 12914进行测定，仲裁时按恒速拉伸法进行测定。

5.7　水分按GB/T 462进行测定。

5.8　透湿度按GB/T 2679.2进行测定。

5.9　含硫量按附录A进行测定。

5.10　抗粘性按附录B进行测定。

5.11　热封强度按附录C进行测定。

5.12　理化指标和微生物指标按GB/T 5009.78进行测定。

5.13　外观质量采用目测检验。

6　检验规则

6.1　以一次交货数量为一批。

6.2　生产厂应保证产品质量符合本标准要求，每件(卷)纸交货时应附一份合格标识。

6.3　卫生指标不合格，则判该批不合格。

6.4　计数抽样检验程序按GB/T 2828.1规定进行，样本单位为件(卷)。接收质量限(AQL)：抗粘性、含硫量AQL为4.0；定量、厚度横幅差、伸长率、抗张强度、透湿度、热封强度、交货水分、气泡、尺寸、外观纸病AQL为6.5。采用正常检验二次抽样，检验水平为特殊检验水平S-2，其抽样方案见表3。

表3　抽样方案

批量/件或卷	正常检验二次抽样方案　特殊检验水平S-2				
	样本量	AQL值为4.0		AQL值为6.5	
		Ac	Re	Ac	Re
2～150	2	—	—	0	1
	3	0	1	—	—
151～1 200	3	0	1	—	—
	5	—	—	0	2
	5(10)	—	—	1	2

6.5　可接收性的确定：第一次检验的样品数量应等于该方案给出的第一样本量。如果第一样本中发现的不合格品数小于或等于第一接收数，应认为该批是可接收的；如果第一样本中发现的不合格品数大于或等于第一拒收数，应认为该批是不可接收的。如果第一样本中发现的不合格品数介于第一接收数与

第一拒收数之间,应检验由方案给出样本量的第二样本并累计在第一样本和第二样本中发现的不合格品数。如果不合格品累计数小于或等于第二接收数,则判定该批是可接收的;如果不合格品累计数大于或等于第二拒收数,则判定该批是不可接收的。

6.6 需方有权按本标准进行验收。如对此产品质量提出异议,应在收到货后三个月内通知供方共同取样进行复检。如符合本标准或合同要求,应判为批合格,由需方负责处理;如不符合本标准或合同要求,应判为批不合格,由供方负责处理。

7 标志、包装、运输、贮存

7.1 食品用玻璃纸的标志和包装按应 GB/T 10342 进行。

7.1.1 平板纸每 500 张为一包,每包附合格证,并有纵向标志。每 10 包为一件装入箱内,上下均需衬纸板和防潮纸或按合同要求。

7.1.2 卷筒食品用玻璃纸每卷外包塑料套,两端加堵塞等系列防潮封闭包装。

7.1.3 卷筒食品用玻璃纸也可用纸箱或筒包装,长度超过 700 mm 的筒装卷筒食品用玻璃纸,卷重应不超过 90 kg 或按合同要求。

7.1.4 每件(卷)纸应注明产品名称、尺寸、定量、等级、净重、毛重、箱(筒)号、生产厂名和生产日期。

7.2 运输时应使用有篷而洁净的运输工具,搬运时不应将纸件从高处扔下,以免损坏包装或玻璃纸。

7.3 产品应妥善保管,贮存和运输时应防止雨、雪和地面潮气的影响。

附 录 A
（规范性附录）
含硫量的测定

A.1 原理

本方法是使玻璃纸上的硫与亚硫酸钠反应生成硫代硫酸钠，生成的硫代硫酸钠用碘标准溶液滴定。多余的亚硫酸钠加入甲醛以除去干扰。

$$S+Na_2SO_3 \longrightarrow Na_2S_2O_3$$

$$2Na_2S_2O_3+I_2 \longrightarrow 2NaI+Na_2S_4O_6$$

$$Na_2SO_3+HCHO+CH_3COOH \longrightarrow CH_3COONa+H-\overset{\displaystyle OH}{\underset{\displaystyle H}{\overset{|}{\underset{|}{C}}}}-SO_3Na$$

A.2 试验步骤

A.2.1 碘标准溶液的配制按 GB/T 601 执行。

A.2.2 称取玻璃纸试样 5 g～6 g 两份，精确至 0.001 g。另取试样，按 GB/T 462 测定试样的水分。然后将试样剪成约 10 mm×10 mm 的碎片，装入带有玻璃接口回流装置的 500 mL 锥形瓶内。加入亚硫酸钠溶液(1.5%)150 mL，然后连好冷凝管，置于甘油恒温槽上加热煮沸。调节电炉温度，使其缓和沸腾 1.5 h。煮沸完毕，待烧瓶稍加冷却，加入少量蒸馏水冲洗冷凝管。然后拆卸冷凝管，烧瓶内溶液先用布氏漏斗过滤，再用 100 mL 热水洗涤滤渣。将所得滤液移至容量为 500 mL 的碘量瓶中，加甲醛(37%～40%)5 mL，乙酸(20%)20 mL 及淀粉溶液 3 mL～5 mL，并放置 5 min。然后用微量滴定管加入碘标准溶液(0.05 mol/L)进行滴定，试验溶液从无色变至微蓝色时为终点，滴定终点以 30 s 不消失为准。

按相同方法做一个空白试验。

A.3 计算

绝干玻璃纸的含硫量 X，以%表示，按式(A.1)计算：

$$X=\frac{(V_1-V_2)\times c\times 0.032\times 10\,000}{m\times(100-W)} \quad\cdots\cdots\cdots\cdots(\text{A.1})$$

式中：

X——绝干玻璃纸的含硫量，%；

V_1——样品滴定时碘标准溶液消耗量，单位为毫升(mL)；

V_2——空白试验滴定时碘标准溶液的消耗量，单位为毫升(mL)；

c——碘标准溶液的浓度；

0.032——与 1 mL 碘标准溶液$\left[c=\left(\frac{1}{2}I_2\right)=1\ \text{mol/L}\right]$相当的硫量，单位为克(g)；

m——试样的质量，单位为克(g)；

W——试样水分，%。

附 录 B
（规范性附录）
抗粘性的测定

B.1 原理

在一定的试验条件下，以试样不发生粘合的最大相对湿度（%）表示其抗粘合的能力。

B.2 取样

试样按 GB/T 450 采取。

B.3 仪器

B.3.1 恒温恒湿箱，温度（40±1）℃，相对湿度（70±2）%。

B.3.2 压砣，底面积 50 mm×100 mm，质量 3 kg，底面应平直。

B.3.3 玻璃板，表面平直，尺寸为 70 mm×120 mm。

B.4 试验步骤

B.4.1 切取 70 mm×120 mm 试样约 20 层，试样的长边为纵向，各层试样正反面的叠放顺序应一致。

B.4.2 对于水分高于测定条件下平衡水分的试样，应把试样放在干燥器内或温度不超过 40 ℃的烘箱内，使其水分低于平衡水分后再进行测试。

B.4.3 调节恒温恒湿箱至温度（40±1）℃，相对湿度（70±2）%。将试样放入烘箱内，并用夹子夹持试样一角悬挂处理 2 h，使试样的水分达到平衡，同时把玻璃板和压砣放于箱内。

B.4.4 当试样的水分达到平衡后，立即把试样重叠在一起平放于箱内的玻璃板上，用压砣轻轻压好，继续在箱内平压 30 min。

B.4.5 30 min 后取出试样，观察纸层间的粘合情况。如果试样未发生粘合现象，应继续升高相对湿度（相对湿度每次升高 5%），重复 B.4.3、B.4.4 操作，直至试样开始粘合为止，并以试样不发生粘合的最大相对湿度（%）表示抗粘性结果。

注：如试样抗粘性未知，可酌情选择较低湿度条件开始测试。

附　录　C
（规范性附录）
热封强度的测定

C.1　取样

裁切 300 mm（纵向）×37 mm（横向）的试样六张，三张沿纵向对折成 150 mm 长，在平行于折痕 40 mm 处进行粘合。另三张朝相反的方向沿纵向对折成 150 mm 长，用同样的方法进行粘合。

C.2　原理

试样在（140±5）℃，200 kPa～300 kPa 的条件下粘合 3 s，冷却后测定其热封强度。

C.3　步骤

在将热粘合处理后的试样放置到冷却，用弹簧秤下端的夹子夹住试样一端，用手指捏住试样的另一端，拉动至完全剥离，读取剥离时的弹簧秤读数，取六个数的平均值，乘以 0.009 8 N/g 后即为热封强度值。

ICS 85.060
Y 32

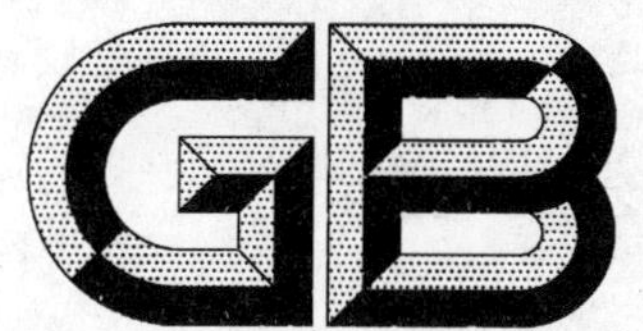

中华人民共和国国家标准

GB/T 24696—2009

食品包装用羊皮纸

Parchment used for food packaging

2009-11-30 发布　　2010-05-01 实施

中华人民共和国国家质量监督检验检疫总局
中国国家标准化管理委员会　发布

前　言

本标准在原轻工业行业标准 QB/T 1710—1993《食品羊皮纸》的基础上制定。

本标准的附录 A 为规范性附录。

本标准由中国轻工业联合会提出。

本标准由全国造纸工业标准化技术委员会归口。

本标准起草单位:济南晨光纸业有限公司、中国制浆造纸研究院、国家纸张质量监督检验中心。

本标准主要起草人:高欣卡、柴正玲、刘善田、魏明华。

本标准由全国造纸工业标准化技术委员会负责解释。

食品包装用羊皮纸

1 范围

本标准规定了食品包装用羊皮纸(以下简称食品羊皮纸)的分类、要求、试验方法、检验规则及标志、包装、运输、贮存。

本标准适用于供食品、药品、消毒材料的内包装用纸,也适用于其他具有不透油性和耐水性的包装用纸。

2 规范性引用文件

下列文件中的条款通过本标准的引用而成为本标准的条款。凡是注日期的引用文件,其随后所有的修改单(不包括勘误的内容)或修订版均不适用于本标准,然而,鼓励根据本标准达成协议的各方研究是否可使用这些文件的最新版本。凡是不注日期的引用文件,其最新版本适用于本标准。

GB/T 450 纸和纸板 试样的采取及试样纵横向、正反面的测定(GB/T 450—2008,ISO 186:2002,MOD)

GB/T 451.1 纸和纸板尺寸及偏斜度的测定

GB/T 451.2 纸和纸板定量的测定(GB/T 451.2—2002,eqv ISO 536:1995)

GB/T 454 纸耐破度的测定(GB/T 454—2002,idt ISO 2758:2001)

GB/T 457—2008 纸和纸板 耐折度的测定(GB/T 457—2008,ISO 5626:1993,MOD)

GB/T 462 纸 纸板和纸浆 分析试样水分的测定(GB/T 462—2008;ISO 287:1985,MOD;ISO 638:1978,MOD)

GB/T 465.1 纸和纸板 浸水后耐破度的测定(GB/T 465.1—2008,ISO 3689:1983,IDT)

GB/T 1541 纸和纸板 尘埃度的测定

GB/T 1545 纸、纸板和纸浆 水抽提液酸度或碱度的测定(GB/T 1545—2008,ISO 6588:1981,MOD)

GB/T 2828.1 计数抽样检验程序 第1部分:按接收质量限(AQL)检索的逐批检验抽样计划(GB/T 2828.1—2003,ISO 2859-1:1999,IDT)

GB/T 5009.78 食品包装用原纸卫生标准的分析方法

GB/T 10342 纸张的包装和标志

GB/T 10739 纸、纸板和纸浆试样处理和试验的标准大气条件(GB/T 10739—2002,eqv ISO 187:1990)

GB 11680 食品包装用原纸卫生标准

GB/T 12914 纸和纸板 抗张强度的测定(GB/T 12914—2008;ISO 1924-1:1992,MOD;ISO 1924-2:1992,MOD)

3 分类

3.1 食品羊皮纸分为卷筒纸和平板纸。

3.2 食品羊皮纸按质量分为优等品、一等品和合格品。

3.3 根据用户要求可生产各种颜色的食品羊皮纸。

4 要求

4.1 食品羊皮纸的技术指标应符合表1的规定,或按订货合同的规定。

表 1

<table>
<tr><th colspan="2" rowspan="2">指标名称</th><th rowspan="2">单　位</th><th colspan="3">规　定</th></tr>
<tr><th>优等品</th><th>一等品</th><th>合格品</th></tr>
<tr><td colspan="2">定量</td><td>g/m²</td><td colspan="3">45.0±2.5
60.0±3.0</td></tr>
<tr><td colspan="2">抗张指数(纵横平均)　≥</td><td>N·m/g</td><td>54.0</td><td>47.0</td><td>42.0</td></tr>
<tr><td rowspan="2">耐破指数</td><td>干　≥</td><td rowspan="2">kPa·m²/g</td><td>4.50</td><td>4.00</td><td>3.50</td></tr>
<tr><td>湿　≥</td><td>3.00</td><td>2.50</td><td>2.00</td></tr>
<tr><td colspan="2">耐折度(纵横平均)　≥</td><td>次</td><td>250</td><td>220</td><td>200</td></tr>
<tr><td rowspan="2">透油度</td><td>≤0.25 mm</td><td rowspan="2">个/100 cm²</td><td colspan="3">2</td></tr>
<tr><td>>0.25 mm</td><td colspan="3">不应有</td></tr>
<tr><td rowspan="2">尘埃度</td><td>0.2 mm²～1.5 mm²　≤</td><td rowspan="2">个/m²</td><td>20</td><td>30</td><td>50</td></tr>
<tr><td>>1.5 mm²</td><td colspan="3">不应有</td></tr>
<tr><td colspan="2">水抽提液 pH 值</td><td>—</td><td colspan="3">7.0±1.0</td></tr>
<tr><td colspan="2">交货水分</td><td>%</td><td colspan="3">7.0±2.0</td></tr>
</table>

4.2　纸的切边应整齐。卷筒纸的尺寸偏差应不超过±3 mm，平板纸偏斜度应不超过 3 mm。

4.3　纸的纤维组织应均匀。

4.4　纸面应平整，不应有褶子、砂子、洞眼、硬质块、皱纹、条痕及脏污点。

4.5　食品羊皮纸的卫生指标应符合 GB 11680 的规定。

5　试验方法

5.1　试样的采取按 GB/T 450 执行。

5.2　试样的处理按 GB/T 10739 执行。

5.3　尺寸及偏斜度的测定按 GB/T 451.1 执行。

5.4　定量的测定按 GB/T 451.2 执行。

5.5　抗张指数的测定按 GB/T 12914 执行，采用恒速拉伸法。

5.6　耐破指数的测定按 GB/T 454 执行；湿耐破度的测定按 GB/T 465.1 执行，浸水时间为 0.5 h。

5.7　耐折度的测定按 GB/T 457—2008 执行，采用肖伯尔法。

5.8　透油度的测定按附录 A 执行。

5.9　尘埃度的测定按 GB/T 1541 执行。

5.10　水抽提液 pH 值按 GB/T 1545 执行，采用热抽提法。

5.11　卫生指标的检测按 GB/T 5009.78 执行。

5.12　交货水分按 GB/T 462 执行。

5.13　外观质量采用目测检验。

6　检验规则

6.1　以一次交货数量为一批，但应不多于 30 t。

6.2　生产厂应保证所生产的食品羊皮纸符合本标准或订货合同的规定，每卷纸交货时应附有一份产品质量合格证。

6.3　食品羊皮纸卫生指标不合格，则判定该批是不可接收的。

6.4　产品交收检验和抽样检验按 GB/T 2828.1 的规定执行，样本单位为卷(件)。接收质量限 AQL：

抗张指数、耐折度、透油度 AQL 为 4.0；定量、耐破指数、尘埃度、水抽提液 pH 值、交货水分、尺寸及偏斜度、外观质量 AQL 为 6.5。采用正常检验二次抽样，检验水平为一般检验水平Ⅰ，其抽样方案见表 2。

表 2

<table>
<tr><th rowspan="3">批量/卷(件)</th><th colspan="5">正常检验二次抽样方案　一般检验水平Ⅰ</th></tr>
<tr><th rowspan="2">样本量</th><th colspan="2">AQL 值为 4.0</th><th colspan="2">AQL 值为 6.5</th></tr>
<tr><th>Ac</th><th>Re</th><th>Ac</th><th>Re</th></tr>
<tr><td rowspan="2">2～25</td><td>2</td><td>—</td><td>—</td><td>0</td><td>1</td></tr>
<tr><td>3</td><td>0</td><td>1</td><td>—</td><td>—</td></tr>
<tr><td rowspan="2">26～90</td><td>3</td><td>0</td><td>1</td><td>—</td><td>—</td></tr>
<tr><td>5
5(10)</td><td>—
—</td><td>—
—</td><td>0
1</td><td>2
2</td></tr>
<tr><td rowspan="2">91～150</td><td>5
5(10)</td><td>—</td><td>—</td><td>0
1</td><td>2
2</td></tr>
<tr><td>8
8(16)</td><td>0
1</td><td>2
2</td><td>—</td><td>—</td></tr>
<tr><td>151～280</td><td>8
8(16)</td><td>0
1</td><td>2
2</td><td>0
3</td><td>3
4</td></tr>
</table>

6.5　可接收性的确定：第一次检验的样品数量应等于该方案给出的第一样本量。如果第一样本中发现的不合格品数小于或等于第一接收数，应认为该批是可接收的；如果第一样本中发现的不合格品数大于或等于第一拒收数，应认为该批是不可接收的。如果第一样本中发现的不合格品数介于第一接收数与第一拒收数之间，应检验由方案给出的样本量的第二样本并累计在第一样本和第二样本中发现的不合格品数。如果不合格品累计数小于或等于第二接收数，则判定批是可接收的；如果不合格品累计数大于或等于第二拒收数，则判定该批是不可接收的。

6.6　需方有权检查该批产品的质量是否符合本标准或订货合同的要求，若对产品质量有异议，应在到货后一个月内通知供方，由供需双方共同取样进行复验。如不符合本标准或订货合同的规定，则判为批不可接收，由供方负责处理；若符合本标准或订货合同的规定，则判为批可接收，由需方负责处理。

7　标志、包装、运输、贮存

7.1　纸张的标志与包装应按 GB/T 10342 或订货合同的规定执行。

7.2　运输时应使用带篷且洁净的运输工具，严防日晒雨淋。不应用钩吊打包铁丝，不应将纸件从高处扔下。

7.3　在生产、加工、运输、贮存过程中严防毒害药品和重金属、粉尘的污染。

7.4　纸张应妥善保管于通风仓库的垫板上，以防受到雨、雪、地面湿气的影响。

附　录　A
（规范性附录）
透油度的测定法

A.1　试样的制备

切取 250 mm×250 mm 的试样 5 张。

A.2　试剂和材料

A.2.1　定性化学滤纸，白色，一叠（5 张～10 张），在最上层的滤纸上画出一个 100 mm×100 mm 的方框。

A.2.2　甘油水溶液 50%（质量分数），含 1%洋红。

A.2.3　量筒，5 mL。

A.3　步骤

将一张试样轻放在整叠滤纸（A.2.1）上，使试样完全盖住滤纸上的方框（A.2.1）。用棉花蘸取 1 mL 甘油水溶液（A.2.2），在试样表面分别沿试样纵横向轻轻涂抹三次。然后移去试样，观察甘油水溶液透过试样，渗入到滤纸方框中的红色斑点，并统计不大于 0.25 mm 红色斑点的个数。

A.4　结果计算

测定 5 次，以 5 次试验结果的算术平均值作为测定结果，修约到整数。

ICS 65.020.30
B 43

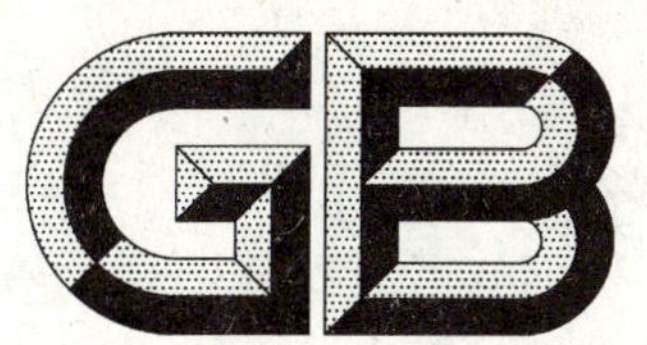

中华人民共和国国家标准

GB/T 24697—2009

湘西黑猪

Xiangxi black pig

2009-11-30 发布　　　　2010-01-01 实施

中华人民共和国国家质量监督检验检疫总局
中国国家标准化管理委员会　发布

前　言

本标准的附录 A 为资料性附录。

本标准由中华人民共和国农业部提出。

本标准由全国畜牧业标准化技术委员会(SAC/TC 274)归口。

本标准起草单位:湖南农业大学、湖南省畜牧水产局。

本标准主要起草人:张彬、罗运泉、陈宇光、肖定福、陈志军、兰欣怡、张安福、杨金波、祁世友。

湘 西 黑 猪

1 范围

本标准规定了湘西黑猪的品种特征特性和种猪评分定级。

本标准适用于湘西黑猪品种鉴别和种猪等级评定。

2 规范性引用文件

下列文件中的条款通过本标准的引用而成为本标准的条款。凡是注日期的引用文件，其随后所有的修改单(不包括勘误的内容)或修订版均不适用于本标准，然而，鼓励根据本标准达成协议的各方研究是否可使用这些文件的最新版本。凡是不注日期的引用文件，其最新版本适用于本标准。

NY/T 821 猪肌肉品质测定技术规范

NY/T 822 种猪生产性能测定规程

NY/T 825 瘦肉型猪胴体性状测定技术规范

3 品种特征特性

3.1 原产地

原产于湖南省西北部的湘西土家族苗族自治州、常德市、怀化市和张家界市。

3.2 主要特点

体质结实，耐粗饲，繁殖力强，肉质细嫩，适应性强，尤其适合于山区饲养。

3.3 类群划分

湘西黑猪现存主要有桃源黑猪和浦市黑猪两个类群。

3.4 外貌特征

3.4.1 桃源黑猪类群

体型中等，发育匀称，全身被毛黑色，偶有在肢端、尾尖出现白色毛的个体；成年种公猪、种母猪被毛稀粗，鬃毛由前向后斜立在髻甲部；皮肤呈灰色；额较狭，有较浅的纵形皱纹；耳中等大，耳面下垂；颈较长，有肉垂；颈肩结合良好，背腰较长且宽而平直。母猪腹下垂但不拖地(少数高产母猪在孕后期拖地)；乳房发达，乳头7对～8对，排列整齐；臀部较宽稍倾斜；公猪前躯较高，母猪后躯高于前躯；四肢粗壮结实，强健有力，肢势正常，无卧系，蹄灰黑色；尾长过飞节，尾杆圆，尾尖，尾端毛较长，呈“鱼尾”状散开。桃源黑猪图片参见附录A中图A.1、图A.2、图A.5、图A.6、图A.9和图A.10。

3.4.2 浦市黑猪类群

体型较桃源黑猪稍大，头颈清秀，结构匀称，后躯较发达。全身被毛密而全黑。头大小适中，额面微凹，耳下垂遮眼。公猪背腰较平直；母猪腹大但不拖地。乳头7对～9对，排列匀称。四肢粗壮，前、后肢均较直，无卧系，管围粗，蹄壳为黑色。尾较长，尾端毛散开呈扫帚状。浦市黑猪图片参见附录A中图A.3、图A.4、图A.7、图A.8、图A.11和图A.12。

3.5 体重体尺

成年湘西黑猪的体重体尺指标见表1。

表1 成年湘西黑猪体重体尺指标

性别	体重/kg	体高/cm	体长/cm	胸围/cm
公	103～121	69～80	127～136	117～121
母	93～129	65～71	125～138	115～123

3.6 生产性能

3.6.1 繁殖性能

公猪3月龄～4月龄性成熟，在5月龄～6月龄、体重达50 kg～60 kg时可初次配种；利用年限2年～3年。母猪初情期为4月龄，初配年龄为5月龄～7月龄，利用年限4年～5年。窝产活仔数：初产母猪平均不少于8头，成年母猪平均不少于11头。

3.6.2 肥育性能

肥育猪适宜屠宰的体重为75 kg～85 kg，生长肥育期平均日增重370 g～500 g。

3.6.3 胴体性状

按NY/T 822和NY/T 825规定的方法测定，桃源黑猪类群和浦市黑猪类群的肥育猪80 kg左右屠宰时，屠宰率分别不低于72%和71%，胴体瘦肉率分别不低于43%和40%；肩部最厚处、胸腰椎结合处、腰荐结合处三点膘厚平均值分别为32 mm～39 mm和34 mm～40 mm；眼肌面积分别不低于21 cm^2 和19 cm^2；肋骨数均不低于14对。

3.6.4 肉质

按NY/T 821规定的方法测定，湘西黑猪肥育猪80 kg左右屠宰时肌肉 pH_{24} 为5.3～5.7；肉色评分3.3～4.1；大理石纹评分3.5～4.5；肌肉系水率不低于90%；肌肉滴水损失不高于3%；解冻失水率不高于8%；熟肉率不低于66%；肌内脂肪4.3%～5.9%。

4 种猪评分定级

4.1 评分

分别于2月龄、6月龄、24月龄三个阶段采用百分法进行评定。

4.1.1 2月龄评分

血缘清楚，公猪在一级、母猪在二级以上种猪的后代，具有典型的本品种特点，同胞无遗传缺陷，毛色全黑，有效乳头不少于7对，并按双亲平均分数、2月龄个体重进行评定，比分各占30分(父、母各15分)、70分。

4.1.2 6月龄评分

按6月龄个体重、双亲加权平均分数、2月龄分数评定，比分分别占60分、20分(公猪父、母分别占12分、8分；母猪父、母分别占8分、12分)、20分。

4.1.3 24月龄评分

种公猪按本身体重和后裔测定或同胞测定的平均日增重进行评定，比分各占40分、60分；种母猪按本身体重、第1胎～第3胎平均产活仔数、所产仔猪2月龄窝重进行评定，比分分别占25分、35分、40分。

4.1.4 评分标准

湘西黑猪评分标准见表2。

表2 湘西黑猪评分标准

月龄	性别	评定项目	满分		及格		每单位占分
			标准	评分	标准	评分	
2	公、母	双亲平均分数	≥90	30	70	18	0.6
		2月龄个体重/kg	20	70	13	42	4.0
6	公	体重/kg	66	60	42	36	1.0
		双亲加权平均分数	≥90	20	74	12	0.5
		2月龄分数	≥95	20	79	12	0.5
	母	体重/kg	68	60	44	36	1.0
		双亲加权平均分数	≥90	20	70	12	0.4
		2月龄分数	≥90	20	74	12	0.5

表 2（续）

月龄	性别	评定项目	满分		及格		每单位占分
			标准	评分	标准	评分	
24	公	体重/kg	132	40	100	24	0.5
		平均日增重/g	520	60	280	36	0.1
	母	体重/kg	136	25	86	15	0.3
		产活仔数	≥14	35	10	21	3.5
		2 月龄窝重/kg	190	40	110	24	0.2

4.2 定级

根据评分结果分阶段定级：特级：公猪≥95 分，母猪≥90 分；一级：公猪 94 分～85 分；母猪 89 分～80 分；二级：公猪 84 分～80 分，母猪 79 分～70 分；三级：公猪 79 分～75 分，母猪 69 分～60 分；三级以下为不合格。

附 录 A
（资料性附录）
湘西黑猪照片

A.1 侧面照

桃源黑猪公猪、母猪侧面照分别见图 A.1 和图 A.2；浦市黑猪公猪、母猪侧面照分别见图 A.3 和图 A.4。

图 A.1 桃源黑猪公猪

图 A.2 桃源黑猪母猪

图 A.3 浦市黑猪公猪

图 A.4 浦市黑猪母猪

A.2 头型照

桃源黑猪公猪、母猪头型照片分别见图 A.5 和图 A.6；浦市黑猪公猪、母猪头型照片分别见图 A.7 和图 A.8。

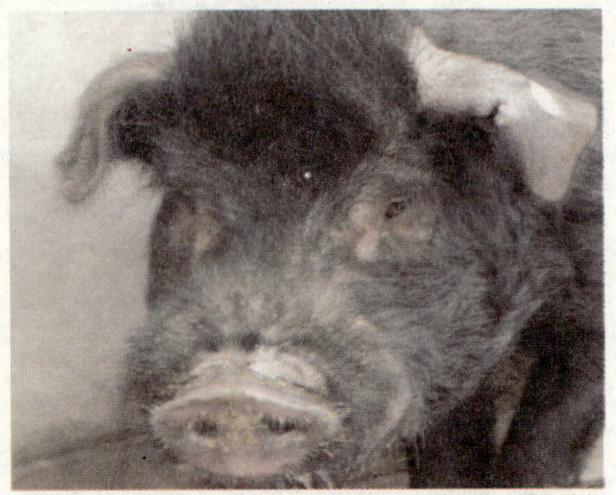

图 A.5 桃源黑猪公猪

图 A.6 桃源黑猪母猪

图 A.7 浦市黑猪公猪

图 A.8 浦市黑猪母猪

A.3 臀尾照

桃源黑猪公猪、母猪臀尾照片分别见图 A.9 和图 A.10；浦市黑猪公猪、母猪臀尾照片分别见图 A.11 和图 A.12。

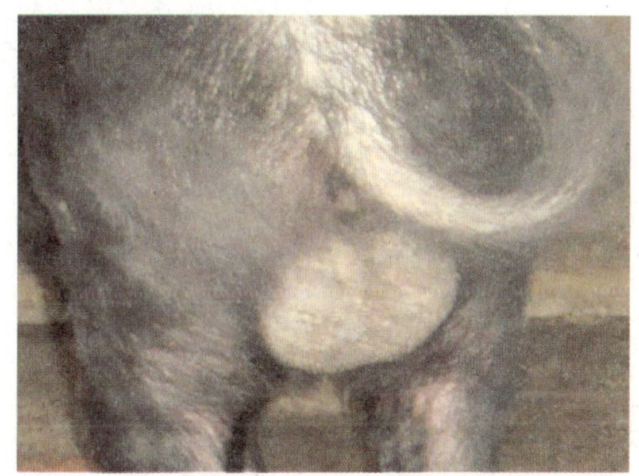
图 A.9 桃源黑猪公猪

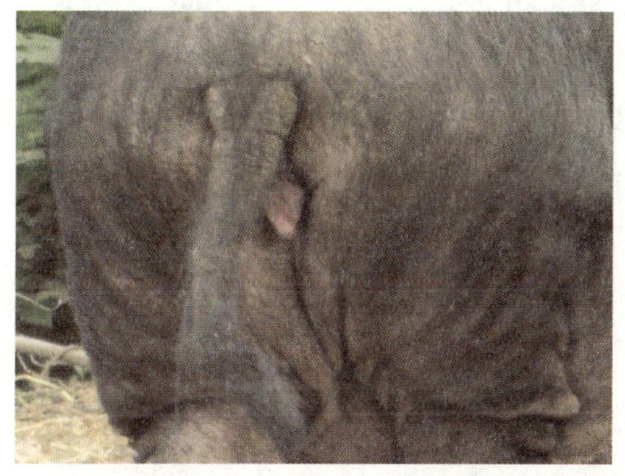
图 A.10 桃源黑猪母猪

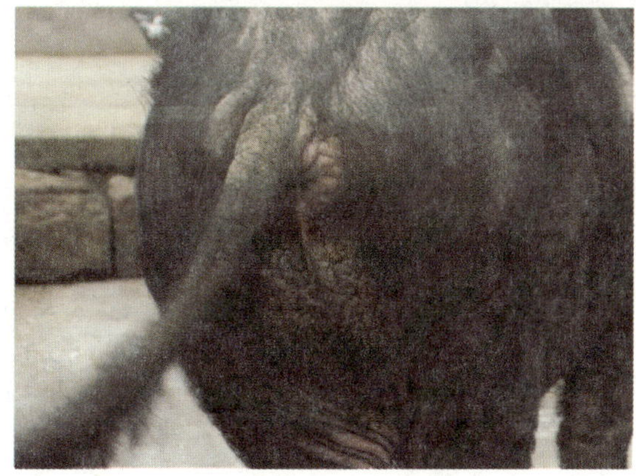
图 A.11 浦市黑猪公猪

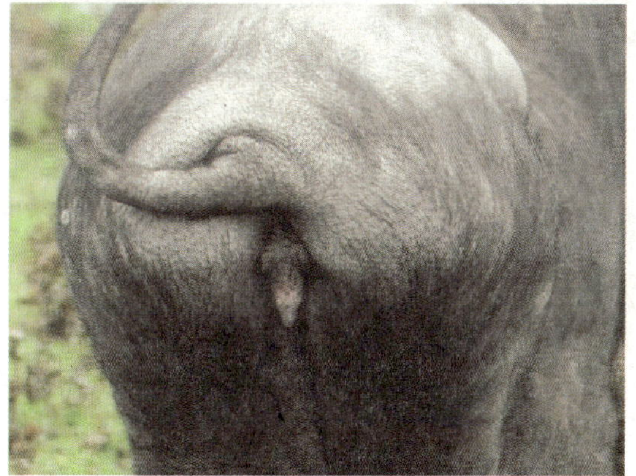
图 A.12 浦市黑猪母猪

ICS 65.020.30
B 43

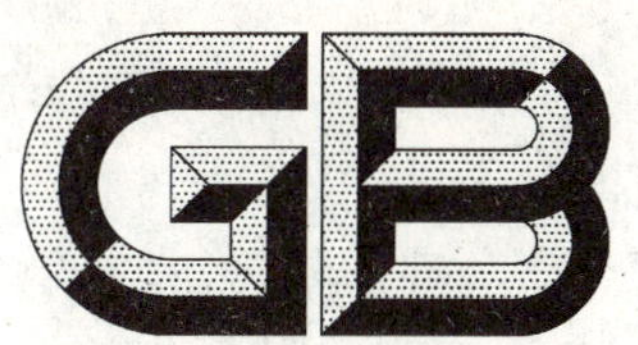

中华人民共和国国家标准

GB/T 24698—2009

攸县麻鸭

Youxian duck

2009-11-30 发布　　　　2010-01-01 实施

中华人民共和国国家质量监督检验检疫总局
中国国家标准化管理委员会　发布

前　言

本标准的附录 A 为资料性附录。

本标准由中华人民共和国农业部提出。

本标准由全国畜牧业标准化技术委员会(SAC/TC 274)归口。

本标准起草单位:中国科学院亚热带农业生态研究所、湖南省攸县畜牧水产局、湖南省畜牧水产局。

本标准主要起草人:李丽立、徐友文、陈志军、印遇龙、耿梅梅、彭慧珍、刘志刚、刘志强。

攸 县 麻 鸭

1 范围

本标准规定了攸县麻鸭的品种特性、体型外貌及成年鸭体重体尺、繁殖性能和测定方法。

本标准适用于攸县麻鸭品种。

2 规范性引用文件

下列文件中的条款通过本标准的引用而成为本标准的条款。凡是注日期的引用文件，其随后所有的修改单(不包括勘误的内容)或修订版均不适用于本标准，然而，鼓励根据本标准达成协议的各方研究是否可使用这些文件的最新版本。凡是不注日期的引用文件，其最新版本适用于本标准。

NY/T 823 家禽生产性能名词术语和度量统计方法

3 品种特性

攸县麻鸭属于蛋用型鸭，具有体型小、成熟早、产蛋多和适应性强等特点。

4 体型外貌

攸县麻鸭体型狭长，呈船型，羽毛紧密。

4.1 雏鸭绒毛为黄色，胫、蹼橙黄色。

4.2 成年公鸭喙呈青绿色，喙豆黑色，虹彩浅褐色，胫、蹼橙黄，爪尖黑色，头颈上部羽毛呈翠绿色，富光泽，颈中下部有一道白环，颈下部和前胸羽毛赤褐色，翼羽灰褐色，腹羽灰白色，尾羽和性羽黑绿色。公鸭外貌特征参见附录A。

4.3 成年母鸭全身羽毛黄褐色具椭圆形黑色斑块，胫、蹼橙黄色，爪尖黑色。母鸭外貌特征参见附录A。

5 体尺与体重

成年攸县麻鸭(300日龄)的体尺与体重见表1。

表1 攸县麻鸭体尺与体重(300日龄)

性 别	公 鸭	母 鸭
体重/g	1 147～1 223	1 183～1 272
体斜长/cm	17.7～18.9	17.6～18.7
胸宽/ cm	6.2～6.9	6.0～6.7
胸深/cm	6.2～6.8	5.6～6.2
龙骨长/cm	10.5～11.4	9.2～10.9
骨盆宽/cm	4.0～4.5	4.1～4.6
胫长/cm	6.1～6.6	6.0～6.4
胫围/cm	3.1～3.2	3.1～3.5
半潜水长/cm	45.3～48.6	43.2～45.7

6 繁殖性能

成年攸县麻鸭的繁殖性能见表 2。

表 2 攸县麻鸭繁殖性能

项　目	指　标
50%开产日龄/d	125～138
72 周龄产蛋量/枚	256～308
蛋重/(g/枚)	54～65
72 周龄总蛋重/kg	16.27～18.62
产蛋期料蛋比	2.93～3.37
蛋壳颜色	白壳,有少量的青壳蛋
蛋形指数	1.34～1.42
公母比例	1∶20～1∶25
受精率/%	≥85
受精蛋孵化率/%	≥85

7 测定方法

成年攸县麻鸭体重、体尺和繁殖性能的测定按 NY/T 823 规定执行。

附 录 A
（资料性附录）
攸县麻鸭照片

A.1 攸县麻鸭公鸭照片见图 A.1。

图 A.1 攸县麻鸭公鸭

A.2 攸县麻鸭母鸭照片见图 A.2。

图 A.2 攸县麻鸭母鸭

ICS 65.020.30
B 43

中华人民共和国国家标准

GB/T 24699—2009

四 川 白 鹅

Sichuan white goose

2009-11-30 发布　　2010-01-01 实施

中华人民共和国国家质量监督检验检疫总局
中国国家标准化管理委员会　发布

前言

本标准的附录A为资料性附录。

本标准由中华人民共和国农业部提出。

本标准由全国畜牧业标准化技术委员会(SAC/TC 274)归口。

本标准起草单位:四川省畜禽繁育改良总站、南溪县畜牧兽医局、南溪县四川白鹅育种场。

本标准主要起草人:马敏、李强、杨仕光、叶远清、赵开云。

四 川 白 鹅

1 范围

本标准规定了四川白鹅的特性特征、体重和体尺、繁殖性能、肉用性能及测定方法。

本标准适用于四川白鹅品种。

2 规范性引用文件

下列文件中的条款通过本标准的引用而成为本标准的条款。凡是注日期的引用文件，其随后所有的修改单(不包括勘误的内容)或修订版均不适用于本标准，然而，鼓励根据本标准达成协议的各方研究是否可使用这些文件的最新版本。凡是不注日期的引用文件，其最新版本适用于本标准。

NY/T 823 家禽生产性能名词术语和度量统计方法

3 品种特性

四川白鹅具有生长速度快、繁殖性能优良、就巢性弱、遗传性能稳定、配合力好等特点。在中型鹅种中以产蛋量高而著称。

4 外貌特征

四川白鹅体型中等，羽毛白色、紧密、富有光泽。喙、胫、蹼呈橙黄色，眼睑椭圆形，虹彩蓝灰色。公鹅头颈粗，体躯长，额部有一个半圆形橙黄色肉瘤，咽袋不明显，成年公鹅图片参见附录A中的图A.1；母鹅头清秀、颈细长，肉瘤不明显，少数有腹褶，成年母鹅图片参见附录A中的图A.2。雏鹅羽毛金黄色。

5 体重和体尺

四川白鹅成年体重和体尺见表1。

表 1 四川白鹅成年体重和体尺(300 日龄)

项 目	公鹅	母鹅
体重/g	4 000.0～4 800.0	3 700.0～4 300.0
体斜长/cm	26.7～35.0	25.2～31.6
半潜水长/cm	60.0～76.4	55.0～70.0
颈长/cm	24.6～32.0	23.0～29.5
龙骨长/cm	15.8～21.8	13.5～18.2
胸宽/cm	10.5～12.8	9.0～12.4
胸深/cm	8.8～11.0	7.8～10.8
髋骨宽/cm	7.0～10.0	6.9～9.5
胫长/cm	8.8～11.8	8.0～11.0
胫围/cm	5.5～6.5	4.8～6.1

6 繁殖性能

四川白鹅繁殖性能见表2。

表 2　四川白鹅繁殖性能

项　　目	范　　围
开产日龄/d	220～240
65 周龄产蛋量/个	60～80
平均蛋重/g	135～140
蛋壳颜色	白色
公母比例	1∶4～1∶5
受精率/%	≥85
受精蛋孵化率/%	≥87

7　肉用性能

7.1　生长速度

在放牧加补饲条件下，四川白鹅生长速度见表 3。

表 3　四川白鹅生长速度

项　　目	体　　重
初生/g	75.0～95.0
28 日龄/g	880.0～1 130.0
56 日龄/g	2 450.0～2 870.0
70 日龄/g	3 000.0～3 600.0

7.2　屠宰性能

四川白鹅 70 日龄屠宰性能见表 4。

表 4　四川白鹅 70 日龄屠宰性能

项　目	公鹅	母鹅
宰前活重/g	3 200.0～3 600.0	3 000.0～3 350.0
屠宰率/%	85.7～89.0	84.2～87.2
半净膛率/%	76.0～79.4	73.0～76.5
全净膛率/%	66.5～69.5	64.0～68.5
胸肌率/%	9.5～11.0	8.0～10.5
腿肌率/%	17.2～19.2	16.9～18.9
皮脂率/%	15.0～18.0	15.8～18.9

8　测定方法

四川白鹅体重和体尺、繁殖性能、肉用性能的测定按 NY/T 823 的规定执行。

附　录　A
(资料性附录)
四川白鹅照片

A.1　四川白鹅公鹅见图 A.1。

图 A.1　四川白鹅(公)

A.2　四川白鹅母鹅见图 A.2。

图 A.2　四川白鹅(母)

ICS 65.020.30
B 43

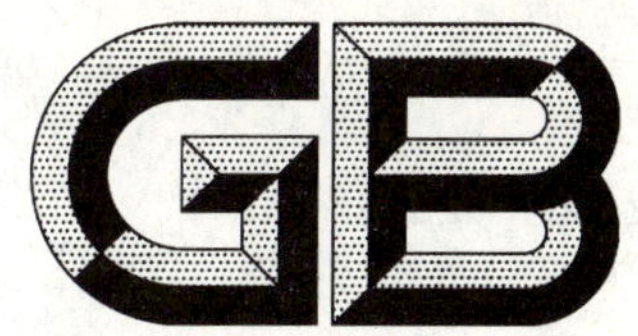

中华人民共和国国家标准

GB/T 24701—2009

百色马

Baise horse

2009-11-30 发布　　　　2010-01-01 实施

中华人民共和国国家质量监督检验检疫总局
中国国家标准化管理委员会　发布

前　言

本标准的附录 A、附录 B 为资料性附录。

本标准由中华人民共和国农业部提出。

本标准由全国畜牧业标准化技术委员会(SAC/TC 274)归口。

本标准起草单位:中国农业大学马研究中心、广西壮族自治区畜禽品种改良站、广西大学、中国马业协会。

本标准主要起草人:赵春江、许典新、杨膺白、吴常信、韩国才、张浩、鲍海港、连晓雷。

百 色 马

1 范围

本标准规定了百色马的主要品种特征和等级评定方法。

本标准适用于百色马的品种鉴定和等级评定。

2 术语和定义

下列术语和定义适用于本标准。

2.1

百色马 Baise horse

原产地为广西壮族自治区百色地区、适应于山区环境的驮挽兼用型地方马品种。

2.2

鬐甲 withers

以第二至十二胸椎的棘突为基础，与其两侧的肩胛软骨和肌肉、韧带构成的躯干上方的隆起部。以第三至第五棘突为最高部分。

2.3

背 back

以第十三至十八胸椎为基础，自鬐甲后至最后一根肋骨以及两侧肋骨上三分之一的体表部位。

2.4

腰 loin

以腰椎为基础，从最后一根肋骨到两腰角前缘连线之间的部位。

2.5

尻 croup

以髋骨和荐骨为基础，两腰角和两臀端四点之间的躯干后上部，前接腰后连尾的部位。

2.6

胸廓 thorax

以胸椎和肋骨及胸骨为基础，自肩端至最后一根肋骨，由背至胸下和两侧肋骨所包括的体躯部位。

2.7

曲飞节 bent hock

以跗骨为基础，胫与后管之间的关节称为飞节。角度小于155°时称为曲飞节。

2.8

鬣 mane

颈上缘所生的长毛。

2.9

鬃 forelock

两耳间所生的长毛。

2.10

颚凹 mandibular space

两下颌支之间的凹陷。

2.11

骝毛 bay

全身被毛为红色、黄色或黑褐色，长毛及四肢下端毛为黑色。

2.12

青毛 grey

全身被毛和长毛黑白毛混杂。幼年时黑毛较多，白毛很少，随着年龄增长白毛逐渐增多。

2.13

栗毛 chestnut

全身被毛为红色或黄色或褐色，长毛与被毛颜色相同或略浅。

2.14

体高 height of withers

鬐甲顶点到地面的垂直距离。

2.15

体长 body length

肩端至臀端的斜直线距离。

2.16

胸围 girth of heart

鬐甲后方，通过肩胛骨后缘，垂直于地面，绕体躯一周的周长。

2.17

管围 circumference of cannon bone

左前管上三分之一的下端，即管部最细处的水平周长。

2.18

失格 unsoundness

马先天性的体型结构或机能上的缺陷。

2.19

损征 defect

马后天获得的体型结构或机能上的缺陷。

3 原产地

广西百色地区，主要包括田林、隆林、那坡、西林、凌云、乐业、百色、靖西、田东、田阳、平果等共十一个县。

4 品种特性

4.1 外貌

4.1.1 体质和整体结构

体质干燥结实，结构紧凑，体型较小，体形多呈长方形。百色马(公、母)图片参见附录A。

4.1.2 头部

头直而稍重，颚凹宽广，耳小前竖。

4.1.3 颈部

颈长中等，倾斜或稍呈水平。

4.1.4 躯干

鬐甲适中，肩短而立，腰背平直，腹稍大，尻略斜。

4.1.5 四肢

关节、肌腱明显，蹄质坚硬。前肢肢势正常，后肢多曲飞节且角度偏小，部分呈外弧。

4.1.6 毛色

以骝毛为主，青、栗、黑毛次之。

4.2 成年体尺

成年公马的平均体高、体长、胸围、管围分别为：(114.0±9.3)cm，(114.2±10.8)cm，(127.8±11.6)cm，(15.1±1.6)cm；成年母马的平均体高、体长、胸围、管围分别为：(109.7±5.4)cm，(107.9±14.0)cm，(126.6±8.1)cm，(14.0±1.4)cm。

4.3 生产性能

4.3.1 役用性能

山区役用性能强。擅长驮运。驮重 50 kg～80 kg，在坡度较大的山路上，每小时走 3 km～4 km；平坦路面每小时走 4 km～5 km。最大挽力一般可达体重的 92%。

4.3.2 繁殖性能

一般 18 月龄时达到性成熟，初配年龄为母马 2.5 岁，公马 3 岁。一年一胎或三年两胎。

5 等级评定

达到初配年龄时进行等级评定。百色马等级评定方法见表 1。

表 1 百色马等级评定表

等级	体高[a]/cm		外貌评分[b]（满分 100 分）		性能[c]	
	公马	母马	公马	母马	公马	母马
1 级	123～135	115～135	85.0～100	80.0～100	超过群体平均乘驮能力	超过群体平均乘驮能力
2 级	114～135	110～135	80.0～84.9	75.0～79.9	超过群体平均乘驮能力	超过群体平均乘驮能力
3 级	106～135	106～135	75.0～79.9	70.0～74.9	达到群体平均乘驮能力	达到或接近群体平均乘驮能力

[a] 此等级评定方法不适用于以广西德保为中心产区的体高 106 cm 以下的矮马类群。

[b] 外貌评分方法参见附录 B。其中生殖系统有异常者或单项成绩有一项评分公马不到满分 70%者或母马不到满分 50%者不能留作种用。

[c] 百色马平均性能可参照 4.3.1 中的值。原则上 2 级以上者方可留作种用。定为 3 级的个体个别性状特别突出者也可留作种用。

附 录 A
(资料性附录)
百色马图片

百色马公马图片见图 A.1,母马图片见图 A.2。

a) 侧面图

b) 正面图

c) 后面图

图 A.1 百色马公马

a）侧面图

b）正面图

c）后面图

图 A.2　百色马母马

附 录 B
（资料性附录）
百色马外貌评分

百色马外貌评分见表 B.1。

表 B.1 百色马外貌鉴定评分表

项目		满分标准	公马		母马	
			满分	评分	满分	评分
外貌特征		体型较小，结构匀称，无失格或影响生产性能和种用价值的损征	25		25	
体质气质		体质干燥结实，灵敏，温驯，易调教。公马有悍威	20		20	
头颈	头	头大小适中，颚凹宽广适度，耳小前竖，眼大有神、明亮温和	3		3	
	颈	颈长适中，与头、肩结合良好	2		2	
前躯	肩	与躯干结合紧凑，肩不过短	3		2	
	鬐甲	与颈、背部结合良好，高低适中	2		2	
	胸	胸深而不过窄，肌肉丰满	8		6	
中躯	背腰	平直，与鬐甲、后躯结合良好	7		7	
	肋骨	肋骨拱圆，开张良好	4		4	
	腹部	公马腹为圆筒状，母马腹大而不垂	5		7	
后躯	尻部	长度适中，不过斜，肌肉丰满	4		4	
	股臀	肌肉丰满	2		2	
	生殖器官与乳房	生殖器官无异常。公马睾丸明显，左右对称；阴茎勃起正常。母马乳房发育良好，乳头大小适中，乳头开张良好	4		6	
四肢	肢	肢势端正。后肢允许略有曲飞、外弧。关节轮廓明显，支持良好，角度适宜。四肢肌腱明显	5		5	
	蹄	蹄形良好，蹄质坚实，无裂纹	3		3	
	步样	运步准确、轻快	3		2	
合计			100		100	

ICS 65.020.30
B 43

中华人民共和国国家标准

GB/T 24702—2009

藏鸡

Tibetan chicken

2009-11-30 发布　　　　2010-01-01 实施

中华人民共和国国家质量监督检验检疫总局
中国国家标准化管理委员会　发布

前　言

本标准中的附录 A 为资料性附录。

本标准由中华人民共和国农业部提出。

本标准由全国畜牧业标准化技术委员会(SAC/TC 274)归口。

本标准起草单位:江苏省家禽科学研究所、农业部家禽品质监督检验测试中心(扬州)、西藏自治区畜牧总站、拉萨市农牧局。

本标准主要起草人:张学余、韩威、李慧芳、高玉时、李信群、陈宽维、路永强、石达、刘跃武、德吉拉姆、边巴卓玛、辛盛鹏。

藏　　鸡

1　范围

本标准规定了藏鸡的品种特性、体型外貌、成年体重体尺、生产性能指标及测定方法。

本标准适用于藏鸡品种。

2　规范性引用文件

下列文件中的条款通过本标准的引用而成为本标准的条款。凡是注日期的引用文件，其随后所有的修改单(不包括勘误的内容)或修订版均不适用于本标准，然而，鼓励根据本标准达成协议的各方研究是否可使用这些文件的最新版本。凡是不注日期的引用文件，其最新版本适用于本标准。

NY/T 823　家禽生产性能名词术语和度量统计方法

3　品种特性

藏鸡适应性强，耐粗饲，性情活泼，易惊群，好斗，有飞翔能力。

4　体型外貌

藏鸡体型小而紧凑，体躯长而低矮，昂头翘尾，呈船形。头部清秀，肉垂红色，喙以黑色为主，间有肉色或黄色；虹彩呈橘红色或黄栗色。耳叶多呈白色，少数红白相间，个别红色；红色单冠，冠齿为4个～6个，少数为豆冠伴有冠羽；公鸡冠大而直立；母鸡冠小，稍有扭曲。胸部发达，向前突出。胫短，趾短，胫以黑色为主，少数为黄色或玉白色。皮肤以粉红色为主，少数为白色。

公鸡羽毛颜色鲜艳，主翼羽、副翼羽、主尾羽和大镰羽呈黑色，有光泽，梳羽、蓑羽呈红色或金黄色镶黑边，躯干羽毛黑色多者俗称"黑红公鸡"，红色居多者俗称"大红公鸡"，少数公鸡为白色羽或其他杂色羽。母鸡羽色多为黄麻、黑麻、褐麻，少数为白色或纯黑色。翼羽和尾羽发达，母鸡大镰羽30 cm～50 cm，公鸡大镰羽40 cm～60 cm。雏鸡多为黄色绒毛，少数为白色、黑色或黄黑相间绒毛。成年藏鸡图参见附录A。

5　成年体重和体尺

成年藏鸡体重和体尺见表1。

表1　成年藏鸡(300日龄)体重和体尺

项　　目	公　　鸡	母　　鸡
体重/g	1 200～1 450	880～1 100
体斜长/cm	18.2～20.0	16.8～18.3
胸宽/cm	6.1～7.8	5.3～6.9
龙骨长/cm	9.6～11.0	8.2～9.5
髋骨宽/cm	7.0～8.2	6.8～8.0
胫长/cm	8.0～9.0	7.0～8.0
胫围/cm	4.0～5.5	3.0～4.5

6 生产性能

6.1 繁殖性能

藏鸡繁殖性能见表2。

表2 藏鸡繁殖性能

项目	范围
开产日龄/d	170～230
72周龄产蛋数/个	60～100
平均蛋重/g	39～44
蛋壳颜色	浅褐色
蛋形指数	1.31～1.40
受精率/%	82～91
受精蛋孵化率/%	50～82

6.2 肉用性能

藏鸡初生重28 g～31 g，13周龄肉用性能见表3。

表3 13周龄藏鸡肉用性能

项目	公鸡	母鸡
体重/g	500～600	450～550
屠宰率/%	88～90	87～90
半净膛率/%	79～84	78～83
全净膛率/%	69～77	68～76
腿肌率/%	22～25	20～24
胸肌率/%	16～19	16～18
饲料转化比	3.85∶1～4.15∶1	3.94∶1～4.24∶1

7 测定方法

体重和体尺、生产性能的测定按照NY/T 823规定执行。

附 录 A
（资料性附录）
藏 鸡 图

A.1 成年藏鸡公鸡见图 A.1。

图 A.1 成年藏鸡（公鸡）图

A.2 成年藏鸡母鸡见图 A.2。

图 A.2 成年藏鸡（母鸡）图

A.3 成年藏鸡群体见图 A.3。

图 A.3 成年藏鸡(群体)图

ICS 65.020.30
B 43

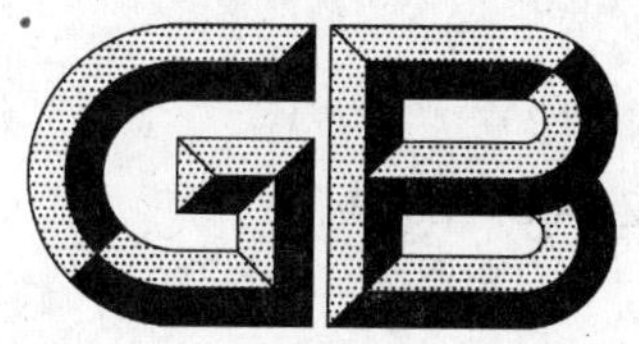

中华人民共和国国家标准

GB/T 24703—2009

岔口驿马

Chakouyi horse

2009-11-30 发布

2010-01-01 实施

中华人民共和国国家质量监督检验检疫总局
中国国家标准化管理委员会
发布

前　言

本标准的附录A、附录B为资料性附录。

本标准由中华人民共和国农业部提出。

本标准由全国畜牧业标准化技术委员会(SAC/TC 274)归口。

本标准起草单位:中国农业大学、甘肃畜禽品种改良站、甘肃省天祝县畜牧兽医站、中国马业协会。

本标准主要起草人:赵春江、李积友、王晓平、吴常信、韩国才、高芳山、张永堂、张浩、鲍海港。

岔口驿马

1 范围

本标准规定了岔口驿马的主要品种特征和等级评定方法。

本标准适用于岔口驿马的品种鉴定和等级评定。

2 术语和定义

下列术语和定义适用于本标准。

2.1

岔口驿马 Chakouyi horse

原产地为甘肃省河西地区农牧交错地带、适应山区高寒气候、善走对侧步的乘挽兼用型地方马品种。

2.2

鬐甲 withers

以第二至十二胸椎的棘突为基础，与其两侧的肩胛软骨和肌肉、韧带构成的躯干上方的隆起部。以第三至第五棘突为最高部分。

2.3

背 back

以第十三至十八胸椎为基础，自鬐甲后至最后一根肋骨以及两侧肋骨上三分之一的体表部位。

2.4

腰 loin

以腰椎为基础，从最后一根肋骨到两腰角前缘连线之间的部位。

2.5

尻 croup

以髋骨和荐骨为基础，两腰角和两臀端四点之间的躯干后上部，前接腰后连尾的部位。

2.6

骝毛 bay

全身被毛为红色、黄色或黑褐色，长毛及四肢下端毛为黑色。

2.7

青毛 grey

全身被毛和长毛黑白毛混杂。幼年时黑毛较多，白毛很少，随着年龄增长白毛逐渐增多。

2.8

栗毛 chestnut

全身被毛为红色或黄色或褐色，长毛与被毛颜色相同或略浅。

2.9

距毛 fetlock

球节后面所生的长毛。

2.10

体高 height of withers

鬐甲顶点到地面的垂直距离。

2.11

体长 body length

肩端至臀端的斜直线距离。

2.12

胸围 girth of heart

鬐甲后方，通过肩胛骨后缘，垂直于地面，绕体躯一周的周长。

2.13

管围 circumference of cannon bone

左前管上三分之一的下端，即管部最细处的水平周长。

2.14

失格 unsoundness

马先天性的体型结构或机能上的缺陷。

2.15

损征 defect

马后天获得的体型结构或机能上的缺陷。

3 原产地

甘肃省天祝藏族自治县以及永登县、古浪县、景泰县的部分农牧交错地区。

4 品种特性

4.1 外貌特征

4.1.1 体质和整体结构

体质结实，结构匀称，体形多呈正方形。岔口驿马(公、母)图片参见附录A。

4.1.2 头部

头形正直，干燥，长度中等，眼大有神，鼻孔大，耳小直立。

4.1.3 颈部

颈长中等，多呈30°倾斜。

4.1.4 躯干

鬐甲较低长，胸宽深，背长中等，腰短宽，腹部充实，尻广稍斜，肌肉发达。

4.1.5 四肢

四肢关节、肌腱发达，距毛少，蹄质坚硬。前肢肢势端正，后肢稍外向。

4.1.6 毛色

以骝毛为主，青、黑、栗毛次之。

4.2 成年体尺

成年公马的平均体高、体长、胸围、管围分别为：(134.2±5.0)cm，(137.1±6.1)cm，(159.0±6.3)cm，(18.6±0.7)cm；成年母马的平均体高、体长、胸围、管围分别为：(132.4±4.0)cm，(138.0±6.3)cm，(163.3±8.5)cm，(17.6±0.8)cm。

4.3 生产性能

4.3.1 役用性能

善走对侧步，步伐快而平稳。1 000 m对侧步成绩一般可达到2 min 11 s。3 000 m跑步成绩一般可达到5 min。

4.3.2 繁殖性能

一般18月龄时达到性成熟，初配年龄为母马3岁，公马4岁。一年一胎，个别情况两年一胎。

5 等级评定

达到初配年龄时进行等级评定。岔口驿马等级评定方法见表1。

表1 岔口驿马等级评定表

等级	体高/cm		外貌评分[a]（满分100分）		性能[b]	
	公马	母马	公马	母马	公马	母马
1级	≥139	≥136	85.0～100	80.0～84.9	跑步及对侧步速度超过群体平均水平	跑步及对侧步速度超过群体平均水平
2级	≥134	≥132	80.0～84.9	75.0～79.9	跑步及对侧步速度超过群体平均水平	跑步及对侧步速度超过群体平均水平
3级	≥129	≥128	75.0～79.9	70.0～74.9	跑步及对侧步速度达到群体平均水平	跑步及对侧步速度达到或接近群体平均水平

[a] 外貌评分方法参见附录B。其中生殖系统有异常者或单项成绩有一项评分公马不到满分70%者或母马不到满分50%者不能留作种用。

[b] 岔口驿马平均性能可参照4.3.1中的值。原则上2级以上者方可留作种用。定为3级的个体个别性状特别突出者也可留作种用。

附 录 A
（资料性附录）
岔口驿马图片

岔口驿马公马图片见图 A.1,母马图片见图 A.2。

a）侧面图

b）正面图

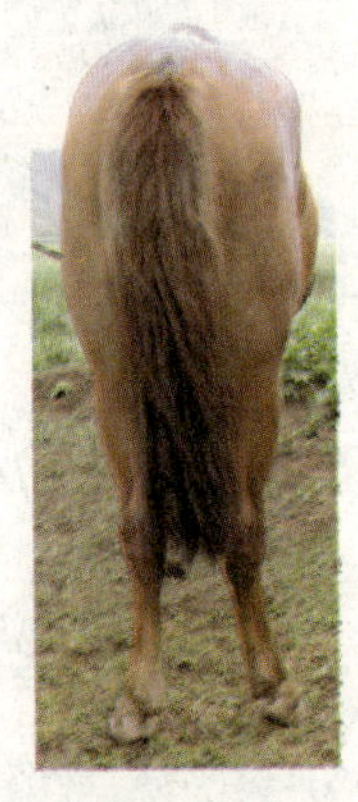

c）后面图

图 A.1 岔口驿马公马

a）侧面图

b）正面图

c）后面图

图 A.2　岔口驿马母马

附 录 B
（资料性附录）
岔口驿马外貌评分

岔口驿马外貌评分见表B.1。

表B.1 岔口驿马外貌鉴定评分表

项目		满分标准	公马		母马	
			满分	评分	满分	评分
外貌特征		体型中等，结构匀称，呈正方形。无失格或影响生产性能和种用价值的损征	25		25	
体质气质		体质干燥结实，灵敏，温驯，易调教。公马有悍威	20		20	
头颈	头	头形正直，额宽，耳尖而直，鼻孔大、干燥，颚凹宽广适度，眼大有神、明亮温和	3		3	
	颈	颈长适中，与头、肩结合良好，肌肉丰满	2		2	
前躯	肩	与躯干结合紧凑，肌肉结实有力	3		2	
	鬐甲	与颈、背部结合良好，高低适中	2		2	
	胸	胸宽、深适度	7		5	
中躯	背腰	短而紧凑，与鬐甲、后躯结合良好	7		7	
	肋骨	肋骨拱圆，开张良好	4		4	
	腹部	公马腹为圆筒状，母马腹大而不垂	5		6	
后躯	尻部	长度适中，正而宽，肌肉发达	3		3	
	股臀	肌肉丰满	2		2	
	生殖器官与乳房	生殖器官无异常。公马睾丸明显，左右对称；阴茎勃起正常。母马乳房发育良好，乳头大小适中，乳头开张良好	4		6	
四肢	肢	肢势端正，后肢肌肉丰满。允许后肢稍呈外向。关节轮廓明显，支持良好，角度适宜。四肢肌腱明显	5		5	
	蹄	蹄形良好，蹄质坚实，无裂纹	3		3	
	步样	善走对侧步，运步准确、轻快	5		5	
合计			100		100	

ICS 65.020.30
B 43

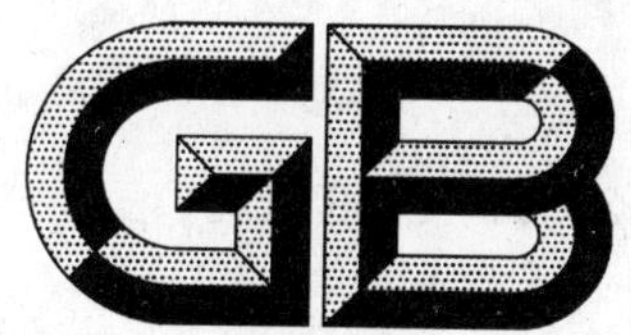

中华人民共和国国家标准

GB/T 24704—2009

金　定　鸭

Jinding duck

2009-11-30 发布　　2010-01-01 实施

中华人民共和国国家质量监督检验检疫总局
中国国家标准化管理委员会　发布

前　言

本标准的附录A为资料性附录。

本标准由中华人民共和国农业部提出。

本标准由全国畜牧业标准化技术委员会(SAC/TC 274)归口。

本标准起草单位:农业部家禽品质监督检验测试中心(扬州)、江苏省家禽科学研究所、福建省石狮市水禽保种中心。

本标准主要起草人:李慧芳、陈宽维、朱文奇、宋卫涛、徐文娟、江宵兵、黄种彬。

金　定　鸭

1　范围

本标准规定了金定鸭的品种特性、体型外貌、体重体尺、繁殖性能、屠宰性能及测定方法。

本标准适用于金定鸭品种。

2　规范性引用文件

下列文件中的条款通过本标准的引用而成为本标准的条款。凡是注日期的引用文件，其随后所有的修改单(不包括勘误的内容)或修订版均不适用于本标准，然而，鼓励根据本标准达成协议的各方研究是否可使用这些文件的最新版本。凡是不注日期的引用文件，其最新版本适用于本标准。

NY/T 823　家禽生产性能名词术语和度量统计方法

3　品种特性

金定鸭属蛋用型，产蛋多、蛋大、蛋壳青色，具有觅食力强、耐热抗寒等特点，尾脂腺较发达，羽毛防湿性强。

4　体型外貌

4.1　成年公鸭

头大颈粗，头颈为深孔雀绿色，具有金属光泽；虹膜褐色；喙黄绿色；前胸、肩羽为红棕色；翼羽深褐色，有镜羽；背羽为黑褐色；腹羽呈灰白色，并散布有细小灰黑色的斑点(细芦花斑纹)；尾羽黑褐色，有3根～4根黑色性卷羽；胸宽，背阔，腹平，腿粗大有力；胫、蹼呈橘红色；喙豆、爪呈黑色。成年公鸭图片参见附录A中的图A.1。

4.2　成年母鸭

羽毛为赤麻色，背部羽毛色泽深，腹部色泽浅，主翼羽呈麻色，有镜羽，尾羽褐色斑纹较大；头清秀；喙长，古铜色，锯齿锐利；眼大有神；虹膜褐色；胸宽小而深；背平直；腰部宽；胸骨短；腹部深厚钝圆，身躯丰满，下垂稍过蹠部；腿间宽度大，站立时躯体前昂，与地面成45°角以上；胫、蹼呈橘黄色；喙豆、爪呈黑色。成年母鸭图片参见附录A中的图A.2。

4.3　雏鸭

绒毛黑橄榄色，有光泽；喙、胫、蹼、爪呈灰黑色。

5　体重和体尺

金定鸭初生重45 g～50 g，成年体重和体尺见表1。

表1　成年金定鸭体重和体尺(300日龄)

项　　目	公　　鸭	母　　鸭
体重/g	1 650～1 850	1 750～1 960
体斜长/cm	20.5～22.5	20.1～22.3
胸宽/cm	8.0～9.0	7.5～8.5
胸深/cm	7.0～8.0	6.0～7.0

表 1（续）

项　目	公　鸭	母　鸭
龙骨长/cm	11.5～13.5	10.5～12.0
胫长/cm	5.5～6.5	5.0～6.0
髋骨宽/cm	6.0～7.0	6.0～7.0
半潜水长/cm	47.5～53.0	45.5～50.5

6　繁殖性能

金定鸭繁殖性能见表 2。

表 2　金定鸭繁殖性能

项　目	范　围
开产日龄/d	140～155
500 日龄产蛋数/个	260～280
平均蛋重/g	72～80
蛋形指数	1.43～1.46
蛋壳颜色	青色
受精率/%	≥88
受精蛋孵化率/%	≥85

7　屠宰性能

500 日龄淘汰时，金定鸭公母平均屠宰率：84%～90%，公母平均半净膛率：77%～83%，公母平均全净膛率：69%～75%。

8　测定方法

体重和体尺，繁殖性能，屠宰性能的测定按 NY/T 823 的规定执行。

附 录 A
（资料性附录）
金定鸭图片

A.1 金定鸭公鸭图片见图 A.1。

图 A.1 金定鸭公鸭

A.2 金定鸭母鸭图片见图 A.2。

图 A.2 金定鸭母鸭

ICS 65.020.30
B 43

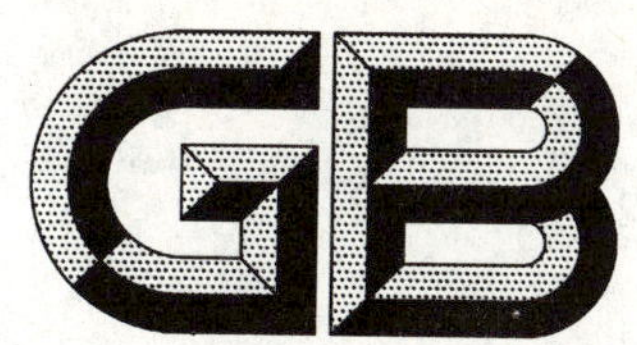

中华人民共和国国家标准

GB/T 24705—2009

狼山鸡

Langshan chicken

2009-11-30 发布　　　　2010-01-01 实施

中华人民共和国国家质量监督检验检疫总局
中国国家标准化管理委员会　发布

前　言

本标准的附录A为资料性附录。

本标准由中华人民共和国农业部提出。

本标准由全国畜牧业标准化技术委员会(SAC/TC 274)归口。

本标准起草单位:江苏省家禽科学研究所、农业部家禽品质监督检验测试中心(扬州)、江苏省南通市畜牧兽医站。

本标准主要起草人:陈宽维、张学余、罗融、李慧芳、宋卫涛、朱文奇、徐文娟。

狼　山　鸡

1　范围

本标准规定了狼山鸡的品种特性、体型外貌、体重体尺、生产性能及测定方法。

本标准适用于狼山鸡品种。

2　规范性引用文件

下列文件中的条款通过本标准的引用而成为本标准的条款。凡是注日期的引用文件，其随后所有的修改单(不包括勘误的内容)或修订版均不适用于本标准，然而，鼓励根据本标准达成协议的各方研究是否可使用这些文件的最新版本。凡是不注日期的引用文件，其最新版本适用于本标准。

NY/T 823　家禽生产性能名词术语和度量统计方法

3　品种特性

狼山鸡属蛋肉兼用型，具有典型的U字体型特征，趾腹部有白色斑点。狼山鸡适应性强，蛋品质佳，屠体洁白，肉汁鲜美，有就巢性。

4　体型外貌

成年狼山鸡体格健壮，结构匀称，头昂尾翘。公鸡红色单冠，冠齿5个～6个，髯及耳叶颜色均呈红色，虹彩以黄色为主，间有黄褐色。母鸡头部短圆，俗称为“蛇头大眼”，单冠，耳叶及肉垂均呈鲜红色。

狼山鸡以黑羽为主，也有少量白羽个体。黑羽狼山鸡全身羽毛黑色，并有墨绿色光泽；胫、趾部均呈黑色，皮肤为白色。初生雏鸡绒毛黑色，头部间有白色绒毛，腹、翼尖部及下腭等处绒毛为淡黄色，成年黑羽狼山鸡图片参见附录A中的图A.1和图A.2。白羽狼山鸡羽毛洁白，皮肤为白色，喙呈黑褐色，胫呈黑色，雏鸡绒毛为灰白色，成年白羽狼山鸡图片参见附录A中的图A.3和图A.4。

5　体重和体尺

成年狼山鸡体重和体尺见表1。

表1　成年狼山鸡体重和体尺(300日龄)

项　目	公鸡	母鸡
体重/g	2 560～2 780	1 950～2 110
体斜长/cm	22.5～24.8	19.1～20.8
胸宽/cm	8.3～9.0	6.8～7.5
胸深/cm	9.6～10.4	8.1～8.8
龙骨长/cm	14.2～16.7	11.3～13.5
髋骨宽/cm	9.4～10.2	8.0～8.7
胫长/cm	9.7～10.6	8.0～8.7
胫围/cm	4.8～5.3	3.9～4.2

6 生产性能

6.1 繁殖性能

狼山鸡繁殖性能见表2。

表2 狼山鸡繁殖性能

项　目	范　围
开产日龄/d	150～170
500日龄产蛋数/个	176～194
平均蛋重/g	48～52
蛋形指数	1.30～1.32
蛋壳颜色	浅褐色
受精率/%	≥90
受精蛋孵化率/%	≥88

6.2 肉用性能

狼山鸡初生重32 g～38 g,13周龄肉用性能见表3。

表3 狼山鸡肉用性能

项　目	公鸡	母鸡
体重/g	1 380～1 490	1 090～1 170
屠宰率/%	86～91	87～92
半净膛率/%	79～86	77～81
全净膛率/%	69～74	68～73
胸肌率/%	18～20	19～21
腿肌率/%	16～18	16～17
饲料转化比	3.2∶1～3.6∶1	3.3∶1～3.8∶1

7 测定方法

体重和体尺,繁殖性能和肉用性能的测定按照NY/T 823规定执行。

附　录　A
（资料性附录）
狼山鸡图片

A.1　黑羽狼山鸡公鸡图片见图 A.1。

图 A.1　黑羽狼山鸡公鸡

A.2　黑羽狼山鸡母鸡图片见图 A.2。

图 A.2　黑羽狼山鸡母鸡

A.3 白羽狼山鸡公鸡图片见图 A.3。

图 A.3 白羽狼山鸡公鸡

A.4 白羽狼山鸡母鸡图片见图 A.4。

图 A.4 白羽狼山鸡母鸡

ICS 65.020.30
B 43

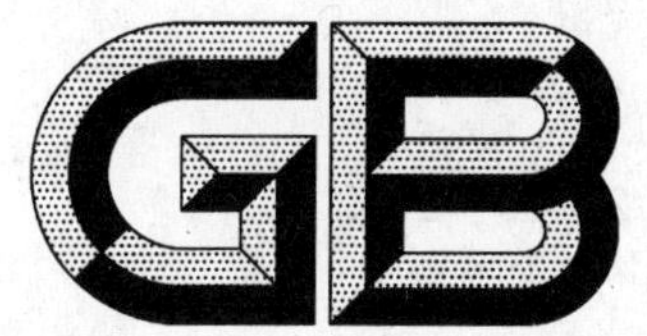

中华人民共和国国家标准

GB/T 24706—2009

连 城 白 鸭

Liancheng white duck

2009-11-30 发布　　2010-01-01 实施

中华人民共和国国家质量监督检验检疫总局
中国国家标准化管理委员会 发布

前　言

本标准的附录 A 为资料性附录。

本标准由中华人民共和国农业部提出。

本标准由全国畜牧业标准化技术委员会(SAC/TC 274)归口。

本标准起草单位:农业部家禽品质监督检验测试中心(扬州)、江苏省家禽科学研究所、福建省石狮市水禽保种中心、福建省连城白鸭原种场。

本标准主要起草人:李慧芳、陈宽维、黄种彬、朱文奇、宋卫涛、徐文娟、江宵兵、黄荣生、罗火生。

连 城 白 鸭

1 范围

本标准规定了连城白鸭的品种特性、体型外貌、体重体尺、繁殖性能、屠宰性能及测定方法。

本标准适用于连城白鸭品种。

2 规范性引用文件

下列文件中的条款通过本标准的引用而成为本标准的条款。凡是注日期的引用文件，其随后所有的修改单(不包括勘误的内容)或修订版均不适用于本标准，然而，鼓励根据本标准达成协议的各方研究是否可使用这些文件的最新版本。凡是不注日期的引用文件，其最新版本适用于本标准。

NY/T 823 家禽生产性能名词术语和度量统计方法

3 品种特性

连城白鸭属中国麻鸭中的白羽变种，蛋用型。觅食力强，行动灵活。鸭肉口味独特，肉汁鲜美，且具有保健功效。

4 体型外貌

4.1 成年鸭

连城白鸭全身白羽；头小；喙宽，前端稍扁平，锯齿锋利；眼圆大，外突，明亮；颈细长；躯干呈狭长形；胸浅窄；腰直；腹钝圆不下垂。皮肤为灰白色。

成年公鸭：背阔，尾端有2根～4根卷曲性羽，喙呈青绿色，胫、蹼、爪呈灰黑色或黑红色。成年公鸭图片参见附录A中的图A.1。

成年母鸭：头清目秀，喙黑色，身体窄长，跛步时挺胸前进不摇摆，胫、蹼、爪呈黑红色。成年母鸭图片参见附录A中的图A.2。

4.2 雏鸭

绒毛淡黄色，有光泽；喙、胫、蹼、爪呈灰黑色。

5 体重和体尺

连城白鸭初生重40 g～45 g，成年体重和体尺见表1。

表1 成年连城白鸭体重和体尺(300日龄)

项　　目	公鸭	母鸭
体重/g	1 230～1 360	1 390～1 550
体斜长/cm	18.0～19.9	18.5～20.4
胸宽/cm	7.6～8.4	7.0～7.7
胸深/cm	6.6～7.4	6.2～6.9
龙骨长/cm	9.8～10.8	9.3～10.3
胫长/cm	5.2～5.8	5.0～5.6
髋骨宽/cm	4.9～5.4	5.7～6.4
半潜水长/cm	44.5～49.2	41.0～45.3

6 繁殖性能

连城白鸭繁殖性能见表2。

表2 连城白鸭繁殖性能

项　目	范　围
开产日龄/d	118～125
500日龄产蛋数/个	260～280
平均蛋重/g	58～61
蛋形指数	1.41～1.45
蛋壳颜色	白色、青色
受精率/%	≥85
受精蛋孵化率/%	≥85

7 屠宰性能

500日龄淘汰时，连城白鸭公母平均屠宰率:83%～89%，公母平均半净膛率:76%～82%，公母平均全净膛率:67%～73%。

8 测定方法

体重和体尺，繁殖性能，屠宰性能的测定按NY/T 823规定执行。

附　录　A
（资料性附录）
连城白鸭图片

A.1　连城白鸭公鸭图片见图A.1。

图A.1　连城白鸭公鸭

A.2　连城白鸭母鸭图片见图A.2。

图A.2　连城白鸭母鸭

ICS 65.020.30
B 43

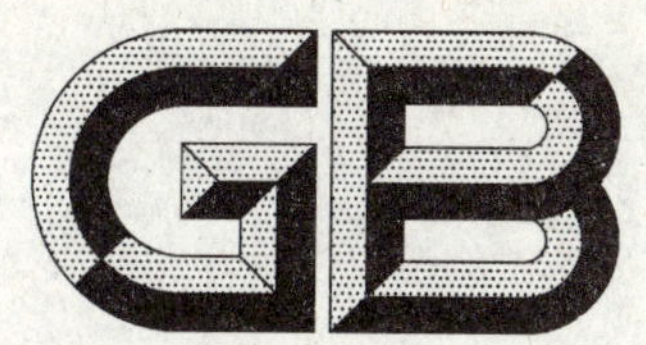

中华人民共和国国家标准

GB/T 24707—2009

邵伯鸡（配套系）

Shaobo chicken（commercial line）

2009-11-30 发布　　2010-01-01 实施

中华人民共和国国家质量监督检验检疫总局
中国国家标准化管理委员会　发布

前言

本标准的附录 A、附录 B 为资料性附录。

本标准由中华人民共和国农业部提出。

本标准由全国畜牧业标准化技术委员会(SAC/TC 274)归口。

本标准起草单位:江苏省家禽科学研究所、农业部家禽品质监督检验测试中心(扬州)。

本标准主要起草人:黎寿丰、陈宽维、丁余荣、张学余、周新民、李国辉。

邵伯鸡(配套系)

1 范围

本标准规定了邵伯鸡配套系组成、外貌特征、体重、体尺、生产性能与测定方法。

本标准适用于邵伯鸡(配套系)。

2 规范性引用文件

下列文件中的条款通过本标准的引用而成为本标准的条款。凡是注日期的引用文件,其随后所有的修改单(不包括勘误的内容)或修订版均不适用于本标准,然而,鼓励根据本标准达成协议的各方研究是否可使用这些文件的最新版本。凡是不注日期的引用文件,其最新版本适用于本标准。

NY/T 823 家禽生产性能名词术语和度量统计方法

3 配套系组成

邵伯鸡(配套系)为青腿麻羽优质型肉鸡,由父系(Y 系)和母系(S_2 系)二元配套组成。父系为普通型,母系为矮小型(dw 基因)。

4 外貌特征

4.1 种鸡

4.1.1 父系

4.1.1.1 成年公鸡

体型中等,胸部较深。颈羽呈金黄色或褐黄色,富有光泽;背羽、镰羽呈褐红色或黄红色;尾羽和主翼羽末梢部呈黑色,少数颈、胸部羽毛间杂有黑色羽点。冠、髯较大;单冠直立,冠齿 5 个~7 个。冠、肉髯、耳叶、脸呈红色,喙、胫呈青靛色;少数有胫羽,四趾;皮肤黄或白色。成年公鸡外貌特征参见附录 A 中的图 A.1。

4.1.1.2 成年母鸡

全身羽毛紧贴,体型匀称紧凑,呈元宝形。羽毛呈黄麻或黑麻色,尾羽黑色;单冠直立,冠齿 5 个~7 个;喙、胫呈青靛色,冠、肉髯、耳叶、脸呈红色,皮肤呈黄或白色。成年母鸡外貌特征参见附录 A 中的图 A.2。

4.1.1.3 雏鸡

公、母雏鸡绒毛大多呈红棕色,且背部有 2 条~3 条浅黄色的绒毛带,形似蛙背;部分绒毛呈深褐色;快羽;胫呈青靛色,少数呈灰黄色。

4.1.2 母系

4.1.2.1 成年公鸡

体型矮小。羽毛呈红褐色或黄红色,翅尖、尾羽末梢呈黑色;冠、髯较大;单冠直立,冠齿 5 个~6 个;冠、肉髯、耳叶、脸呈红色;喙略短、弯曲,呈青黑色;胫呈青靛色,少数有胫羽,四趾;皮肤黄或白色。成年公鸡外貌特征参见附录 A 中的图 A.3。

4.1.2.2 成年母鸡

体型矮小。全身羽毛紧贴,呈黄麻色,部分呈黑麻或黄褐色,尾羽末梢呈黑色;单冠直立,少数个体倒冠,冠齿 5 个~6 个;喙短,略弯曲,呈青黄色;冠、肉髯、耳叶、脸呈红色;胫短、较细、呈青靛色,无胫羽,四趾;皮肤黄或白色。成年母鸡外貌特征参见附录 A 中的图 A.4。

4.1.2.3 雏鸡

公、母雏鸡绒毛呈棕褐色或黄褐色，部分呈米黄或浅黄色，大多背部有2条～3条浅或深色绒毛带，形似蛙背；快羽；胫呈青色，少数呈灰黄色。

4.2 商品代鸡

体型紧凑。公鸡冠大、髯红；羽毛呈棕黄色或红褐色，少数在颈、胸、腹部有黑色羽点；胫呈青色，无胫羽；皮肤呈黄或白色。母鸡羽毛呈麻或黄麻色，少数呈棕黄色，胫呈青色，无胫羽；皮肤呈黄或白色。

公、母雏鸡绒毛呈棕褐色或黄褐色，部分呈米黄或浅黄色，大多背部有2条～3条浅或深色绒毛带。出栏商品代鸡外貌特征参见附录A中的图A.5。

5 体重、体尺

邵伯鸡父母代种鸡300日龄体重、体尺见表1。

表1 父母代种鸡300日龄体重、体尺

项目	公鸡	母鸡
体重/g	3 300～3 500	1 700～2 100
体斜长/cm	23.2～25.5	17.5～21.6
胸宽/cm	8.5～9.3	6.7～7.4
龙骨长/cm	16.2～17.3	12.2～13.6
胫长/cm	9.4～11.5	5.6～6.7
胫围/cm	4.8～5.2	3.6～4.2

6 生产性能

6.1 父母代种鸡

邵伯鸡父母代种鸡生产性能见表2，父母代种鸡饲料营养水平参见附录B中的表B.1。

表2 父母代种鸡生产性能

项目	范围
5%产蛋率时母鸡体重/g	1 300～1 400
5%产蛋率日龄/d	145～150
产蛋高峰日龄/d	189～196
高峰产蛋率/%	≥78
66周龄入舍鸡产蛋数/个	178～182
66周龄产种蛋数/个	165～170
受精率/%	90～92
受精蛋孵化率/%	88～91
成活率(0周～19周)/%	≥90
成活率(20周～66周)/%	≥91

6.2 商品代鸡

邵伯鸡商品代鸡生产性能见表3，商品代鸡饲料营养水平参见附录B中的表B.2。

表 3 商品代鸡生产性能

项 目	范 围
出栏日龄/d	70
成活率/%	≥95
体重/g	1 100～1 200
饲料转化比	2.9∶1～3.2∶1
屠宰率/%	85～87
半净膛率/%	81～82
全净膛率/%	68～69
胸肌率/%	18～19
腿肌率/%	22～24

7 测定方法

生产性能的测定按 NY/T 823 规定执行。

附 录 A
（资料性附录）
邵伯鸡（配套系）父系、母系、商品代鸡外貌特征图

A.1 邵伯鸡（配套系）父系成年公鸡外貌特征见图 A.1。

图 A.1 父系公鸡

A.2 邵伯鸡（配套系）父系成年母鸡外貌特征见图 A.2。

图 A.2 父系母鸡

A.3 邵伯鸡（配套系）母系成年公鸡外貌特征见图 A.3。

图 A.3 母系公鸡

A.4 邵伯鸡(配套系)母系成年母鸡外貌特征见图 A.4。

图 A.4 母系母鸡

A.5 邵伯鸡(配套系)商品代鸡(70 日龄)外貌特征见图 A.5。

图 A.5 商品代鸡(70 日龄)

附　录　B
（资料性附录）
邵伯鸡（配套系）饲料营养水平

B.1　邵伯鸡父母代种鸡饲料营养水平见表B.1。

表B.1　邵伯鸡父母代种鸡饲料营养水平

营养成分	育雏期（0周～7周）	育成期（8周～19周）	产蛋期		种公鸡[a]
			20周～21周	22周～66周	22周～66周
代谢能/(MJ/kg)	11.98	10.93	11.35	11.35	11.28
蛋白质/%	18.0～20.0	14.0～15.0	16.0～17.0	16.0～17.0	13.0～14.0
钙/%	1.0～1.1	1.0～1.1	1.0～1.5	3.0～3.2	1.0～1.1
有效磷/%	0.45～0.5	0.42～0.45	0.42～0.45	0.42～0.45	0.4～0.42
蛋氨酸/%	0.44	0.34	0.37	0.37	0.32
蛋氨酸＋胱氨酸/%	0.75	0.60	0.60	0.6	0.60
精氨酸/%	0.95	0.90	0.95	0.95	0.90
赖氨酸/%	0.95	0.70	0.90	0.9	0.90

[a] 0周～21周种公鸡营养标准与母鸡同。

B.2　邵伯鸡商品代鸡饲料营养水平见表B.2。

表B.2　邵伯鸡商品代鸡饲料营养水平

营养成分	小鸡料（1 d～21 d）	中鸡料（22 d～49 d）	大鸡料（50 d以上）
代谢能/(MJ/kg)	12.05	12.3	12.5
蛋白质/%	19.0～21.0	18.0～19.0	16.0～17.0
钙/%	0.95～1.10	0.90～1.05	0.90～1.05
有效磷/%	0.47	0.45	0.42
蛋氨酸/%	0.5	0.4	0.33
蛋氨酸＋胱氨酸/%	0.82	0.65	0.58
赖氨酸/%	1.10	0.90	0.80

ICS 65.020
B 60

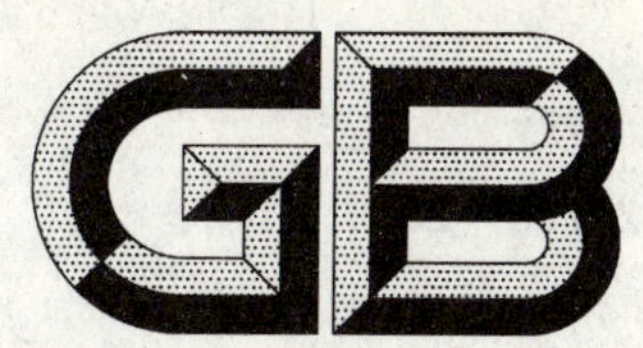

中华人民共和国国家标准

GB/T 24708—2009

湿地分类

Wetland classification

2009-11-30 发布　　　　2010-01-01 实施

中华人民共和国国家质量监督检验检疫总局
中国国家标准化管理委员会　发布

前　言

本标准由国家林业局提出并归口。

本标准起草单位:国家林业局调查规划设计院。

本标准主要起草人:黄桂林、唐小平、鲍达明、王隆富、张玉钧、张明祥、张阳武。

湿 地 分 类

1 范围

本标准规定了湿地类型的分类系统、分类层次和技术标准。

本标准主要适用于湿地综合调查、监测、管理、评价和保护规划。

2 术语和定义

下列术语和定义适用于本标准。

2.1

湿地 wetland

天然的或人工的，永久的或间歇性的沼泽地、泥炭地、水域地带，带有静止或流动、淡水或半咸水及咸水水体，包括低潮时水深不超过 6 m 的海域。

2.2

湿地分级 hierarchical classification of wetland

通过自下而上地归并或自上而下地细分，将湿地划分为一系列层次的、复杂程度有差异的分类单元过程。

2.3

湿地分类系统 classification system

在湿地分类过程中逐级归并或细分所形成的类型序列。

2.4

永久性 permanent

湿地的地表水常年都存在的一种状态。

2.5

河口 estuarine

河流在入海口处由于与海水相互作用形成的湿地系统，包括河口永久性水域和河口三角洲系统。其范围包括从近口段的潮区界(潮差为零)至口外河海滨段区域。

2.6

内陆三角洲 permanent inland deltas

在内陆区域由河水冲积而形成的仍保持了常年或季节性被水浸润的地带(属于洪泛平原范畴)。

3 湿地分类系统

3.1 划分的原则

a) 适合中国湿地类型的实际情况。

b) 能与国际湿地局建议的湿地分类系统接轨。

3.2 分级的依据

综合考虑湿地成因、地貌类型、水文特征、植被类型将湿地分为三级。第 1 级将全国湿地生态系统分为自然湿地和人工湿地两大类。自然湿地往下依次分为第 2 级(4 类)、第 3 级(30 类)。人工湿地相对较为简单，往下仅划分第 2 级，共有 12 个类。整个分类系统共包括 42 类。各级分类依据如下：

a) 1 级，按成因进行分类。

b) 2 级，自然湿地按地貌特征进行分类，人工湿地按主要功能用途进行分类。

c) 3 级，自然湿地主要以湿地水文特征进行分类，包括淹没的时间、水质咸淡程度、湿地水源等特征因子，一些较为复杂的湿地类型，还采用了植被形态特征（如沼泽湿地）和采用基质性质（近海与海岸湿地）。

3.3 分类列表

详见表 1。

表 1 湿地分类表

<table>
<tr><th>1 级</th><th>2 级</th><th>3 级</th></tr>
<tr><td rowspan="34">自然湿地</td><td rowspan="12">近海与海岸湿地</td><td>浅海水域</td></tr>
<tr><td>潮下水生层</td></tr>
<tr><td>珊瑚礁</td></tr>
<tr><td>岩石海岸</td></tr>
<tr><td>沙石海滩</td></tr>
<tr><td>淤泥质海滩</td></tr>
<tr><td>潮间盐水沼泽</td></tr>
<tr><td>红树林</td></tr>
<tr><td>河口水域</td></tr>
<tr><td>河口三角洲/沙洲/沙岛</td></tr>
<tr><td>海岸性咸水湖</td></tr>
<tr><td>海岸性淡水湖</td></tr>
<tr><td rowspan="4">河流湿地</td><td>永久性河流</td></tr>
<tr><td>季节性或间歇性河流</td></tr>
<tr><td>洪泛湿地</td></tr>
<tr><td>喀斯特溶洞湿地</td></tr>
<tr><td rowspan="5">湖泊湿地</td><td>永久性淡水湖</td></tr>
<tr><td>永久性咸水湖</td></tr>
<tr><td>永久性内陆盐湖</td></tr>
<tr><td>季节性淡水湖</td></tr>
<tr><td>季节性咸水湖</td></tr>
<tr><td rowspan="9">沼泽湿地</td><td>苔藓沼泽</td></tr>
<tr><td>草本沼泽</td></tr>
<tr><td>灌丛沼泽</td></tr>
<tr><td>森林沼泽</td></tr>
<tr><td>内陆盐沼</td></tr>
<tr><td>季节性咸水沼泽</td></tr>
<tr><td>沼泽化草甸</td></tr>
<tr><td>地热湿地</td></tr>
<tr><td>淡水泉/绿洲湿地</td></tr>
</table>

表 1（续）

1级	2级	3级
人工湿地	水库	
	运河、输水河	
	淡水养殖场	
	海水养殖场	
	农用池塘	
	灌溉用沟、渠	
	稻田/冬水田	
	季节性洪泛农业用地	
	盐田	
	采矿挖掘区和塌陷积水区	
	废水处理场所	
	城市人工景观水面和娱乐水面	

4 湿地分类界定

4.1 自然湿地 natural wetland

由自然地形和水体形成的湿地。

4.1.1 近海与海岸湿地 coastal wetland

在滨海区域由自然的滨海地貌形成的浅海、海岸、河口以及海岸性湖泊湿地统称为近海与海岸湿地，包括低潮时水深不超过 6 m 的永久性浅海水域。

4.1.1.1 浅海水域 permanent shallow marine water

湿地底部基质为无机部分组成，植被盖度＜30％的区域。包括海湾、海峡。

4.1.1.2 潮下水生层 marine subtidal aquatic beds

海洋潮下，湿地底部基质为有机部分组成，植被盖度≥30％的区域，包括海草层、热带海洋草地。

4.1.1.3 珊瑚礁 coral reefs

基质由珊瑚聚集生长而成的浅海区域。

4.1.1.4 岩石海岸 rocky marine shore

底部基质 75％以上是石头和砾石，包括岩石性沿海岛屿、海岩峭壁。

4.1.1.5 沙石海滩 sand，shingle or pebble marine shores

由砂质或沙石组成的，植被盖度＜30％的疏松海滩。

4.1.1.6 淤泥质海滩 intertidal mud；sand flats

由淤泥质组成的植被盖度＜30％的泥/沙海滩。

4.1.1.7 潮间盐水沼泽 intertidal marshes

潮间地带形成的植被盖度≥30％的潮间区域，包括盐碱沼泽、盐水草地和海滩盐泽、高位盐水沼泽。

4.1.1.8 红树林 mangrove

由红树植物为主组成的潮间沼泽。

4.1.1.9 河口水域 permanent estuarine water

从近口段的潮区界（潮差为零）至口外河海滨段的淡水舌锋缘之间的永久性水域。

4.1.1.10 河口三角洲/沙洲/沙岛 estuarine systems of deltas

河口系统四周冲积的泥/沙滩、沙洲、沙岛（包括水下部分），植被盖度＜30％。

4.1.1.11 海岸性咸水湖 coastal brackish;saline lagoons

地处海滨区域,有一个或多个狭窄水道与海相通的湖泊,也称为泻湖,包括海岸性微咸水、咸水或盐水湖。

4.1.1.12 海岸性淡水湖 coastal freshwater lagoons

起源于泻湖,但已经与海隔离后演化而成的淡水湖泊。

4.1.2 河流湿地 riverine wetland

河流是陆地表面宣泄水流的通道,是江、河、川、溪的总称。河流湿地是围绕自然河流水体而形成的河床、河滩、洪泛区、冲积而成的三角洲、沙洲等自然体的统称。

4.1.2.1 永久性河流 permanent river

常年有河水径流的河流,仅包括河床部分。

4.1.2.2 季节性或间歇性河流 seasonal or intermittently rivers

一年中只有季节性(雨季)或间歇性有水径流的河流。

4.1.2.3 洪泛湿地 flooding wetlands

在丰水季节由洪水泛滥的河滩、河谷,季节性泛滥的草地,以及保持了常年或季节性被水浸润内陆三角洲的统称。

4.1.2.4 喀斯特溶洞湿地 Karst subterranean hydrological systems

喀斯特地貌下形成的溶洞集水区或地下河/溪。

4.1.3 湖泊湿地 lacustrine wetland

由地面上大小形状不一、充满水体的自然洼地组成的湿地,包括各种自然湖、池、荡、漾、泡、海、错、淀、洼、潭、泊等各种水体名称。

4.1.3.1 永久性淡水湖 permanent freshwater lake

面积大于 8 hm^2,由淡水组成的具有常年积水的湖泊。

4.1.3.2 永久性咸水湖 permanent brackish;alkaline lakes

由微咸水或咸水组成的具有常年积水的湖泊。

4.1.3.3 永久性内陆盐湖 inland saline lake

由含盐量很高的卤水(矿化度>50 g/L)组成的永久性湖泊。

4.1.3.4 季节性淡水湖 seasonal freshwater lake

由淡水组成的季节性或间歇性湖泊。

4.1.3.5 季节性咸水湖 seasonal brackish;alkaline/saline lakes

由微咸水/咸水/盐水组成的季节性或间歇性湖泊。

4.1.4 沼泽湿地 marshy wetland

具有以下 3 个基本特征的自然综合体:

a) 受淡水、咸水或盐水的影响,地表经常过湿或有薄层积水;

b) 生长沼生和部分湿生、水生或盐生植物;

c) 有泥炭积累或尽管无泥炭积累,但在土壤层中具有明显的潜育层。

4.1.4.1 苔藓沼泽 bog

发育在有机土壤的、具有泥炭层的以苔藓植物为优势群落的沼泽。

4.1.4.2 草本沼泽 herbage-dominated marsh

由水生和沼生的草本植物组成优势群落的淡水沼泽,包括无泥炭草本沼泽和泥炭草本沼泽。

4.1.4.3 灌丛沼泽 shrub-dominated marsh

以灌丛植物为优势群落的淡水沼泽,包括无泥炭灌丛沼泽和泥炭灌丛沼泽。

4.1.4.4 森林沼泽 forest-dominated freshwater marsh

以乔木植物为优势群落的淡水沼泽,包括无泥炭森林沼泽和泥炭森林沼泽。

4.1.4.5 内陆盐沼 inland saline marsh

受盐水影响，生长盐生植被的沼泽。

4.1.4.6 季节性咸水沼泽 seasonal brackish; alkaline marshes

受微咸水或咸水影响，只在部分季节维持浸湿或潮湿状况的沼泽。

4.1.4.7 沼泽化草甸 marshy meadow

为典型草甸向沼泽植被的过渡类型，是在地势低洼、排水不畅、土壤过分潮湿、通透性不良等环境条件下发育起来的，包括分布在平原地区的沼泽化草甸以及高山和高原地区具有高寒性质的沼泽化草甸。

4.1.4.8 地热湿地 geothermal wetland

由地热矿泉水补给为主的沼泽。

4.1.4.9 淡水泉/绿洲湿地 freshwater springs; oases wetlands

由露头地下泉水补给为主的沼泽。

4.2 人工湿地 human-made wetland

人类为了利用某种湿地功能或用途而建造的湿地，或对自然湿地进行改造而形成的湿地，也包括某些开发活动导致积水而形成的湿地。

4.2.1 水库 reservoirs

以蓄水和发电为主要功能而建造的，面积大于 8 hm^2 的人工湿地。

4.2.2 运河、输水河 canals and drainage channels

为输水或水运为主要功能而建造的人工河流湿地。

4.2.3 淡水养殖场 freshwater aquaculture area

以淡水养殖为主要目的修建的人工湿地。

4.2.4 海水养殖场 marine aquaculture area

以海水养殖为主要目的修建的人工湿地。

4.2.5 农用池塘 farm ponds

为农业灌溉、农村生活为主要目的修建的蓄水池塘。

4.2.6 灌溉用沟、渠 irrigation channels

以灌溉为主要目的修建的沟、渠。

4.2.7 稻田/冬水田 paddy fields

能种植水稻或者是冬季蓄水或浸湿状的农田。

4.2.8 季节性洪泛农业用地 seasonally irrigated land

在丰水季节依靠泛滥能保持浸湿状态进行耕作的农地，集中管理或放牧的湿草场或牧场。

4.2.9 盐田 salt fields

为获取盐业资源而修建的晒盐场所或盐池。

4.2.10 采矿挖掘区和塌陷积水区 excavated or sinked water area

由于开采矿产资源而形成矿坑、挖掘场所蓄水或塌陷积水后形成的湿地，包括砂/砖/土坑；采矿地。

4.2.11 废水处理场 wastewater treatment area

为污水处理而建设的污水处理场所，包括污水处理厂和以水净化功能为主的湿地。

4.2.12 城市人工景观水面和娱乐水面 human-made recreational water area

在城镇、公园，为环境美化、景观需要、居民休闲、娱乐而建造的各类人工湖、池、河等人工湿地。

ICS 55.200
A 84

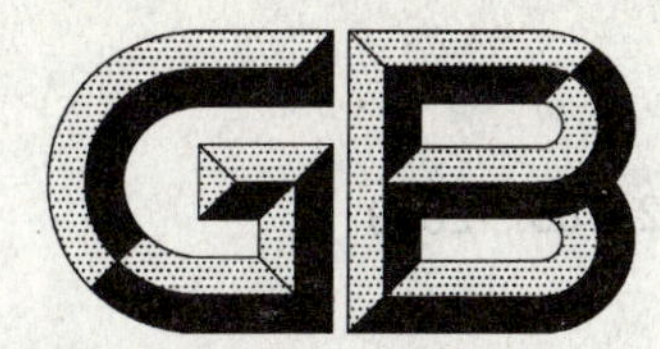

中华人民共和国国家标准

GB/T 24709—2009

收缩包装机

Shrink wrapping machine

2009-11-15 发布　　　　2010-07-01 实施

中华人民共和国国家质量监督检验检疫总局
中国国家标准化管理委员会　发布

前　言

本标准由全国包装机械标准化技术委员会(SAC/TC 436)提出并归口。

本标准负责起草单位:北京大森长空包装机械有限公司、泉州市科盛包装机械有限公司、大连三兹和包装机械有限公司、杭州永创机械有限公司、机械工业包装机械产品质量监督检测中心。

本标准主要起草人:王磊、曾国艺、孙奎连、罗邦毅、李凯、龚先金、张高潮、陈润洁。

收 缩 包 装 机

1 范围

本标准规定了收缩包装机(以下简称“包装机”)的术语和定义、型号、型式与基本参数、要求、试验方法、检验规则及标志、包装、运输和贮存等要求。

本标准适用于除火焰加热以外使用热收缩薄膜进行收缩包装的各种收缩包装机,应用于医药、食品、日化、精细化工、建材、文化用品、五金电器、烟草等行业。

2 规范性引用文件

下列文件中的条款通过本标准的引用而成为本标准的条款。凡是注日期的引用文件,其随后所有的修改单(不包括勘误的内容)或修订版均不适用于本标准,然而,鼓励根据本标准达成协议的各方研究是否可使用这些文件的最新版本。凡是不注日期的引用文件,其最新版本适用于本标准。

GB/T 191 包装储运图示标志(GB/T 191—2008,ISO 780:1997,MOD)

GB 2894 安全标志及其使用导则

GB/T 5048 防潮包装

GB 5226.1—2002 机械安全 机械电气设备 第1部分:通用技术条件(IEC 60204-1:2000,IDT)

GB/T 7311 包装机械分类与型号编制方法

GB/T 9969 工业产品使用说明书 总则

GB/T 13306 标牌

GB/T 13384 机电产品包装通用技术条件

GB 16179 安全标志使用导则

GB/T 16273.1 设备用图形符号 第1部分:通用符号(GB/T 16273.1—2008,ISO 7000:2004,Graphical symbols for use on equipment—Index and synopsis,NEQ)

GB 16798 食品机械安全卫生

GB/T 19784 收缩包装

GB 19891 机械安全 机械设计的卫生要求(GB 19891—2005,ISO 14159:2002,MOD)

JB/T 7232 包装机械噪声声功率级的测定 简易法

JB 7233 包装机械安全要求

3 术语和定义

下列术语和定义适用于本标准。

3.1

收缩包装机 shrink wrapping machine

采用可热收缩性的薄膜将各种单件或多件物体,先由封切包装机进行松弛裹包后,再由收缩机进行加热收缩,使薄膜裹紧被包装物体的机器。

3.2

横向收缩 horizontal shrinking

横向收缩是指热收缩薄膜沿卷轴平行方向收缩。

3.3

纵向收缩　vertical shrinking

纵向收缩是指热收缩薄膜沿卷轴垂直方向收缩。

3.4

热收缩薄膜　shrink film

在生产过程中将塑料聚合物在高弹性状态下进行纵、横向拉伸定向，但不进行热定型，受热时发生纵、横向收缩的薄膜。常用的热收缩薄膜有：聚氯乙烯(PVC)、聚乙烯(PE)、聚丙烯(PP、POF)等。

3.5

收缩残留角　shrinking residual angle

全封闭包装收缩后，四角不能完全收进的残余部分。

3.6

包装件合格率　qualified case ratio

收缩包装合格的包装件数量与所检查的包装件总数的百分比。

注：收缩包装后不符合外观质量和跌落试验要求的包装件，均为不合格包装件。

4　型号、型式与基本参数

4.1　型号

包装机的型号编制按 GB/T 7311 的规定。

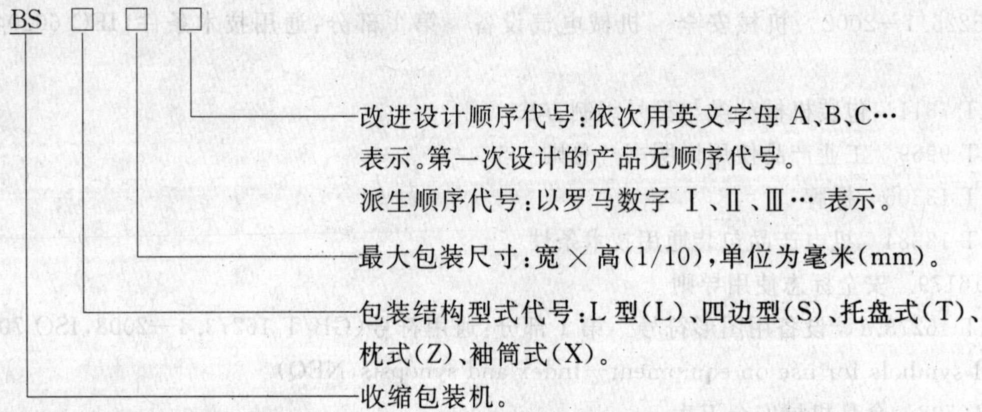

示例 1：BSZ4030，表示最大包装尺寸为 400 mm×300 mm 的枕式收缩包装机，第一次设计。

示例 2：BS4030 直热式，表示最大包装尺寸为 400 mm×300 mm 的直热式收缩机，第一次设计。

注：型号表示中若无包装结构型式代号，则仅表示为收缩机单机的型号，如示例 2 所示。

4.2　型式与基本参数

4.2.1　包装机结构按以下情况分成若干种型式：

a）按自动化程度分为：

手动、半自动、自动。

b）按包装结构型式分为：

L 型、四边型、托盘式、枕式、袖筒式。

c）按收缩加热形式分为：

直热式、热风式、蒸汽式、热浸式。

4.2.2　基本参数：

a）包装尺寸：(宽×高)mm；

b）功率：kW；

c）工作电压、频率：V、Hz；

d) 生产能力：件/min。

4.2.3 生产能力应达到额定生产能力。

5 要求

5.1 包装机应符合本标准的要求，并按经规定程序批准的图样及技术文件制造。

5.2 包装机运转应平稳，运动零、部件动作应灵敏、协调、准确，无卡阻和异常声响。

5.3 包装机的电路控制系统应符合 GB 5226.1—2002 的要求，安全可靠、动作准确，各电器接头应联接牢固并加以编号；操作按钮应灵活，并有急停按钮；指示灯显示应正常。

5.4 包装机气路、液压、润滑系统管路应畅通，无阻塞、无泄漏。

5.5 包装用的热收缩薄膜应符合相应产品的标准规定，收缩薄膜的种类、规格及收缩温度应与被包装物相适应，应符合 GB/T 19784 的要求。

5.6 包装机设计调节温度应在室温至所需收缩温度范围内可调，加热装置应在 0.5 h 内，使烘道内的温度不低于 200 ℃。

5.7 包装机烘道内工作温度在 160 ℃～200 ℃范围内经热平衡后，在自动温度控制器控制下，其工作温度波动范围不大于±5 ℃。

5.8 包装机烘道内的加热恢复性能应在 100 s 内使温度从 145 ℃升高至 160 ℃。

5.9 包装机烘道内的温度控制应灵敏可靠，烘道两内侧面对应点的温度差应不大于 5 ℃。

5.10 包装机烘道外侧(不包括进出口两端和底面)的温度应不高于 45 ℃。

5.11 设置有薄膜自动定位装置和薄膜张紧装置的包装机，应保证膜封切或膜剪切准确可靠，自动封切长度误差应小于 1%，有色标的应切在色标内。

5.12 被包装物料的破损率不大于 0.3%。

5.13 热收缩后包装的物体应被裹紧，薄膜除开口面或收缩残留角外，其他表面应平展、无破损、收缩均匀，若有热封封口，其封口处应牢固、无撕裂现象。

5.14 包装件经跌落试验，封口应无开裂现象(有热封封口的包装件做此试验)。

5.15 包装件合格率应不小于 98%。

5.16 包装机正常工作时的噪声声压级应不大于 80 dB(A)。

5.17 动力电路导线和保护接地电路间施加 500 Vd.c. 时测得的绝缘电阻应不小于 1 MΩ。

5.18 包装机应有可靠的接地装置，并有明显的接地标志，接地电阻应符合 GB 5226.1—2002 中 19.2 的要求。

5.19 电气设备的所有电路导线和保护接地电路之间应经受至少 1 s 时间的耐压试验。

5.20 包装机的安全防护应符合下列规定：

a) 包装机应有防切、防烫安全保护装置，安全防护应符合 JB 7233 的规定；

b) 包装机应设有保障人员、物料及设备安全的联锁保护，当被包装物料散落或卡住，及缺少包装材料时，应自动停机并报警；

c) 包装机上应有清晰醒目的操纵、润滑、防烫、防切等安全警示标志，安全标志应符合 GB 2894、GB 16179 和 GB/T 16273.1 的规定。

5.21 包装机的外观质量应符合下列规定。

5.21.1 非加工表面的涂漆和喷塑层等应平整光滑、色泽均匀，并应无明显的污浊、流痕、起泡等缺陷。

5.21.2 表面处理的零件应色泽均匀、无起泡、起层、锈蚀等缺陷。

5.22 包装机的材质和零部件应符合下列规定。

5.22.1 被包装物料为医药用品时，包装机与被包装物料及包装材料相接触的表面材料，应符合国家对医药生产设备的有关规定；被包装物料为食品时，包装机应符合 GB 16798 的规定。

5.22.2 凡与包装材料、被包装物料接触的设备表面应平整、易清洗或消毒、耐腐蚀，不与被包装物料发生化学反应。

5.22.3 包装机所用的原材料、外购配套零部件应有生产厂的质量合格证明书，如果没有质量合格证明书则应按产品相关标准验收合格后，方可投入使用。

5.22.4 包装机的机械设计卫生安全应符合 GB 19891 的要求。

6 试验方法

6.1 试验条件

6.1.1 试验环境温度应不低于 5 ℃。

6.1.2 试验时采用长、宽、高尺寸约等于机器允许的最大包装尺寸 1/3 的光滑木块或木箱等类似物体作为标准试样。

6.2 空运转试验

每台包装机装配完成后，均应做空运转试验，连续空运转时间应不小于 1 h，低速和高速各 0.5 h，检查机器性能，应符合 5.2 和 5.3 的规定。

6.3 生产能力试验

包装机正常运转后连续包装 30 min，统计收缩后的包装件数量，按公式(1)计算生产能力，应符合 4.2.2 的规定。

$$V = \frac{M}{30} \qquad \cdots\cdots(1)$$

式中：

V——生产能力，单位为件每分钟(件/min)；

M——收缩完成的包装件数量，单位为件。

6.4 温升试验

用秒表测量烘道内常温状态下升至 200 ℃的时间，应符合 5.6 的规定。

6.5 热稳定试验

将自动温度调节器定值于 160 ℃，加热平衡后，用精度等级比自动温度调节器高一个等级的测温仪，将探头在烘道内测温点附近固定，温度平衡后，测量 0.5 h，烘道内温度波动范围应符合 5.7 的规定。

6.6 热恢复试验

将自动温度调节器定值于 160 ℃经热平衡后，使温度调节器指示值降低至 145 ℃，待热平衡后(允许强迫降温)，再开始升温，用秒表测量温度达到 160 ℃所需时间，应符合 5.8 的规定。

6.7 温差试验

在包装机温度调节范围内任意设定一温度值，启动加热装置，加热至设定值后，在烘道中部同一截面的两侧，各固定一支测温探头(测温仪精度为±1.5 ℃、分辨率为 0.1 ℃)，检查温度误差，应符合 5.9 的规定。

6.8 包装机烘道外侧温度检测

在包装机稳定运行后，用精确度为±1 ℃的接触式表面温度计测定收缩机箱体外侧温度，应不高于 45 ℃。

6.9 封切长度试验

连续封切 30 个空袋，任意抽取 10 个，用钢尺量取每一个轴线长度，按公式(2)计算长度误差应符合 5.11 的规定。

$$\Delta L = \frac{|\bar{L} - L_i|_{\max}}{\bar{L}} \times 100\% \qquad \cdots\cdots(2)$$

式中：

ΔL——封切长度误差，%；

$\bar{L}$——10 个长度的平均值，单位为毫米(mm)；

L_i——任意一长度值，单位为毫米(mm)。

6.10 被包装物料破损率试验

包装机稳定运行后，测试时间为 1 h，统计被包装物料的总数量和因机器故障造成的被包装物料的破损数量，按公式(3)计算被包装物料破损率，应符合 5.12 的规定。

$$P = \frac{F_1}{F} \times 100\% \quad \cdots\cdots(3)$$

式中：

P——被包装物料破损率，%；

F_1——被包装物料的破损数量，单位为件；

F——被包装物料的总数量，单位为件。

6.11 包装件合格率试验

试验在包装机连续正常运行后进行，抽样分两次进行，每次连续抽样 50 件，共计 100 件，两次抽取的时间间隔不小于 1 min，检查包装件的外观质量，应符合 5.13 的规定，统计不合格品数 a_1；外观质量合格的包装件(有封口的包装件)做跌落试验，从 1 m 高度处自由跌落于坚硬、平整的水平面上，应符合 5.14 的规定，统计不合格品数 a_2，按公式(4)计算包装件合格率。

$$包装件合格率 = \frac{100-(a_1+a_2)}{100} \times 100\% \quad \cdots\cdots(4)$$

式中：

a_1——外观质量不合格品数，单位为件；

a_2——跌落试验不合格品数，单位为件。

计算结果应符合 5.15 的规定。

6.12 噪声测试

在连续工作过程中，包装机的噪声按 JB/T 7232 规定的方法进行测量，其噪声值应符合 5.16 的规定。

适宜时可采用如下方法：在环境背景噪声 A 计权声压级与被测包装机的工作噪声 A 计权声压级之差大于 10 dB(A)时，用精密声级计测量包装机前、后、左、右四个方向正中，距包装机 1 m、距操作平台 1.5 m 处的噪声，以测得的噪声值的最大值作为包装机的噪声值，应符合 5.16 的规定。

6.13 电气安全试验

6.13.1 绝缘电阻测量

用绝缘电阻表按 GB 5226.1—2002 中 19.3 的规定测量其绝缘电阻，应符合 5.17 的规定。

6.13.2 接地装置检查

按 GB/T 5226.1—2002 中 19.2 的规定检查接地装置，应符合 5.18 的规定。

6.13.3 耐电压试验

用耐压测试仪按 GB 5226.1—2002 中 19.4 的规定做耐压试验，应符合 5.19 的规定。

6.14 安全防护检查

检查安全防护装置，应符合 5.20 的规定。

6.15 外观质量检查

检查机器外观质量，并应符合 5.21 的规定。

6.16 气路、液压和润滑系统密封性检查

包装机的气路、液压和润滑系统可采用下列方法进行密封性检查：

a) 用脱脂棉在气动元件的密封件周围轻轻擦拭，观察脱脂棉上有无油渍，应符合 5.4 的规定；

b) 用肥皂水或洗涤剂水涂抹在气动元件密封件的密封处，观察是否漏气，应符合 5.4 的规定；

c) 液压系统装配后应以 1.25 倍的额定压力，历时 30 min 做耐压试验，压降不大于 5%，应符合 5.4 的规定；

d) 用脱脂棉在润滑系统的密封件周围轻轻擦拭，观察脱脂棉上有无油渍，应符合 5.4 的规定。

6.17 材质检查

检查机器材质报告及质量合格证明书，应符合 5.22 的规定。

7 检验规则

7.1 出厂检验

7.1.1 每台包装机均应做出厂检验，检验项目按表 1 中的规定。

表 1 检验项目

<table>
<tr><th rowspan="2">序号</th><th rowspan="2">检验项目</th><th colspan="2">检验类别</th><th rowspan="2">检验方法</th></tr>
<tr><th>型式检验</th><th>出厂检验</th></tr>
<tr><td>1</td><td>电气安全试验</td><td rowspan="17">√</td><td rowspan="5">√</td><td>6.13</td></tr>
<tr><td>2</td><td>空运转试验</td><td>6.2</td></tr>
<tr><td>3</td><td>生产能力试验</td><td>6.3</td></tr>
<tr><td>4</td><td>温升试验</td><td>6.4</td></tr>
<tr><td>5</td><td>热稳定试验</td><td>6.5</td></tr>
<tr><td>6</td><td>热恢复试验</td><td rowspan="2">—</td><td>6.6</td></tr>
<tr><td>7</td><td>温差试验</td><td>6.7</td></tr>
<tr><td>8</td><td>包装机烘道外侧温度检测</td><td rowspan="2">√</td><td>6.8</td></tr>
<tr><td>9</td><td>封切长度试验</td><td>6.9</td></tr>
<tr><td>10</td><td>被包装物料破损率试验</td><td>—</td><td>6.10</td></tr>
<tr><td>11</td><td>包装件合格率试验</td><td rowspan="5">√</td><td>6.11</td></tr>
<tr><td>12</td><td>噪声测试</td><td>6.12</td></tr>
<tr><td>13</td><td>安全防护检查</td><td>6.14</td></tr>
<tr><td>14</td><td>外观质量检查</td><td>6.15</td></tr>
<tr><td>15</td><td>气路、液压和润滑系统密封性检查</td><td>6.16</td></tr>
<tr><td>16</td><td>材质检查</td><td>—</td><td>6.17</td></tr>
<tr><td>17</td><td>产品标牌及技术文件</td><td>√</td><td>8.1、8.2.6</td></tr>
</table>

7.1.2 每台包装机应经制造厂的质量检验部门按本标准检验合格，并附有产品合格证方可出厂。

7.2 型式检验

7.2.1 有下列情况之一时，应进行型式检验：

a) 老产品转厂生产或新产品的试制定型鉴定；

b) 正式生产后，如材料、结构、工艺有较大差异，可能影响产品的性能；

c) 正常生产时，定期或积累一定产量后，应每年进行一次检验；

d) 产品长期停产后恢复生产；

e) 出厂检验结果与上次型式检验有较大差异；

f) 国家质量监督机构提出型式检验要求。

7.2.2 型式检验应包括表1全部项目。型式检验的项目全部合格为型式检验合格。在型式检验中，若电气系统的保护接地电路的连续性、绝缘电阻、耐压试验有一项不合格，即判定为型式检验不合格。其他项目有一项不合格，应加倍复测不合格项目，仍不合格的，则判定该包装机型式检验不合格。

8 标志、包装、运输和贮存

8.1 包装机应在明显的部位固定标牌，标牌尺寸和技术要求按GB/T 13306的规定。标牌上至少应标出下列内容：

a) 产品型号；

b) 产品名称；

c) 产品主要技术参数；

d) 制造日期和出厂编号；

e) 制造厂名称及所在地(出口产品加标“中华人民共和国”)。

8.2 包装机的包装、运输应符合下列规定：

8.2.1 包装机的运输包装应符合GB/T 13384的规定。

8.2.2 包装机包装前，外露加工表面应进行防锈处理。

8.2.3 包装机包装箱应牢固可靠，适合运输装卸的要求。

8.2.4 包装箱应有可靠的防潮措施，并符合GB/T 5048的规定。

8.2.5 包装机随机专用工具及易损件应加以包装并固定在包装箱中。

8.2.6 技术文件应妥善包装放在包装箱内，并应包括下列内容：

a) 产品合格证；

b) 产品使用说明书(编写应符合GB/T 9969的规定)；

c) 装箱单。

8.2.7 包装箱外表面应清晰标出发货及运输作业标志，并应符合GB/T 191的有关规定。

8.2.8 包装机在运输过程中应小心轻放，不允许倒置和碰撞。

8.3 包装机应储存于干燥通风的场所。

8.4 制造厂自发货之日起，在正常储运条件下，应保证包装机一年内不致因包装不良引起锈蚀、霉损。

8.5 在用户遵守包装机的使用、贮存、安装运输规则条件下，从发货之日起，包装机确因制造质量不良而不能正常工作时，制造厂应在保修期内负责免费为用户修理或更换零件(不包括易损件)。

ICS 67.140.10
X 55

中华人民共和国国家标准

GB/T 24710—2009

地理标志产品　坦洋工夫

Product of geographical indication—Tanyang Gongfu tea

2009-11-30 发布　　2010-05-01 实施

中华人民共和国国家质量监督检验检疫总局
中国国家标准化管理委员会　发布

前言

本标准根据国家质量监督检验检疫行政主管部门颁布的《地理标志产品保护规定》和GB/T 17924《地理标志产品标准通用要求》制定。

本标准的附录A为规范性附录。

本标准由全国原产地域产品标准化工作组提出并归口。

本标准起草单位：福安市标准化计量测试学会、福安市茶业协会、福安市茶业事业局、福建坦洋工夫茶业股份有限公司。

本标准主要起草人：姚信恩、王晖、张方舟、陈玉成、陈成基、陈如春、林光华、林鸿、傅佛华、王水金。

地理标志产品　坦洋工夫

1　范围

本标准规定了坦洋工夫的术语和定义、地理标志产品保护范围、分类、分级及实物标准样、要求、试验方法、检验规则、标志、标签、包装、运输、贮存和保质期。

本标准适用于国家质量监督检验检疫行政主管部门根据《地理标志产品保护规定》批准保护的坦洋工夫。

2　规范性引用文件

下列文件中的条款通过本标准的引用而成为本标准的条款。凡是注日期的引用文件，其随后所有的修改单(不包括勘误的内容)或修订版均不适用于本标准，然而，鼓励根据本标准达成协议的各方研究是否可使用这些文件的最新版本。凡是不注日期的引用文件，其最新版本适用于本标准。

GB/T 191　包装储运图示标志

GB 2762　食品中污染物限量

GB 2763　食品中农药最大残留限量

GB 7718　预包装食品标签通则

GB/T 8302　茶　取样

GB/T 8303　茶　磨碎试样的制备及其干物质含量测定

GB/T 8304　茶　水分测定

GB/T 8305　茶　水浸出物测定

GB/T 8306　茶　总灰分测定

GB/T 8311　茶　粉末和碎茶含量测定

GB/T 14487　茶叶感官审评术语

SB/T 10035　茶叶销售包装通用技术条件

SB/T 10157　茶叶感官审评方法

JJF 1070　定量包装商品净含量计量检验规则

定量包装商品计量监督管理办法(国家质量监督检验检疫总局令[2005]第75号)

3　术语和定义

GB/T 14487确立的以及下列术语和定义适用于本标准。

3.1

坦洋工夫　Tanyang Gongfu tea

在第4章规定范围内的自然生态环境条件下，采自坦洋菜茶和适制红茶的优良茶树品种的幼嫩芽叶，采用工夫红茶初制和精制的传统加工工艺，制成具有特定品质特征的红茶。

4　地理标志产品保护范围

坦洋工夫地理标志产品保护范围限于国家质量监督检验检疫行政主管部门根据《地理标志产品保护规定》批准的范围，即福建省福安市现辖行政区域内，见附录A。

5　分级

坦洋工夫茶分为特级、一级、二级、三级与相应等级的紧压茶。

6 要求

6.1 产地自然环境

6.1.1 地理

福安市倚山临海，地貌以中、低山和丘陵为主。交溪南北贯穿全境，形成西北高、中间低的河谷丘陵地。茶园主要分布在这些丘陵山地。

6.1.2 气候

属中亚热带海洋性季风气候，西北部有鹫峰山、洞宫山、白云山三道屏障抵御寒潮，东南部受海洋性季风影响，气候温暖湿润，光照充足，雨量丰沛。年平均气温 13.6 ℃～19.8 ℃，年平均无霜期 230 d～300 d，年平均降雨量 1 350 mm～2 050 mm，年相对湿度 78%～83%，年平均日照时数达 1 905.8 h。

6.1.3 土壤

茶园土壤以红壤、黄壤为主，土层深厚达 1 m 以上，土壤有机质含量 1%以上，土壤 pH 值为 5.0～6.5。

6.2 茶树栽培

6.2.1 繁殖方式

6.2.1.1 有性繁殖

每年霜降前后采收当地茶园里已成熟的茶籽，12 月或翌年 1 月用水浸泡 5 d～7 d，穴播。

6.2.1.2 无性繁殖

每年秋冬季节，选用当地茶园性状优良的茶树枝条，利用短穗扦插技术集中育苗。每年 10 月至翌年 3 月移栽。

6.2.2 种植方式

分为丛植或条植。丛植茶园种植密度为每 667 m^2(相当于 1 亩)600 丛左右。条植种植密度为每 667 m^2(相当于 1 亩)3 000 株～5 000 株。

6.2.3 茶园管理

茶园施肥以有机肥为主。成年茶园秋冬季节施用基肥，可施农家肥或经过沤堆的饼肥，结合秋冬季深耕施用；追肥结合中耕锄草进行。

幼年茶树通过定型修剪，培养丰产树型。

6.3 鲜叶原料

采摘标准：单芽、一芽一叶至二叶。

采摘要求：分批及时按标准采摘，不采虫伤芽、霜冻芽。

6.4 加工流程

初制工艺：鲜叶→萎凋→揉捻→发酵→干燥(造型)。

精制工艺：拣剔→归堆→整形→拼配→匀堆→复火。

6.5 感官品质

6.5.1 不含有非茶类杂物和任何添加剂，茶叶洁净、品质正常，无劣变，无异味。

6.5.2 坦洋工夫感官品质特征应符合表 1 规定。

表 1 坦洋工夫感官品质

项 目	外形				内质			
	条索	整碎	净度	色泽	香气	滋味	汤色	叶底
特级	肥嫩紧细、毫显、多锋苗	匀整	洁净	乌黑油润	甜香浓郁	鲜浓醇	红艳	细嫩柔软红亮
一级	肥嫩紧细、有锋苗	匀整	较洁净	乌润	甜香	鲜醇较浓	较红艳	柔软红亮

表 1（续）

项目	外形				内质			
	条索	整碎	净度	色泽	香气	滋味	汤色	叶底
二级	较肥壮紧实	较匀整	较净 稍有嫩茎	较乌润	香较高	较醇厚	红尚亮	红尚亮
三级	尚紧实	尚匀整	尚净 有筋梗	乌尚润	纯正	醇和	红	红欠匀
紧压茶	方形、圆形或心形等；纹理清晰，平滑紧实、厚薄均匀、色泽乌润				参照上述各等级内质感官品质特征的指标要求			

6.6 理化指标

坦洋工夫理化指标应符合表 2 规定。

表 2 理化指标

项目		指标		
		特级	一级、二级	三级
水分/%	≤	7.0		
总灰分/%	≤	6.5		
碎茶/%	≤	3.0	3.0	5.0
粉末/%	≤	0.5	1.0	1.5
水浸出物/%	≥	32		30
注：各级紧压茶理化指标参照上述各等级指标要求。				

6.7 卫生指标

6.7.1 农药最大残留限量指标

应符合 GB 2763 规定。

6.7.2 污染物限量指标

应符合 GB 2762 规定。

6.8 净含量

净含量应符合《定量包装商品计量监督管理办法》的要求。

7 试验方法

7.1 取样和试样制备

取样按 GB/T 8302 的规定执行，试样制备按 GB/T 8303 的规定执行。

7.2 感官品质

按 SB/T 10157 的规定和实物标准样执行。

7.3 理化指标

7.3.1 水分检验

按 GB/T 8304 的规定执行。

7.3.2 总灰分检验

按 GB/T 8306 的规定执行。

7.3.3 粉末检验

按 GB/T 8311 的规定执行。

7.3.4 水浸出物检验

按 GB/T 8305 的规定执行。

7.4 卫生指标检验

农药最大残留限量指标按 GB 2763 的规定执行，污染物限量指标按 GB 2762 的规定执行。

7.5 净含量检验

净含量允许短缺量检验按 JJF 1070 规定执行。

8 检验规则

8.1 组批

在生产和加工拼配过程中形成的独立数量的产品为一个批次，同批产品的品质规格和包装应一致。

8.2 抽样

按 GB/T 8302 的规定进行。

8.3 出厂检验

8.3.1 出厂检验项目为感官品质、水分、总灰分、净含量和标签。

8.3.2 产品应经过厂质检部门的检验，签发产品质量检验合格证，方可出厂。

8.4 型式检验

型式检验项目为本标准规定的全部项目，检验周期为每年一次，有下列情况之一时，也应进行型式检验：

a) 加工工艺改变后，可能影响产品质量时；

b) 停产一年后又恢复生产时；

c) 生产地址或生产设备发生较大变化，可能影响茶叶产品质量时；

d) 国家质量监督机构提出型式检验要求时。

8.5 判定规则

8.5.1 检验结果的每个项目均符合本标准要求，则判定该批产品合格。

8.5.2 检验结果中凡有劣变、有污染、有异味或农药最大残留限量指标和污染物限量指标不合格的产品，均判为不合格。

8.5.3 感官品质、理化指标、净含量中若有一项指标不合格时，可从同批产品中加倍随机抽样复检，复检后仍不合格的，则判定该批产品不合格。感官品质指标经综合评判后不合格的，可从同批产品中加倍随机抽样复检，复检后仍不合格的，则判定该批产品不合格。对检验结果有争议时，应对留存品进行复检，或在同批产品中加倍随机抽样，对有争议的项目进行复检，以复检结果为准。

9 标志、标签、包装、运输、贮存和保质期

9.1 标志、标签

9.1.1 获得使用地理标志产品专用标志的生产者，应按地理标志产品专用标志管理办法的规定在其产品上使用防伪专用标志和坦洋工夫保护名称。标签应符合 GB 7718 的规定。

9.1.2 不符合本标准的产品，其产品名称不得使用含有坦洋工夫(包括连续或断开)的名称。

9.1.3 经销单位进行分装和小包装时，应注明分装或包装日期。

9.1.4 运输包装箱的图示标志应符合 GB/T 191 的规定。

9.2 包装

包装材料应清洁、干燥、无异味、无污染，不影响茶叶品质。包装牢固、防潮、整洁，能保护茶叶品质，便于装卸、仓储和运输。接触茶叶的包装材料应符合 SB/T 10035 规定。

9.3 运输

运输时应放在干净、无异味、无污染的专用包装箱内，应轻装轻放，防雨、防潮、防暴晒，避免撞击、重压。

9.4 贮存

产品应贮存于清洁、干燥、阴凉、无异味的专用仓库中，仓库周围应无异味。

9.5 保质期

保质期由生产者根据产品的类型、包装材料和贮存条件等因素自行确定。

附 录 A
（规范性附录）
坦洋工夫地理标志产品保护范围图

坦洋工夫地理标志产品保护范围见图 A.1。

图 A.1 坦洋工夫地理标志产品保护范围图

ICS 55.200
A 84

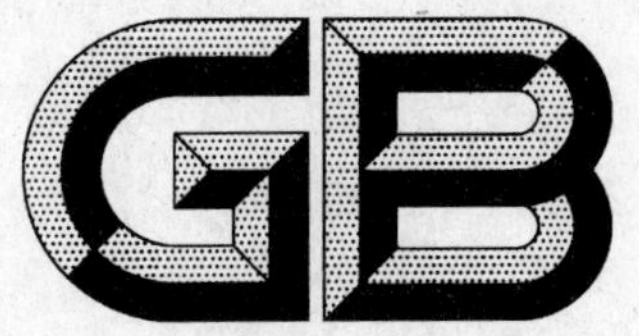

中华人民共和国国家标准

GB/T 24711—2009

连续热成型真空(充气)包装机

Continuous thermoforming vacuum and vacuum-gas flushing packaging machine

2009-11-15 发布　　2010-07-01 实施

中华人民共和国国家质量监督检验检疫总局
中国国家标准化管理委员会　发布

前　言

本标准由全国包装机械标准化技术委员会(SAC/TC 436)提出并归口。

本标准负责起草单位:山东小康机械有限公司、江苏腾通包装机械有限公司、浙江佑天元包装机械制造有限公司、杭州永创机械有限公司、机械工业包装机械产品质量监督检测中心。

本标准主要起草人:孙学军、李国华、俞吉良、罗邦毅、陈润洁、王勇、徐建锋、常文武。

连续热成型真空(充气)包装机

1 范围

本标准规定了连续热成型真空(充气)包装机(以下简称“包装机”)的术语和定义、型号与基本参数、要求、试验方法、检验规则、标志、包装、运输及贮存等要求。

本标准适用于采用复合塑料薄膜(或片材)作为包装材料,并通过热成型、真空(充气)、封口、分割等自动连续动作过程,对物料进行热封包装的包装机,广泛应用于食品、电子、医疗、化工等行业。

2 规范性引用文件

下列文件中的条款通过本标准的引用而成为本标准的条款。凡是注日期的引用文件,其随后所有的修改单(不包括勘误的内容)或修订版均不适用于本标准,然而,鼓励根据本标准达成协议的各方研究是否可使用这些文件的最新版本。凡是不注日期的引用文件,其最新版本适用于本标准。

GB/T 191 包装储运图示标志(GB/T 191—2008,ISO 780:1997,MOD)

GB 2894 安全标志及其使用导则

GB/T 5048 防潮包装

GB 5226.1—2002 机械安全 机械电气设备 第1部分:通用技术条件(IEC 60204-1:2000,IDT)

GB/T 7311 包装机械分类与型号编制方法

GB/T 9969 工业产品使用说明书 总则

GB/T 13306 标牌

GB/T 13384 机电产品包装通用技术条件

GB 16179 安全标志使用导则

GB 16798 食品机械安全卫生

GB 19891 机械安全 机械设计的卫生要求(GB 19891—2005,ISO 14159:2002,MOD)

JB/T 7232 包装机械噪声声功率级的测定 简易法

JB 7233 包装机械安全要求

3 术语和定义

下列术语和定义适用于本标准。

3.1

连续热成型真空(充气)包装机 continuous thermoforming vacuum and vacuum-gas flushing packaging machine

能完成下膜自动热成型、自动或人工充填物料、真空(真空充气)、封口、切割等连续动作,对物料进行热封包装的包装机。

3.2

真空室的最低绝对压力 lowest absolute pressure of vacuum chamber

在外界标准大气压下,在额定时间内抽真空至最低时真空室的压力。

3.3

真空室压力增量 increment pressure in vacuum chamber

在外界标准大气压下,真空室的初始压力为1 kPa经1 min泄漏试验,其压力的增加值。

3.4

包装件合格率 qualified packaging case ratio

包装合格的包装件数量与所检查的包装件总数的百分比。

3.5

包装能力 packaging capacity

在外界大气压下,真空室内的绝对压力达到 1 kPa 时,一个工作循环周期所需要的时间。

4 型号与基本参数

4.1 型号

包装机的型号编制按 GB/T 7311 的规定。

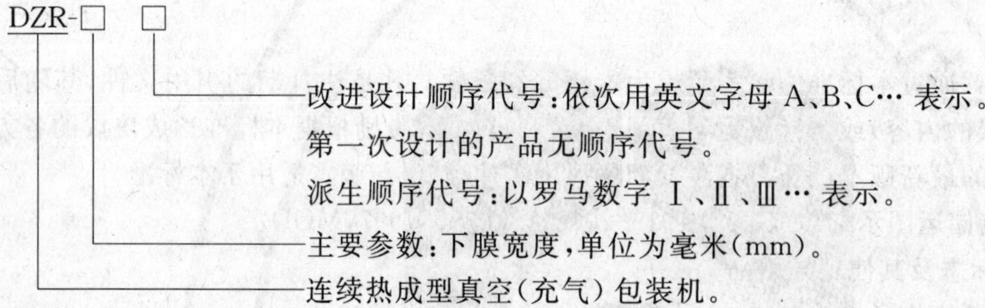

示例:DZR-420A 表示下膜宽度为 420 mm 的连续热成型真空(充气)包装机,第一次改进设计。

4.2 基本参数

包装机的基本参数应包括:

a) 真空室的最低绝对压力:kPa;

b) 真空室有效工作区域(长×宽):mm;

c) 包装能力:s/次;

d) 功率:kW;

e) 工作电压、频率:V、Hz;

f) 压缩气源压力范围:MPa。

5 要求

5.1 包装机应符合本标准的要求,并按经规定程序批准的图样及技术文件制造。

5.2 包装机运转应平稳,运动零、部件动作应灵敏、协调、准确,无卡阻和异常声响。

5.3 包装机的电路控制系统应符合 GB 5226.1—2002 的要求,安全可靠、动作准确,各电器接头应联接牢固并加以编号;操作按钮应灵活,并有急停按钮;指示灯显示应正常。

5.4 包装能力应不大于 15 s/次。

5.5 在外界标准大气压下,当真空室最低绝对压力不大于 1 kPa 时,真空室抽气时间不应大于 10 s。

5.6 在外界标准大气压下,当真空室最低绝对压力达到 1 kPa 时,停止抽真空,经 1 min 泄漏试验,其压力增量不应大于 1.6 kPa。

5.7 热成型的制品应匀称,无明显气泡、无灼化现象。

5.8 包装机应满足热成型深度不低于 50 mm 模具的更换和使用。

5.9 包装机自动切膜长度误差应在±2.0 mm 范围内,如有光电跟踪系统,光电跟踪对印刷薄膜色标反应灵敏、准确可靠,图案对正精度应不大于±2.0 mm。

5.10 包装件的热封口应平整,无皱褶、灼化和压穿现象。

5.11 包装件经纵切和横切后，切口应无毛刺和碎屑；制品对边封口宽度要求相等的，其宽度差应不大于2.0 mm。

5.12 包装件热封口强度应符合下列要求。

5.12.1 复合塑料薄膜包装件的热封口强度(热封口所能承受的拉力)应符合表1的规定。该表中所述的材料厚度是指热封层材料的厚度，其热封部位的材料大都采用易于热合的PE或PP材料。

表1 热封口强度

材料厚度(R)/mm	热封口强度/(N/15 mm)
$0.02 \leqslant R < 0.08$	≥10
$0.08 \leqslant R < 0.2$	≥15

5.12.2 片材包装件经静压试验，封口应完好无渗漏。

5.13 包装件经跌落试验和密封性试验，封口应完好无渗漏。

5.14 包装件合格率应不低于97%。

5.15 包装机的噪声声压级应不大于80 dB(A)。

5.16 动力电路导线和保护接地电路间施加500 Vd.c.时测得的绝缘电阻应不小于1 MΩ。

5.17 包装机应有可靠的接地装置，并有明显的接地标志，接地电阻应符合GB 5226.1—2002中19.2的要求。

5.18 电气设备的所有电路导线和保护接地电路之间应经受至少1 s时间的耐压试验。

5.19 包装机的外观质量应符合下列规定。

5.19.1 非加工表面的涂漆和喷塑层等应平整光滑、色泽均匀，应无明显的污浊、流痕、起泡等缺陷。

5.19.2 表面处理的零件应色泽均匀，无起泡、起层、锈蚀等缺陷。

5.20 包装机的安全防护应符合下列规定：

a) 包装机的安全防护应符合JB 7233的规定。

b) 包装机上应有清晰醒目的操纵、润滑、防烫等安全警示标志。安全标志应符合GB 16179和GB 2894的规定。

c) 包装机应设有联锁保护，能自动摆放物料的机构缺少物料时或出现异常状况时应报警并停止机器工作。

d) 包装机对易脱落的零部件应有防松装置，外露的旋转齿轮、皮带轮、链轮等应有防护装置，机械的往复运动应有极限位置的保护装置。

e) 包装机应有可靠的安全防护装置。

5.21 包装机的材质和零部件应符合下列规定。

5.21.1 被包装物料为医药用品时，包装机与被包装物料及包装材料相接触的表面材料，应符合国家对医药生产设备的有关规定；被包装物料为食品时，包装机应符合GB 16798的规定。

5.21.2 凡与包装材料、被包装物料接触的设备表面应平整、易清洗或消毒、耐腐蚀，不与被包装物料发生化学反应。

5.21.3 包装机所用的原材料、外购配套零部件应有生产厂的质量合格证明书，如果没有质量合格证明书则应按产品相关标准验收合格后，方可投入使用。

5.21.4 包装机的机械设计卫生安全应符合GB 19891的要求。

5.22 被包装物料为食品和医药时，若需充入氧气、二氧化碳、氮气等气体，所充入的气体应符合国家食品和医药的相关规定。

6 试验方法

6.1 试验条件

6.1.1 试验环境温度 5 ℃～40 ℃。

6.1.2 试验时采用符合相关国家或行业标准的包装材料，标准试验物料为豆腐干。

6.2 空运转试验

每台包装机装配完成后，均应做空运转试验，连续运转时间不少于 1 h，低速和高速各 0.5 h，检查机器性能，并应符合 5.2 和 5.3 的规定。

6.3 包装能力试验

包装机正常运转后，采用符合 6.1.2 要求的包装材料，连续包装 30 min，统计完成工作循环周期的次数，按公式(1)计算包装能力，应符合 5.4 的规定。

$$V = \frac{30 \times 60}{m} \quad \cdots\cdots\cdots\cdots\cdots\cdots (1)$$

式中：

V——包装能力，单位为秒每次(s/次)；

m——30 min 内完成的工作循环周期次数。

6.4 最低绝对压力试验

在外界标准大气压下，将数显真空度测量仪表的传感器与通向真空室的三通紧密相连后抽真空，测量真空室的最低绝对压力并计时，应符合 5.5 的规定。

6.5 压力增量试验

在外界标准大气压下时，将数显真空测量仪表的传感器与通向真空室的三通紧密相连后抽真空至 1 kPa 时停止，经 1 min 的泄漏，其压力增量应符合 5.6 的规定。

6.6 热成型制品质量检测

在包装机稳定运行后，从连续成型的制品中抽取 30 个，检查其外观和用游标卡尺测量其成型深度，应符合 5.7 和 5.8 的规定。

6.7 切膜长度误差或图案对正精度试验

从连续切断的空膜中，任意抽取 30 个，用钢尺检查其长度，有图案或色标跟踪点的用钢尺检查其对正精度，应符合 5.9 的规定。

6.8 包装件合格率试验

6.8.1 包装件外观质量试验

包装机连续正常工作后，在额定速度运转情况下，分两次抽取 100 件样品，两次时间间隔不小于 1 min。目测样品的外观质量，应符合 5.10 和 5.11 的规定，统计不合格品数 a_1。

6.8.2 热封口强度试验

a) 复合塑料薄膜：从外观质量合格样品中任意抽取 10 袋，按表 2 方法在每袋封口处抽取试样，每条试样宽 15 mm，与封口长度垂直方向上长 50 mm，180°平展后长度为 100 mm，将封口位于中间的试样两端分别放置在试验机的夹具中。夹具间距离为 50mm，试验速度为 300 mm/min±20 mm/min，读取试样断裂时的最大载荷，以每袋试样载荷中的最低值作为本袋的封口强度，应符合 5.12.1 的要求，统计不合格品数 a_2。

表 2 热封口强度试验抽样方案

袋封口总长(L)/mm	15 mm≤L≤30 mm	30 mm<L≤60 mm	L>60 mm
取样点的位置及数量	袋封口处中间部位取一条试样	袋封口处左、右部位各取一条试样	袋封口处的左、中、右部位各取一条试样

b) 片材：从外观质量合格的样品中任意抽取 10 盒，将试验盒逐个放于两块加压板中，加压板的表面积至少应为试验盒平放投影面积的两倍，其表面应光滑、平整，试验中上下板应保持水平。按表 3 规定加砝码保持 1 min（静压载荷为上加压板与砝码质量之和），检查试验盒，应符合 5.12.2 的规定，统计不合格品数 a_2。

表 3 静压载荷

包装件总质量（内容物为豆腐干）/g	静压载荷/N
<100	200
>100～400	400
>400～2 000	600
>2 000	800

6.8.3 跌落试验

外观质量合格的样品中任意抽取 20 个做跌落试验，复合塑料薄膜包装件操作方法如下：将包装件的热合封口朝下，方向与冲击台面垂直，从表 4 规定的跌落高度跌落，检查包装件封口，应符合 5.13 的要求，统计不合格品数 a_3；片材包装件操作方法如下：将包装件封口朝上，从表 4 规定的跌落高度，跌落于坚硬、平整的水平面上，检查包装件封口，应符合 5.13 的要求，统计不合格品数 a_3。

表 4 跌落高度

包装件总质量（内容物为豆腐干）/g	跌落高度/mm
≤100	1 200
>100～400	1 000
>400～2 000	600
>2 000	500

6.8.4 密封性试验

余下的外观质量合格的样品做密封性试验，操作方法如下：

在真空室内放入适量的有色水，将样品浸入水中（样品的顶端与水面的距离不应低于 25 mm），盖上真空室密封盖，抽真空抽至 80 kPa，并保持 30 s，观测样品抽真空时和真空保持期间，是否有连续气泡产生（不包括单个孤立气泡），打开密封盖，取出样品，擦净表面的水，开封检查样品内部是否有试验用水渗入，若有连续气泡或开封检查时有水渗入样品，则为不合格，统计不合格品数 a_4。

6.8.5 包装件合格率

按公式（2）计算包装件合格率：

$$包装件合格率 = \frac{100-(a_1+a_2+a_3+a_4)}{100} \times 100\% \quad \cdots\cdots(2)$$

式中：

a_1——包装件外观质量不合格品数，单位为件；

a_2——热封口强度试验不合格品数，单位为件；

a_3——跌落试验不合格品数，单位为件；

a_4——密封性试验不合格品数，单位为件。

计算结果应符合 5.14 的规定。

6.9 噪声测试

在连续工作过程中，包装机的噪声按 JB/T 7232 的规定的方法进行测量，其噪声值应符合 5.15 的规定。适用时可采用如下方法：在环境背景噪声 A 计权声压级与被测包装机的工作噪声 A 计权声压级之差大于 10 dB(A)时，用精密声级计测量包装机前、后、左、右四个方向正中，距包装机 1 m、距操作平台1.5 m处的噪声，以测得的噪声值的最大值作为包装机的噪声值，应符合5.15的规定。

6.10 电气安全试验

6.10.1 用绝缘电阻表按GB/T 5226.1—2002中19.3的规定测量其绝缘电阻，应符合5.16的规定。

6.10.2 检查接地装置，按GB/T 5226.1—2002中19.2的规定测量其接地电阻，应符合5.17的规定。

6.10.3 用耐压测试仪按GB 5226.1—2002中19.4的规定做耐压试验，应符合5.18的规定。

6.11 外观质量检查

检查机器外观质量，并应符合5.19的规定。

6.12 安全防护检查

检查安全防护装置，应符合5.20的规定。

6.13 材质检查

检查机器材质报告及质量合格证明书，应符合5.21的规定。

7 检验规则

7.1 出厂检验

7.1.1 每台包装机均应做出厂检验，检验项目按表5中的规定。

表5 检验项目

<table>
<tr><th rowspan="2">序号</th><th rowspan="2">检验项目</th><th colspan="2">检验类别</th><th rowspan="2">检验方法</th></tr>
<tr><th>型式检验</th><th>出厂检验</th></tr>
<tr><td>1</td><td>电气安全试验</td><td rowspan="13">√</td><td rowspan="2">√</td><td>6.10</td></tr>
<tr><td>2</td><td>空运转试验</td><td>6.2</td></tr>
<tr><td>3</td><td>包装能力试验</td><td>—</td><td>6.3</td></tr>
<tr><td>4</td><td>最低绝对压力试验</td><td rowspan="5">√</td><td>6.4</td></tr>
<tr><td>5</td><td>压力增量试验</td><td>6.5</td></tr>
<tr><td>6</td><td>热成型制品质量检测</td><td>6.6</td></tr>
<tr><td>7</td><td>切膜长度误差或图案对正精度试验</td><td>6.7</td></tr>
<tr><td>8</td><td>包装件合格率试验</td><td>6.8</td></tr>
<tr><td>9</td><td>噪声测试</td><td>—</td><td>6.9</td></tr>
<tr><td>10</td><td>外观质量检查</td><td rowspan="4">√</td><td>6.11</td></tr>
<tr><td>11</td><td>安全防护检查</td><td>6.12</td></tr>
<tr><td>12</td><td>材质检查</td><td>6.13</td></tr>
<tr><td>13</td><td>产品标牌及技术文件</td><td>8.1、8.2.6</td></tr>
</table>

7.1.2 每台包装机应经制造厂的质量检验部门按本标准检验合格，并附有产品合格证方可出厂。

7.2 型式检验

7.2.1 有下列情况之一时，应进行型式检验：

a) 老产品转厂生产或新产品的试制定型鉴定；

b) 正式生产后，如材料、结构、工艺有较大差异，可能影响产品的性能；

c) 正常生产时，定期或积累一定产量后，应每年进行一次检验；

d) 产品长期停产后恢复生产；

e) 出厂检验结果与上次型式检验有较大差异；

f) 国家质量监督机构提出型式检验要求。

7.2.2 型式检验应包括表5全部项目。型式检验的项目全部合格为型式检验合格。在型式检验中,若电气系统的保护接地电路的连续性、绝缘电阻、耐压试验有一项不合格,即判定为型式检验不合格。其他项目有一项不合格,应加倍复测不合格项目,仍不合格的,则判定该包装机型式检验不合格。

8 标志、包装、运输和贮存

8.1 包装机应在明显的部位固定标牌,标牌尺寸和技术要求按GB/T 13306的规定。标牌上至少应标出下列内容:

a) 产品型号;

b) 产品名称;

c) 产品主要技术参数;

d) 制造日期和出厂编号;

e) 制造厂名称及所在地(出口产品加标"中华人民共和国")。

8.2 包装机的包装、运输应符合下列规定。

8.2.1 包装机的运输包装应符合GB/T 13384的规定。

8.2.2 包装机包装前,外露加工表面应进行防锈处理。

8.2.3 包装机包装箱应牢固可靠,适合运输装卸的要求。

8.2.4 包装箱应有可靠的防潮措施,并符合GB /T 5048的规定。

8.2.5 包装机随机专用工具及易损件应加以包装并固定在包装箱中。

8.2.6 技术文件应妥善包装放在包装箱内,并应包括下列内容:

a) 产品合格证;

b) 产品使用说明书(编写应符合GB/T 9969的规定);

c) 装箱单。

8.2.7 包装箱外表面应清晰标出发货及运输作业标志,并应符合GB/T 191的有关规定。

8.2.8 包装机运输过程中应小心轻放,不允许倒置和碰撞。

8.3 包装机应储存于干燥通风的场所。

8.4 制造厂自发货之日起,在正常储运条件下,应保证包装机一年内不致因包装不良引起锈蚀、霉损。

8.5 在用户遵守包装机的使用、贮存、安装运输规则条件下,从发货之日起,包装机确因制造质量不良而不能正常工作时,制造厂应在保修期内负责免费为用户修理或更换零件(不包括易损件)。